国家级实验教学示范中心联席会
计算机学科组规划教材

网络安全技术与实践

第2版·微课视频版

金弘林 王金恒 王煜林 龙君芳　主编

U0386584

清华大学出版社
北京

内 容 简 介

本书是在第1版的基础上不断完善而成的，全书共分9章，主要内容包括网络安全概述、网络攻击与防范、信息加密技术、防火墙技术、计算机病毒及其防治、Windows Server 2012操作系统安全、Linux操作系统安全、VPN技术、Web应用防火墙等，涵盖了网络安全的重要知识点。每章都有相应的课业任务，每个知识点都通过课业任务的形式进行讲解，每个课业任务都有相关的背景知识与相应的操作步骤，课业任务的实现过程均有视频讲解，根据视频的引导，读者能够很好地学习教材内容。

本书主要面向应用型本科生，可以作为网络安全的教学辅导用书，也可以作为在校教师的教学参考用书。

图书在版编目(CIP)数据

网络安全技术与实践：微课视频版/金弘林等主编. —2版. —北京：清华大学出版社，2023.3（2024.9重印）
国家级实验教学示范中心联席会计算机学科组规划教材
ISBN 978-7-302-62858-3

Ⅰ. ①网… Ⅱ. ①金… Ⅲ. ①计算机网络－网络安全－高等学校－教材 Ⅳ. ①TP393.08

中国国家版本馆CIP数据核字(2023)第035271号

责任编辑：闫红梅　张爱华
封面设计：刘　键
责任校对：申晓焕
责任印制：刘　菲

出版发行：清华大学出版社
网　　址：https://www.tup.com.cn，https://www.wqxuetang.com
地　　址：北京清华大学学研大厦A座　　**邮　　编**：100084
社 总 机：010-83470000　　**邮　　购**：010-62786544
投稿与读者服务：010-62776969，c-service@tup.tsinghua.edu.cn
质量反馈：010-62772015，zhiliang@tup.tsinghua.edu.cn
课件下载：https://www.tup.com.cn，010-83470236
印 装 者：三河市人民印务有限公司
经　　销：全国新华书店
开　　本：185mm×260mm　　**印　张**：20.25　　**字　　数**：496千字
版　　次：2013年6月第1版　2023年4月第2版　　**印　　次**：2024年9月第3次印刷
印　　数：2701～3900
定　　价：69.00元

产品编号：096664-01

前言

网络安全技术是计算机类专业的一门专业必修课，是通信与计算机领域的重点课题。Internet 的推动，电子商务、网络教育和各种新兴业务的兴起，使人类社会与网络的联系越来越紧密，当网络逐步改变人们的工作方式与生活方式时，通过计算机网络进行犯罪的活动也层出不穷，已经严重地危害社会的发展与国家安全，因此，网络安全已经成为计算机类专业的重要研究领域。

本书的作者都具有多年的网络安全技术教学与科研经验，安排的 38 个课业任务和 2 个综合案例凝聚了作者多年以来的教学经验与成果。与同类教材相比，本书具有以下特点。

(1) 知识点以课业任务形式引领，实例丰富。每章有大量的课业任务，每个知识点都通过课业任务的形式进行讲解，每个课业任务都有相关的背景知识与相应的操作步骤。把理论知识融入课业任务中，使读者更容易学习与消化，提高读者的学习兴趣。

(2) 强调知识点的系统性。网络安全技术是一门综合性的学科，涉及的理论与技术比较多，本书重点讲解常见的网络安全技术：网络攻击与防范、信息加密技术、防火墙技术、防病毒技术、操作系统安全、VPN 技术和 Web 应用防火墙等，涵盖了网络安全的重要知识点。

(3) 强调知识点的全面性。讲解每一项技术时，综合考虑多平台的技术解决方案，分别讲解在 Windows 平台、Linux 平台以及华为平台下的不同解决方案。例如，讲解在 Windows 平台下远程访问 VPN 的实现，满足了出差员工需要对内网进行访问的需求；讲解在华为平台下站点到站点 VPN 的实现，模拟了总公司通过 Internet 与分公司进行连接；讲解在 Linux 平台下 IPSec VPN 的实现，提供访问服务的加密通道。

本书主要面向应用型本科生，可以作为网络安全的教学辅导用书，也可以作为在校教师的教学参考用书。

本书由金弘林、王金恒、王煜林、龙君芳老师带领广州理工学院天网工作室团队一起完成。全书由 9 章组成，第 1 章由金弘林、柯居林共同编写，第 2 章、第 9 章由王金恒、庄广恕共同编写，第 3 章、第 7 章由王煜林、周兆聪共同编写，第 4 章、第 8 章由龙君芳、吴国良共同编写，第 5 章由王金恒、刘绍然共同编写，第 6 章由金弘林、方俊龙共同编写。

广州理工学院计算机科学与工程学院的原峰山和申青连老师以及天网工作室成员曾志豪、冯烨昊对本书的编写提供了帮助,在此表示感谢!

由于作者水平有限,书中难免存在疏漏之处,恳请读者批评指正。

金弘林

2023年1月

目录

第1章

网络安全概述

CHAPTER 1

随着信息科技的迅速发展以及计算机网络的普及，计算机网络深入到国家的军事、金融、商业等诸多领域，可以说网络无处不在。在实现信息交流共享、为人们带来极大便利和丰富社会生活的同时，出于政治、经济、文化等利益的需要或者好奇心的驱动，网络攻击事件层出不穷，且有愈演愈烈之势，轻者给个人或者机构带来信息损害、经济利益损失，重者将会影响国家的政治、经济和文化安全。因此，加强对信息网络安全技术的研究，无论是对个人还是组织、机构，甚至是国家、政府都有非同寻常的重要意义。

学习目标

- 掌握网络安全的定义、基本要素。
- 了解网络安全的现状。
- 掌握网络安全相关技术。
- 掌握网络安全实验平台的搭建。

1.1 网络安全概况

1.1.1 网络安全的定义

网络安全是指在分布式网络环境中,对信息载体(处理载体、存储载体、传输载体)和信息的处理、传输、存储、访问提供安全保护,以防止数据、信息内容遭到破坏、更改、泄露,或网络服务中断、拒绝服务、被非授权使用和篡改。从广义来说,凡是涉及网络上信息的保密性、完整性、可用性、真实性和可控性的相关技术和理论都是网络安全的研究领域。网络安全是一门涉及计算机科学、网络技术、通信技术、密码技术、信息安全技术、应用数学、数论、信息论等多门学科的综合性学科。

对网络安全内涵的理解会随着"角色"的变化而有所不同,而且在不断地延伸和丰富。

例如,从用户的角度来说,他们希望涉及个人隐私或商业利益的信息在网络上传输时受到机密性、完整性和真实性的保护,避免他人利用窃听、冒充、篡改、抵赖等手段侵犯用户利益。

从网络运行和管理者角度来说,他们希望对本地网络信息的访问、读写等操作受到保护和控制,避免出现陷门、病毒、非法存取、拒绝服务、网络资源非法占用和非法控制等威胁,制止和防御网络黑客的攻击。

对安全保密部门来说,他们希望对非法的、有害的或涉及国家机密的信息进行过滤和防堵,避免机要信息泄露,避免对社会产生危害,对国家造成巨大损失。

可见,网络安全的内涵与其保护的信息对象有关,但本质都是在信息的安全期内保证在网络上传输或静态存放信息时允许授权用户访问,而不被未授权用户非法访问。

1.1.2 网络安全的基本要素

网络安全的基本要素主要包括以下5方面。

1. 机密性

机密性主要是防止信息在存储或传输的过程中被窃取。防止数据被查看最有效的方法就是加密。现代加密体制中,最典型的加密算法是对称加密算法与非对称加密算法。

2. 完整性

信息只能被得到允许的人修改,并且能够被判别该信息是否已被篡改过。主要是通过散列算法来保证数据的完整性。典型的散列算法有MD5与SHA1。

3. 可用性

只有授权者才可以在需要时访问该数据,而非授权者应被拒绝访问数据。

4. 可控性

对各种访问网络的行为进行监视审计，控制授权范围内的信息的流向及行为方式。

5. 不可抵赖性

数据的发送方与接收方都无法对数据传输的事实进行抵赖，主要是通过数字签名来实现不可否认性。

1.1.3　网络安全的标准

国际标准化组织（ISO）、国际电工委员会（IEC）及国际电信联盟（ITU）所属的电信标准化组织（TSI）在安全需求服务分析指导、安全技术机制开发、安全评估标准等方面制定了一些标准草案。另外，因特网工程任务组（IETF）也有 9 个功能组讨论网络安全并制定相关标准。

目前国内外主要的安全评价标准则有以下几个。

1. 美国 TCSEC

该标准由美国国防部制定，将安全分为 4 方面，即安全政策、可说明性、安全保障和文档。标准将上述 4 方面又分为 7 个安全级别，从低到高依次为 D、C1、C2、B1、B2、B3 和 A 级。

2. 欧洲 ITSEC

它叙述了技术安全的要求，把保密作为安全增强功能。与 TCSEC 不同的是，ITSEC 把完整性、可用性与保密性作为与保密同等重要的因素。ITSEC 定义了从 E0 级（不满足品质）到 E6 级（形式化验证）的 7 个安全等级，对于每个系统，安全功能可分别定义。ITSEC 预定义了 10 种功能，其中前 5 种与 TCSEC 中的 C1～B3 级非常相似。

3. 联合公共准则 CC

它的目的是把已有的安全准则结合成一个统一的标准。该计划从 1993 年开始执行，1996 年推出第一版，1998 年推出第二版，现已成为 ISO 标准。CC 结合了 TCSEC 及 ITSEC 的主要特征，强调将安全的功能与保障分离，并将功能需求分为 9 类 63 族，将保障分为 7 类 29 族。

4. ISO 安全体系结构标准 ISO 7498-2—1989

在描述基本参考模型的同时，提供了安全服务与有关机制的一般描述，确定在参考模型内部可以提供这些服务与机制的位置。

5. 中华人民共和国国家标准 GB 17895—1999《计算机信息系统安全保护等级划分准则》

该准则将信息系统安全分为 5 个等级，分别是自主保护级、系统审计保护级、安全标记保护级、结构化保护级和访问验证保护级。主要的安全考核指标有身份验证、自主访问控制、数据完整性、审计、隐蔽信道分析、客体重用、强制访问控制、安全标记、可信路径和可信恢复等,这些指标涵盖了不同级别的安全要求。网络建设必须确定合理的安全指标,才能检验其达到的安全级别。具体实施网络建设时,应根据网络结构和需求,分别参照不同的标准条款制定安全指标。

1.1.4 网络安全的现状

中国互联网络信息中心(CNNIC)于2012年7月19日发布的《中国移动互联网发展状况调查报告》统计数据显示,截至2021年6月底,中国网民数量约为10.11亿,互联网普及率为71.6%,如图1.1所示。可以说网络已经无处不在,已经深入到国家的政治、经济、文化以及社会生活。正因如此,网络安全问题也日益突出。

图1.1 中国网民规模和互联网普及率

网上购物、网上银行、网上政务、网上交流、网上教学等已比较普遍,现在人们的生活已经与网络息息相关。网络是一把双刃剑,给人们生活带来便利的同时,也给人们生活带来安全威胁。

由于互联网不断深入人们的生活,网络安全事件层出不穷,愈演愈烈。同样来自CNNIC的数据,如图1.2所示,截至2021年6月,38.6%的网民表示过去半年在上网过程中遭遇过网络安全问题,其中遭遇信息泄露的网民比例最高,达到22.8%,遭遇网络诈骗的网民比例为17.2%;遭遇设备中病毒或木马的网民比例为9.4%;遭遇账号或密码被盗的网民比例为8.6%。

近几年来,网络安全事件也不少,如大量的数据泄露、黑客攻击、民族或国家之间的间谍行动、几乎不间断的金钱利益网络犯罪以及让系统崩溃的恶意软件,这些安全事件不绝于耳。以下罗列了近几年来重要的网络安全事件。

2010年的"震网",它是一种由美国和以色列联合研发的计算机蠕虫病毒,目的在于破坏伊朗的核武器计划。该蠕虫病毒专门用于销毁伊朗在其核燃料浓缩过程中使用的SCADA设备。此次攻击成功破坏了伊朗多地的SCADA设备。尽管在2010年以前国家之间会采取其他手段进行相互的网络攻击,但"震网"是第一个震惊世界的网络安全事件,从单一的信息数据窃取到实际的物理设施的破坏,这标志着进入了网络战的新阶段。

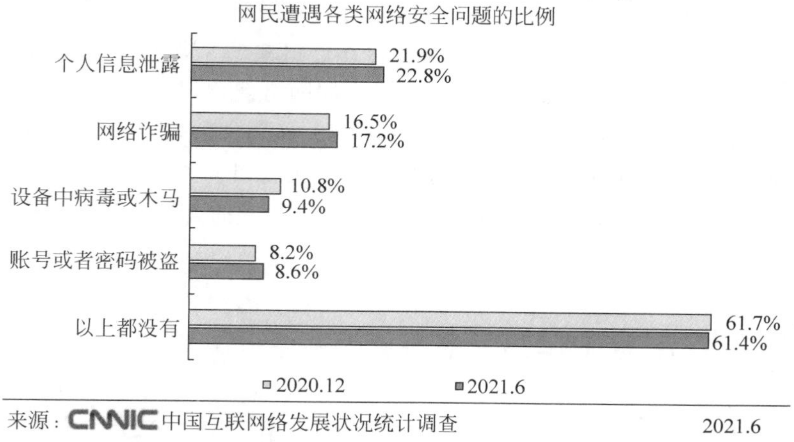

图 1.2　网民遭遇各类网络安全问题的比例

2013 年的斯诺登事件，这可能是十年来最重要的网络安全事件。该事件暴露了美国及其“五眼联盟”在“9 · 11”袭击后建立的全球监视网络。斯诺登事件使俄罗斯和伊朗等国家纷纷成立自己的监视部门，并加强了外国情报收集工作，从而导致整个网络间谍活动的增加。目前，许多国家乐于吹捧诸如“国家互联网”或“互联网主权”之类的概念，以合理化对其公民的监视和网络的审查。这一切都始于 2013 年斯诺登向全世界揭露了美国国家安全局的黑幕。

2015 年的乌克兰电网入侵，黑客对乌克兰电网的网络攻击造成了乌克兰西部大规模停电，这是有史以来首次成功利用网络操控电网的案例。在此次攻击中，黑客使用了一种名为 Black Energy 的恶意软件，第二年(2016 年 12 月)又进行了类似的攻击。甚至在第二次攻击中使用了一种更复杂的恶意软件，称为 Industroyer，使乌克兰首都 1/5 居民缺乏电源供应。虽然“震网”和 Shamoon(Shamoon 是一种与 Flame 等 APT 类攻击病毒类似的新型病毒，这种病毒的攻击目标是能源企业或能源部门，它能将受感染 Windows 机器中的数据永久删除)是针对工业目标的首批网络攻击，但乌克兰的两起事件却是影响普通大众的首例，使人们了解到网络攻击可能对一个国家的关键基础设施构成的危险。

2016 年雅虎数据泄露公之于众，该公司在四个月的时间里宣布了两起数据泄露事件，包括后来证明是互联网历史上最大的一起数据泄露事件。两起事件以一种奇怪的方式相互关联。以下是事件发生的时间线。

2016 年 7 月，一名黑客开始在暗网上出售雅虎用户数据。

2016 年 9 月，雅虎在调查黑客售卖用户数据是否属实时，发现并披露了 2014 年发生的一起数据泄露事件，该事件波及了 5 亿用户。雅虎将这一泄密行为归咎于“国家黑客”，最终证明确实如此。2017 年，美国当局指控是俄罗斯政府要求黑客入侵了雅虎的网络。具有讽刺意味的是，在调查 2014 年的数据泄露事件时，雅虎还追踪到在暗网上出售的用户数据的来源。这可以追溯到 2013 年的一次安全漏洞，最初雅虎表示该漏洞影响了 10 亿用户。2017 年，雅虎将数据更新为 30 亿。该事件成为有史以来影响范围最大的数据泄露事件。

2017 年，勒索软件事件爆发。提及 2017 年的勒索软件爆发事件，其中三起不得不提，包括五月中旬爆发的 WannaCry、六月下旬爆发的 NotPetya 和十月下旬爆发的 Bad

Rabbit。这三种勒索软件都是政府支持黑客开发的,却是出于不同的原因。WannaCry 由朝鲜黑客开发,旨在感染公司并勒索赎金,这是为受制裁的平壤政权筹集资金做准备,而 NotPetya 和 Bad Rabbit 是被用来破坏乌克兰业务的网络武器,是俄罗斯和乌克兰之间冲突下的成果。这些组织并没有料想到会引发全球勒索软件事件的爆发。他们利用影子经纪人之前公布的永恒之蓝漏洞来传播勒索病毒,造成全球大量计算机被勒索病毒毒害。具有讽刺意味的是,尽管 NotPetya 和 Bad Rabbit 是由俄罗斯开发的,但最终给俄罗斯企业造成的损失是最大的。

1.2 网络安全相关技术

网络安全涉及的技术很多,本书主要讲解常见的网络安全技术,主要包括网络攻击与防范、信息加密技术、防火墙技术、防病毒技术、操作系统安全、VPN 技术、Web 应用防火墙等。下面简要叙述,具体内容见后面各章节。

1.2.1 网络攻击与防范

网络攻击包括主动攻击和被动攻击。主动攻击是指对被害者的消息进行修改或拒绝用户使用资源的攻击方式,通常包括篡改、伪造、拒绝服务等;被动攻击是指攻击者不对数据信息做任何修改,但在未经授权用户同意与许可的情况下截取或窃听用户的信息或相关数据,通常包括窃听、流量分析等。本书重点讲解黑客常见的攻击方式,主要包括端口扫描、网络嗅探、破解密码、拒绝服务攻击、ARP 攻击以及木马攻击。

1.2.2 信息加密技术

在计算机网络中,为了保护数据在传输或存放的过程中不被别人窃听、篡改或删除,必须对数据进行加密,如图 1.3 所示,采用加密密钥对敏感信息进行加密。随着网络应用技术的发展,加密技术已经成为网络安全的核心技术,而且融合到大部分安全产品之中。加密技术是对信息进行主动保护,是信息传输安全的基础,通过数据加密、消息摘要、数字签名及密钥交换等技术,可以实现数据保密性、数据完整性、不可否认性和用户身份真实性等安全机制,从而保证了在网络环境中信息传输和交换的安全。

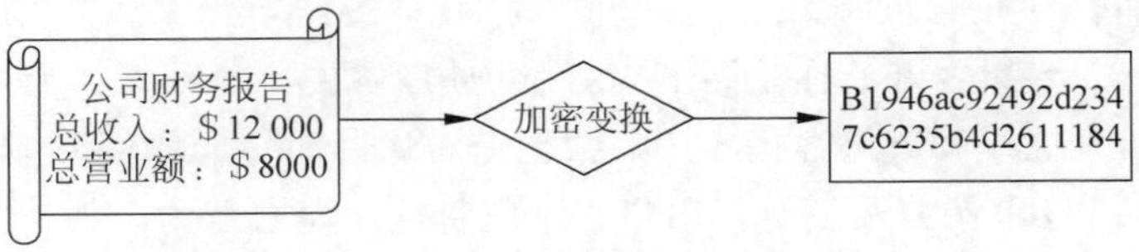

图 1.3 信息加密

1.2.3 防火墙技术

防火墙是网络的第一道防线,它是设置在被保护网络和外部网络之间的一道屏障,以防止发生不可预测的、潜在破坏性的入侵。如图 1.4 所示,防火墙把网络分隔成了内部网络、外部互联网以及非军事区域(DMZ),主要是保护内部局域网用户不被外部用户攻击。它是不同网络或网络安全域之间信息的唯一出入口,能根据企业的安全策略控制(允许、拒绝、监测)出入网络的信息流,且本身具有较强的抗攻击能力。

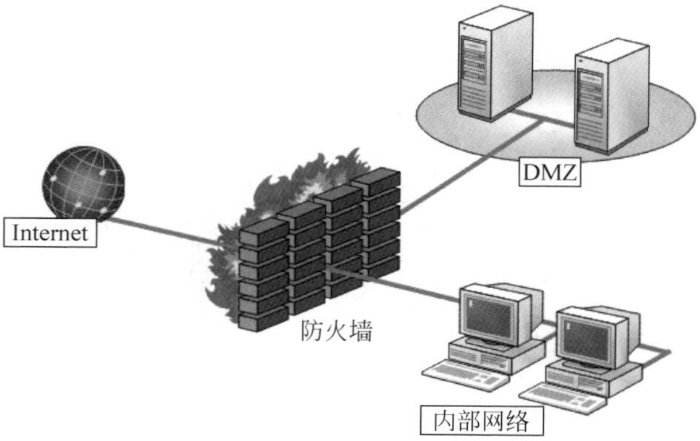

图 1.4 防火墙示意图

1.2.4 防病毒技术

防病毒是网络安全中的重中之重。网络中个别客户端感染病毒后,在极短的时间内就可能感染整个网络,造成网络服务中断或瘫痪,所以局域网的防病毒工作非常重要。最常用的方法就是在网络中部署企业版杀毒软件,如 Symantec AntiVirus、趋势科技与瑞星的网络版杀毒软件等。本书重点讲解 Symantec 公司推出的新一代企业版网络安全防护产品——Symantec Endpoint Protection(端点保护)。它将 Symantec AntiVirus 与高级威胁防御功能相结合,可以为笔记本电脑、台式机和服务器提供安全防护能力。它在一个代理和管理控制台中无缝集成了基本安全技术,不仅提高了防护能力,而且还有助于降低总拥有成本。

1.2.5 操作系统安全

操作系统是人机的接口,只有通过操作系统,才能管理好计算机的硬件,以及上层应用软件,所以操作系统的好坏只接影响着服务与应用。现在主流的操作系统是 Windows 与类 UNIX 两类操作系统,本书以微软公司的 Windows Server 2012 与红帽公司的 Red Hat Enterprise Linux 7 为例来讲解操作系统安全的相关技术。

1.2.6 VPN 技术

VPN(Virtual Private Network)即“虚拟专用网络”。VPN 被定义为通过一个公用网络(通常是 Internet),在两个私有网络之间,建立一个临时的、安全的连接,是一条穿过混乱的公用网络的安全、稳定隧道。使用这条隧道可以对数据进行加密达到安全使用互联网的目的。虚拟专用网是对企业内部网的扩展。虚拟专用网可以帮助远程用户、公司分支机构、商业伙伴及供应商同公司的内部网建立可信的安全连接,用于经济有效地连接到商业伙伴和用户的安全外联网的虚拟专用网。

VPN主要适用于两种场合：一种为远程访问VPN,适用于出差用户,如图1.5所示;另一种为站点到站点VPN,适用于公司总部与公司分部或企业合作伙伴之间建立的VPN,如图1.6所示。

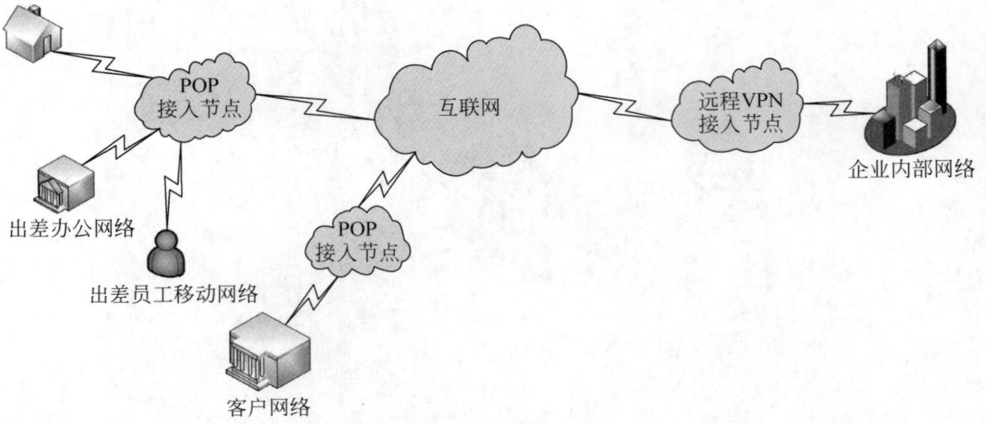

图1.5 远程访问VPN

图1.6 站点到站点VPN

1.2.7 Web应用防火墙

随着电子商城、网上银行、门户网站等互联网及移动金融应用的兴起,针对Web类应用的攻击手段也层出不穷,同时,威胁网络安全的因素也逐步增加。2019年出现的攻击方式中,针对Web类的攻击占85.4%左右,相对而言遥遥领先于其他攻击手段。面对如此多的互联网攻击威胁,传统的通过运维发现、开发项目组从代码层面进行修复漏洞的效率已经远远低于漏洞被利用的效率,于是为应对出现的Web类攻击,一种新的专用于Web防护的安全产品——WAF(Web Application Firewall,Web应用防火墙)由此而生。

1.3 网络安全实验平台搭建

配置良好的实验环境是进行网络安全实验的基础性工作。通常,网络安全实验配置应该具有两个以上独立的操作系统,而且任意两个操作系统可以通过以太网进行通信。鉴于两个方面的客观因素：许多计算机不具有联网的条件和网络安全实验对系统具有破坏性,在做网络安全实验时,大多数情况不能提供多台真实的计算机,这可在一台计算机上安装一套操作系统,然后利用工具软件再虚拟出几套操作系统来实现。其中还应有一套服务器版的操作系统,作为网络安全的攻击对象,以便进行各种网络安全实验。

1. 网络安全实验设备需求

- Windows 10 计算机一台。
- 虚拟机软件 VMware Workstation 16。
- Windows Server 2012 的 ISO 文件。
- Red Hat Enterprise Linux 7 的 ISO 文件。
- 华为 eNSP 工具软件。

2. 网络安全实验环境搭建步骤

(1) 在计算机上安装 Windows 10 操作系统。

(2) 在 Windows 10 操作系统上安装 VMware Workstation 16,关键步骤请见 1.3.1 节。

(3) 在 VMware 虚拟机中安装 Windows Server 2012,具体安装步骤请见 1.3.2 节。

(4) 在 VMware 虚拟机中安装 Red Hat Enterprise Linux 7,具体安装步骤请见 1.3.3 节。

(5) 配置 VMware 网络环境,让 Windows XP、Windows Server 2012 与 Red Hat Enterprise Linux 7 之间能够相互连通,具体步骤请见 1.3.4 节。

(6) 安装与配置华为 eNSP 工具软件,具体步骤请见 1.3.5 节。

注意: 网络安全实验中的许多程序属于木马和病毒程序,在做实验的过程中,在主机和虚拟机上不要加载任何防火墙或者防病毒监控软件。

1.3.1 VMware Workstation 16 的安装

VMware 的虚拟技术主要包含以下几个重要特性。

(1) 能够把正在运行的虚拟机从一台计算机搬移到另一台计算机上,而服务不中断,保证虚拟机的高可用;当服务器出现故障时,自动重新启动虚拟机。

(2) 虚拟架构增强了备份和恢复功能。通过备份数量很少的文件和封装来备份整个虚拟机,恢复虚拟机文件。用户只需单击“创建快照”选项即可完成备份,同时用户可以创建多个快照,实现多个备份。需要恢复时,单击“还原”选项即可。

(3) 支持多个操作系统的安装,如 Windows、Linux 等。同时支持一个操作系统多个版本的安装,例如 Windows Server 2012、Red Hat Enterprise Linux 7 等,非常方便。

(4) 支持多个操作系统,有 Linux 和 Windows 安装包。这样用户就可以在 Linux 系统上安装多个 Windows 系统,也可以在 Windows 系统上安装多个 Linux 系统。

VMware 官方网站(www.VMware.com)提供免费的 VMware Workstation 软件供下载,在下载前需注册一个账号,用户可以根据本机情况下载对应的源码包进行安装。

本书使用的是 VMware Workstation 16,用户可以直接在 www.VMware.com 网站下载 Windows 版本进行安装。双击 VMware Workstation 16 的安装程序,运行安装文件,系统自动进入安装向导,安装过程就只需一步步单击 Next 按钮,最后单击安装好的软件,输入激活码就能完成激活使用,图 1.7 是安装好的 VMware Workstation 16 窗口。

安装完虚拟机后,就如同组装了一台 PC,这台 PC 需要安装操作系统。本书 1.3.2 节介绍在虚拟机中安装 Windows Server 2012 操作系统,1.3.3 节介绍在虚拟机中安装 Red Hat Enterprise Linux 7 操作系统。

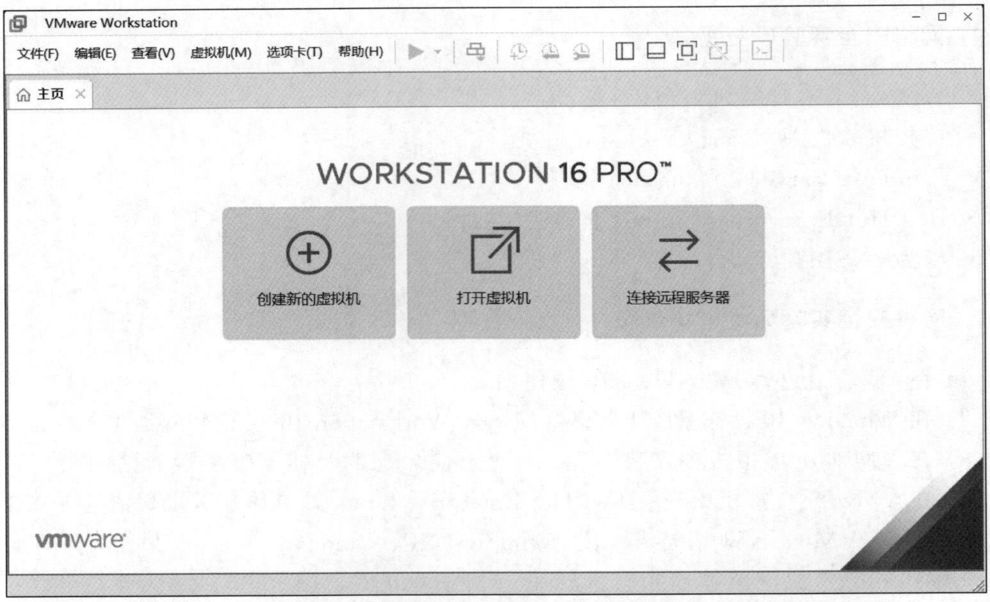

图 1.7　VMware Workstation 16 窗口

1.3.2　Windows Server 2012 的安装

Windows Server 2012 是新一代 Windows Server 操作系统，是专为强化新一代网络、应用程序和 Web 服务功能而设计的。Windows Server 2012 操作系统不仅保留了 Windows Server 2008 的所有优点，还引进了多项新技术，使用 ASLR(Address Space Layout Randomization，随机地址空间分配)技术、更好的防火墙功能以及 BitLocker 磁盘加密功能；加入了加强诊断和监测的功能、存储及文件系统的改进功能，可自行恢复 NTFS 文件系统；同时，还加强了管理，改写了网络协议栈，其中包括支持 IPv6 等功能。

在虚拟机中安装 Windows Server 2012 操作系统的具体步骤如下所示：

(1) 在图 1.7 所示的 VMware Workstation 16 窗口中，选择菜单栏中的“文件”→“新建”→“虚拟机”选项，出现“新建虚拟机向导”对话框，选择“典型”单选按钮来创建虚拟机，这样对新手的使用更加友好，如图 1.8 所示。

(2) 在图 1.8 所示的对话框中，单击“下一步”按钮，弹出如图 1.9 所示的“安装客户端操作系统”对话框，本任务选择“稍后安装操作系统(S)”单选按钮。

(3) 在图 1.9 所示的对话框中，单击“下一步”按钮，弹出如图 1.10 所示的“选择客户机操作系统”对话框，设置要安装的操作系统类型，本任务选择 Microsoft Windows 单选按钮和 Windows Server 2012 版本。

(4) 在图 1.10 所示的对话框中，单击“下一步”按钮，弹出如图 1.11 所示的“命名虚拟机”对话框，设置虚拟操作系统的数据存放位置及显示名称。在“虚拟机名称”文本框中输入显示的名称，一般建议设置与虚拟操作系统的版本一致，本任务输入 Windows Server 2012，在“位置”文本框中选择虚拟操作系统的存放目录，Windows Server 2012 系统安装硬盘大小建议是需要 8GB 的空间，建议设置的目录有较大的剩余空间，以上步骤见图 1.11～图 1.13。

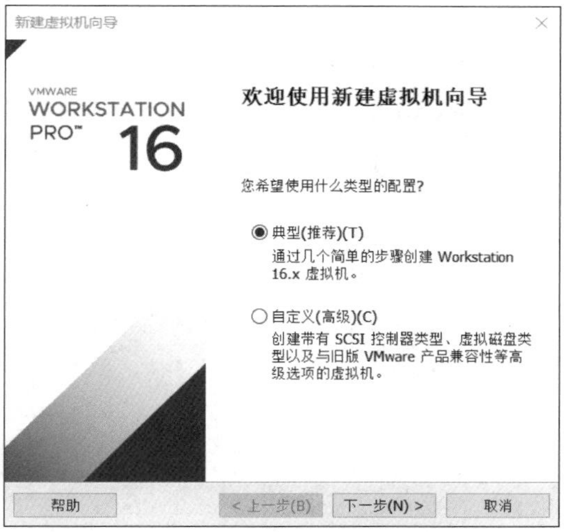

图 1.8　新建虚拟机向导

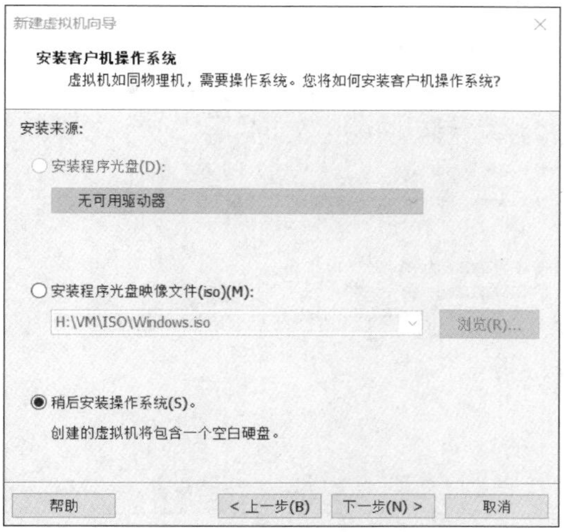

图 1.9　安装客户端操作系统

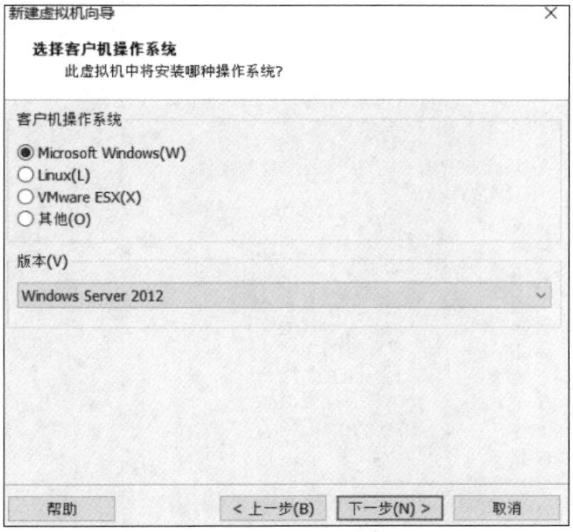

图 1.10　选择客户机操作系统

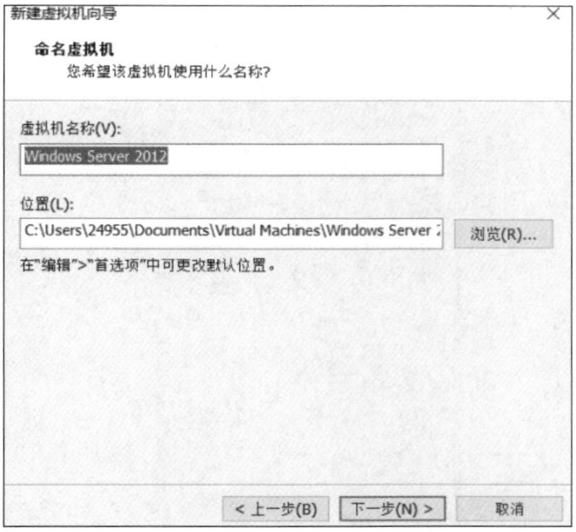

图 1.11　命名虚拟机

(5) 在图 1.13 所示的对话框中，单击“自定义硬件”按钮，弹出如图 1.14 所示的“虚拟机设置”对话框，在左边的“设备”栏中，给虚拟主机分配一个“内存”(前期安装建议把内存调大点，安装系统的速度就会快，使用虚拟系统也会流畅，在这个安装实验里，给虚拟机分配了 8GB 内存)，然后单击“CD/DVD(SATA)”选项，选择对话框右边的“使用 ISO 镜像文件”单选按钮，并单击“浏览”按钮，选择 Windows Server 2012 的 ISO 文件，准备在虚拟机中安装 Windows Server 2012。单击“确定”按钮，回到图 1.13 所示的对话框中，单击“完成”按钮，虚拟机配置完成。

(6) 在图 1.15 窗口所示的 VMware Workstation 16 窗口中，单击页面上的“启动”按钮，启动虚拟机，开始安装 Windows Server 2012 操作系统。

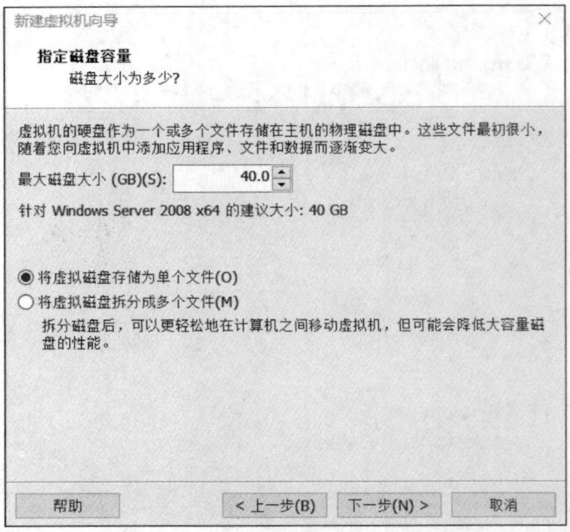

图 1.12 指定磁盘容量

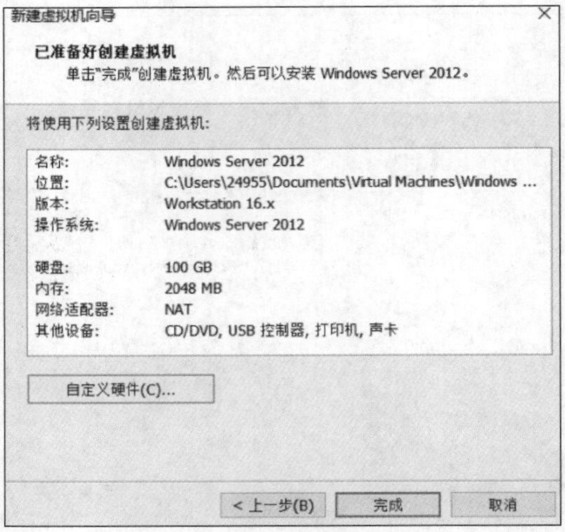

图 1.13 已准备好创建虚拟机

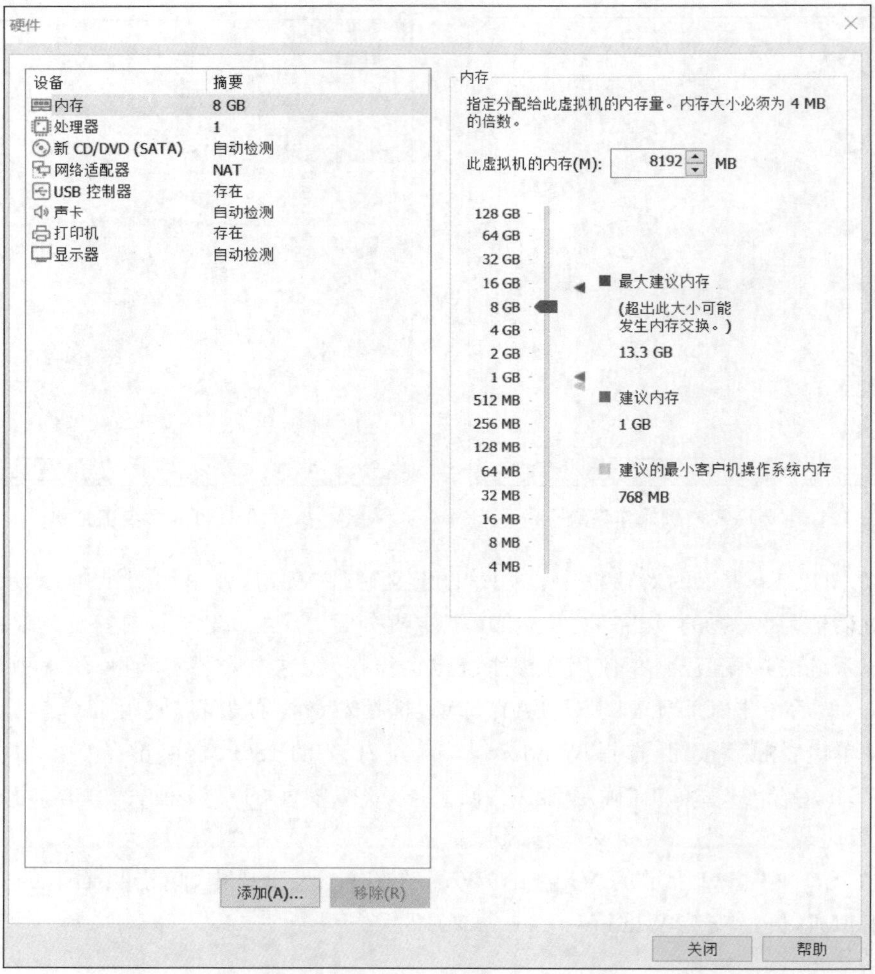

图 1.14 虚拟机设置

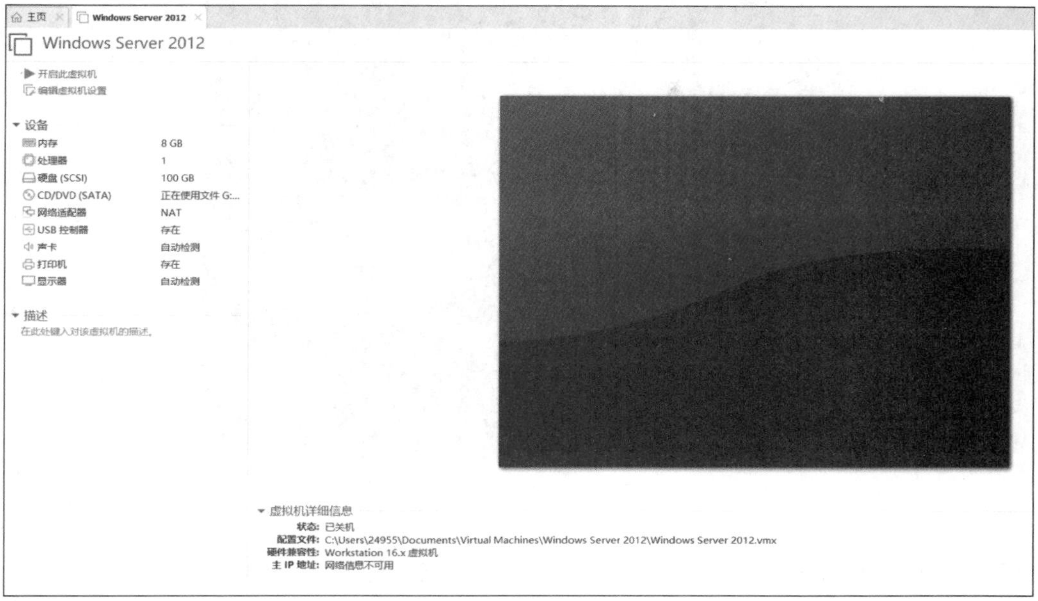

图 1.15　虚拟机窗口

(7) 显示 Windows Server 2012 引导启动界面，后面的安装步骤与光盘安装方式的步骤一样。图 1.16 所示的是 Windows Server 2012 的安装过程界面。

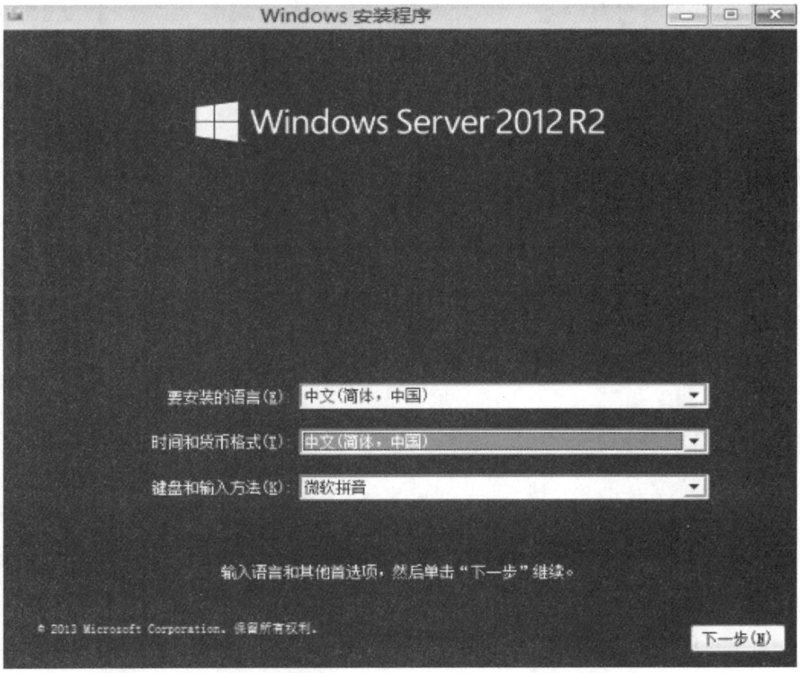

图 1.16　Windows Server 2012 的安装过程界面

(8) 安装完成，重启 Windows Server 2012 系统后，输入 Administrator 的密码，即可登录到 Windows Server 2012 的系统桌面。图 1.17 所示为安装完成界面。

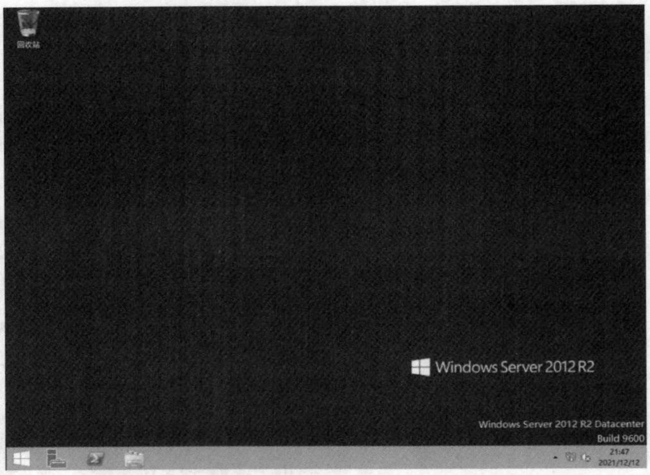

图 1.17 安装完成界面

1.3.3 Red Hat Enterprise Linux 7 的安装

不同的操作系统厂商发布了不同的 Linux 版本,其中最著名的是 Red Hat 公司的 Red Hat 系列以及社区组织的 Debian 系统、FC 系统以及 Ubuntu 系列等。Red Hat Linux 系统是全球很受欢迎的服务器版操作系统,其服务器的功能非常强大,性能也非常好,对系统和内核做了很好的调优。大多数企业都在使用 Red Hat Linux 系统。本书以 Red Hat 公司的 Red Hat Enterprise Linux 7 为例。

在 VMware Workstation 7 中使用 Red Hat Enterprise Linux 8 的 ISO 文件安装 Red Hat Enterprise Linux 7 虚拟系统,应事先参照在虚拟机中安装 Windows Server 2012 操作系统的步骤对虚拟机进行相关设置。图 1.18 所示的是 Red Hat Enterprise Linux 7 的引导启动界面,以后的安装步骤与光盘安装方式步骤一样。

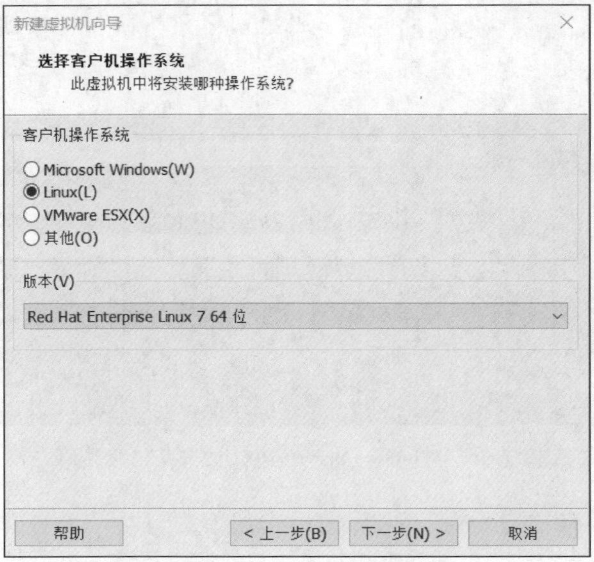

图 1.18 选择操作系统

具体操作步骤如下。

(1) 选择对应的操作系统版本。

注意:如果用的是版本比较老旧的 VMware Workstation,找不到“Red Hat Enterprise Linux 7 64 位”这个版本,可以选择“Linux 5.x 及更高版本内核 64 位”版本,如图 1.19 所示。学会灵活使用这个办法,对以后在虚拟机中安装不同的 Linux 发行版本会有很大的帮助。

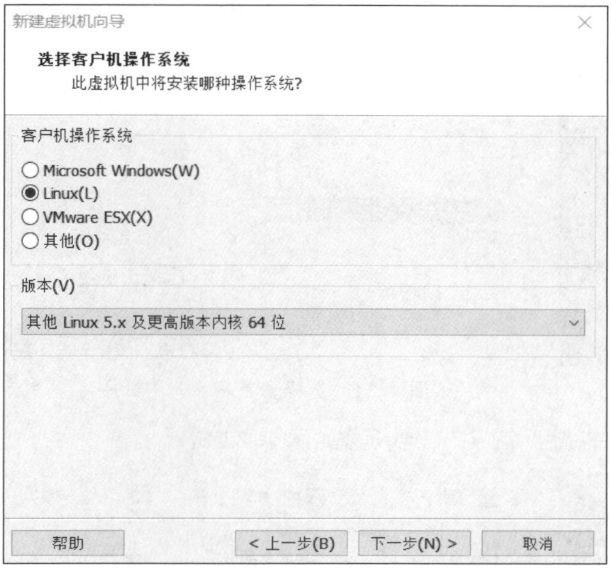

图 1.19　选择内核版本

(2) 给系统分配硬盘大小、内存大小、导入镜像等,这几个步骤和 Windows Server 2012 一样,在此就不做过多讲解。

(3) 进入了安装界面,如图 1.20 所示,将光标移动到第一项,然后按 Enter 键即可进入安装。

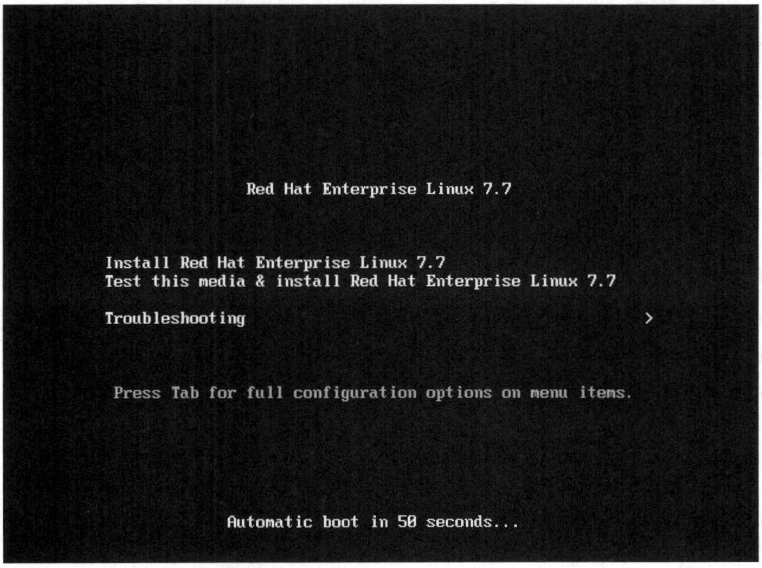

图 1.20　选择安装

(4) 选择语言界面如图 1.21 所示,选择完成之后单击“继续”按钮,进入下一步的安装。

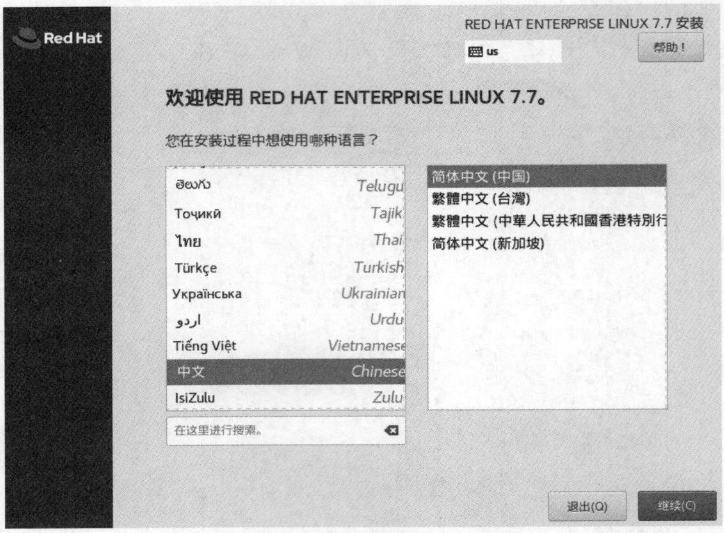

图 1.21　选择语言界面

(5) 下一步的安装需要完成 5 个步骤,如图 1.22 所示。

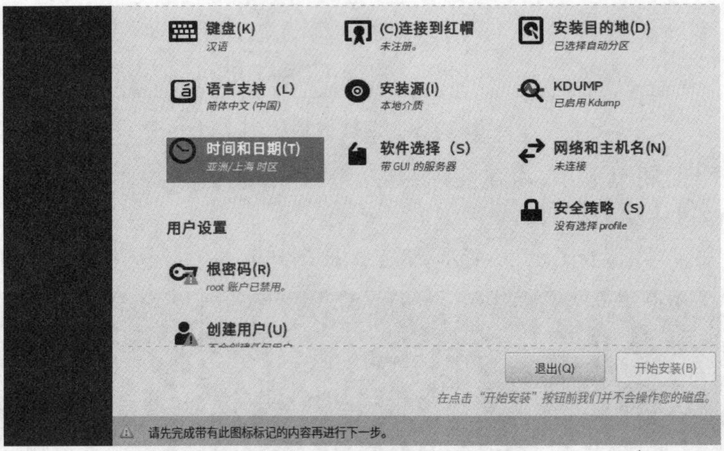

图 1.22　安装界面

这 5 个步骤分别如下。

- 软件选择。
- 选择安装目的地。
- 网络和主机名。
- 根密码。
- 时间和日期。

软件选择: 在图 1.22 所示的安装界面中,选择“软件选择”选项,进入软件选择对话框,单击最下方的“带 GUI 的服务器”选项,然后单击“完成”按钮。

选择安装目的地: 在图 1.22 所示的安装界面中,选择“安装目的地”选项,选择默认路径,单击左上角的“完成”按钮即可。

网络和主机名：在图 1.22 所示的安装界面中，选择“网络和主机名”选项，进入选项框，可以看到以太网右边有个开关，把以太网开关设置为打开，然后单击“完成”按钮即可(也可以在左下角改变服务器的名字)，如图 1.23 所示。

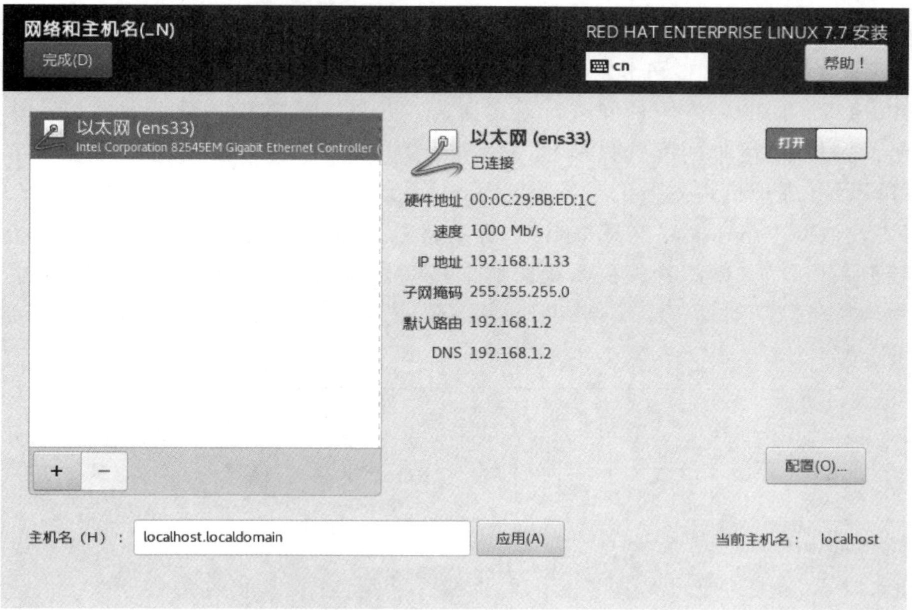

图 1.23　开启网络

根密码：在图 1.22 所示的安装界面中找到“根密码”，单击“根密码”选项进入，然后在里面输入符合密码复杂度的密码(系统管理员密码)。

时间和日期：选择“时间和日期”选项，进入时间和日期对话框，单击“中国上海”，直到红点出现在地图上的上海位置，然后单击“完成”按钮即可完成全部配置。

(6) 图 1.24 表示 Red Hat Enterprise Linux 7 系统安装成功。

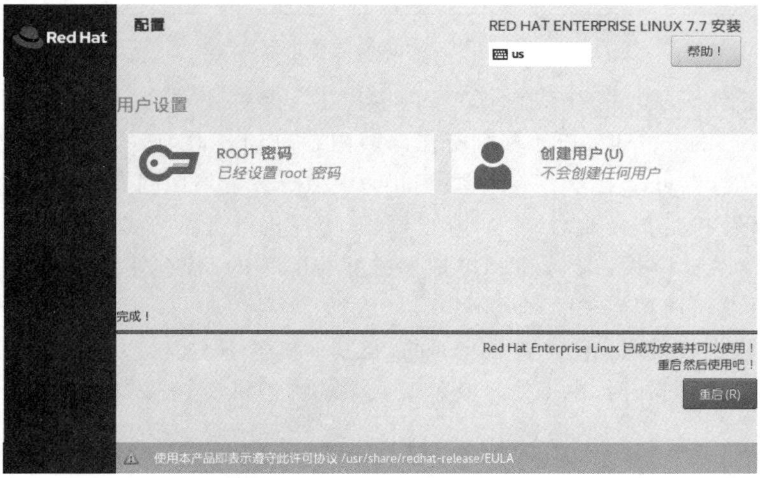

图 1.24　安装 Red Hat 界面

1.3.4 VMware Workstation 16 网卡设置

在创建好虚拟机后,需要对虚拟机做一些配置,如设置内存的使用大小、设置系统安装源、设置虚拟网卡类型等。

在 VMware 虚拟机中,网卡配置是相对难以理解的内容。安装在 VMware 软件中的虚拟机,可以通过不同的方式与外网进行连接通信。这些方式的设置就是对 VMware 软件中网卡的配置。其中,网卡的配置只是起一个桥梁的作用。例如,物理机系统为 Windows 系统,客户机系统(虚拟机里安装的系统)为 Linux 系统,其中主系统有一块真实网卡(本地连接)和两块虚拟网卡(vmnet1 与 vmnet8),客户机系统也有一块网卡(eth0 设备),在此处的设置类似于一个开关,即将物理机系统的哪个接口与客户机系统的 eth0 接口相连。

在"虚拟机设置"对话框下单击"网络适配器"选项,如图 1.25 所示,有三种网络连接模式可以供选择。

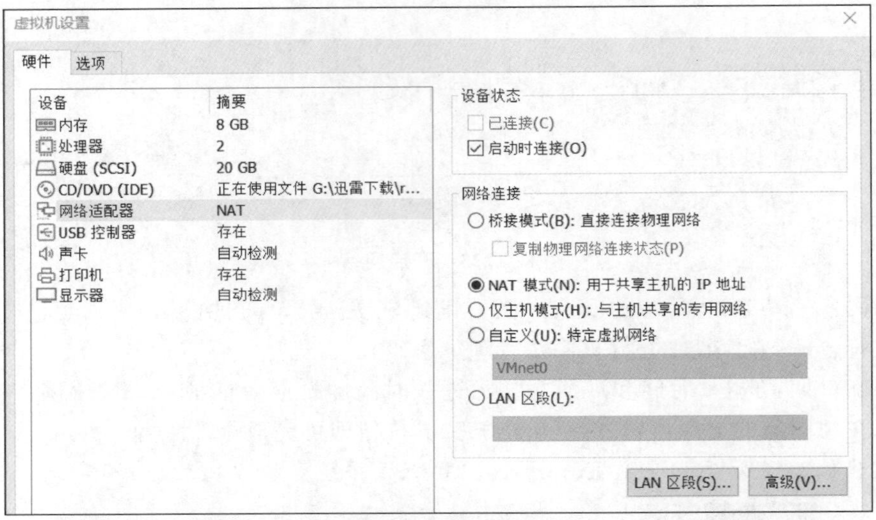

图 1.25 设置网络连接方式

方式 1 是桥接模式:相当于在计算机内虚拟了一个路由器,计算机和虚拟机处于同一局域网,各有自己的独立 IP,若计算机所在局域网是自动获取 IP 的,那么计算机和虚拟机可以互相 ping 通,也可以上外网,否则要手动为虚拟机设置局域网 IP(虚拟机和计算机处于同等地位,即计算机是直接插网线/WiFi 上网的,虚拟机也是插网线/WiFi 上网的)。

方式 2 是 NAT 模式:计算机和虚拟机是互相隔离的,若有外网则二者都可以上外网(虚拟机处于计算机虚拟出来的局域网中,可以访问外网)。

方式 3 是仅主机模式:仅二者是互通的,与其他机器不通(在这个模式下的虚拟机处于断网环境,即无法访问外网,也不能被其他模式下的虚拟机所 ping 通)。

课业任务 1-1

课业任务 1-1

Bob 是 WYL 公司的网络安全运维工程师,现在家里办公,不能连接互联网,他想完成一个三台计算机组成网络安全实验。Bob 使用虚拟机实现三台计算机网络互联。

实现思路：首先在物理机(Bob 的计算机，在本任务中统称物理机)上启动 VMware 虚拟机里的客户机 Windows Server 2012 与 Red Hat Enterprise Linux 7，然后把 VMware 的网卡设置成“NAT 模式”，此时只要把虚拟机里的客户机 Windows Server 2012、Red Hat Enterprise Linux 7 与物理机的网络地址设置成同一个网段，则这两台客户机就可以相互访问。

具体操作步骤如下：

(1) 启动 Windows Server 2012，关闭防火墙，如图 1.26 所示。查询 IP 地址，如图 1.27 所示。

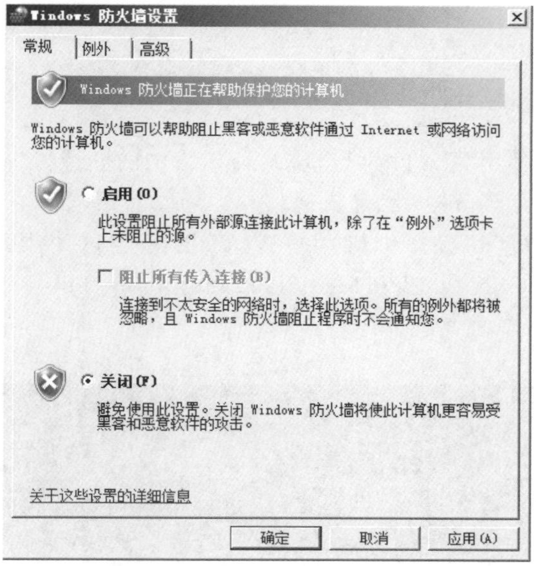

图 1.26　关闭防火墙

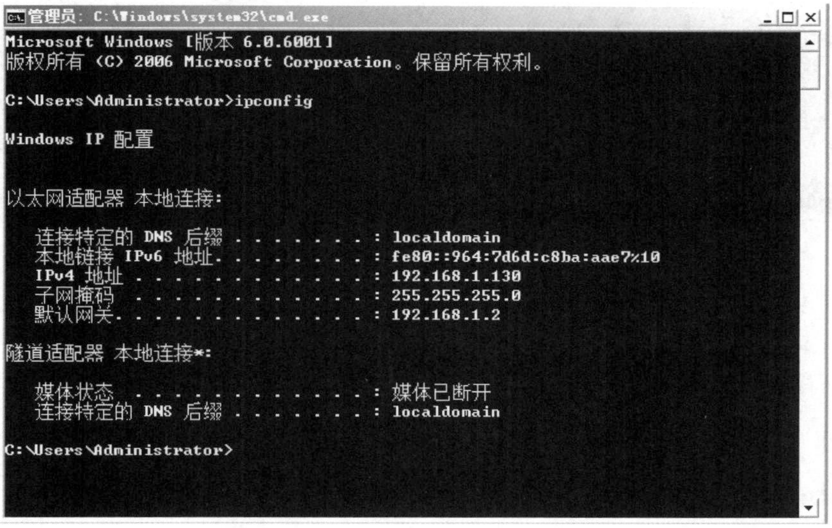

图 1.27　查找 IP 地址

(2) 在 VMware 虚拟机中把 Windows Server 2012 与 Red Hat Enterprise Linux 7 客户机的网络类型设置成为“NAT 模式”,如图 1.25 所示。

(3) 测试连通性(虚拟机到虚拟机)。在 Red Hat Enterprise Linux 7 虚拟机中使用 ping 命令测试是否能访问 Windows Server 2012,如下所示。

```
[root@localhost ~]# ping -c 4 192.168.1.130
PING 192.168.1.130 (192.168.1.130) 56(84) bytes of data.
64 bytes from 192.168.1.130: icmp_seq=1 ttl=128 time=0.302 ms
64 bytes from 192.168.1.130: icmp_seq=2 ttl=128 time=0.402 ms
64 bytes from 192.168.1.130: icmp_seq=3 ttl=128 time=0.333 ms
64 bytes from 192.168.1.130: icmp_seq=4 ttl=128 time=0.402 ms
    --- 192.168.1.130 ping statistics ---
    4 packets transmitted, 4 received, 0% packet loss, time 3000ms
    rtt min/avg/max/mdev = 0.302/0.359/0.402/0.049 ms
```

以上结果说明了在使用“NAT 模式”时,VMware 中的虚拟机 Windows Server 2012 能够和 Red Hat Enterprise Linux 7 相互连通。

(4) 测试连通性(真实机到虚拟机)。在真实机中,尝试使用真实机 ping 通 VMware 中的虚拟机 Windows Server 2012 和 Red Hat Enterprise Linux 7,如图 1.28 测试连通性所示。

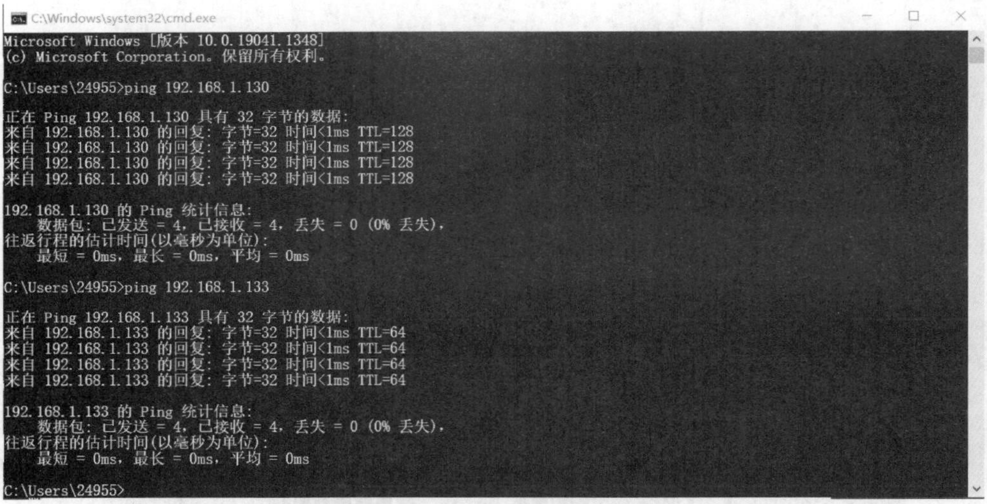

图 1.28 测试连通性

上面 192.168.1.130 是 Windows Server 2012 的 IP,192.168.1.133 是 Red Hat Enterprise Linux 7 的 IP。

以上结果说明了在使用“NAT 模式”的虚拟机 Windows Server 2012 能够和 Red Hat Enterprise Linux 7 以及真实机连通。

1.3.5 华为 eNSP 工具软件安装和使用

eNSP(enterprise Network Simulation Platform)是一款由华为提供的、可扩展的、图形化操作的网络仿真工具平台,主要对企业网络路由器、交换机进行软件仿真,完美呈现真实设备实景，支持大型网络模拟，让广大用户有机会在没有真实设备的情况下能够模拟演练，学习网络技术。

该工具软件具有如下特点。

(1) 高度仿真。

- 可模拟华为 AR 路由器、x7 系列交换机的大部分特性。
- 可模拟 PC 终端、Hub、云、帧中继交换机等。
- 仿真设备配置功能，快速学习华为命令行。
- 可模拟大规模设备组网。
- 可通过真实网卡实现与真实网络设备的对接。
- 模拟接口抓包，直观展示协议交互过程。

(2) 图形化操作。

- 支持拓扑创建、修改、删除、保存等操作。
- 支持设备拖曳、接口连线操作。
- 通过不同颜色，直观反映设备与接口的运行状态。
- 预置大量工程案例，可直接打开演练学习。

(3) 分布式部署。

- 支持单机版本和多机版本，支撑组网培训场景。
- 多机组网场景最大可模拟 200 台设备组网规模。

(4) 部分命令。

```
system - view                           # 将用户模式切换到系统配置模式
display this                            # 显示当前位置的设置信息,以方便了解系统设置
display 端口                            # 显示端口的相关信息
shutdown                                # 当进入了一个端口后,使用 shutdown 可以关闭该端口
undo 命令                               # 执行与命令相反的操作,如 undo shutdown 是开启该端口
quit                                    # 退出当前状态
sysname 设备名                          # 更改设备的名称
interface eth - trunk 1                 # 创建汇聚端口 1(若已创建则是进入)
interface GigaBitEthernet 0/0/1         # 进入千兆以太网端口 1 的设置状态
bpdu enable                             # 允许发送 bpdu 信息
ip address 192.168.0.10 24              # 设置 IP 地址,24 代表 24 位网络号
vlan 10                                 # 进入 VLAN 10 的配置状态
```

命令格式都很有规律的，动手操作几次掌握其要点，根据“帮助”可掌握大部分命令的使用方法。

注意：“帮助”是在 eNSP 软件界面的最右边的带黄色的一个小问号。

1. 软件安装

本书使用 eNSP V100R003C00SPC100 版本的软件安装包。双击 eNSP 安装程序，运行安装文件，然后授权安装，只需一步步单击“下一步”按钮，最后接受协议就能完成安装了，安装 eNSP 界面如图 1.29 所示。

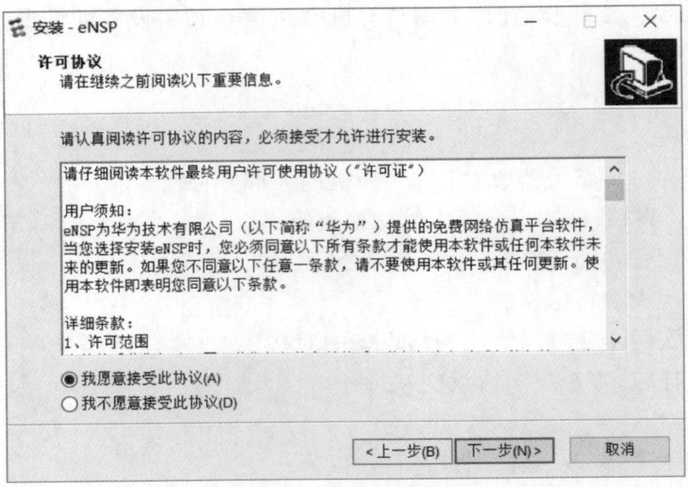

图 1.29　安装 eNSP 界面

注意：eNSP 软件都需要 WinPcap 和 Oracle VM VirtualBox 的支持，因此需要安装 WinPcap 和 Oracle VM VirtualBox 软件，不用担心的是安装程序会自动检测用户有没有安装这个软件，如果没有安装则会出现安装提示，这个时候也是一步步单击"下一步"按钮，最后接受协议就能完成安装了。

2. 注册 eNSP 软件

eNSP 软件安装完成之后，必须要对软件进行注册才能正常使用，不然在日后的使用过程中会出现"报错"等问题。打开 eNSP 软件，单击菜单栏右上角"工具"→"注册设备"选项，勾选对话框右侧的 5 个复选框，然后单击"注册"按钮即可，注册界面如图 1.30 所示。

注册成功后，把路由器拖到空白拓扑上，各类路由器如图 1.31 所示，将全部路由器选中，单击右上角的三角图标将它们进行全选开启，打开所有 CLI，再慢慢等待，等到出现"< huawei >"这个标志，则代表设备成功开启，路由器命令控制界面如图 1.32 所示。

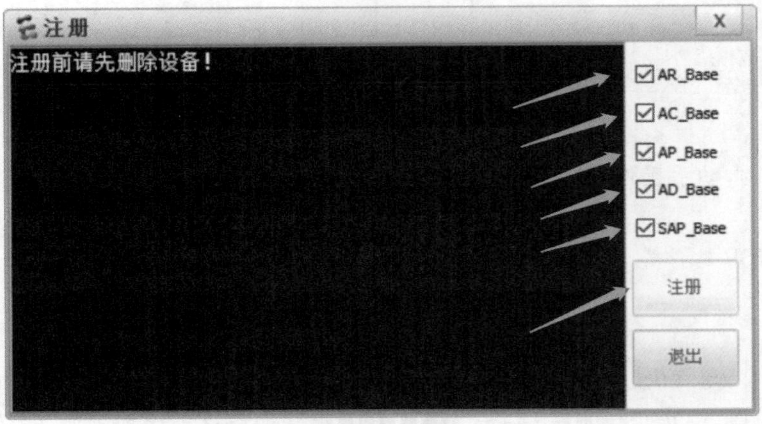

图 1.30　注册界面

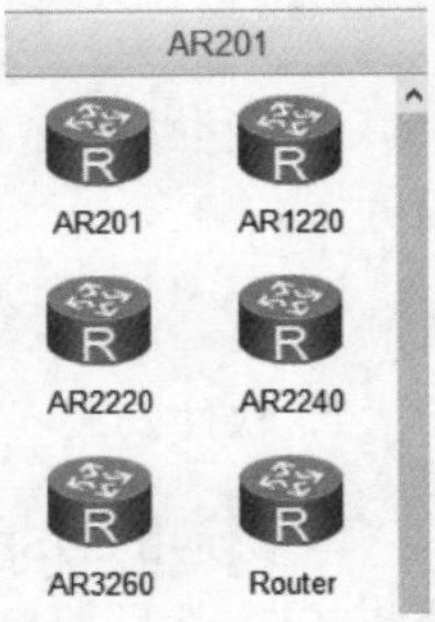

图 1.31　各类路由器

图 1.32　路由器命令控制界面

练习题

1. 操作题

(1) 在 eNSP 里面创建一台路由器并且在路由器的 system-view 里面将路由器命名为 R1。

(2) 在图 1.33 所示的实验拓扑图(设备清单：PC×2，AR1220 路由器)中，PC1 的 IP 地址为 192.168.1.2，网关为 192.168.1.1，PC2 的 IP 为 192.168.3.2，网关为 192.168.3.1，在路由器和 PC 上进行配置，让 PC1 能够访问 PC2。

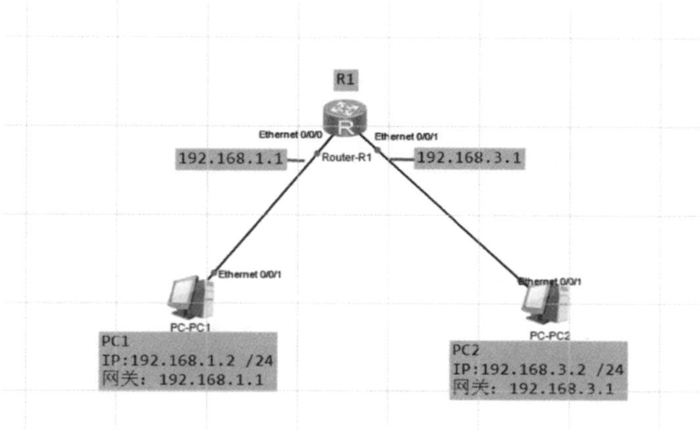

图 1.33　实验拓扑图

2. 巩固命令练习

(1) 将用户模式切换到系统配置模式(　　)。
(2) 显示当前位置的设置信息,以方便了解系统设置(　　)。
(3) 显示端口的相关信息(　　)。
(4) 当进入了一个端口后,使用 shutdown 可以关闭该端口(　　)。
(5) 执行与命令相反的操作,如 undo shutdown 是开启该端口(　　)。
(6) 退出当前状态(　　)。
(7) 更改设备的名称(　　)。
(8) 创建汇聚端口 1(若已创建则是进入)(　　)。
(9) 进入千兆以太网端口 1 的设置状态(　　)。
(10) 允许发送 bpdu 信息(　　)。
(11) 设置 IP 地址,24 代表 24 位网络号(　　)。
(12) 进入 VLAN 10 的配置状态(　　)。

第2章

网络攻击与防范

CHAPTER 2

黑客又称骇客，来源于英文单词 Hacker，原意是指那些精通操作系统和网络技术，并利用其专业知识编制新程序的人。这些人往往都掌握非凡的计算机和网络知识，除了无法通过正当的手段物理性地破坏他人的计算机和帮助他人重装操作系统外，其他的几乎绝大部分的计算机操作他们都可以通过网络做到，例如监视他人计算机、入侵网站服务器替换该网站的主页、攻击他人计算机、盗取计算机中的文件等。黑客攻击的方式层出不穷，但是常见的攻击方式并不多，本章重点讲解黑客常见的攻击方式，主要包括端口扫描、网络嗅探、破解密码、拒绝服务攻击、ARP 攻击以及木马攻击。

学习目标

- 了解常见的攻击方法。
- 掌握网络端口扫描技术。
- 掌握网络嗅探技术。
- 掌握密码破解技术。
- 掌握拒绝服务攻击技术。
- 掌握 ARP 攻防技术。
- 掌握木马攻防技术。

2.1 端口扫描技术

2.1.1 端口扫描简介

一个端口就是一个潜在的通信通道,也就是一个入侵通道。对目标计算机进行端口扫描,能得到许多有用的信息。进行扫描的方法很多,可以手工进行扫描,也可以用扫描软件进行扫描。在手工进行扫描时,需要熟悉各种命令,以及对命令执行后的输出进行分析。用扫描软件进行扫描时,许多扫描器软件都有分析数据的功能。本节主要讲解通过 Nmap 与 X-Scan 扫描工具来对远程主机进行扫描。

扫描器是一种自动检测远程或本地主机安全性弱点的程序,通过使用扫描器扫描目标主机,可以不留痕迹地发现远程主机的各种端口分配及提供的服务和它们的软件版本,这就能间接地或直观地了解到远程主机所存在的安全问题。

扫描器并不是一个直接攻击网络漏洞的程序,它仅仅能帮助系统管理员发现目标主机的某些内在的弱点,一个好的扫描器能对它得到的数据进行分析,帮助系统管理员查找目标主机的漏洞,但它不会提供入侵一个系统的详细步骤。扫描器有三项功能:一是发现一个主机或网络的能力;二是一旦发现一台主机,就会发现运行在这台主机上的服务的能力;三是通过测试这些服务,发现漏洞的能力。

2.1.2 使用 Nmap 扫描工具

Nmap 是一个网络扫描工具,用来扫描主机开放的端口,确定哪些服务在运行,并且推断计算机运行哪个操作系统。正如大多数被用于网络安全的工具,Nmap 也是不少黑客爱用的工具。系统管理员利用 Nmap 来探测工作环境中不应开放的服务,黑客利用 Nmap 来搜集目标主机的网络配置,从而制定攻击方案。

Nmap 有三个基本功能:一是探测一组主机是否在线;二是扫描主机端口,嗅探所提供的网络服务;三是推断主机所用的操作系统。

课业任务 2-1

课业任务 2-1

Bob 是 WYL 公司的安全运维工程师,他想了解 120.79.28.122 服务器的主机状态、开放的端口信息、运行的操作系统类型、从本机到目标主机的拓扑图和最后启动时间等信息。

具体操作步骤如下所示。

(1) 下载 Nmap-Zenmap GUI 软件。

(2) 安装 Nmap-Zenmap GUI 软件。

(3) 打开 Nmap-Zenmap GUI 软件,在"目标"文本框中输入要扫描的目标主机的 IP 地址,本任务输入 120.79.28.122,然后单击"扫描"按钮进行扫描,扫描的结果如图 2.1 所示。

在如图 2.1 所示的窗口中,选择"Nmap 输出"选项卡,可以得到主机 120.79.28.122 的相关信息,具体如下所示:

(1) 主机 120.79.28.122 的扫描报告。

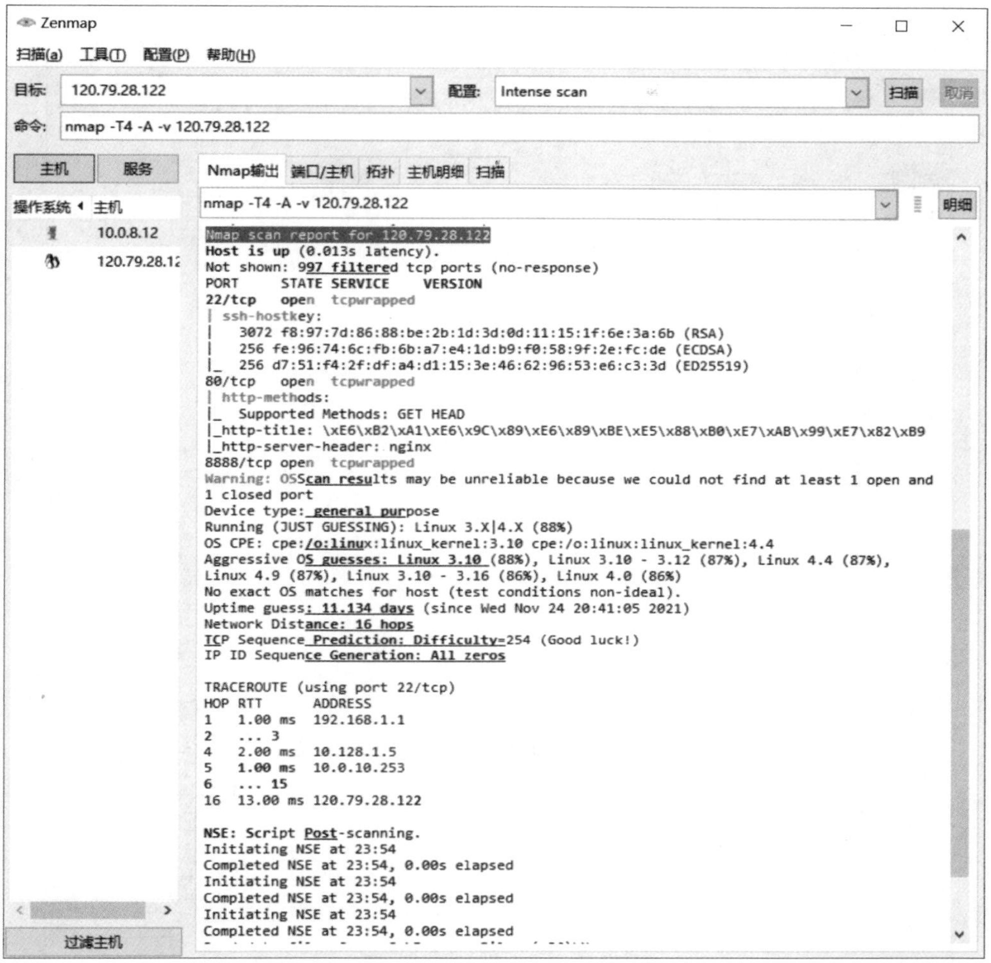

图 2.1　使用 Nmap 扫描工具扫描的结果

(2) 主机的状态是 up。

(3) 主机开放的端口信息,如表 2.1 所示。

表 2.1　主机开放的端口信息

端　　口	协　　议	状　　态	服　　务	端 口 应 用
22	tcp	open	tcpwrapped	SSH
80	tcp	open	tcpwrapped	HTTP
8888	tcp	open	tcpwrapped	重定向端口

(4) 运行的操作系统内核是 Linux 3.x|4.x,操作系统是 Linux 3.10。

(5) 在如图 2.1 所示的窗口中,选择"端口/主机"选项卡,可以得到主机 120.79.28.122 开放端口的详细信息,如图 2.2 所示。

(6) 在如图 2.2 所示的窗口中,选择"拓扑"选项卡,可以得到本机到达主机 120.79.28.122 的拓扑图,如图 2.3 所示。

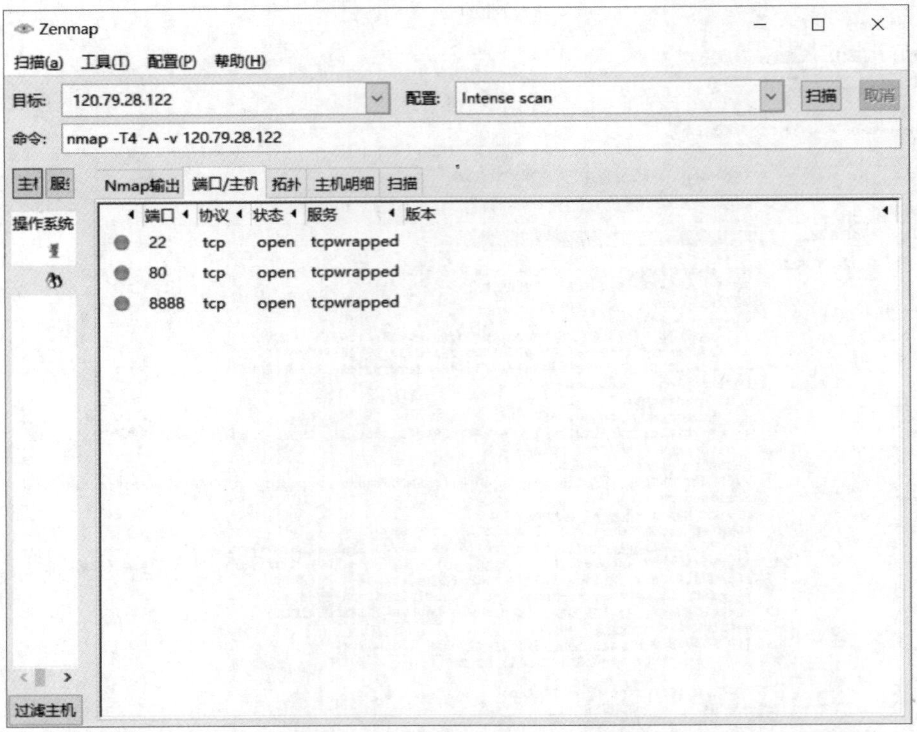

图 2.2　主机 120.79.28.122 开放的端口

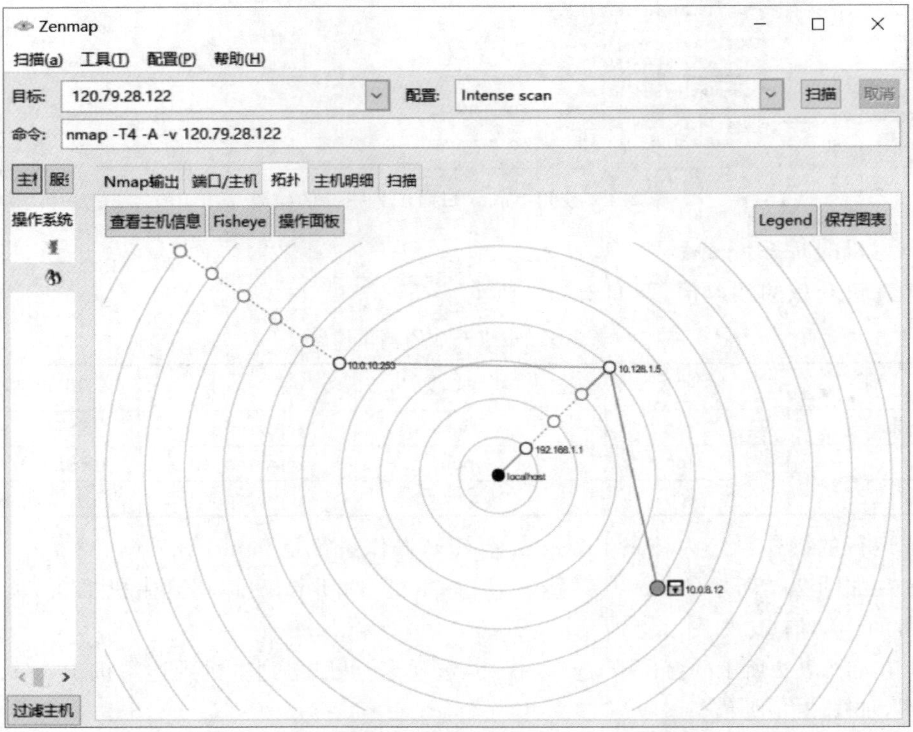

图 2.3　本机到达主机 120.79.28.122 的拓扑图

(7) 在如图 2.3 所示的窗口中，选择“主机明细”选项卡，可以得到主机 120.79.28.122 的相关信息，如图 2.4 所示，具体如下所示：

① 主机的状态是 up。

② 开放端口有 3 个。

③ 主机的上线时间是 962 016 s。

④ 主机最后启动的时间是 2021 年 11 月 24 日 20 点 41 分。

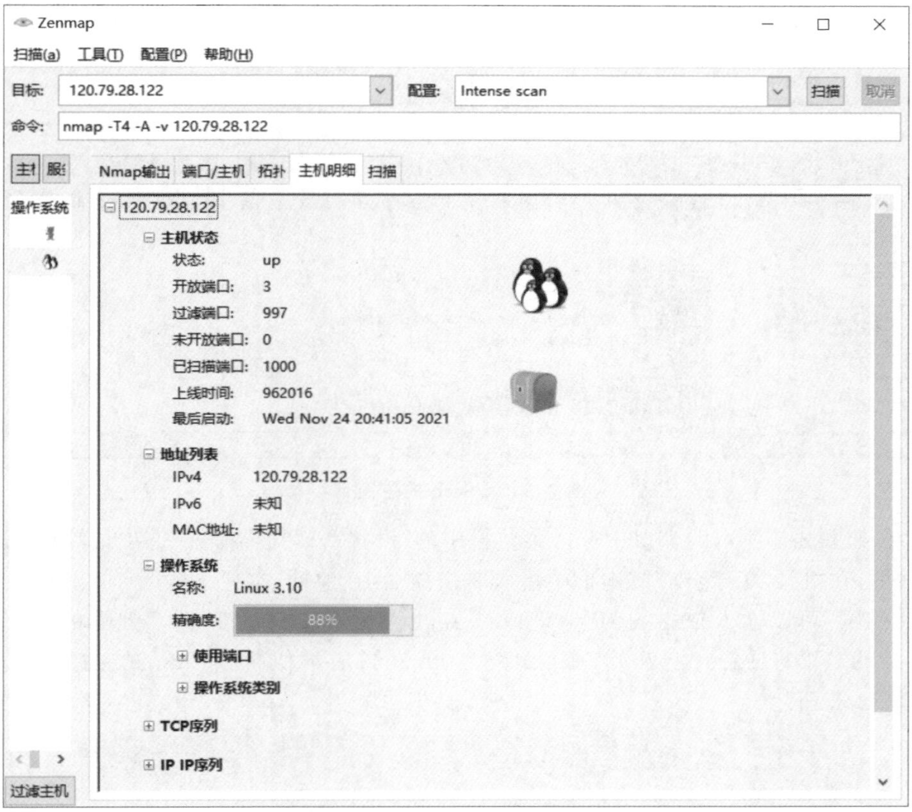

图 2.4　主机 120.79.28.122 的详细信息

2.1.3　使用 X-Scan 扫描工具

X-Scan 是安全焦点开发的一款国内相当出名的扫描工具，完全免费，无须注册，无须安装(解压缩即可运行)，无须额外驱动程序支持，因其拥有友好的操作界面和强大的扫描功能而深受用户喜爱。

X-Scan 采用多线程方式对指定 IP 地址段(或单机)进行安全漏洞检测，支持插件功能。扫描内容包括远程服务类型、操作系统类型及版本、各种弱口令漏洞、后门、应用服务漏洞、网络设备漏洞、拒绝服务漏洞等 20 多个大类。对于多数已知漏洞，给出了相应的漏洞描述。

课业任务 2-2

课业任务 2-2

Bob 是 WYL 公司的安全运维工程师，他想了解 192.168.209.131 服务器开放的服务、

NT-Server弱口令、NetBios信息、远程操作系统、FTP弱口令和漏洞检测版本等相关信息。

具体操作步骤如下。

(1) 下载X-Scan并进行解压,双击打开X-Scan的启动程序xscan_gui.exe,显示X-Scan的主窗口,如图2.5所示。

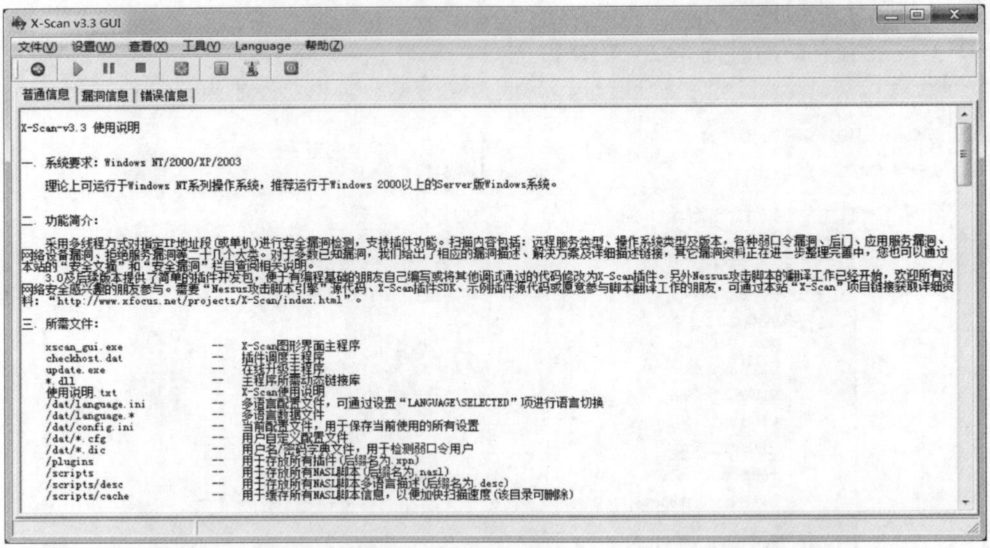

图2.5　X-Scan的主窗口

(2) 在如图2.5所示的窗口中选择菜单栏中的"设置"→"扫描参数"选项,弹出如图2.6所示的对话框,在"指定IP范围"文本框中输入要扫描的IP地址,本任务输入192.168.209.131。"指定IP范围"可以输入独立的IP地址或域名,也可以输入以"-"和","分隔的IP范围,如192.168.209.1-20,192.168.209.1-192.168.209.254,或类似192.168.209.131/24的掩码格式,如图2.6所示。

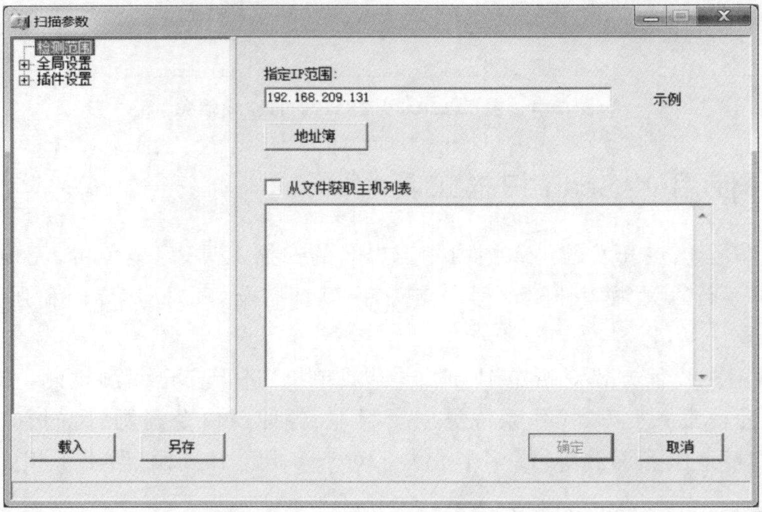

图2.6　IP地址设置

(3) 在如图 2.6 所示的对话框中，选择“全局设置”选项，并将其展开，选择“扫描模块”选项，本任务需要扫描加载的插件，勾选“开放服务”“NT-Server 弱口令”“NetBios 信息”“远程操作系统”“FTP 弱口令”“漏洞检测版本”等复选框，如图 2.7 所示。单击“确定”按钮，将返回到 X-Scan 主界面。

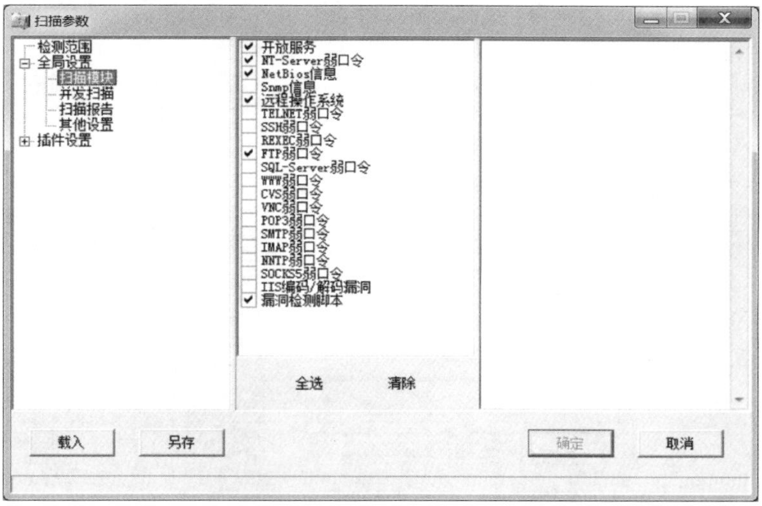

图 2.7　全局设置

(4) 在如图 2.5 所示的窗口中选择菜单栏中的“文件”→“开始扫描”选项，开始扫描，扫描的结果如图 2.8 所示，可以得到开放的服务、NetBios 信息、FTP 弱口令、漏洞检测脚本等信息。

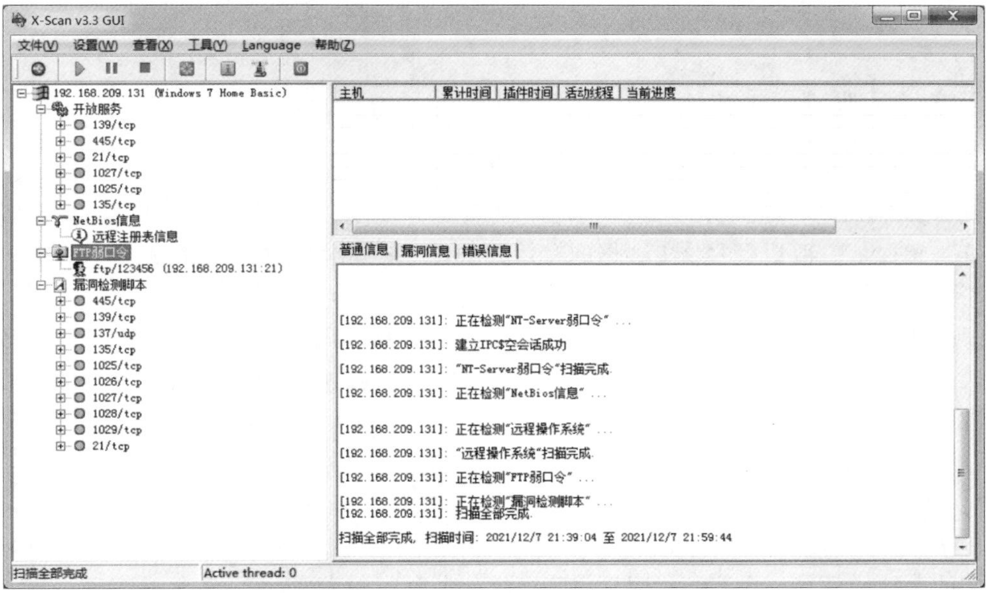

图 2.8　扫描结果

(5) 扫描完成后，将会弹出一个网页式的报表，如图 2.9 所示。在图 2.9 中，列出了检测结果、主机列表以及主机分析等信息。

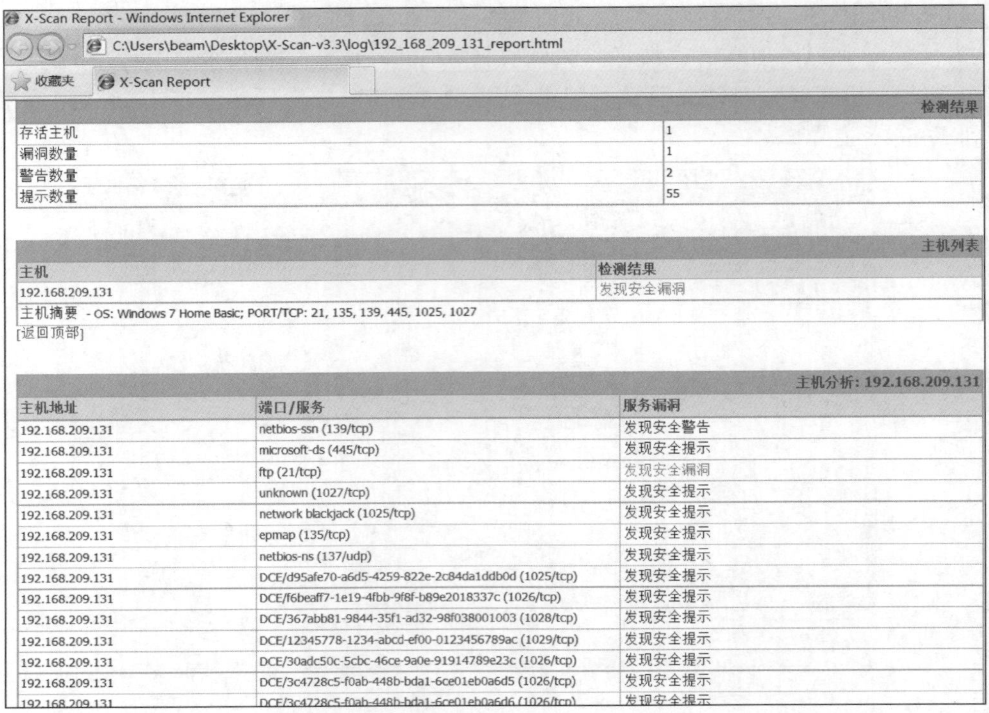

图 2.9　X-Scan 漏洞检测报表

2.2　嗅探攻击

2.2.1　嗅探原理

作为一种能够捕获网络数据包的设备，ISS(Internet Security System)是这样定义嗅探器的：嗅探器(Sniffer)是利用计算机的网络接口截获目的地为其他计算机的数据报文的一种工具。嗅探是一种常用的收集数据的有效方法，这些数据可能是用户的账号或密码，也可能是一些商业机密数据等。

嗅探器捕获的数据是计算机间接传送的二进制数据。因此，嗅探程序必须使用特定的网络协议来分解嗅探到的数据，只有这样嗅探器才能识别出哪个协议对应于这个数据片段，从而进行正确的解码。

网络嗅探器对信息安全的威胁在于其被动性与非干扰性，这使得网络嗅探具有很强的隐蔽性，往往让网络信息泄密变得不易被发觉。现在基于 IPv4 的网络对所有的数据都使用明文传送，这也就是说除非通信双方的应用程序自定义数据的加、解密，否则这些信息都将是明文的。这样就导致黑客利用嗅探器来窃取一些私密的东西。

嗅探器的作用主要是分析网络流量，以便找出所关心的网络中潜在的问题，例如，网络上有拒绝服务攻击，可以通过捕获报文分析到底是哪一种拒绝服务攻击等。在网络中，嗅探器对系统管理员非常重要，系统管理员可以通过嗅探器诊断出网络中出现的不可见的模糊问题。总而言之，嗅探器的主要作用包括：

- 解码网络上传输的报文。
- 为网管诊断网络提供帮助。
- 为网管分析网络性能提供参考，发现网络瓶颈问题。
- 发现网络入侵迹象，为入侵检测提供参考。

嗅探器分为软件嗅探器与硬件嗅探器。硬件嗅探器是通过专门的硬件设备对网络数据进行捕获和分析，也称为协议分析仪，它的优点是速度快。软件嗅探器是基于不同的操作系统，通过对网卡进行编程来实现，成本较低，但速度慢。现在大多数嗅探是基于软件的，常用的软件嗅探有 Sniffer Pro、Wireshark、IRIS 等，下面主要介绍开源嗅探工具 Wireshark。

2.2.2 部署嗅探器

因为嗅探器是在网卡上来捕获网络上的报文，所以首先必须了解网卡的工作原理。网卡根据数据帧的 MAC 地址来决定是否接收该数据帧。

对于网卡来讲有如下 4 种工作模式。

- 广播模式：该模式下的网卡能够接收网络中的广播信息。
- 组播模式：该模式下的网卡能够接收网络中的组播信息。
- 单播模式：该模式下的网卡能够接收网络中的单播信息，也就是数据帧的目的 MAC 是本网卡的 MAC 地址。
- 混杂模式：该模式下的网卡能够接收网络中的一切通过它的数据，而不管该数据是否是传给它的。

正常情况下，网卡只处于广播模式与单播模式。

在物理介质上传送数据时，共享设备与交换设备在处理数据帧上是有区别的。下面分别讲解在共享环境与交换环境下如何部署嗅探器。

1. 在共享环境下部署嗅探器

共享环境主要采用 HUB 组网，拓扑是总线的，在物理上是总线的，其工作方式为广播方式，也就是说当 HUB 接收到一个数据时，它是不理解这个数据是发送到何处，则采用广播的方法进行发送，除接收端口之外的所有端口都发送。在这种广播环境下，主机 A 发送给主机 B 的数据，主机 C 就能收得到，但是主机 C 比较一下，发现目标 MAC 地址不是自己，它将丢弃该帧。如果主机 C 想要去捕获主机 A 与主机 B 之间的通信，只要把自己的网卡设置成混杂模式即可。

2. 在防火墙上部署端口镜像

镜像是将网络中某个接口（称作镜像端口）接收或发送的报文，复制一份到指定接口（称作观察端口），然后发送到报文计算机或者分析设备上。通过分析报文分析设备“捕获”的报文，在企业中用镜像功能，可以很好地对企业内部的网络数据进行监控管理，在网络出故障时，可以快速地定位故障。

镜像的典型组网环境如图 2.10 所示。

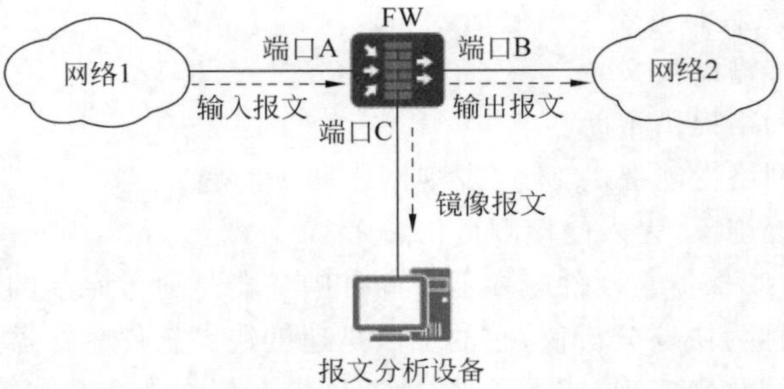

图 2.10　镜像的典型组网环境

为了监视（网络 1）从端口 A 输入的报文或从端口 B 转发到（网络 2）的报文，将端口 C 配置为观察端口，且与计算机或者报文分析设备相连。在端口 A 上配置镜像功能，将端口 A 接收或转发的全部报文复制一份到端口 C，由报文分析设备进行分析。

课业任务 2-3

课业任务 2-3

WYL 企业为了定位网络问题监视从 R1 经由 GE0/0/0 输入防火墙的报文，设置防火墙的 GE1/0/0 为观测端口，然后在 GE1/0/1 上配置端口镜像，将所有从 GE1/0/1 收到的报文都复制一份到 GE1/0/0，由分析设备 HostA 进行分析，拓扑图如图 2.11 所示。

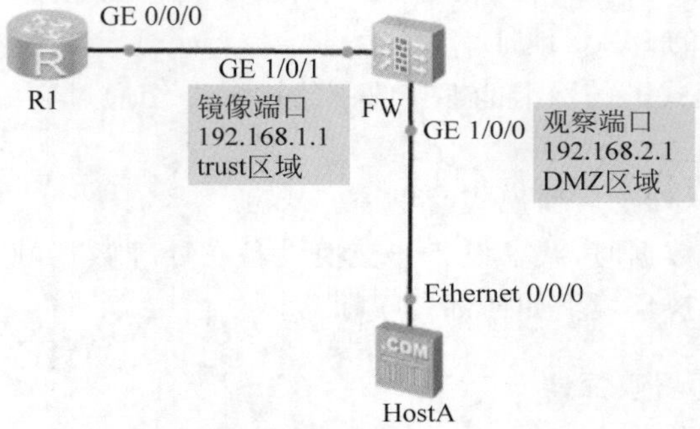

图 2.11　镜像端口拓扑图

具体操作步骤如下。

(1) 配置 FW 的 GE1/0/0 为观测端口，命令如下所示。

```
[FW] observing - port GigabitEthernet 1/0/0
Info: Do not configure other services on the observing port, to avoid affecting
the port mirroring service
```

(2) 在 GE1/0/1 上开启上行端口镜像功能，将 GE1/0/1 流量镜像至 GE1/0/0 端口上，命令如下所示。

```
[FW] port - mirroring GigabitEthernet 1/0/1 inbound GigabitEthernet 1/0/0
Warning: Port mirror may affect the system performance, continue? [Y/N]: y
```

通过以上命令则可以捕获所有内网上的数据。

2.2.3　嗅探器 Wireshark 的基本操作

Wireshark 是当前最流行的网络协议分析工具之一，它的前身为 Ethereal，它与 Sniffer Pro 并称为网络嗅探双雄。

1. Wireshark 的安装

双击 Wireshark 安装程序，运行安装文件，只需一步步单击 Next 按钮，最后再根据提示重启系统即可完成安装。不过需要特别注意，Wireshark 类网络嗅探软件都需要 WinPcap 的支持，因此需要安装 WinPcap 软件。

2. 使用 Wireshark 监测网络数据

启动 Wireshark 软件后，首先要设置 Wireshark 要监视的网卡，选择"捕获"→"选项"选项，或者使用 Ctrl+K 组合键，弹出如图 2.12 所示的对话框，选择需要捕获的网卡，再单击"开始"按钮就可以开始捕获这块网卡上的数据包。

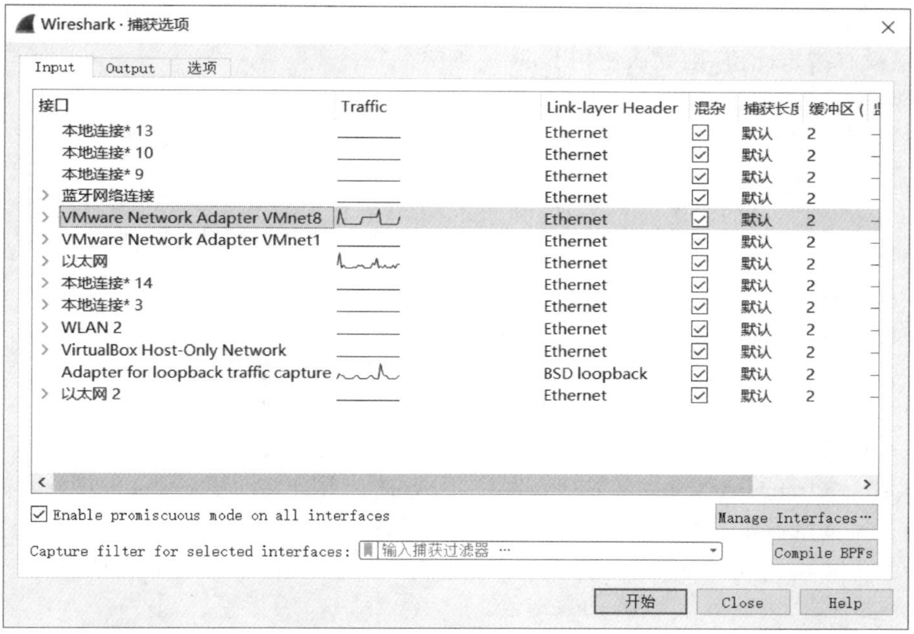

图 2.12　捕获选项

3. 把网卡设置成混杂模式

在如图 2.12 所示的对话框中，勾选 Enable promiscuous mode on all interfaces 复选框，即把网卡设置成混杂模式。

4. 过滤数据包

想要捕获某一种特定类型的数据包，就必须要在如图 2.12 所示的对话框中的 Capture

filter for selected interfaces 文本框中输入过滤规则。Capture Filter 的过滤规则语法如表 2.2 所示。

表 2.2 Capture Filter 的过滤规则语法

语法	Protocol	Direction	Host(s)	Value	Logical Operations	Other Experssion
例子	tcp	dst	10.1.1.1	80	and	src 192.168.1.1

下面介绍主要的过滤规则语法。

(1) Protocol。

可能的值：ether,fddi,ip,ARP,rARP,decnet,lat,sca,moprc,mopdl,tcp and udp。

如果没有特别指明是什么协议,则默认使用所有支持的协议。

(2) Direction。

可能的值：src,dst,src and dst,src or dst。

如果没有特别指明来源或目的地,则默认使用 src or dst 作为关键字。

例如,host 10.2.2.2 与 src or dst host 10.2.2.2 是一样的。

(3) Host(s)。

可能的值：net,port,host,portrange。

如果没有指定此值,则默认使用 host 关键字。

例如,src 10.1.1.1 与 src host 10.1.1.1 相同。

(4) Logical Operations。

可能的值：not,and,or。

not(否)具有最高的优先级。or(或)和 and(与)具有相同的优先级,运算时从左至右进行。

例如：not tcp port 3128 and tcp port 23 与(not tcp port 3128) and tcp port 23 相同。not tcp port 3128 and tcp port 23 与 not (tcp port 3128 and tcp port 23)不同。

下面举例说明表达式的书写。

(1) tcp dst port 3128：显示目的 TCP 端口为 3128 的数据包。

(2) ip src host 10.1.1.1：显示源 IP 地址为 10.1.1.1 的数据包。

(3) host 10.1.2.3：显示目的或源 IP 地址为 10.1.2.3 的数据包。

(4) src portrange 2000-2500：显示源为 UDP 或 TCP,并且端口号为 2000～2500 的数据包。

(5) not icmp：显示除了 icmp 以外的所有数据包。

(6) src host 10.7.2.12 and not dst net 10.200.0.0/16：显示源 IP 地址为 10.7.2.12,但目的地址不是 10.200.0.0/16 的数据包。

(7) (src host 10.4.1.12 or src net 10.6.0.0/16) and tcp dst portrange 200-10000 and dst net 10.0.0.0/8：显示源 IP 为 10.4.1.12 或者源网络为 10.6.0.0/16,目的 TCP 端口号为 200～10 000,并且目的地址位于网络 10.0.0.0/8 内的所有数据包。

2.2.4 使用 Wireshark 捕获 FTP 数据包

课业任务 2-4

课业任务 2-4

Bob 是 WYL 公司的安全运维工程师,他的计算机的 IP 地址是 192.168.1/24,公司 FTP 服务器的 IP 地址是 192.168.209.131/24,现在 Bob 想利用 Wireshark 工具捕获访问

FTP 服务器的数据包进行分析，以确保是授权用户访问 FTP 服务器。

具体操作步骤如下。

(1) 在 Bob 的计算机上启动 Wireshark 工具，选择菜单栏中的“捕获”→“选项”选项，在 Input 选项卡中选择要捕获的网卡，然后单击“开始”按钮就可以开始捕获这块网卡上的数据包了，如图 2.13 所示。

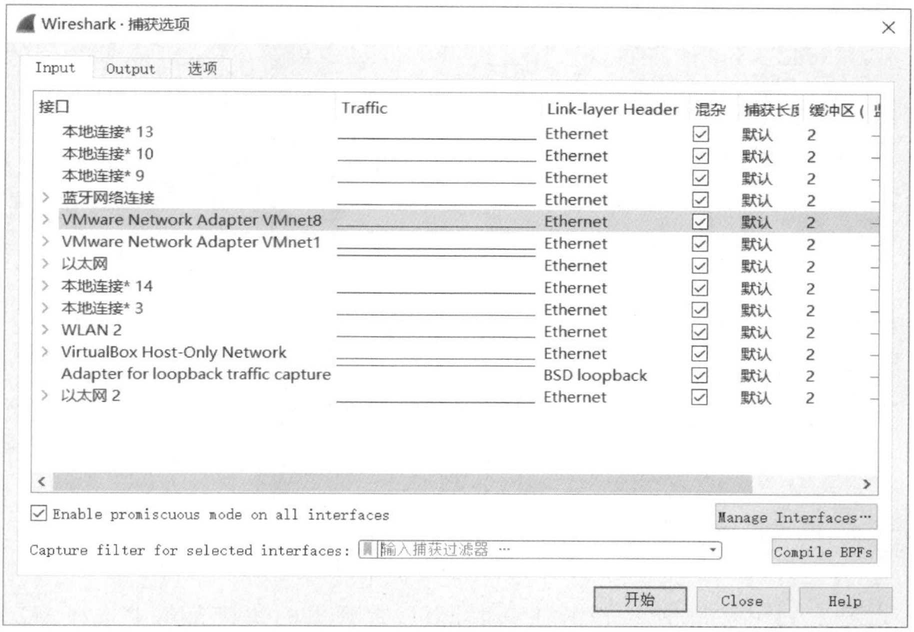

图 2.13　设置捕获网卡

(2) Bob 登录到 FTP 服务器时，输入用户名和密码，并下载文件 1.txt，如图 2.14 所示。

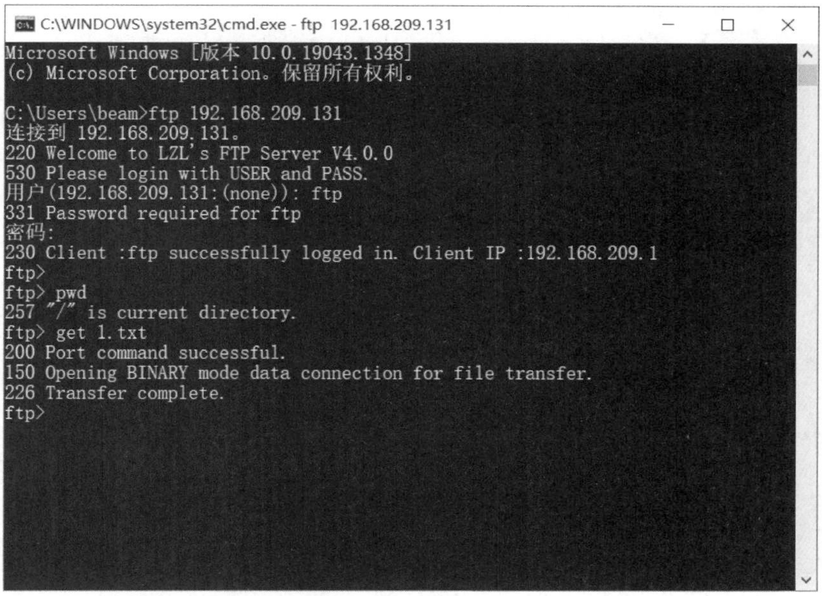
C:\WINDOWS\system32\cmd.exe - ftp 192.168.209.131
Microsoft Windows [版本 10.0.19043.1348]
(c) Microsoft Corporation。保留所有权利。
C:\Users\beam>ftp 192.168.209.131
连接到 192.168.209.131。
220 Welcome to LZL's FTP Server V4.0.0
530 Please login with USER and PASS.
用户(192.168.209.131:(none)): ftp
331 Password required for ftp
密码:
230 Client :ftp successfully logged in. Client IP :192.168.209.1
ftp>
ftp> pwd
257 "/" is current directory.
ftp> get 1.txt
200 Port command successful.
150 Opening BINARY mode data connection for file transfer.
226 Transfer complete.
ftp>

图 2.14　登录 FTP 并下载文件

(3) Bob 退出 FTP 服务器后,Bob 的计算机上的 Wireshark 工具停止抓包。图 2.14 显示已经捕获到了 FTP 数据包。从图 2.14 中可以分析刚才登录 FTP 服务器的用户名为 ftp,密码为 123456,如图 2.15 所示。

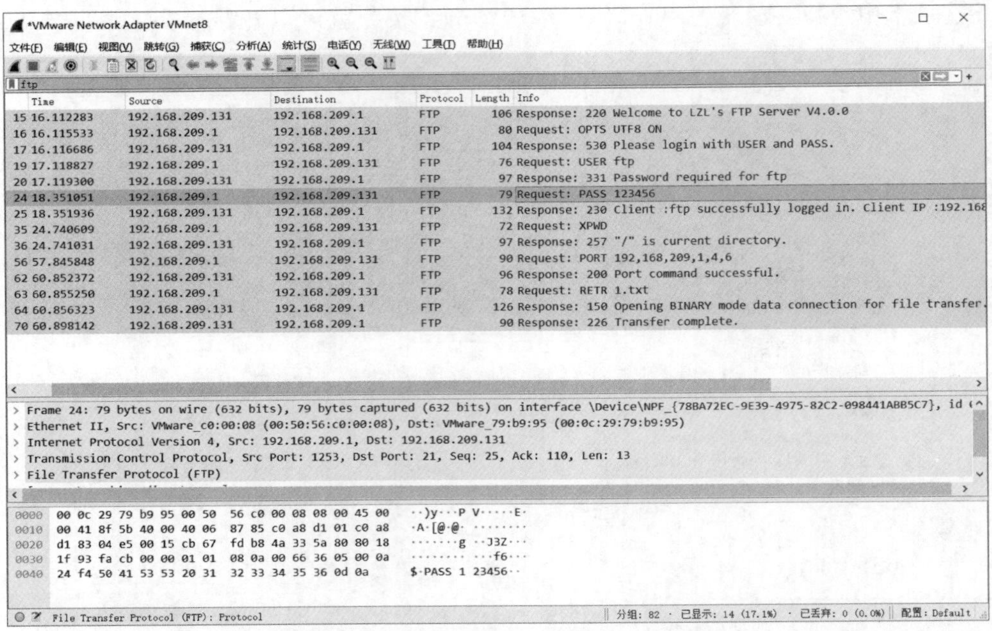

图 2.15 捕获后的数据包

(4) 在图 2.15 中右击所选择的任意数据包,在弹出的快捷菜单中选择“跟踪流”→“TCP 流”选项,在弹出的对话框中就可以看到以上使用 FTP 的全过程,如图 2.16 所示。

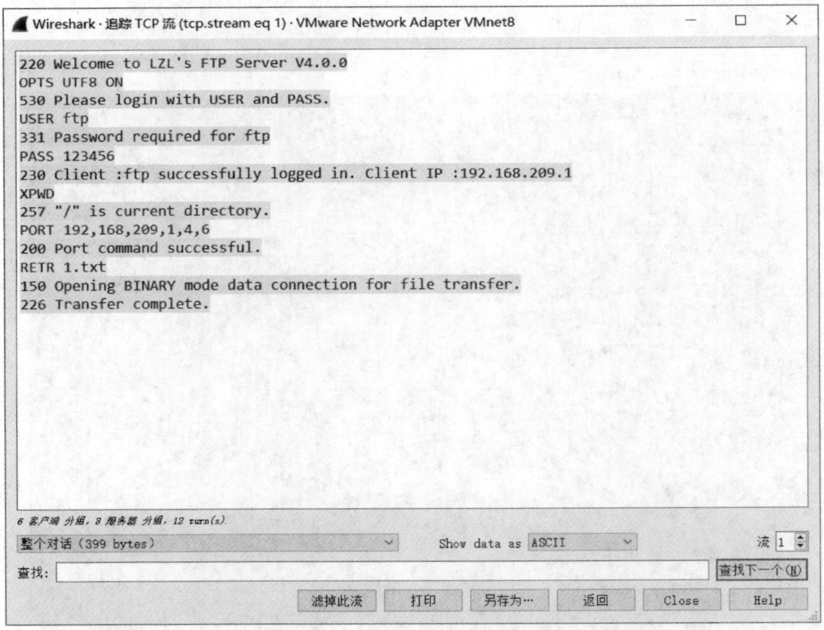

图 2.16 查看使用 FTP 的过程

2.3　DHCP 服务器仿冒攻击

2.3.1　DHCP 概述

DHCP(动态主机配置协议)是一个应用层协议,我们需要在局域网内部署一台 DHCP 服务器,当我们将客户端计算机的 IP 地址配置为自动获取 IP 地址,就可以获取到由 DHCP 服务器分配的 IP 地址,DHCP 客户端以广播的形式发送 DHCP Discover 报文,在同一局域网内 DHCP 服务器才能收到 DHCP 客户端广播的 DHCP Discover 报文,图 2.17 所示为 DHCP 服务器与客户端在同一局域网报文交互示意。当 DHCP 客户端与 DHCP 服务器不在同一个网段时,必须部署 DHCP 中继来转发 DHCP 客户端和 DHCP 服务器之间的 DHCP 报文。

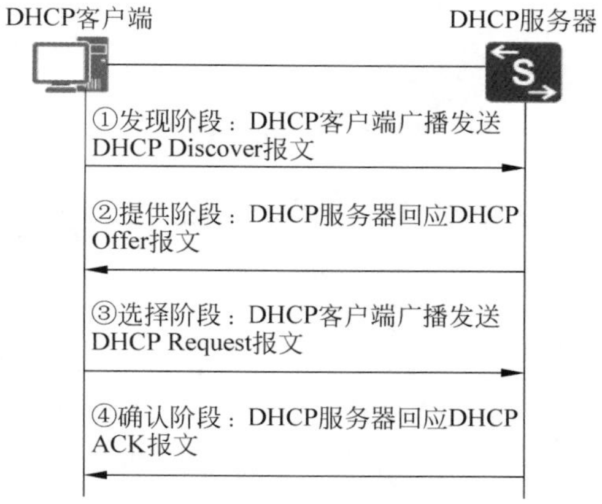

图 2.17　DHCP 服务器与客户端在同一局域网报文交互示意

2.3.2　DHCP 服务器仿冒攻击原理

由于 DHCP 服务器和 DHCP 客户端之间没有认证机制防护,因此如果在网络上随意添加一台 DHCP 服务器,它就可以为客户端分配 IP 地址以及其他网络参数。如果该 DHCP 服务器是攻击者为用户分配错误的 IP 地址和其他网络参数,将会对网络造成非常大的危害。如图 2.18 所示,客户端的 DHCP Discover 报文是以广播形式发送的,无论是合法的 DHCP 服务器,还是仿冒的 DHCP 服务器都可以接收到 DHCP 客户端发送的 DHCP Discover 报文。

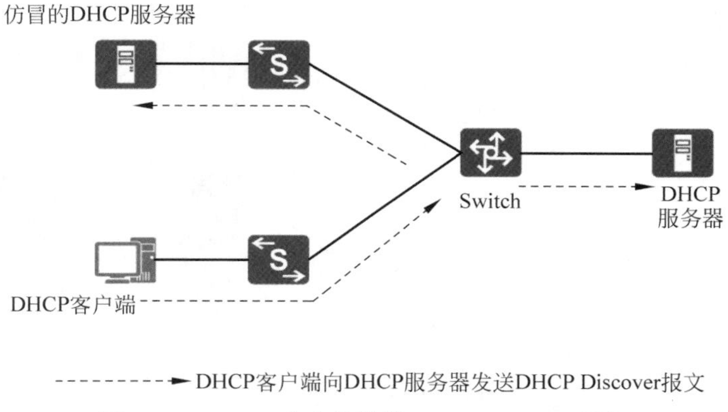

图 2.18　DHCP 客户端发送 DHCP Discover 报文

如果此时仿冒的DHCP服务器比合法的DHCP服务器先收到DHCP Discover报文，就会立刻回应给DHCP客户端仿冒信息，例如错误的IP、错误的DNS地址、错误的网关地址等信息，如图2.19所示。DHCP客户端将无法获取正确的IP地址和相关信息，导致合法用户无法正常访问网络或本身信息安全受到严重威胁。

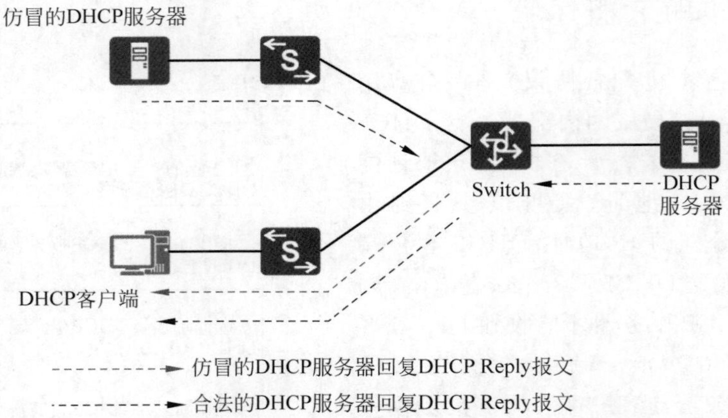

图2.19 DHCP Client发送DHCP Discover报文示意

2.3.3 DHCP服务器仿冒攻击防范

在网络层配置中使用DHCP监听(DHCP Snooping)来防止仿冒的DHCP仿冒攻击，DHCP Snooping是一种DHCP安全特性，用于保证DHCP客户端从合法的DHCP服务器获取到IP地址，是在网络设备配置中经常使用的一种安全技术。DHCP Snooping可以记录DHCP客户端IP地址与MAC地址等参数的对应关系，防止网络上针对DHCP攻击。

课业任务2-5

课业任务2-5

Bob是WYL公司的网络管理员，为了防止网络接入端口上存在假冒DHCP服务器，网络管理员需要在LSW1上配置DHCP Snooping防护，防止网络受到DHCP服务器仿冒攻击，拓扑如图2.20所示。

具体操作步骤如下所示。

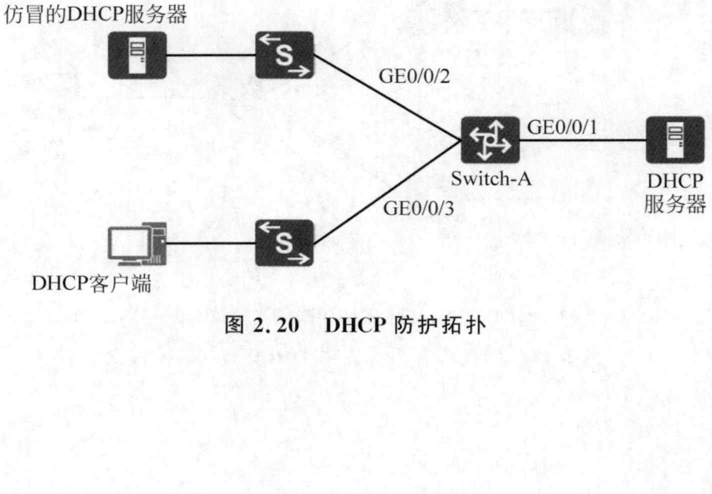

图2.20 DHCP防护拓扑

(1) 在 Switch-A 全局使能 DHCP 以及 DHCP Snooping 功能，如下命令所示。

```
<Switch-A> system-view
[Switch-A] dhcp enable
[Switch-A] dhcp snooping enable
```

(2) 将相应的端口(连接合法 DHCP 服务器的端口 GE0/0/1)划入 dhcp snooping trusted 信任区域。

```
<Switch-A> system-view
[Switch-A] interface GigabitEthernet 0/0/1
[Switch-A-GigabitEthernet 0/0/1] dhcp snooping enable
[Switch-A-GigabitEthernet 0/0/1] dhcp snooping trusted
```

(3) 将连接 DHCP 客户端以及非仿冒 DHCP 服务器端口全部使能 dhcp snooping 功能。

```
<Switch-A> system-view
[Switch-A] interface GigabitEthernet 0/0/2
[Switch-A-GigabitEthernet 0/0/2] dhcp snooping enable
[Switch-A] interface GigabitEthernet 0/0/3
[Switch-A-GigabitEthernet 0/0/4] dhcp snooping enable
```

(4) 这样一来 Switch-A 交换机在非信任接口在接收到 DHCP 服务器响应的 DHCP ACK 报文、DHCP NAK 报文和 DHCP Offer 报文后，会丢弃该报文，防护 DHCP 服务器仿冒攻击。

2.4　拒绝服务攻防

2.4.1　拒绝服务攻击简介

DoS(Denial of Service)攻击的含义是拒绝服务攻击，这种攻击行动在众多的攻击技术当中是一种简单有效且危害性很大的攻击方法。DoS 攻击是指故意攻击网络协议实现的缺陷，或直接通过野蛮手段耗尽被攻击对象的资源，目的是让目标计算机或网络无法提供正常的服务或资源访问，使目标系统服务停止响应甚至崩溃。

常见的拒绝服务攻击有 SYN Flood 攻击、Land 攻击、Smurf 攻击、UDP Flood 攻击等。

1. SYN Flood 攻击

SYN Flood 攻击是一种通过向目标服务器发送 SYN 报文，消耗其系统资源，削弱目标服务器的服务提供能力的行为。一般情况下，SYN Flood 攻击是在采用 IP 源地址欺骗行为的基础上，利用 TCP 连接建立时的三次握手过程形成的。

众所周知，一个 TCP 连接的建立需要双方进行三次握手，只有当三次握手都顺利完成之后，一个 TCP 连接才能成功建立。当一个系统(称为客户端)请求与另一个提供服务的系统(称为服务器)建立一个 TCP 连接时，双方要进行以下消息交互。

• 客户端向服务器发送一个 SYN 消息。

• 如果服务器同意建立连接,则响应客户端一个对 SYN 消息的回应消息(SYN/ACK)。

• 客户端收到服务器的 SYN/ACK 以后,再向服务器发送一个 ACK 消息进行确认。

• 当服务器收到客户端的 ACK 消息以后,一个 TCP 的连接成功完成。

连接的建立过程如图 2.21 所示。

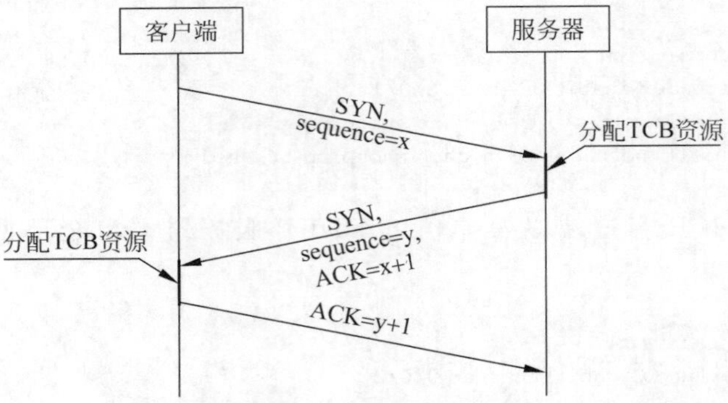

图 2.21　TCP 连接的建立过程

在上述过程中,当服务器收到 SYN 报文后,在发送 SYN/ACK 回应客户端之前,需要分配一个数据区记录这个未完成的 TCP 连接,这个数据区通常称为 TCB 资源,此时的 TCP 连接也称为半开连接。这种半开连接仅在收到客户端响应报文或连接超时后才断开,而客户端在收到 SYN/ACK 报文之后才会分配 TCB 资源,因此这种不对称的资源分配模式会被攻击者所利用形成 SYN Flood 攻击。

如图 2.22 所示,攻击者使用一个并不存在的源 IP 地址向目标服务器发起连接,该服务器回应 SYN/ACK 消息作为响应,因为应答消息的目的地址并不是攻击者的实际地址,所以这个地址将无法对服务器进行响应。因此,TCP 握手的最后一个步骤将永远不可能发生,该连接就一直处于半开状态直到连接超时后被删除。如果攻击者用快于服务器 TCP 连接超时的速度,连续对目标服务器开放的端口发送 SYN 报文,服务器的所有 TCB 资源都将被消耗,以至于不能再接受其他客户端的正常连接请求。

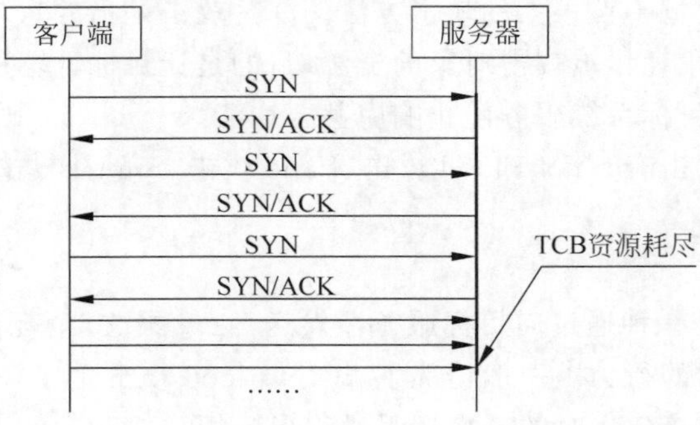

图 2.22　SYN Flood 攻击原理

为保证服务器能够正常提供基于 TCP 的业务,防火墙必须能够利用有效的技术瓦解以及主动防御 SYN Flood 攻击。

如图 2.23 所示，管理员可以根据被保护服务器的处理能力设置半开连接数阈值。如果服务器无法处理客户端所有连接请求，就会导致未完成的半开连接数(即客户端向服务器发起的所有半开连接数和完成了握手交互变成全连接的半开连接数之差)超过指定阈值，此时防火墙可以判定服务器正在遭受 SYN Flood 攻击。

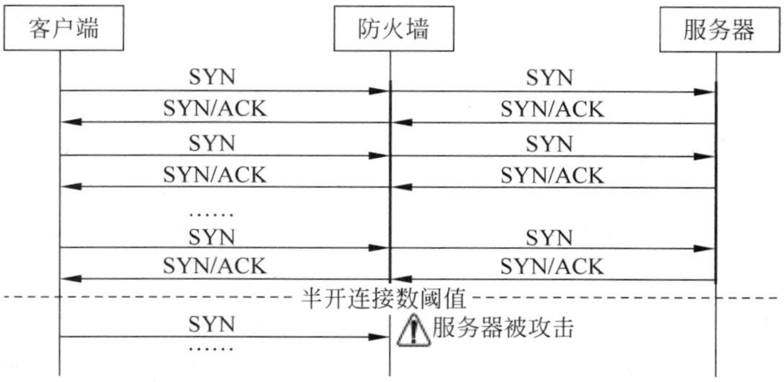

图 2.23　防火墙检测 SYN Flood 攻击

如图 2.24 所示，防火墙检测到客户端与服务器之间的当前半开连接数目超过半开连接数阈值时，所有后续的新建连接请求报文都会被丢弃，直到服务器完成当前的半开连接处理，或当前的半开连接数降低到安全阈值时，防火墙才会放开限制，重新允许客户端向服务器发起新建连接请求。

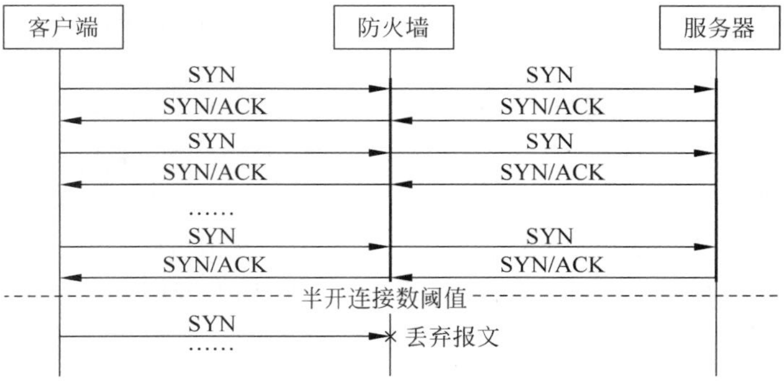

图 2.24　防火墙拦截 SYN Flood 攻击

2. Land 攻击

Land 攻击是一种使用相同的源和目的主机与端口发送数据包到某台机器的攻击。结果通常使存在漏洞的机器崩溃。在 Land 攻击中，一个特别打造的 SYN 包中的源地址和目的地址都被设置成某一个服务器地址，这时将导致接收服务器向它自己的地址发送 SYN/ACK 消息，结果这个地址又发回 ACK 消息并创建一个空连接，每一个这样的连接都将保留直到超时掉。对 Land 攻击反应不同，许多 UNIX 系统将崩溃，而 Windows 系统会变得极其缓慢(大约持续五分钟)。

3. Smurf 攻击

Smurf 攻击是以最初发动这种攻击的程序名 Smurf 来命名的。这种攻击方法结合使用了IP欺骗和ICMP回复方法使大量网络传输充斥目标系统,引起目标系统拒绝为正常系统进行服务。Smurf攻击通过使用将回复地址设置成受害网络的广播地址的ICMP应答请求(ping)数据包,来淹没受害主机,最终导致该网络的所有主机都对此ICMP应答请求做出答复,导致网络阻塞。更加复杂的Smurf将源地址改为第三方的受害者,最终导致第三方崩溃。

4. UDP Flood攻击

UDP Flood是日渐猖獗的流量型DoS攻击,原理也很简单。常见的情况是利用大量UDP包冲击DNS服务器或Radius认证服务器、流媒体视频服务器。100kp/s的UDP Flood经常将线路上的骨干设备攻击致瘫痪,造成整个网段的瘫痪。由于UDP是一种无连接的服务,在UDP Flood攻击中,攻击者可发送大量伪造源IP地址的UDP包。但是,由于UDP是无连接性的,因此只要开了一个UDP的端口提供相关服务的话,那么就可针对相关的服务进行攻击。正常应用情况下,UDP包双向流量会基本相等,而且大小和内容都是随机的,变化很大。出现UDP Flood的情况下,针对同一目标IP的UDP包在一侧大量出现,并且内容和大小都比较固定。

2.4.2 UDP Flood攻击工具

UDP Flooder v2.0工具是一款发送UDP包进行拒绝服务攻击的软件,如图2.25所示。它可以指定目标主机的IP和端口,攻击报文可以由文本、随机字节和数据文件等方式组成。

在如图2.26所示的对话框中,在"IP/主机名"文本框中输入目标主机的IP地址,在"端口"文本框中输入目标主机的端口,在"最大响应时间""最大包""速度"文本框中输入最长攻击时间与最大的数据包以及UDP包发送的速度,最后在"文本"中选择要发送的数据。本任务在192.168.209.131的PC中模拟攻击192.168.209.131目标主机的21端口,攻击时间为60s,攻击的最大包为50 000,攻击报文选择"随机"单选按钮,内容为30 000~90 000字节,单击"开始"按钮,实施对目标主机的模拟攻击。

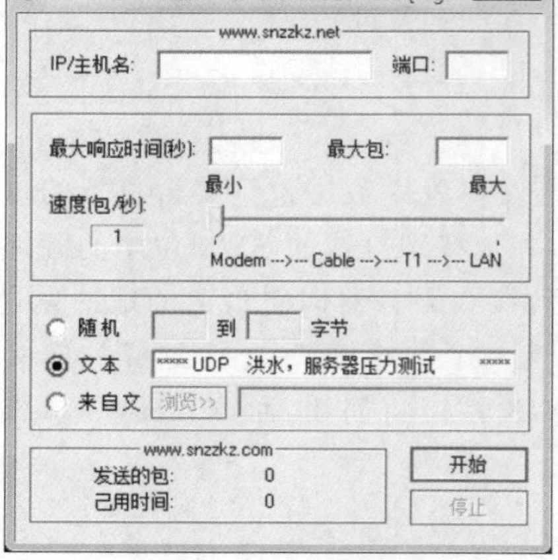

图2.25 UDP Flooder界面

图2.26 UDP Flooder设置

在 192.168.209.131 的目标主机中，打开“Windows 任务管理器”窗口，选择“联网”选项卡，发现接收数据的曲线明显上升，在 60s 后，停止了攻击，在 UDP Flooder 工具中再次单击“开始”按钮，发现第二次曲线明显上升，如图 2.27 所示。

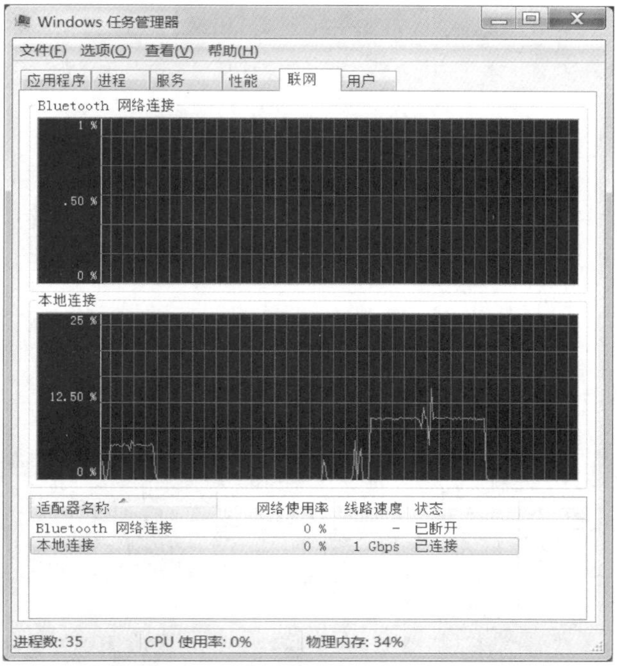

图 2.27　“Windows 任务管理器”窗口

在 192.168.209.131 的目标主机中，打开 Wireshark 工具捕获被攻击的数据包，发现 192.168.209.1 发送了大量的 UDP 包。由此可见，192.168.209.131 的目标主机已经遭遇到了 192.168.209.1 主机的 UDP Flood 攻击，如图 2.28 所示。

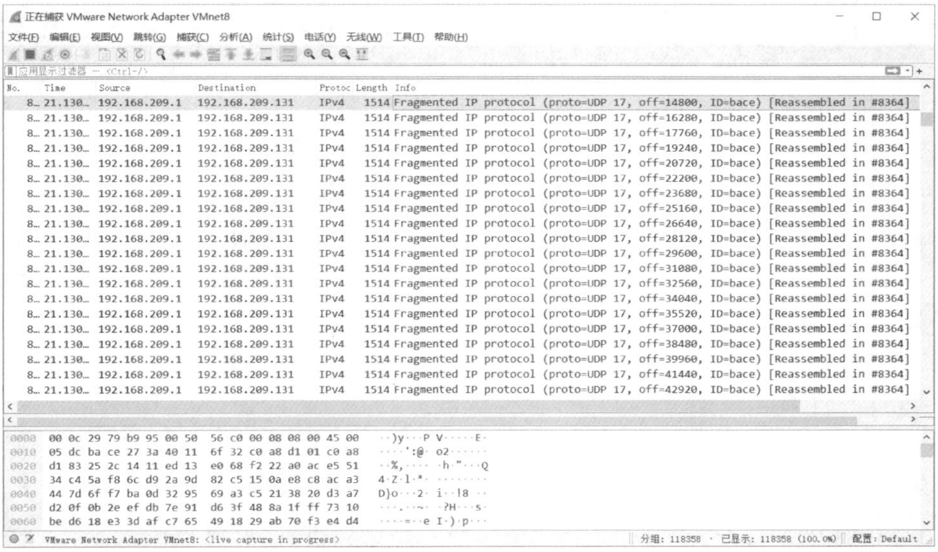

图 2.28　Wireshark 捕获的大量 UDP 包

2.4.3 DDoS 攻击

LOIC 是一款专注于 Web 应用程序的 DoS/DDoS 攻击工具，中文名称为低轨道离子炮，是一款知名的 DoS 攻击工具之一，支持 TCP/UDP/HTTP Flood 攻击，可用于网站测试或者黑客攻击的工具。

课业任务 2-6

课业任务 2-6

Bob 是 WYL 公司的安全运维工程师，他的计算机的 IP 地址是 192.168.209.131，他在自己的计算机上安装了一个 DDoS 攻击工具，模拟攻击 192.168.209.133 的目标主机来了解黑客的 DDoS 攻击的全过程，以达到更好地对网络进行安全维护的目的。

具体操作步骤如下所示。

(1) Bob 在自己的计算机上(简称攻击者主机)运行 LOIC.exe 工具，运行后的窗口如图 2.29 所示。

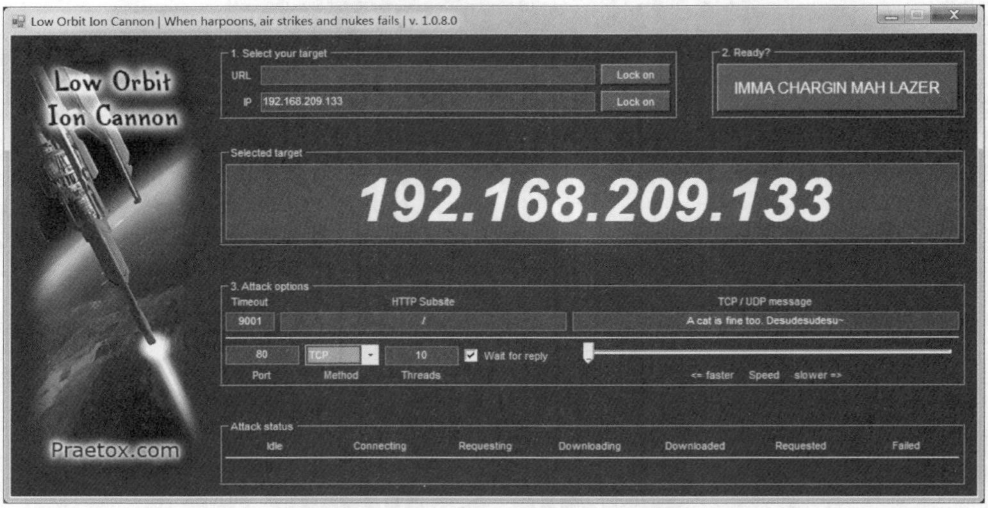

图 2.29 攻击的参数配置

(2) 关于 LOIC.exe 攻击软件，目标主机可用支持 IP 地址或者 URL 连接，这里演示使用 IP 地址。在图 2.29 所示的页面中的 IP 文本框中输入目标主机 IP 地址为 192.168.209.133，单击 Lock on 按钮锁定目标主机，在 Attack options 中采用默认的配置，目标主机 Port 默认配置为 80，单击 Method 选项，可用看到有三种攻击方式：TCP、UDP、HTTP。选择 TCP 作为攻击方式，最后单击 IMMA CHARGIN MAH LAZER 按钮开始攻击。

(3) 如图 2.30 所示，开始攻击后，右下方 Requested(请求次数)在不断地增加，在耗尽服务器的 TCP 资源。

(4) 图 2.31 所示为使用 Wireshark 抓取的数据包，可见攻击者主机一直不断地向服务器端发送请求，服务器也相对地回复攻击者 ACK，而导致服务端忙于处理批量的连接请求报文，而没有空余资源可以处理其他正常用户的访问请求，导致服务器网站瘫痪，无法提供使用。

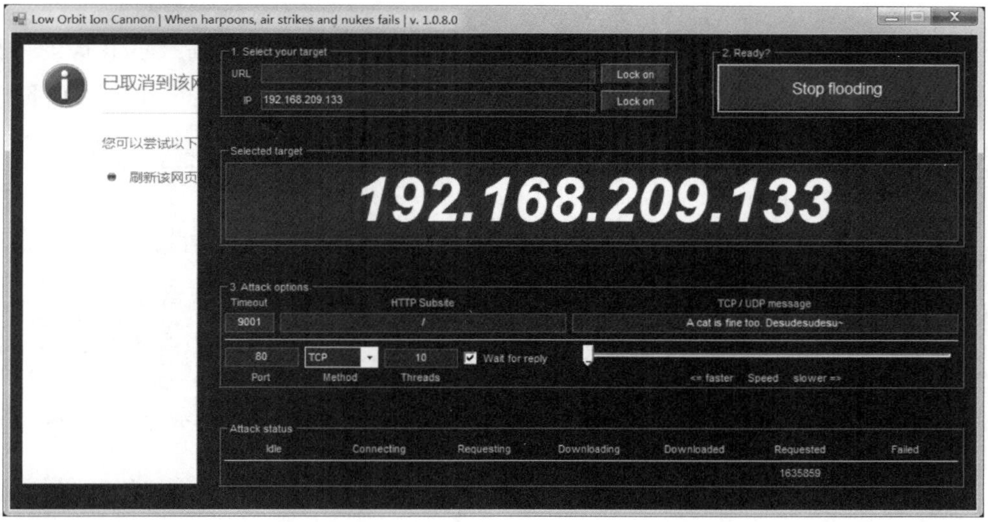

图 2.30 攻击过程

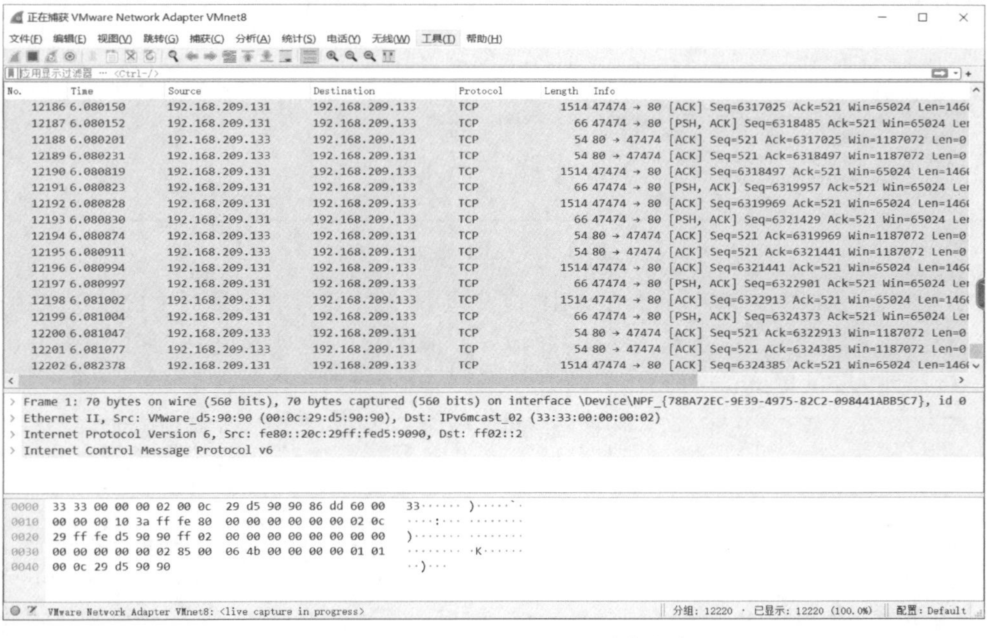

图 2.31 使用 Wireshark 抓取的数据包

2.5 ARP 攻防

2.5.1 ARP 欺骗

ARP 即地址解析协议。在知道目标主机 IP 地址的情况下,如果需要得到目标知道的 MAC 地址,ARP 即可以达到。如果该协议被恶意地对网络进行攻击,其后果是非常严重的。

ARP通常包括两个协议包：一个ARP请求包与一个ARP应答包。ARP请求包是一个广播包,如图2.32所示。在ARP请求包中,源主机发出“Who has 192.168.1.143? Tell 192.168.1.1”。

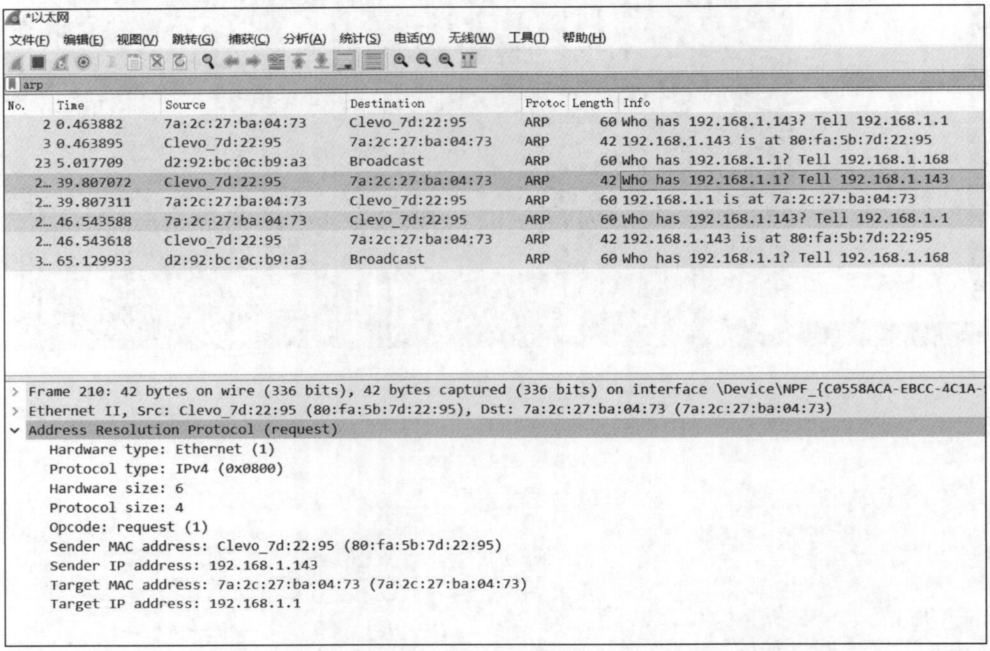

图2.32 ARP请求包

ARP应答包如图2.33所示。在ARP应答包中,源主机接收到目标主机发过来的应答包：“192.168.1.143 is at 80:fa:5b:7d:22:95”。非常明了,也就是说PC 192.168.100.143的MAC地址为80:fa:5b:7d:22:95。

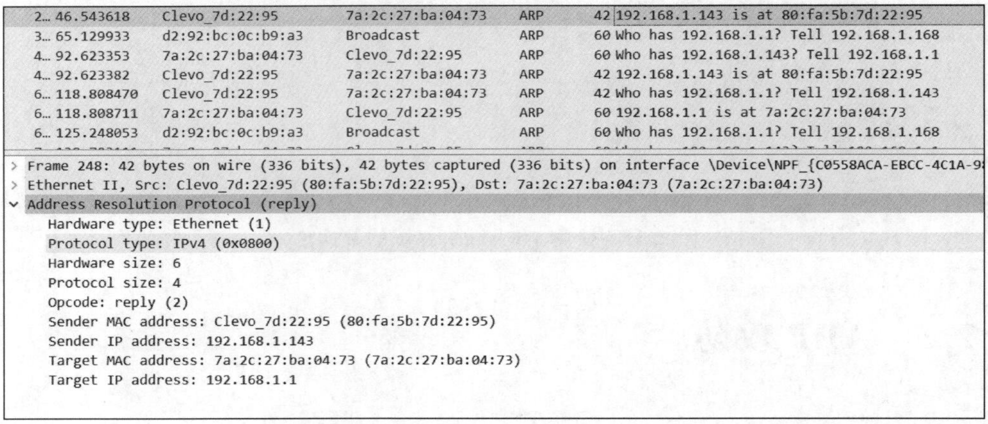

图2.33 ARP应答包

常见的ARP欺骗有网关欺骗与主机欺骗两种。

第一种ARP欺骗的原理是截获网关数据。它通知路由器一系列错误的内网MAC地址,并按照一定的频率不断进行,使真实的地址信息无法通过更新保存在路由器中,结果路由器的所有数据只能发送给错误的 MAC 地址,造成正常 PC 无法收到信息。

第二种 ARP 欺骗的原理是伪造网关。它的原理是建立假网关,让被它欺骗的 PC 向假网关发数据,而不是通过正常的路由器途径上网。在 PC 看来,就是上不了网了,网络掉线了。

2.5.2　ARP 欺骗工具

ARPspoof 是一款在 Kail 系统下的 ARP 欺骗工具,攻击者通过局域网的特性将被攻击者系统 ARP 缓存,并将被攻击者网关 MAC 替换为攻击者 MAC,然后攻击者可截获受害者发送和收到的数据包,并可获取受害者账户、密码等相关敏感信息。下面通过实验演示 ARP 欺骗,攻击者为 Kail 系统,IP 地址为 192.168.1.129;靶机为 Windows 10,IP 地址为 192.168.1.128。

先准备环境:在 Kail 系统中安装 dsniff 嗅探工具:apt install dsniff;安装完成之后使用 ARPspoof 命令来攻击靶机:192.168.1.128。

具体操作过程如下所示。

(1) 在 VMware Workstation 里面选择菜单栏中的"编辑"→"虚拟网络编辑器"选项,进到里面调配网络段使两台计算机在同一个局域网内。进入"虚拟网络编辑器"对话框之后单击 VMnet8,然后单击右下角的"更改设置"按钮获取管理员权限,然后把左下角的子网 IP 更改为 192.168.1.0,然后单击"确定"按钮,将两台设备(攻击者 Kail 主机和靶机)都配置在同一个局域网,如图 2.34 所示。

图 2.34　虚拟网络编辑器配置

(2) 在Windows 10控制面板中选择“Windows Defender防火墙”选项,在“自定义设置”界面下选择“关闭Windows Defender防火墙”单选按钮,如图2.35所示,把Windows 10的防火墙全部关闭,以便接下来的实验。

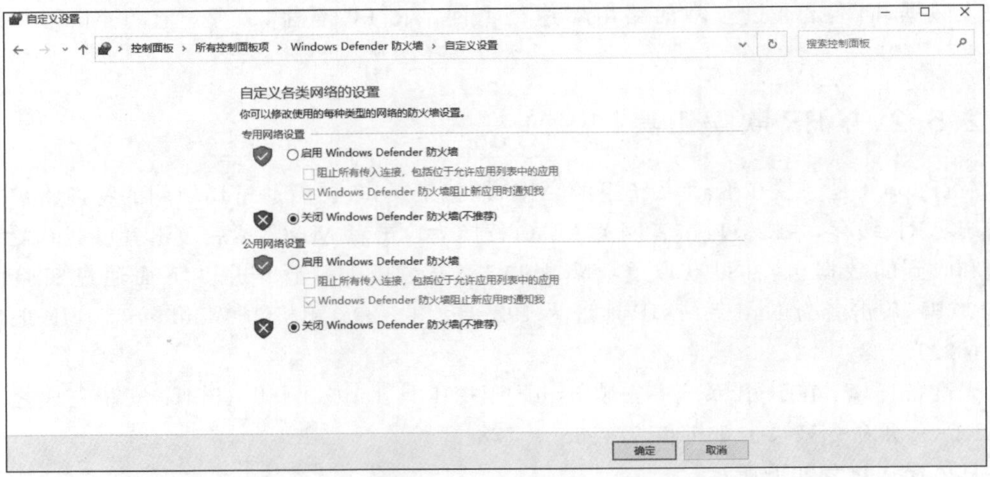

图2.35 Windows防火墙设置

(3) 打开攻击者Kail系统,对本局域网内的网段进行一次全局扫描来获取靶机的目标IP。打开Kail后,右击桌面,在弹出的快捷菜单中选择Open Terminal Here选项,打开命令窗口。在命令窗口中输入nmap -sP 192.168.1.0/24,扫描结果如图2.36所示。

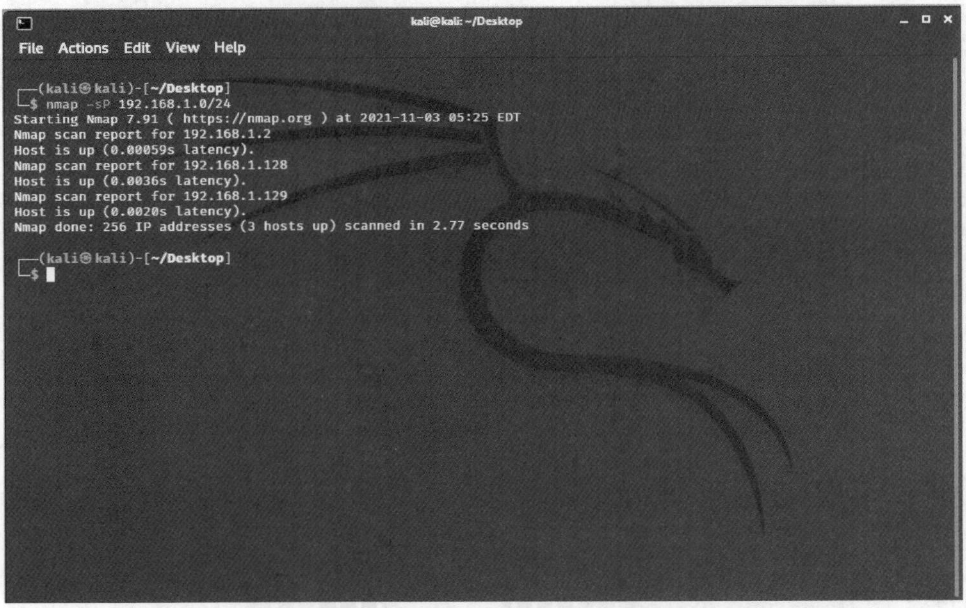

图2.36 使用Nmap扫描结果

如图2.36所示,可以看到使用Nmap扫描本网段结果有三个IP地址:192.168.1.2、192.168.1.128和192.168.1.129,其中192.168.1.129是Kail攻击者的IP地址,192.168.1.2是网关IP地址,192.168.1.128则是靶机的IP地址。

(4) 得到靶机 IP 地址后,接下来可以对目标靶机进行 ARP 攻击,命令如图 2.37 所示。

使用命令进行攻击:sudo arpspoof -i eth0 -t 192.168.1.128 192.168.1.2。

参数解释:sudo arpspoof -i eth0 -t 目标 IP 主机 IP(路由器)。

-i 指定网卡攻击,可以用 ifconfig 命令查看网卡。

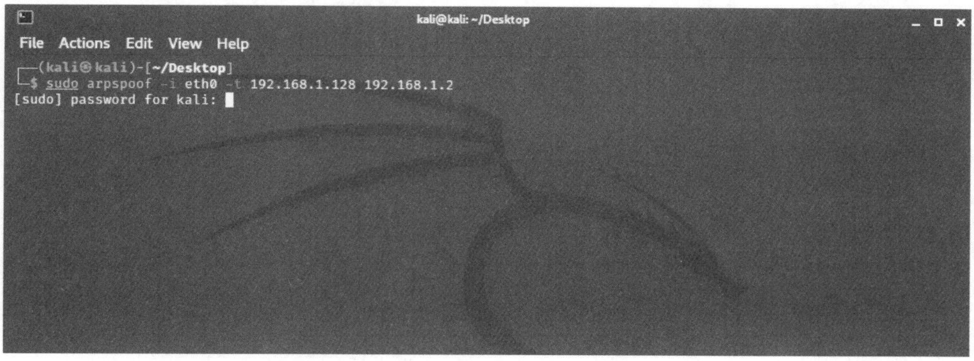

图 2.37　ARP 攻击命令

(5) 在没有执行命令之前,靶机在 Windows 10 下,上网并未受到影响,如图 2.38 所示。

图 2.38　未执行 ARP 攻击

(6) 如图 2.39 所示,攻击命令执行之后,靶机在 Windows 10 下受到 ARPspoof 攻击,已无法正常访问网页等信息。

(7) 取消 Kail 的 ARP 攻击(使用 Ctrl + C 组合键取消)后,靶机在 Windows 10 下的网络恢复正常。可以来对比一下未被攻击前的 Windows 10 的 ARP 表和被攻击后的 ARP 表的变化。

- 未被攻击前,网关的 ARP 信息:IP 地址为 192.168.1.2 物理地址为 00-50-56-ef-93-1d,类型为"动态",如图 2.40 所示。
- 被攻击后,网关的 ARP 信息:IP 地址为 192.168.1.2,物理地址为 00-0c-29-c7-25-1a,类型为"动态",如图 2.41 所示。

未被攻击前的路由 MAC 地址是 00-50-56-ef-93-1d,被攻击后路由 MAC 地址变成了 00-0c-29-c7-25-1a,并且注意到攻击者 Kail 系统 ARP 信息:192.168.1.129 对应 MAC 地址与靶机网关的 MAC 地址完全相同,攻击者通过 ARP 欺骗攻击,将被攻击者的网关 MAC 地址替换为攻击者的 MAC 地址,导致受害主机业务被影响。

图 2.39　执行 ARP 攻击后

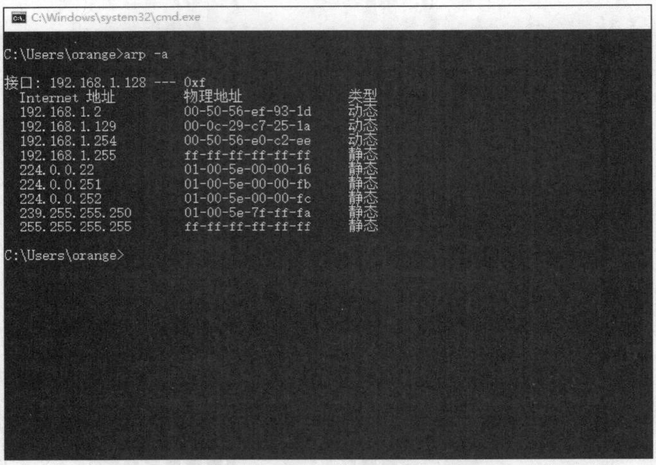

图 2.40　未被攻击前 ARP 信息

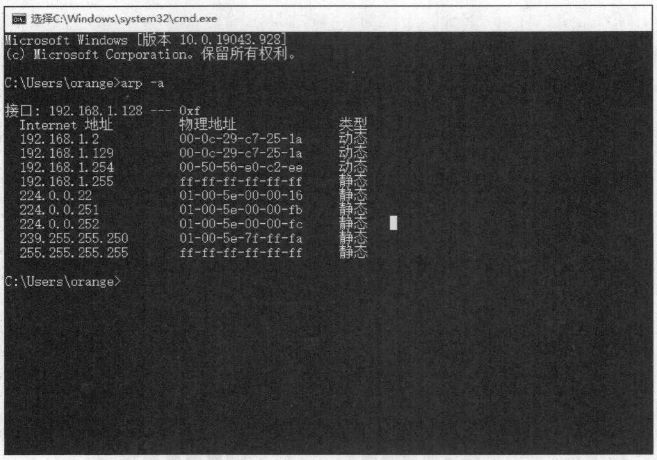

图 2.41　被攻击后 ARP 信息

2.5.3　防范 ARP 攻击

课业任务 2-7

课业任务
2-7

Bob 是 WYL 公司的安全运维工程师，为提升公司内部计算机网络安全，需要在公司的计算机上利用静态 ARP 绑定 IP 地址与 MAC 地址和安装 ARP 防火墙的方法来防范 ARP 攻击。

有两种方法可以实现，具体步骤如下。

方法一：绑定 IP 地址与 MAC 地址。

使在公司的计算机上绑定网关的 IP 地址与 MAC 地址，通过 ARP -s 命令进行绑定，IP 地址 192.168.234.253 的物理地址为 00-50-56-ec-8d-12，如图 2.42 所示。

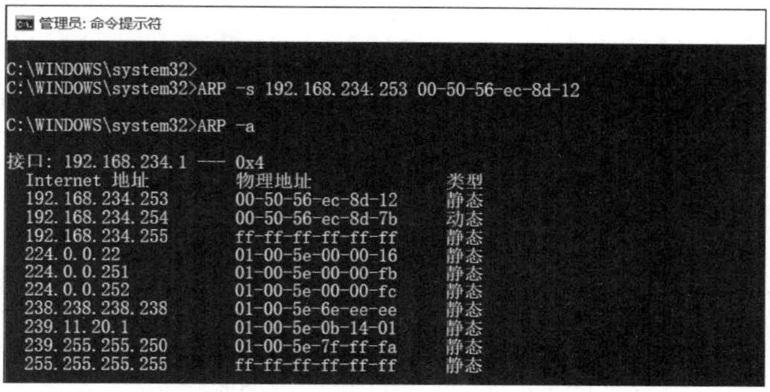

图 2.42　IP 地址与 MAC 地址绑定

方法二：安装软件防火墙防范攻击。

下载并安装 360 流量防火墙，启动后如图 2.43 所示，360 流量防火墙主要功能如下。

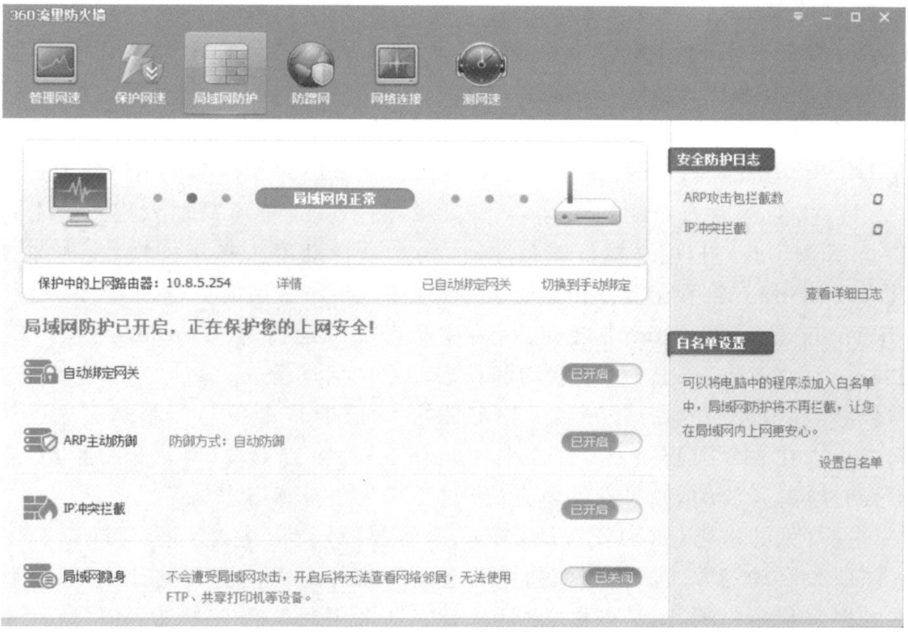

图 2.43　ARP 防火墙主界面

- 自动绑定网关。开启该功能会自动绑定网关的IP地址与MAC地址的ARP信息。
- ARP主动防御。在系统内核层拦截本机对外的ARP攻击数据包,避免本机感染ARP病毒后成为攻击源。
- IP冲突拦截。在系统内核层拦截接收到的IP冲突数据包,避免本机因IP冲突造成掉线等。
- ARP主动防御。主动向网关通告本机正确的MAC地址,保障网关不受ARP欺骗的影响。

2.6 木马攻防

从严格的意义上来说,木马程序不能算是一种病毒,但越来越多的新版的杀毒软件已可以查杀一些木马,所以也有不少人称木马程序为“病毒”。

特洛伊木马(Trojan Horse)是古希腊传说中,特洛伊王子帕里斯访问希腊,诱走了王后海伦,希腊人因此远征特洛伊。围攻9年后,到了第10年,希腊将领奥德修斯献了一计,就是把一批勇士埋伏在一匹巨大的木马腹内,放在城外后佯作退兵。特洛伊人以为敌兵已退,就把木马作为战利品搬入城中。到了夜间,埋伏在木马中的勇士跳出来,打开了城门,希腊将士一拥而入攻下了城池。后来,人们在写文章时就常用“特洛伊木马”这一典故,用来比喻在敌方营垒里埋下伏兵里应外合的活动。

完整的木马程序一般由两部分组成:一部分是服务器程序;另一部分是控制器程序。中了木马就是指安装了木马的服务器程序,若计算机中安装了服务器程序,则拥有控制器程序的人就可以通过网络控制该计算机,控制端将享有服务端的大部分操作权限,包括修改文件、修改注册表、控制鼠标和键盘等,这时该计算机上的各种文件、程序,以及在该计算机上使用的账号、密码就无安全可言了。

木马的种类有很多,大体可以分为破坏型木马、密码发送型木马、远程访问型木马、键盘记录木马、DoS攻击木马、代理木马等。

作为木马,自启动功能是必不可少的,这样可以保证木马不会因为用户的一次关机操作而彻底失去作用。正因为该项技术如此重要,所以,很多编程人员都在不停地研究和探索新的自启动技术,并且时常有新的发现。一个典型的例子就是把木马加入用户经常执行的程序(例如explorer.exe)中,用户执行该程序时,则木马自动发生作用。当然,更加普遍的方法是通过修改Windows系统文件和注册表达到目的,现经常用的方法主要有如下几种:在Win.ini中启动、在System.ini中启动、利用注册表加载运行、在Autoexec.bat和Config.sys中加载运行、在Winstart.bat中启动和在启动组中启动等。

木马被激活后,进入内存,并开启事先定义的木马端口,准备与控制端建立连接。这时服务端用户可以在MS DOS方式下,输入netstat -an命令查看端口状态,一般PC在脱机状态下是不会有端口开放的,如果有端口开放,就要注意是否感染木马了。

对于一些常见的木马,如SUB7、BO2000、冰河、灰鸽子等,它们都采用打开TCP端口监听和写入注册表启动等方式。使用木马克星之类的软件可以检测到这些木马,这些检测木马的软件大多都利用检测TCP连接、注册表等信息来判断是否有木马入侵,因此也可以通过手工来侦测木马。当前最为常见的木马通常是基于TCP/UDP进行客户端与服务器端之间的通信的，既然利用这两个协议，就不可避免要在服务器端(就是被种了木马的机器)打开监听端口来等待连接。例如，冰河木马使用的监听端口号是7626；Back Orifice 2000使用的监听端口号是54320；等等。那么，可以利用查看本机开放端口的方法来检查自己的计算机是否被种了木马或其他黑客程序。此时，使用netstat命令查看一下自己的计算机开放的端口、哪些是一些非法的连接。表2.3中列出了常见木马的端口号。本书以灰鸽子木马为例，来讲解对它的防范与查杀。

表2.3 常见木马的端口号

木马名称	端口号
灰鸽子木马	8000
冰河木马	7626
Gatecrasher 木马	6969,6970
INI Killer 木马	9989
Firehotcker 木马	5321
Master Paradise 木马	3129,40421,40425
Delta Source 木马	26274,47262
Donald Dick 木马	23467,23477
Attack Ftp 木马	666
netsphere 木马	30100,30102
Master Paradise 木马	3129,40421,40425
Blade Runner 木马	5400,5402
NetMonitor 木马	7300,7301,7306,7308

2.6.1 灰鸽子木马概述

灰鸽子木马是一款远程控制软件，有时也被视为一种木马程序。灰鸽子木马包含客户端和服务端，攻击者在受害者主机上运行服务端，开放监听特定端口，而攻击者则使用该木马的客户端连接到该端口上，对服务端发送指令，或者直接访问控制受害者计算机，从而导致受害者用户信息数据泄露。灰鸽子木马被一些黑客改写，产生了3000多个变种，并通过浏览网页、邮件等方式传播。灰鸽子程序变种木马运行后，会自我复制到Windows目录下，并自行将安装程序删除。修改注册表，将病毒文件注册为服务项实现开机自启。木马程序还会注入所有的进程中，自我隐藏，防止被杀毒软件查杀。在后台侦听黑客指令，在用户不知情的情况下连接黑客指定站点，盗取用户信息、下载其他特定程序。

如图2.44所示，灰鸽子木马其实就是利用“反弹木马”的原理，防火墙可以阻挡非法的外来连接请求，经过网络防火墙有效防范部分木马。然而再坚固的防火墙也不能阻止内部计算机对外的连接。反弹木马服务端在被攻击者的计算机启动后，受害者主机服务端主动从防火墙的内侧向木马控制端发起连接，从而突破了防火墙的保护。

图2.44 灰鸽子木马攻击示意

2.6.2 灰鸽子木马的使用

灰鸽子木马实验环境：需要准备 2 台虚拟机，本章攻击者使用 Windows 7 系统，受害主机使用 Windows XP 系统。作为实验环境，首先需要下载好灰鸽子木马压缩包，并解压在攻击者系统中。

(1) 在虚拟机环境运行压缩包中的“灰鸽子 2008 破解版.exe”程序，单击“文件”菜单，再单击“配置服务程序”按钮，弹出“服务器配置”对话框，如图 2.45 所示。

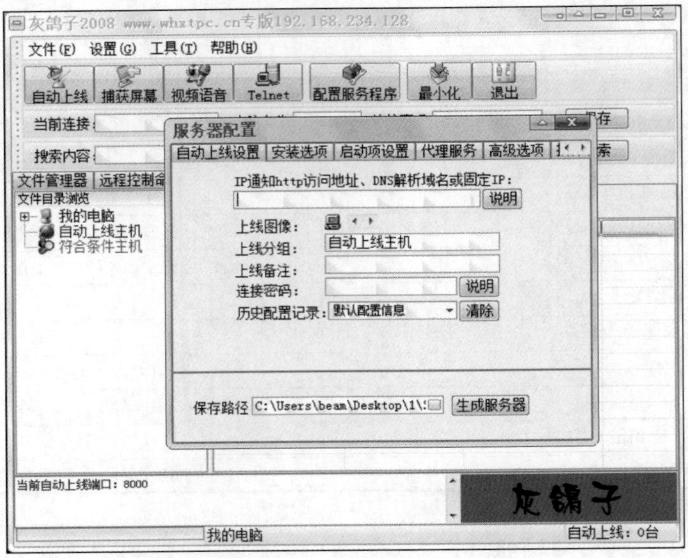

图 2.45 灰鸽子服务器配置

(2) 在图 2.45 所示的界面中，配置服务器 IP 地址为本客户端的 IP 地址，本环境的 IP 地址为 192.168.234.128，“上线分组”选择默认的“自动上线分组”选项，设置“连接密码”为 123456，配置如图 2.46 所示。

(3) 在图 2.46 所示的界面中，选择“安装选项”选项卡，配置安装路径为默认地址，在桌面新建文件夹，存放服务器程序，选择“保存路径”为桌面的 chengxu 文件夹下，再单击“生成服务器”按钮，设置如图 2.47 所示。

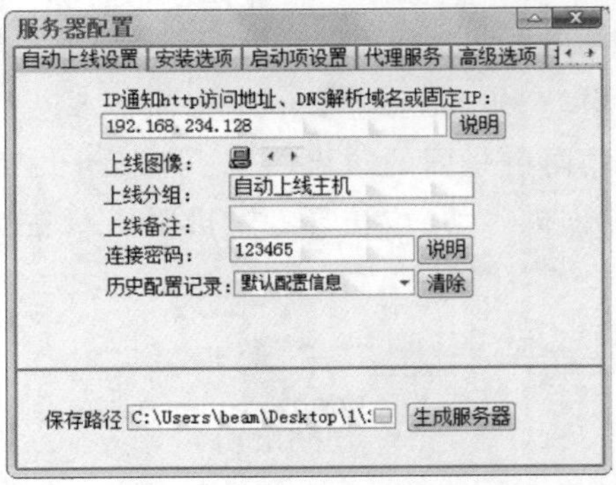

图 2.46 服务器端配置

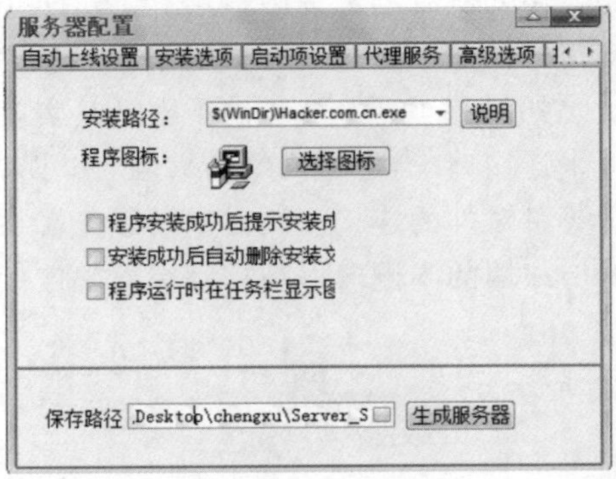

图 2.47 安装选项配置

（4）如图 2.48 所示，提示信息“配置服务器程序成功”，单击“确定”按钮，查看保存路径下发现一个新增的 Server_Setup.exe 程序。

（5）将图 2.48 中生成的灰鸽子木马程序 Server_Setup.exe 上传至受害者主机上运行程序，再返回攻击者客户端，会看到自动上线主机，表示已经和受害者主机建立连接，上线界面如图 2.49 所示。

（6）在如图 2.49 所示的界面中单击受害者主机的 192.168.234.130，选中后在“连接密码”文本框中输入 123456，单击“保存”按钮，保存结果如图 2.50 所示。

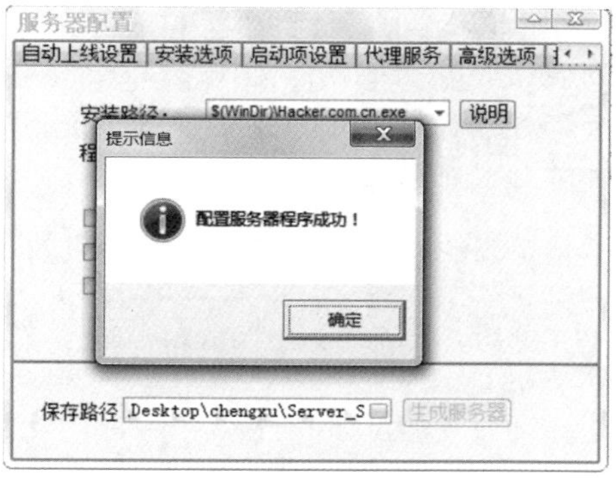

图 2.48　配置服务器程序成功

图 2.49　木马主机上线界面

图 2.50　配置连接密码

(7) 输入密码后，再次单击受害者主机 192.168.234.130，在下方弹出消息提示"读取文件列表命令发送成功"，如图 2.51 所示，表示攻击者已完成控制了受害者主机，并且可以通过远程控制命令在用户不知情的情况下控制该主机，连接黑客指定站点，盗取用户信息、上传和下载其他特定程序。

图 2.51　使用灰鸽子木马控制主机

灰鸽子木马客户端软件的具体功能包括：

- 文件管理，对服务端进行下载与上传操作。
- 记录信息，获取系统信息、剪贴板查看。
- 进程管理，对系统的进程进行管理。
- 窗口管理、键盘记录、服务管理、共享管理。
- 注册表编辑，启动 Telnet 服务，捕获屏幕，视频监控，音频监控，发送音频等。
- 用户在本地能看到的信息，使用灰鸽子木马在客户端远程监控也能看到。尤其是屏幕监控和视频、音频监控比较危险。如果用户在计算机上进行网上银行交易，则远程屏幕监控容易暴露用户的账号，再加上灰鸽子木马在客户端可以通过键盘监控，用户的密码也是岌岌可危。

2.6.3　灰鸽子木马的防范

1. 灰鸽子木马的手工检测

灰鸽子木马在受害者主机运行程序后会在 Windows 目录下的 Server.exe 文件将自己注册成服务，每次开机都能自动运行，运行后启动 Server.dll 和 Server_Hook.dll 并自动退出。Server.dll 文件实现后门功能，与控制端客户端进行通信；Server_Hook.dll 则通过拦截 API 调用来隐藏病毒。

(1) 在系统打开注册表编辑器，选择"开始"→"运行"选项，输入 Regedit.exe，打开注册表编辑器，进入 HKEY_LOCAL_MACHINE/SYSTEM/CurrentControlSet/Services 注册表项。

(2) 选择菜单栏中的“编辑”→“查找”选项，在“查找目标”文本中输入 Server.exe，单击“确定”按钮，就可以找到灰鸽子木马的服务项，如图 2.52 所示。

图 2.52　灰鸽子木马服务项

(3) 删除 Hook 与 Server.exe 服务项。

2. 使用 360 杀毒软件查杀病毒

下载并安装好 360 杀毒软件，然后在首页单击“全盘扫描”按钮，如果当前系统中存在灰鸽子木马，360 杀毒软件将会进行查杀，并且保护用户计算机系统安全，通过 360 杀毒软件扫描到灰鸽子木马，如图 2.53 所示。

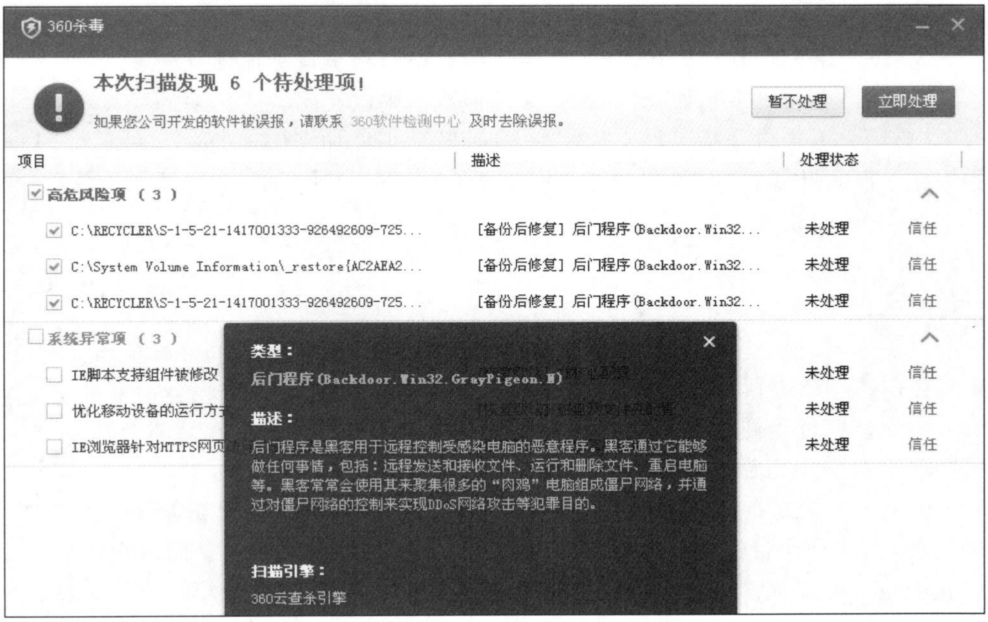

图 2.53　360 杀毒软件扫描灰鸽子木马

对于木马重在防范,一定要养成良好的上网习惯,不要随意运行邮件中的附件,在计算机上安装一套杀毒软件,像国内的瑞星杀毒软件就是查杀病毒和木马的好帮手。从网上下载的软件先用杀毒软件检查一遍再使用,在上网时打开网络防火墙和病毒实时监控,保护自己的机器不被木马侵入。

练习题

1. 单项选择题

(1) 在短时间内向网络中的某台服务器发送大量无效连接请求,导致合法用户暂时无法访问服务器的攻击行为是破坏了(　　)。

A. 机密性　　B. 完整性　　C. 可用性　　D. 可控性

(2) 有意避开系统访问控制机制,对网络设备及资源进行非正常使用属于(　　)。

A. 破坏数据完整性　　B. 非授权访问

C. 信息泄露　　D. 拒绝服务攻击

(3) (　　)利用以太网的特点,将设备网卡设置为"混杂模式",从而能够接收整个以太网内的网络数据信息。

A. 嗅探程序　　B. 木马程序　　C. 拒绝服务攻击　　D. 缓冲区溢出攻击

(4) 字典攻击被用于(　　)。

A. 用户欺骗　　B. 远程登录　　C. 网络嗅探　　D. 破解密码

(5) ARP属于(　　)协议。

A. 网络层　　B. 数据链路层　　C. 传输层　　D. 以上都不是

(6) 使用FTP进行文件下载时,(　　)。

A. 包括用户名和口令在内,所有传输的数据都不会被自动加密

B. 包括用户名和口令在内,所有传输的数据都会被自动加密

C. 用户名和口令是加密传输的,而其他数据则以文明方式传输的

D. 用户名和口令是不加密传输的,其他数据则以加密传输的

(7) 在下面4种病毒中,(　　)可以远程控制网络中的计算机。

A. worm. Sasser. f　　B. Win32. CIH

C. Trojan. qq3344　　D. Macro. Melissa

2. 填空题

(1) 在以太网中,所有的通信都是(　　)的。

(2) 网卡一般有4种接收模式:单播、(　　)、(　　)、(　　)。

(3) Sniffer的中文意思是(　　)。

(4) (　　)攻击是指故意攻击网络协议实现的缺陷,或直接通过野蛮手段耗尽被攻击对象的资源,目的是让目标计算机或网络无法提供正常的服务或资源访问,使目标系统服务系统停止响应甚至崩溃。

(5) 完整的木马程序一般由两部分组成:一种是服务器程序;另一种是控制器程序。

中了木马就是指安装了木马的(　　)程序。

3. 综合应用题

木马发作时，计算机网络连接正常却无法打开网页。由于 ARP 木马发出大量欺骗数据包，导致网络用户上网不稳定，甚至网络短时瘫痪。根据要求，回答问题 1～问题 4，并把答案填入下面对应的位置。

(1)	(2)	(3)	(4)	(5)	(6)	(7)	(8)	(9)	(10)	(11)

【问题 1】

ARP 木马利用(1)协议设计之初没有任何验证功能这一漏洞而实施破坏。

(1) A. ICMP　　B. RARP　　C. ARP　　D. 以上都是

【问题 2】

在以太网中，源主机以(2)方式向网络发送含有目的主机 IP 地址的 ARP 请求包；目的主机或另一个代表该主机的系统，以(3)方式返回一个含有目的主机 IP 地址及其 MAC 地址对的应答包。源主机将这个地址对缓存起来，以节约不必要的 ARP 通信开销。ARP(4)必须在接收到 ARP 请求后才可以发送应答包。

备选答案：

(2) A. 单播　　B. 多播　　C. 广播　　D. 任意播

(3) A. 单播　　B. 多播　　C. 广播　　D. 任意播

(4) A. 规定　　B. 没有规定

【问题 3】

ARP 木马利用感染主机向网络发送大量虚假 ARP 报文，主机(5)导致网络访问不稳定。例如，向被攻击主机发送的虚假 ARP 报文中，目的 IP 地址为(6)。目的 MAC 地址为(7)。这样会将同网段内其他主机发往网关的数据引向发送虚假 ARP 报文的机器，并抓包截取用户口令信息。

备选答案：

(5) A. 只有感染 ARP 木马时才会　　B. 没有感染 ARP 木马时也有可能

C. 感染 ARP 木马时一定会　　D. 感染 ARP 木马时一定不会

(6) A. 网关 IP 地址　　B. 感染木马的主机 IP 地址

C. 网络广播 IP 地址　　D. 被攻击主机 IP 地址

(7) A. 网关 MAC 地址　　B. 被攻击主机 MAC 地址

C. 网络广播 MAC 地址　　D. 感染木马的主机 MAC 地址

【问题 4】

网络正常时，运行如下命令，可以查看主机 ARP 缓存中的 IP 地址及其对应的 MAC 地址。

```
C:\> ARP(8)
```

备选答案：

(8) A. -s　　B. -d　　C. -all　　D. -a

假设在某主机运行上述命令后,显示如图 2.54 中所示信息:

```
Interface: 172.30.1.13 --- 0x30002
  Internet Address        Physical Address      Type
  172.30.0.1              00-10-db-92-aa-30     dynamic
```

图 2.54　查看主机 ARP 缓存

00-10-db-92-aa-30 是正确的 MAC 地址,在网络感染 ARP 木马时,运行上述命令可能显示如图 2.55 中所示信息:

```
Interface: 172.30.1.13 --- 0x30002
  Internet Address        Physical Address      Type
  172.30.0.1              00-10-db-92-00-31     dynamic
```

图 2.55　查看感染木马后的主机 ARP 缓存

当发现主机 ARP 缓存中的 MAC 地址不正确时,可以执行如下命令清除 ARP 缓存:

```
C:\> ARP(9)
```

备选答案:

(9) A. -s　　B. -d　　C. -all　　D. -a

之后,重新绑定 MAC 地址,命令如下:

```
C:\> ARP -s(10)(11)
```

(10) A. 172.30.0.1　　B. 172.30.1.13
　　C. 00-10-db-92-aa-30　　D. 00-10-db-92-00-31

(11) A. 172.30.0.1　　B. 172.30.1.13
　　C. 00-10-db-92-aa-30　　D. 00-10-db-92-00-31

第3章

信息加密技术

CHAPTER 3

加密学是一门古老而深奥的学科，是研究密码与密码活动的本质和规律，以及指导密码实践的科学，其历史可以追溯到几千年前，长期被军事、外交等部门用来传递重要信息。计算机信息加密技术是研究计算机信息加密、解密及其变换的学科，主要探索密码编码和密码分析的一般规律，是一门结合数学、计算机科学、信息通信系统等多门学科为一体的综合性学科。它不仅具有信息通信加密和解密功能，还具备身份认证、消息认证、数字签名等功能。它已经成为信息安全主要的研究方向以及网络空间安全的核心技术，也是网络安全教学中的主要内容。

学习目标

- 熟悉加密技术的基本概念，包括明文、密文、加密变换、解密变换以及密钥。
- 掌握对称加密算法的原理、典型的算法 DES 与 3DES，以及对称加密算法的优缺点。
- 掌握非对称加密算法的原理、典型的算法 RSA，以及非对称加密算法的优缺点。
- 掌握数据完整性原理，以及典型散列算法 MD5 与 SHA1，以及散列算法的特点。
- 掌握如何使用 PGP 软件，包括密钥管理、发送加密与解密邮件。

3.1 加密技术概述

在计算机网络中,为了保护数据在传输或存放的过程中不被别人窃听、篡改或删除,必须对数据进行加密。随着网络应用技术的发展,加密技术已经成为网络安全的核心技术,而且融合到大部分安全产品之中。加密技术是对信息进行主动保护,是信息传输安全的基础,通过数据加密、消息摘要、数字签名及密钥交换等技术,可以实现数据保密性、数据完整性、不可否认性和用户身份真实性等安全机制,从而保证了在网络环境中信息传输和交换的安全。

密码学(Cryptology)是一门具有悠久历史的学科。密码技术是研究数据加密、解密及加密变换的科学,涉及数学、计算机科学及电子与通信等学科。加密是研究、编写密码系统,把数据和信息转换为不可识别的密文的过程,而解密就是研究密码系统的加密途径,恢复数据和信息本来面目的过程。

网络通信的双方称为发送者与接收者。发送者发送消息给接收者时,希望所发送的消息能安全到达接收者手里,并且确信窃听者不能阅读发送的消息。这里的消息(Message)被称为明文(Plain Text),用某种方法伪装消息以隐藏它的内容过程称为加密(Encryption),加密后的消息称为密文(Cipher Text),而把密文转换为明文的过程称为解密(Decryption)。图3.1所示就是一个加密与解密的过程。

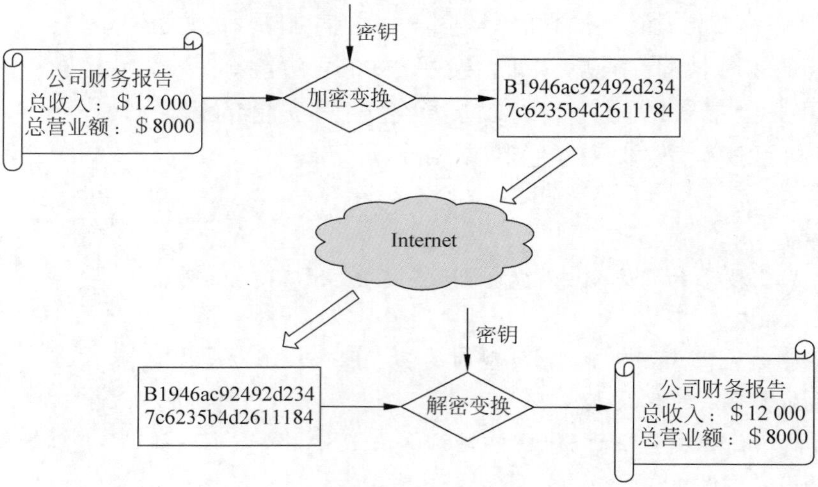

图3.1 加密与解密的过程

一个密码系统由算法和密钥两个基本组件构成。对于古典加密技术,其安全性依赖于算法,其保密性不易控制,如一个组织采用某种密码算法,一旦有人离开,这个组织的其他成员就不得不启用新的算法。另外,受限制的算法不能进行质量的控制和标准化,因为每个组织或个人都使用各自唯一的算法。而对于现代加密技术,算法是公开的,其保密性完全依赖于密钥。这个算法称为基于密钥的算法。基于密钥的算法通常分为两类:对称加密算法与非对称加密算法。

3.2 对称加密算法

3.2.1 对称加密算法原理

对称加密算法(Symmetric Algorithm)也称为传统密码算法,其加密密钥与解密密钥相同或很容易相互推算出来,因此也称为秘密密钥算法或单钥算法。这种算法要求通信双方在进行安全通信前,协商一个密钥,用该密钥对数据进行加密与解密。整个通信安全完全依赖于密钥的保密。对称加密算法的加密与解密过程可以用式子表示如下:

加密: $E_k(M)=C$

解密: $D_k(C)=M$

式中,E 表示加密运算,D 表示解密运算,M 表示明文(有的书用 P 表示),C 表示密文,K 表示密钥。

对称加密算法分为两类:一类称为序列密码算法;另一类称为分组密码算法。序列密码算法以明文中的单个位(有时是字节)为单位进行运算,分组密码算法则以明文的一组位(这样的一组位称为一个分组)为单位进行加密运算。相比之下,分组算法的适用性更强一些,适宜作为加密标准。

3.2.2 DES 算法

对称加密算法有很多种,如 DES(Data Encryption Standard)、Triple DES(3DES)、IDEA、RC2、RC4、RC5、RC6、GOST、FEAL、LOKI 等,下面以 DES 算法为例,讲述对称加密算法的实现过程。

DES 算法被称为数据加密标准,是 1972 年美国 IBM 公司研制的对称密码体制加密算法。

DES 是一种分组密码。在加密前,先对整个明文进行分组。每组长为 64 位。然后对每个 64 位二进制数据进行加密处理,产生一组 64 位密文数据。最后将各组密文串接起来,即得出整个密文。使用的密钥为 64 位,实际密钥长度为 56 位,有 8 位用于奇偶校验。其加密算法如图 3.2 所示。

首先把明文分成若干 64b 的分组,算法以一个分组作为输入,通过一个初始置换(IP)将明文分组分成左半部分(L_0)和右半部分(R_0),各为 32b。然后进行 16 轮完全相同的运算,这些运算称为函数 f,在运算过程中数据与密钥相结合。经过 16 轮运算后,左、右两部分合在一起经过一个末转换(初始转换的逆置换 IP^{-1}),输出一个 64b 的密文分组。

每一轮的运算过程为:密钥位移位,从密钥的 56 位中选出 48 位。首先,通过一个扩展置换将数据的左半部分扩展成 48 位,并通过一个异或操作与 48 位密钥结合;其次,通过 8 个 S 盒(Substitution Box)将这 48 位替代成新的 32 位;最后,再依照 P 盒置换一次。以上 3 步构成复杂函数 f。然后通过另一个异或运算,将复杂函数 f 的输出与左半部分结合成为新的右半部分。

每一轮中子密钥的生成:密钥通常表示为 64b,但每个密钥有 8 位用作奇偶校验,实际的密钥长度为 56b。在 DES 的每一轮运算中,从 56b 密钥产生出不同的 48b 的子密钥(K1,

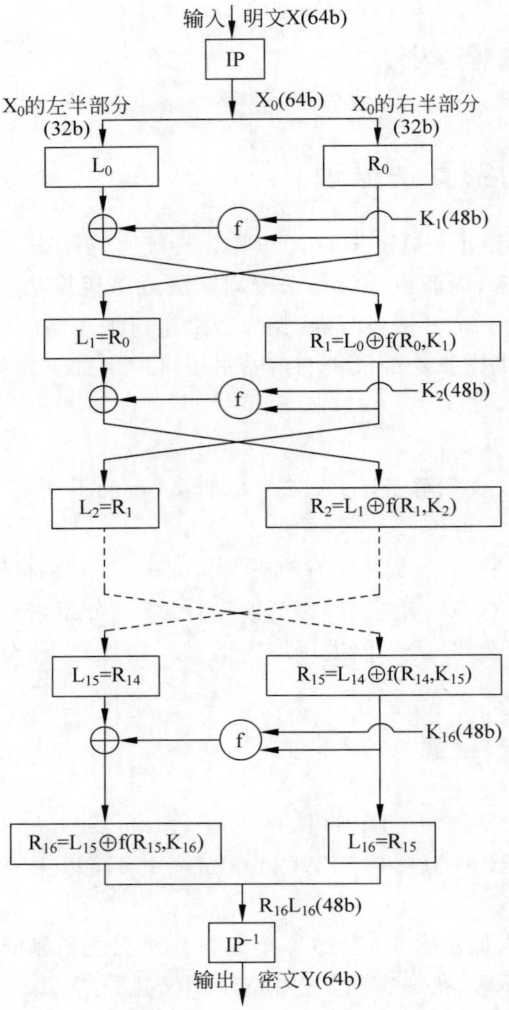

图3.2 DES算法流程

K2,…,K16)。首先,56b密钥分成两部分(以C、D分别表示这两部分),每部分28位,然后每部分分别循环左移1位或2位(从第1轮到第16轮,相应左移位数分别为1、1、2、2、2、2、2、2、1、2、2、2、2、2、2、1)。再将生成的56b组经过一个压缩转换(Compression Permutation),舍掉其中的某8位并按一定方式改变位的位置,生成一个48b的子密钥Ki。

3.2.3 DES算法强度

DES的设计是密码学历史上的一个创新。自从DES问世至今,人们对它多次分析研究,从未发现其算法上的破绽。直到1998年,电子前沿基金会(EFF)动用一台价值25万美元的高速计算机,在56小时内利用穷尽搜索的方法破译了56位密钥长度的DES。这说明56位的密钥和DES的迭代次数可能太少。

1982年,已经有办法攻破4次迭代的DES系统。1985年,对于6次迭代的DES系统也已破译。1990年,以色列学者发明并运用差分分析方法证明,通过已知明文攻击,任何少于16次迭代的DES算法都可以被比穷举法更有效的方法攻破。

尽管如此，DES算法还是一个比较安全的算法，并且目前DES算法的软硬件产品在所有的加密产品中占非常大的比重，是密码学史上影响最大、应用最广的数据加密算法。

3.2.4 3DES算法

3DES是DES向AES过渡的加密算法（1999年，NIST将3DES指定为过渡的加密标准），是DES的一个更安全的变形。它以DES为基本模块，通过组合分组方法设计出分组加密算法，其具体实现如下：

设$E_K()$和$D_K()$代表DES算法的加密和解密过程，K代表DES算法使用的密钥，M代表明文，C代表密文，3DES算法表示为：

3DES加密过程为：$C=E_{K3}(D_{K2}(E_{K1}(M)))$

3DES解密过程为：$M=D_{K1}(E_{K2}(D_{K3}(C)))$

其中，K1、K2、K3决定了算法的安全性，若三个密钥互不相同，本质上就相当于用一个长为168位的密钥进行加密。多年来，它在对付强力攻击时是比较安全的。若数据对安全性要求不那么高，则K1可以等于K3，在这种情况下，密钥的有效长度为112位。

3.3 非对称加密算法

3.3.1 非对称加密算法原理

非对称加密算法（Asymmetric Cryptographic Algorithm）又名"公开密钥加密算法"。非对称加密算法需要两个密钥：公开密钥（Public Key，又称公钥）和私有密钥（Private Key，又称私钥）。

公钥与私钥是成对存在的，如果用公钥对数据进行加密，只有用对应的私钥才能解密；如果用私钥对数据进行加密，那么只能用对应的公钥才能解密。因为加密和解密使用的是两个不同的密钥，所以这种算法称为非对称加密算法。非对称加密算法实现机密信息交换的基本过程是：接收方生成一对密钥并将其中的公钥向其他方公开；得到该公钥的发送方使用该密钥对机密信息进行加密后再发送给接收方；接收方再用自己保存的私钥对加密后的信息进行解密，如图3.3所示。

另外，接收方可以使用自己的私钥对机密信息进行加密后再发送给发送方；发送方再用接收方的公钥对加密后的信息进行解密。接收方只能用其私钥解密由其公钥加密后的任何信息。非对称加密算法的保密性比较好，它消除了最终用户交换密钥的需要。非对称密钥体制的特点是算法复杂、强度大，使得加密解密速度没有对称加密解密的速度快。对称密钥体制中只有一种密钥，并且是非公开的，如果要解密就得让对方知道密钥，所以保证其安全性就是保证密钥的安全。而非对称密钥体制有两种密钥，其中一个是公开的，这样就可以不需要像对称密钥那样传输对方的密钥了，因此安全性就大了很多。

非对称加密算法典型的算法主要有RSA、Elgamal、背包算法、Rabin、HD、ECC（椭圆曲线加密算法）。其中使用最广泛的是RSA算法。

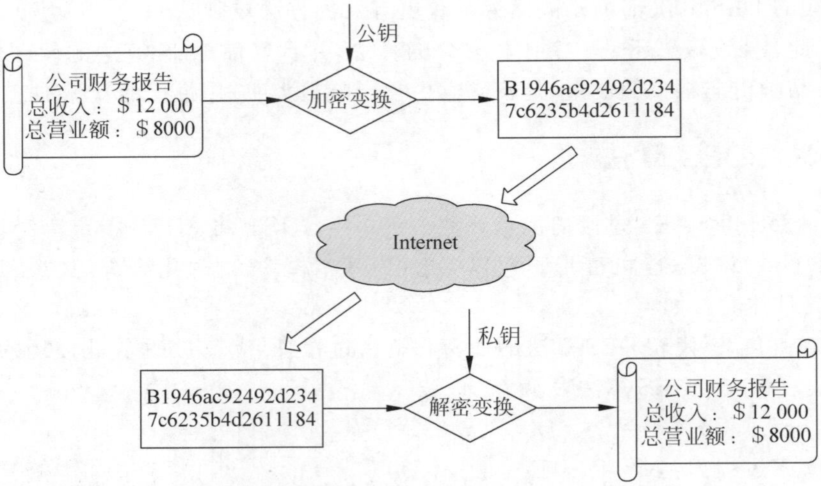

图 3.3 非对称加密算法实现机密信息交换的基本过程

3.3.2 RSA 算法

RSA 算法是 1977 年由 Ron Rivest、Adi Shamirh 和 Len Adleman 在美国麻省理工学院开发的。RSA 取名来自三位开发者的名字。RSA 算法是目前最有影响力的公钥加密算法,它能够抵抗到目前为止已知的所有密码攻击,已被 ISO 推荐为公钥数据加密标准。RSA 算法基于一个十分简单的数论事实：将两个大素数相乘十分容易,但对其乘积进行因式分解却极其困难,因此可以将乘积公开作为加密密钥。

RSA 算法的思路为：为了产生两个密钥,先取两个大素数 p 和 q,为了获得最大程度的安全性,两数的长度一样,计算乘积 $n=p\times q$,然后随机选取加密密钥 e,使 e 和 $(p-1)\times(q-1)$ 互素。最后用欧几里得(Euclid)扩展算法计算解密密钥 d,d 满足 $ed\equiv 1 \bmod [(p-1)(q-1)]$,即 $d\equiv e^{-1} \bmod [(p-1)(q-1)]$。则 e 和 n 为公开密钥,d 是私人密钥。两个大数 p 和 q 应该立即丢弃,不让任何人知道。一般选择公开密钥 e 比私人密钥 d 小。最常选用的 e 值有 3、17 和 65 537。

加密消息时,首先将消息分成比 n 小的数据分组(采用二进制数,选到小于 n 的 2 的最大次幂),设 m_i 表示消息分组,c_i 表示加密后的密文,它与 m_i 具有相同的长度。

加密过程：$c_i=m_i^e \bmod n$

解密过程：$m_i=c_i^d \bmod m$

3.3.3 RSA 算法的安全性与速度

RSA 算法的安全性依赖于大数分解,但是否等同于大数分解一直未能得到理论上的证明,因为没有证明破解 RSA 就一定需要作大数分解。假设存在一种无须分解大数的算法,那它肯定可以修改成为大数分解算法。目前,RSA 算法的一些变种算法已被证明等价于大数分解。不管怎样,分解 n 是最直接的攻击方法。现在,人们已能分解多个十进制位的大素数。因此,模数 n 必须选大一些,具体数值因具体适用情况而定。

由于进行的都是大数计算，无论是软件还是硬件实现，RSA 算法最快的情况也比 DES 算法慢很多。速度一直是 RSA 算法的缺陷。一般来说它只用于少量数据加密。

3.3.4　非对称与对称加密算法的比较

对于非对称加密算法而言，首先，用于消息解密的密钥值与用于消息加密的密钥值不同。其次，非对称加密算法比对称加密算法慢很多，但在保护通信安全方面，非对称加密算法却具有对称密码难以企及的优势。为说明这种优势，使用对称加密算法的例子来强调：Alice 使用密钥 K 加密消息并将其发送给 Bob，Bob 收到加密的消息后，使用密钥 K 对其解密以恢复原始消息。这里存在一个问题，即 Alice 如何将用于加密消息的密钥值发送给 Bob？答案是，Alice 发送密钥值给 Bob 时必须通过独立的安全通信信道（即没人能监听到该信道中的通信）。这种使用独立安全信道来交换对称加密算法密钥的需求会带来更多问题：首先，存在独立的安全信道，但是安全信道的带宽有限，不能直接用它发送原始消息。其次，Alice 和 Bob 不能确定他们的密钥值可以保持多久而不泄露（即不被其他人知道）以及何时交换新的密钥值。当然，这些问题不只 Alice 会遇到，Bob 和其他人都会遇到，他们都需要交换密钥并处理这些密钥管理问题（事实上，X9.17 是一项 DES 密钥管理 ANSI 标准[ANSI X9.17]）。如果 Alice 要给数百人发送消息，那么事情将更麻烦，她必须使用不同的密钥值来加密每条消息。例如，要给 200 个人发送通知，Alice 需要加密消息 200 次，对每个接收方加密一次消息。显然，在这种情况下，使用对称加密算法来进行安全通信的开销相当大。非对称加密算法的主要优势就是使用两个而不是一个密钥值：一个密钥值用来加密消息；另一个密钥值用来解密消息。这两个密钥值在同一个过程中生成，称为密钥对。用来加密消息的密钥称为公钥，用来解密消息的密钥称为私钥。用公钥加密的消息只能用与之对应的私钥来解密，私钥除了持有者外无人知道，而公钥却可通过非安全通道来发送或在目录中发布。Alice 需要通过电子邮件给 Bob 发送一个机密文档。首先，Bob 使用电子邮件将自己的公钥发送给 Alice。然后 Alice 用 Bob 的公钥对文档加密并通过电子邮件将加密消息发送给 Bob。由于任何用 Bob 的公钥加密的消息只能用 Bob 的私钥解密，因此即使窥探者知道 Bob 的公钥，消息也仍是安全的。Bob 在收到加密消息后，用自己的私钥进行解密从而恢复原始文档。

3.4　数据完整性

仅用加密方法实现消息的安全传输是不够的，攻击者虽无法破译加密消息，但如果攻击者篡改或破坏了消息，会使接收者也无法收到正确的消息，因此，需要有一种机制来保证接收者能够辨别收到的消息是否是发送者发送的原始数据，这种机制称为数据完整性机制。

数据完整性验证是通过下述方法来实现的。消息的发送者用要发送的消息和一定的算法生成一个附件，并将附件与消息一起发送出去。消息的接收者收到消息和附件后，用同样的算法将接收到的消息生成一个新的附件。把新的附件与接收到的附件相比较，如果相同，则说明收到的消息是正确的，否则说明消息在传送中出现了错误。其一般过程如图 3.4 所示，Hash 表示一种单向的散列函数，通过这种函数可以生成一个固定长度的值，此值即为校验值。

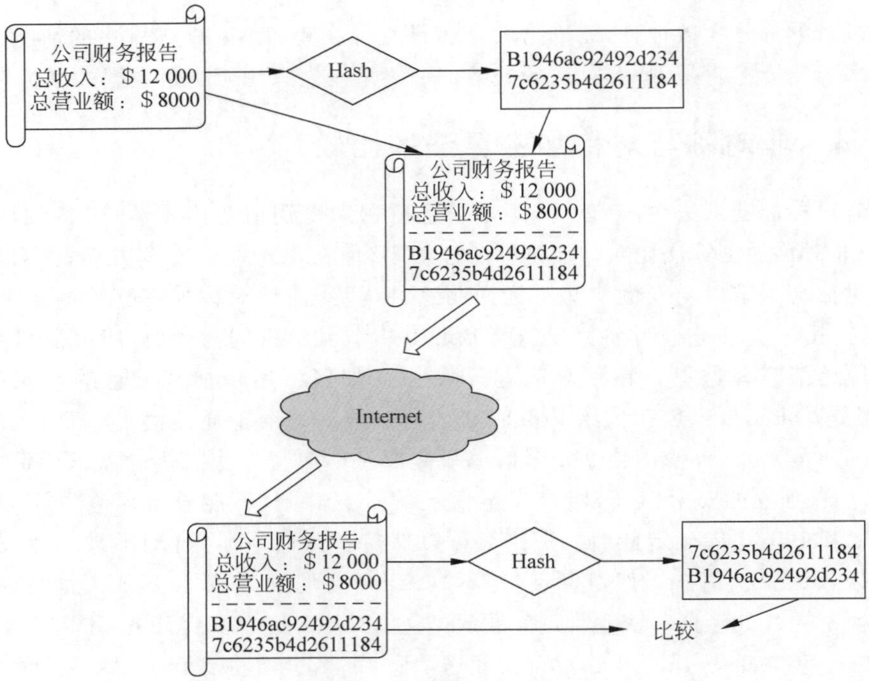

图3.4　消息完整性验证

所有散列函数都有一个基本特性：如果两个散列值不同(根据同一函数)，那么这两个散列值的原始输入也不相同。这个特性使散列函数具有确定性的结果。但散列函数的输入和输出不是一一对应的，如果两个散列值相同，两个输入值很可能是相同的，但并不能绝对肯定二者一定相等。输入一些数据计算出散列值，然后部分改变输入值，一个具有强混淆特性的散列函数会产生一个完全不同的散列值。

MD5和SHA1可以说是目前应用最广泛的散列(Hash)算法，它们都是以MD4为基础设计的。

1. MD4

MD4(RFC 1320)是MIT的Ronald L. Rivest于1990年设计的，MD是Message Digest的缩写。它需要在32位字长的处理器上用高速软件实现，是通过基于32位操作数的位操作来实现的。

2. MD5

MD5(RFC 1321)是Ronald L. Rivest于1991年对MD4的改进版本。它的输入仍以512位分组，其输出是4个32位字的级联，与MD4相同。MD5比MD4复杂，并且速度较之要慢一点，但更安全，在抗分析和抗差分方面表现更好。

3. SHA1

SHA1是由NIST和NSA设计为同DSA一起使用的算法，它对长度小于2^{64}位的输入产生长度为160b的散列值，因此抗穷举性更好。SHA1设计时基于和MD4相同原理，并且模仿了该算法。

3.5 PGP 加密系统

3.5.1 PGP 简介

PGP 全称为 Pretty Good Privacy，是一种在信息安全传输领域首选的加密软件，其技术特性是采用了非对称的加密体系。由于美国对信息加密产品有严格的法律约束，特别是对向美国、加拿大之外的国家散播该类信息，以及出售、发布该类软件的约束更为严格，因此限制了 PGP 的一些发展和普及，现在该软件的主要使用对象为情报机构、政府机构、信息安全工作者(例如较高水平的安全专家和有一定资历的黑客)。PGP 最初的设计主要是用于邮件加密，如今已经发展到了可以加密整个硬盘、分区、文件、文件夹，还可以与邮件软件集成进行邮件加密，甚至可以对 ICQ 的聊天信息实时加密。你和对方只要安装了 PGP，就可利用其 ICQ 加密组件在你和对方聊天的同时进行加密或解密，和正常使用没有什么差别，最大限度地保证了你和对方的聊天信息不被窃取或监视。现版本最大支持 4096 位加密强度。

以下实验环境所使用到的 PGP 加密软件的版本为 Gpg4win，在 GPG 官方网站可以直接下载，该软件为开源免费软件，所采用的操作系统为 Windows 10。

3.5.2 GPG 的安装

下载 Gpg4win 后，双击 Gpg4win 自动解压文件，运行安装文件，系统自动进入安装向导，主要步骤如下。

(1) 双击运行安装程序，单击"下一步"按钮，进到下安装引导界面，如图 3.5 所示，选择默认项即可，然后单击"下一步"按钮。

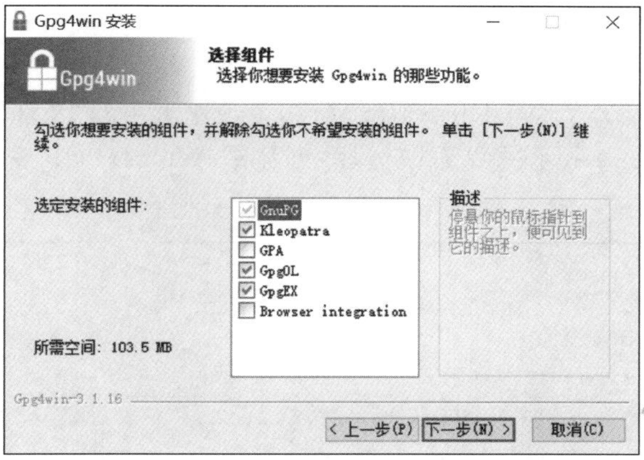

图 3.5　安装引导

(2) 如图 3.6 所示，选择软件所安装的路径，可以是默认路径，也可以自定义路径。如果是自定义路径，\Gpg4win 的前面只能是盘符，不能有上一级的文件夹。作为演示这里就直接选择默认路径，单击"安装"按钮。

(3) 如图 3.7 所示，单击"完成"按钮，则视为该软件已经成功安装。

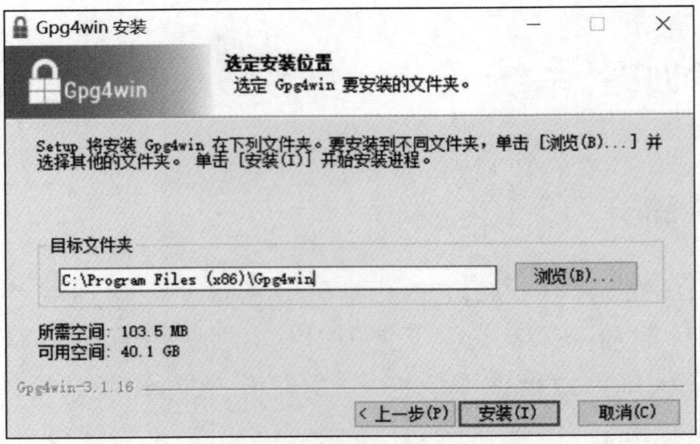

图 3.6　选择安装路径

图 3.7　完成安装

3.5.3　创建密钥对

(1) 完成安装之后双击运行 Kleopatra 软件，单击左上角的“文件”按钮，接着单击“新建密钥对”按钮，在如图 3.8 所示的界面中选择“创建个人 OpenPGP 密钥对”选项，然后单击“下一步”按钮。

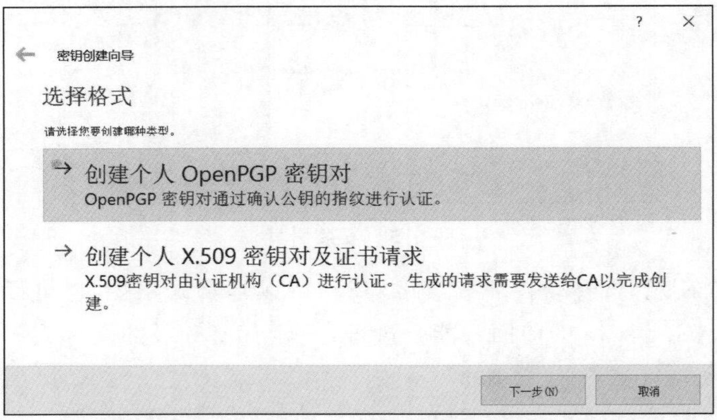

图 3.8　创建个人 OpenPGP 密钥对

(2) 如图 3.9 所示，在“名字”和“电子邮件”文本框中分别输入目的名字和目的电子邮件，这里以 Alice 为例，在输入完名字和电子邮箱之后单击“高级设置”按钮。如图 3.10 所示，将默认的 3072 比特改为 4096 比特，选择框下方可以更改该密钥的有效期，然后单击 OK 按钮，再单击“新建”按钮。

图 3.9　创建密钥的名字

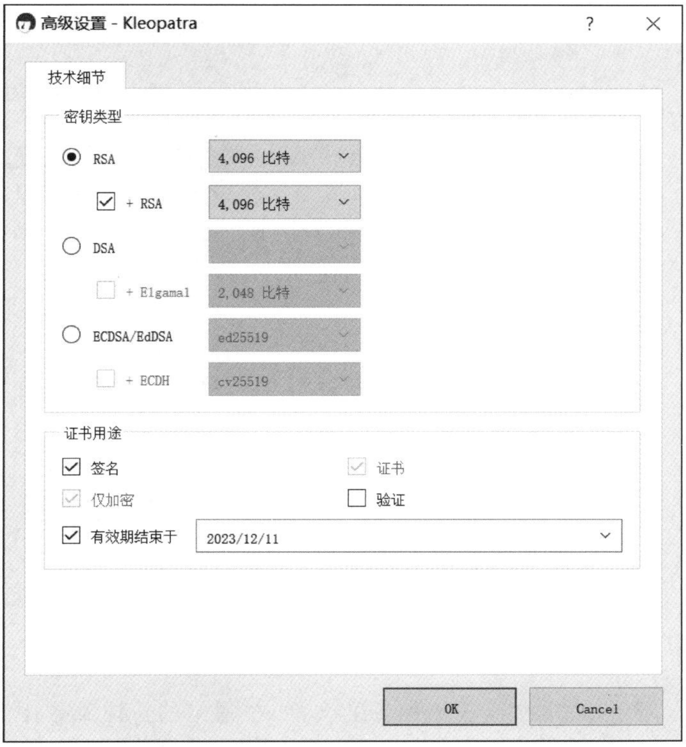

图 3.10　高级设置

(3) 如图3.11所示,直接单击"完成"按钮,证书界面下就会有刚刚新建的密钥对,如图3.12所示。

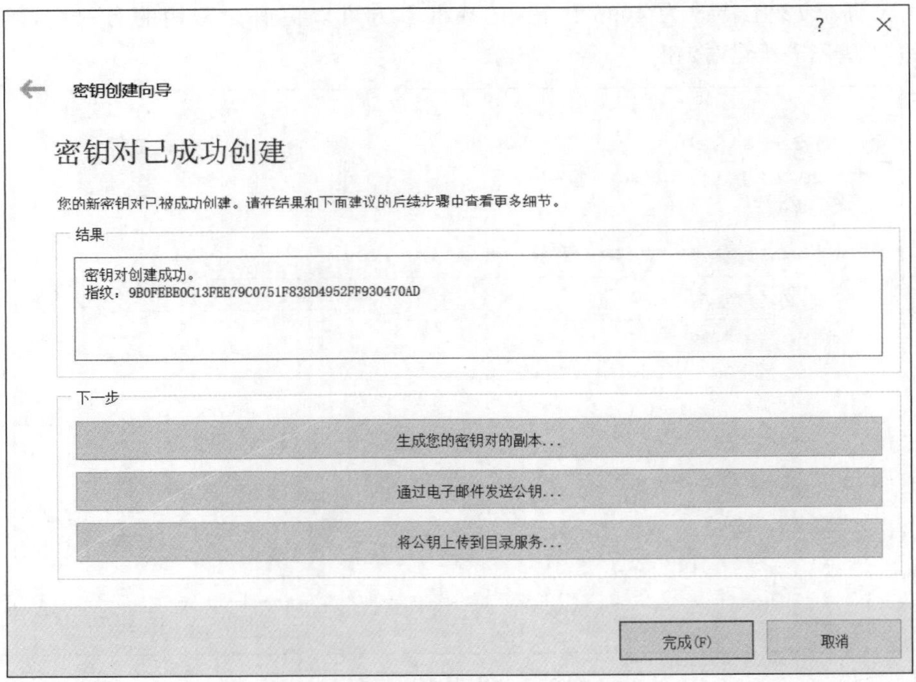

图3.11　完成创建密钥对

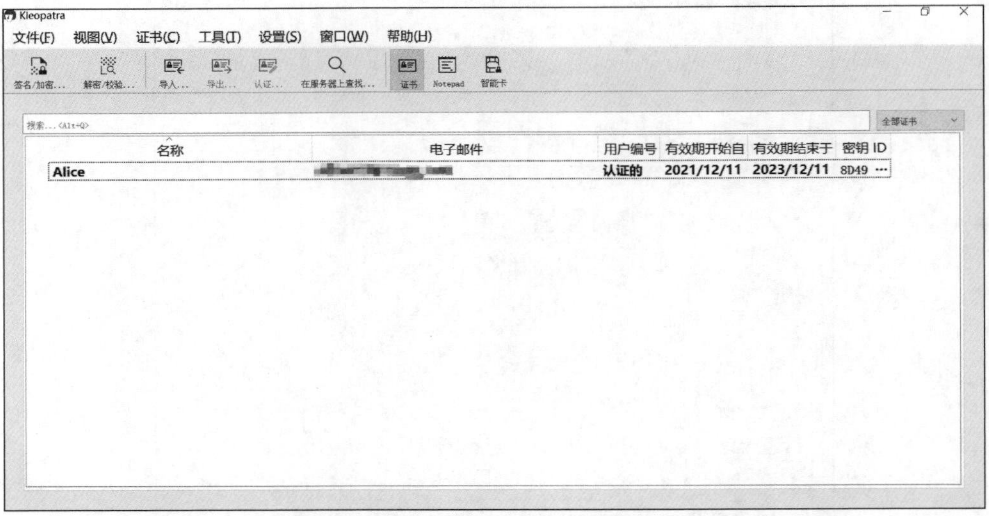

图3.12　查看现有的密钥对

3.5.4　加密文件

(1) 如图3.13所示,右击所需要的加密的文件,在弹出的快捷菜单中选择More GpgEX options→Encrypt选项进行加密。如图3.14所示,在"为我加密"栏中选择加密所用到的公钥(一般默认情况下就是你刚刚所创建的密钥对),在"输出"栏中可以选择加密后的文件所存放的路径,单击"加密"按钮,生成的加密文件的扩展名为.gpg。

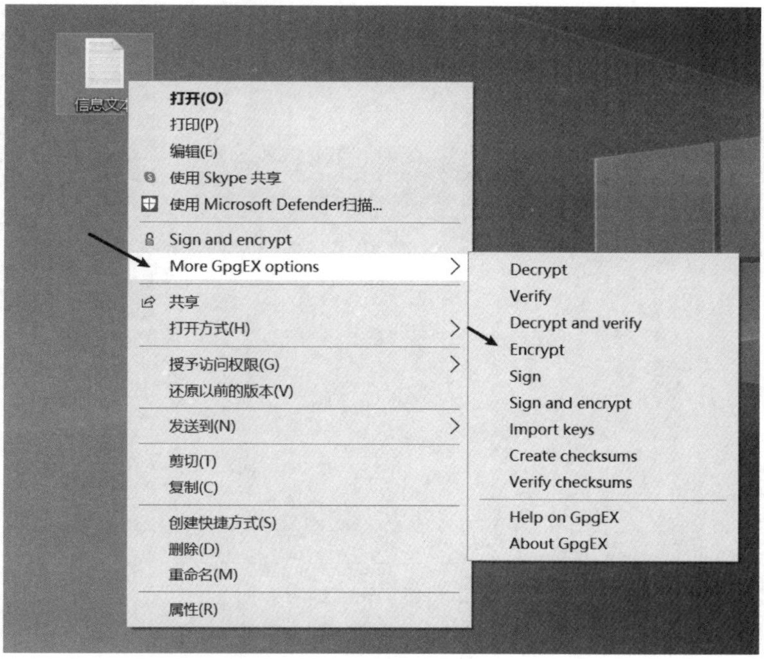

图 3.13　加密文件 1

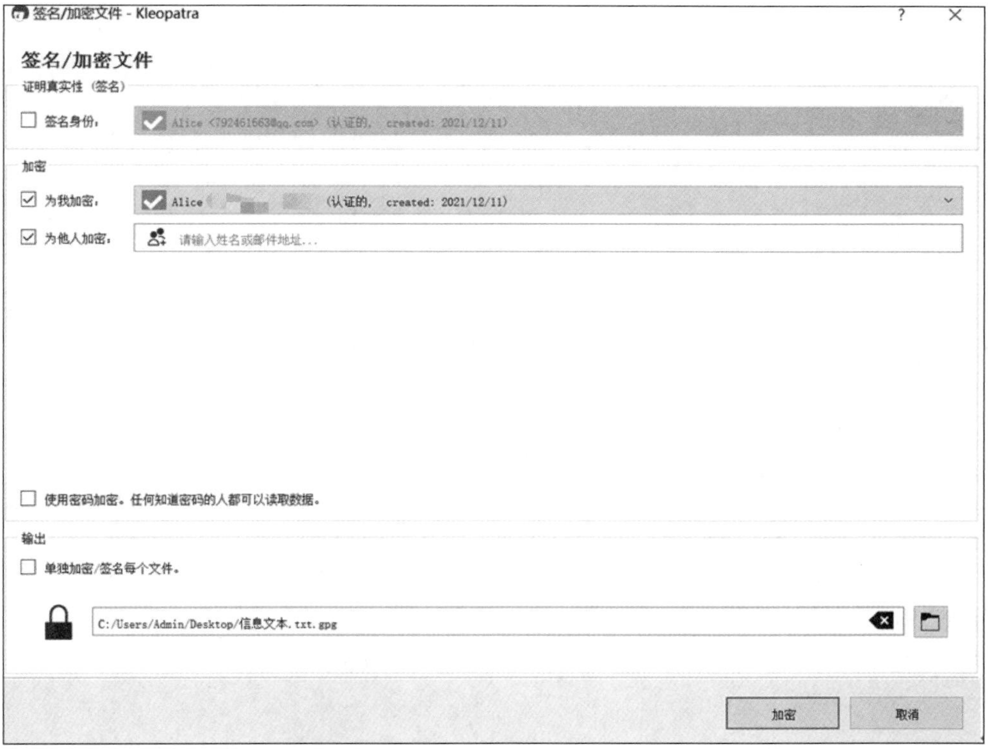

图 3.14　加密文件 2

(2) 如图3.15所示,单击"完成"按钮,在上一步选择的路径下多出一个.pgp文件,这个文件就是加密后的文件,直接打开后发现是一串乱码,如图3.16所示。

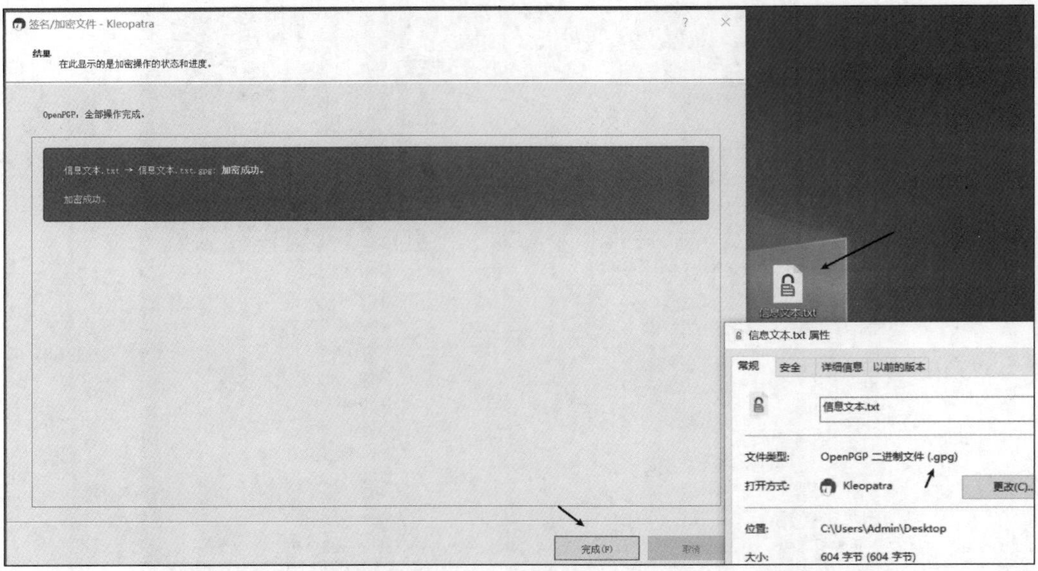

图3.15 完成加密

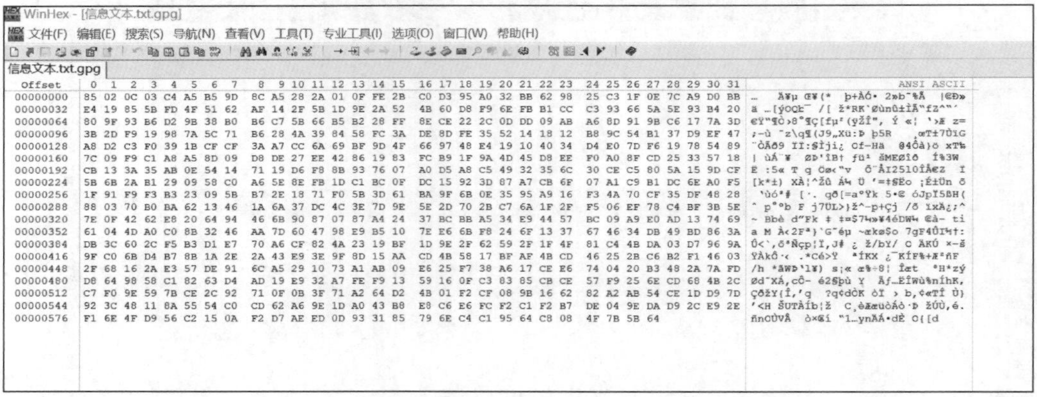

图3.16 查看加密后的文件

3.5.5 解密文件

(1) 接下来就对刚刚加密的文件使用密钥对它进行解密。如图3.17所示,右击加密后的文件,在弹出的快捷菜单中选择More GpgEX options→Decrypt选项进行解密。如图3.18所示,在"输出文件夹"栏中可以选择解密后文件的存放路径,其下可以看到加密的文件.gpg已经解密成功,在选择完存放路径之后,单击Save All按钮。

(2) 如图3.19所示,进入刚刚所选择的存放路径,双击文件,查看原文件。

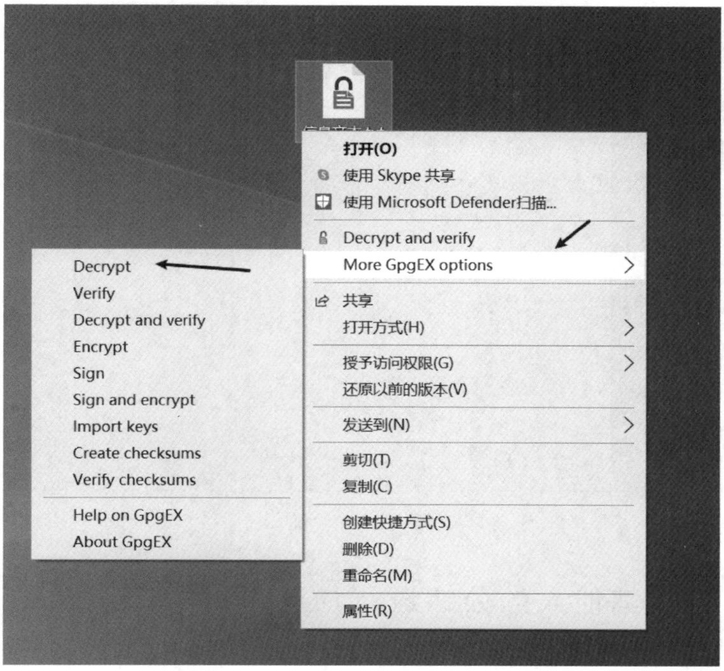

图 3.17　解密文件

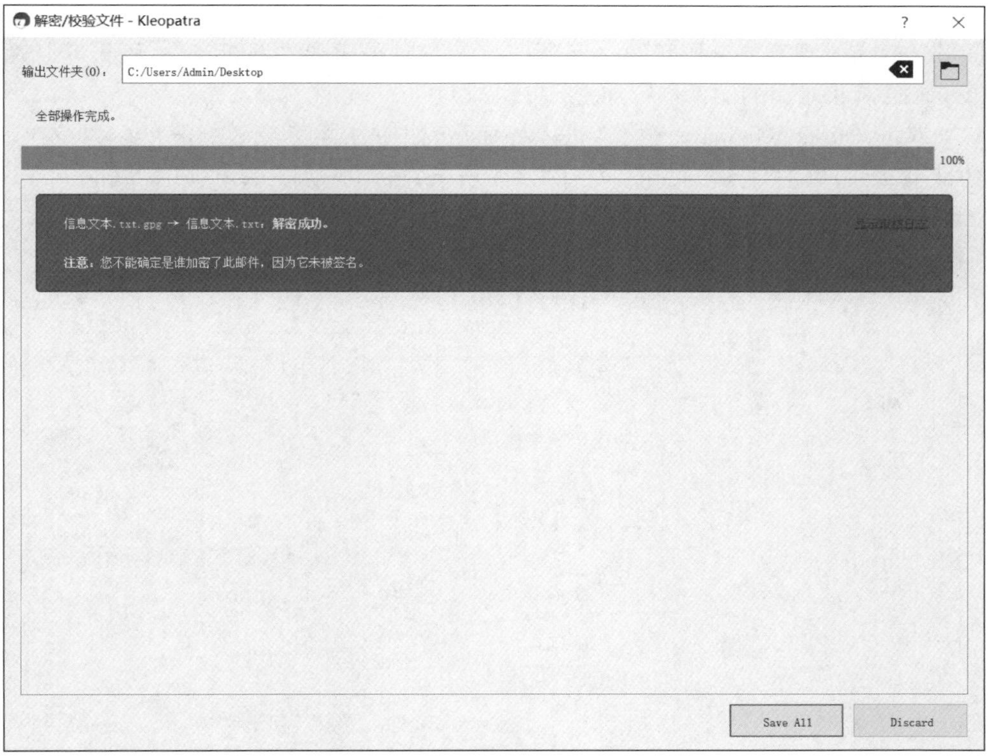

图 3.18　解密成功

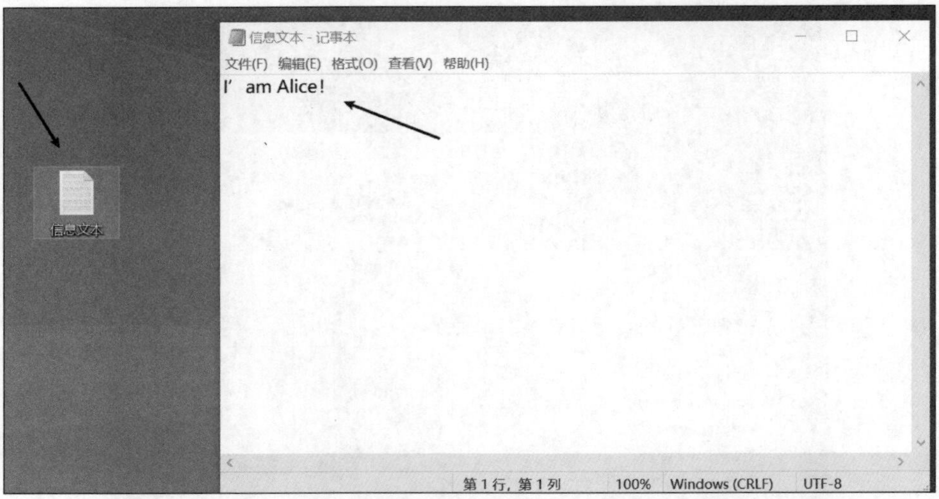

图 3.19 验证

3.5.6 导入其他人的公钥进行加密

课业任务 3-1

课业任务 3-1

Alice 是 WYL 公司的一个技术人员，Bob 是 WYL 公司分部的技术开发人员。身处异地的 Bob 与 Alice 现需要合作开发一套软件，考虑文件的重要性跟机密性，Bob 将生成的公钥给予 Alice 对相对应的文件进行加密。

(1) 双击并运行 Kleopatra 软件，进入界面后，如图 3.20 所示，单击“导入”按钮，选择 Bob 的证书文件，单击“打开”按钮。如图 3.21 所示，导入成功后，单击 OK 按钮。

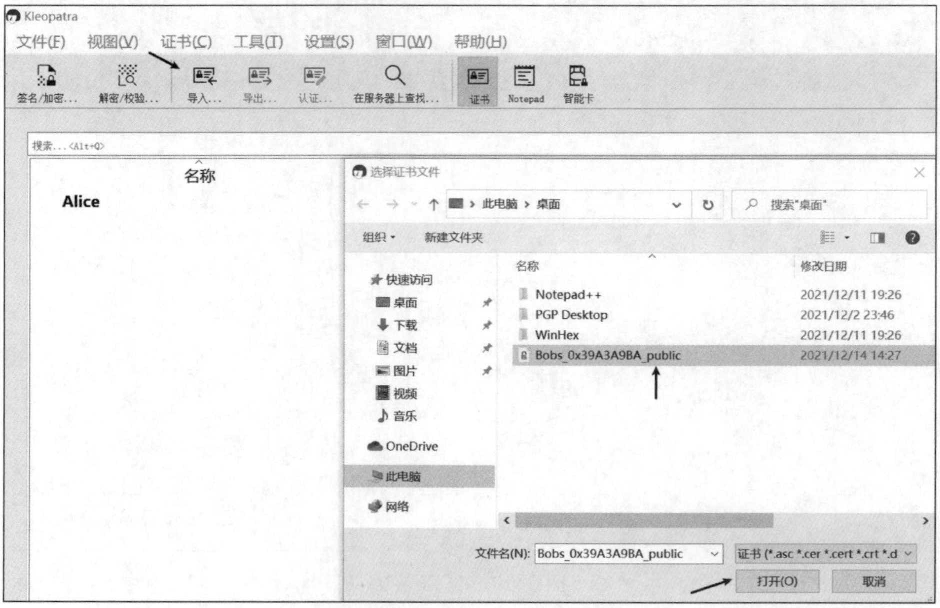

图 3.20 导入证书

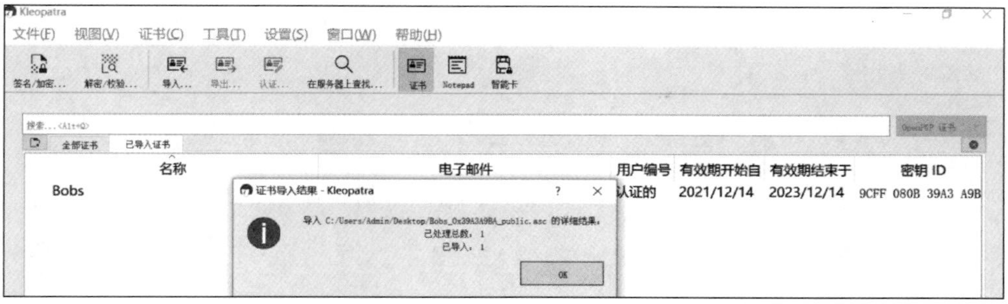

图 3.21　导入成功

（2）如图 3.22 所示，右击需要的加密的文件，在弹出的快捷菜单中选择 More GpgEX options→Encrypt 选项进行加密。如图 3.23 所示，在“为他人加密”栏中输入刚刚导入的 Bob 名称并选择，在“输出”栏中选择要输出加密后文件的位置，选择完之后单击“加密”按钮（下一步会有一个自动加密的警告直接单击“继续”按钮即可），在显示加密完成后单击“完成”按钮。

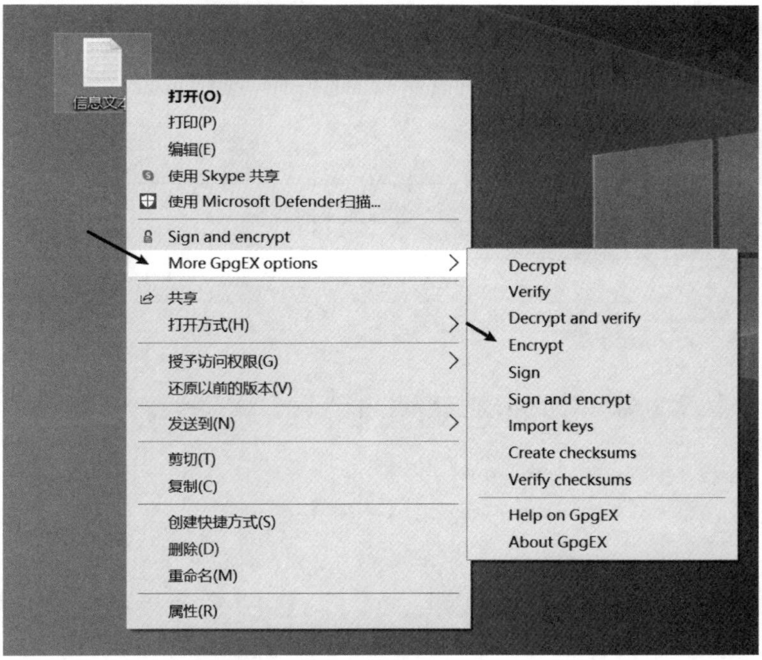

图 3.22　加密文件操作

（3）双击加密后的文件，发现是一串乱码，如图 3.24 所示，如果直接去解密那个文件，就会发现解密失败。其原因是利用了 Bob 的公钥进行加密，但是没有 Bob 的私钥，所以就会出现解密失败的情况。为了保证数据的安全性，一般是将公钥给到需要执行加密的一方，加密完成后的文件传回给对方，然后对方使用私钥对加密的文件进行解密，最终得到加密前的文件。

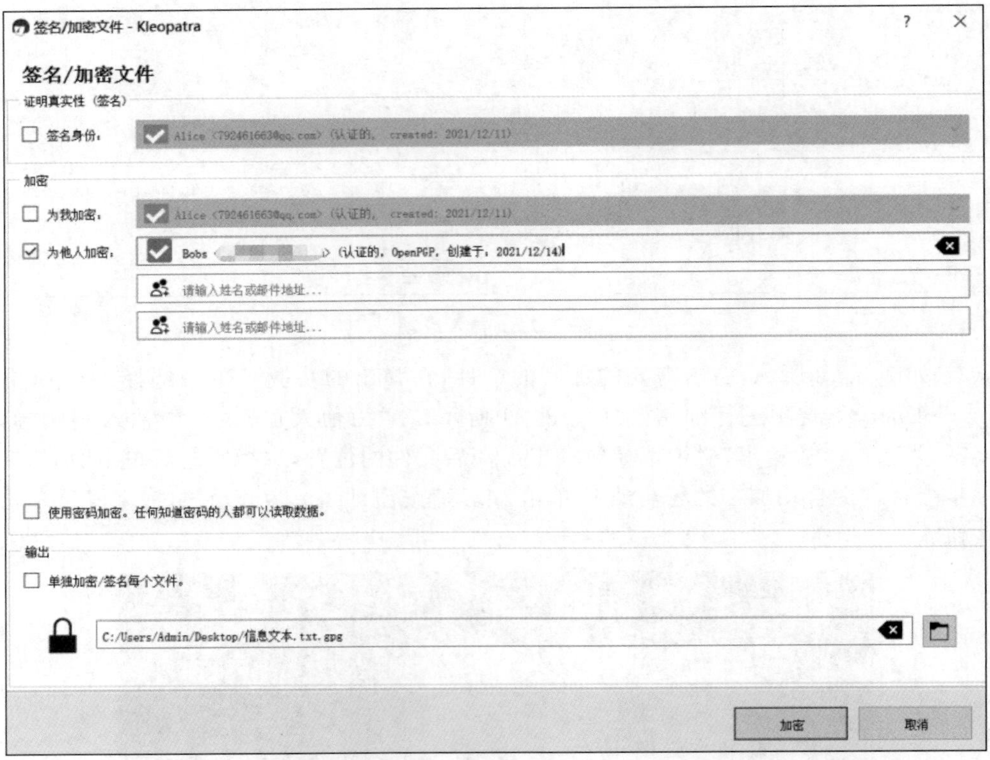

图 3.23 选择加密的路径

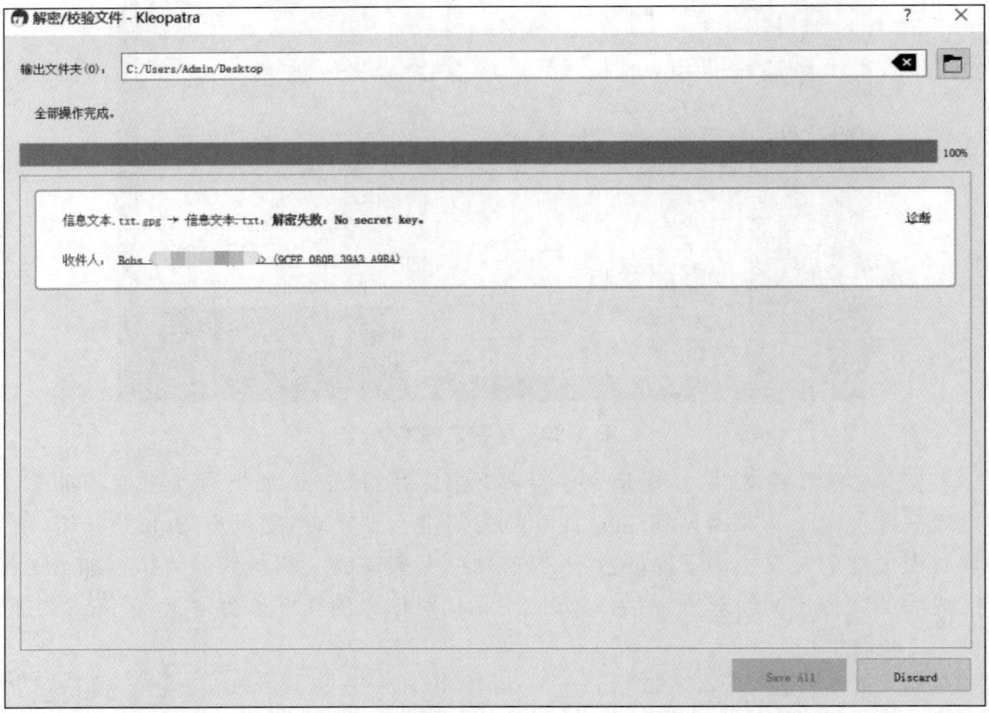

图 3.24 解密失败

3.5.7　加密电子邮件

课业任务 3-2

课业任务 3-2

Alice 是 WYL 公司总部的技术开发人员，Bob 是 WYL 公司分部的技术开发人员。身处异地的 Bob 与 Alice 现需要合作开发一套软件，经常需要通过互联网使用邮件交换数据，而这套软件里的文件涉及公司的核心机密，故需要在传输的过程中注意保密性。

(1) 打开 Outlook 邮箱，单击“新建电子邮件”按钮进入编写邮件界面，如图 3.25 所示，在“收件人”栏中输入收件人的邮箱，在“主题”栏中输入邮件的主题，在下方的空白处输入邮件的正文内容，在完成编辑之后，单击“邮件”按钮，将鼠标移至“…”，选择 Secure→Encrypt 选项进行邮件加密，单击“发送”按钮。如图 3.26 所示在单击完“发送”按钮之后，选择所使用加密的公钥，单击 OK 按钮即可完成发送。

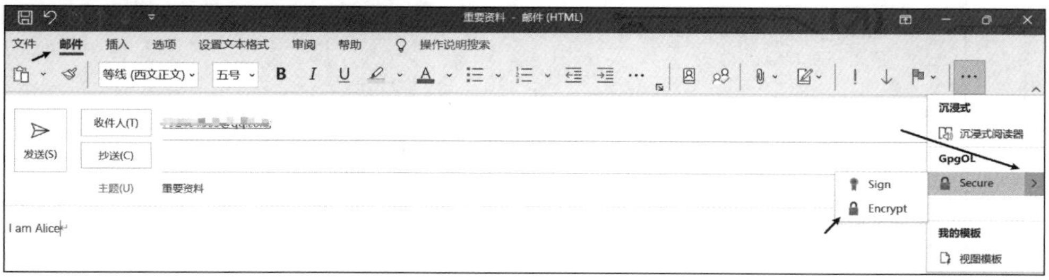

图 3.25　编写加密邮件

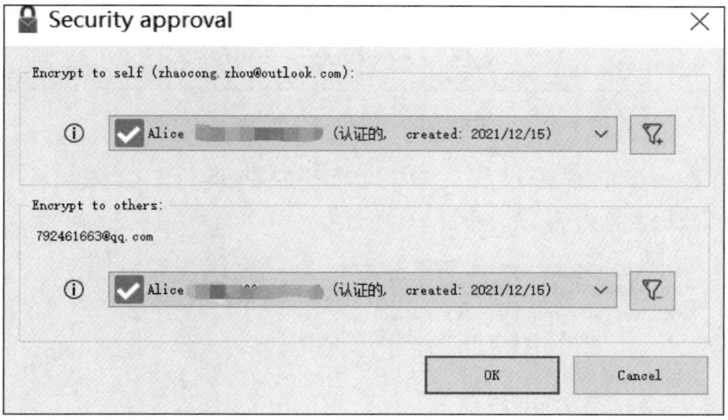

图 3.26　选择加密公钥

(2) 如图 3.27 所示，查看收到的邮件时发现文件内容被隐藏，取而代之的是两个加密的附件。将附件下载到本地，进到本地保存的路径下，如图 3.28 所示，右击.asc 文件(这个文件为 GPG 加密后的加密文件，所需要解密的也是该文件)，在弹出的快捷菜单中选择 More GpgEX options→Decrypt 选项进行解密(详细解密步骤可参考 3.5.5 解密文件)。

提示：如果在解密时已经将密钥对或者私钥导入软件 Kleopatra 中，系统会默认直接使用该密钥对文件进行解密。

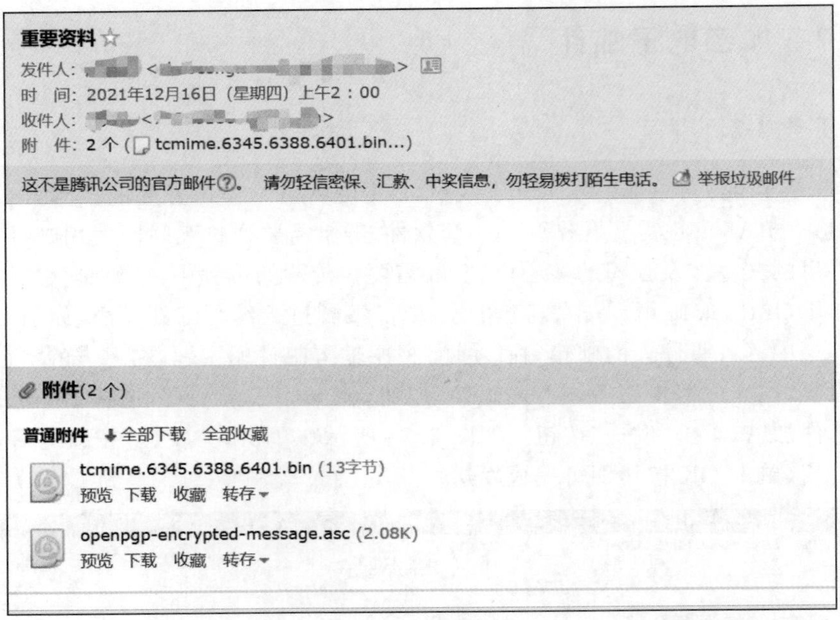

图 3.27　加密后的邮件

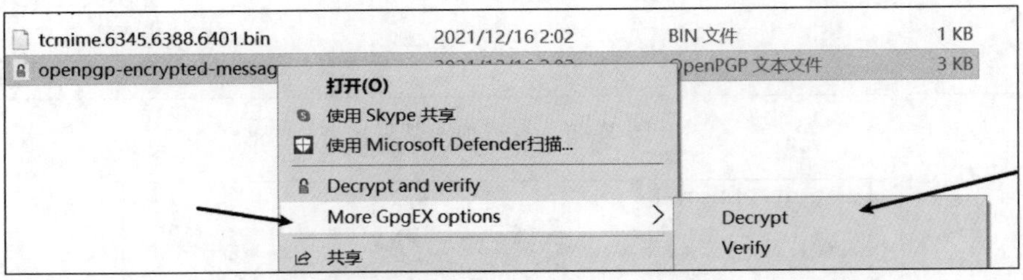

图 3.28　解密文件操作

（3）在执行完上一步的解密过程后，在选择存放的路径中会多出一个文件，双击该文件，即可查看解密后邮件的内容，如图 3.29 所示。

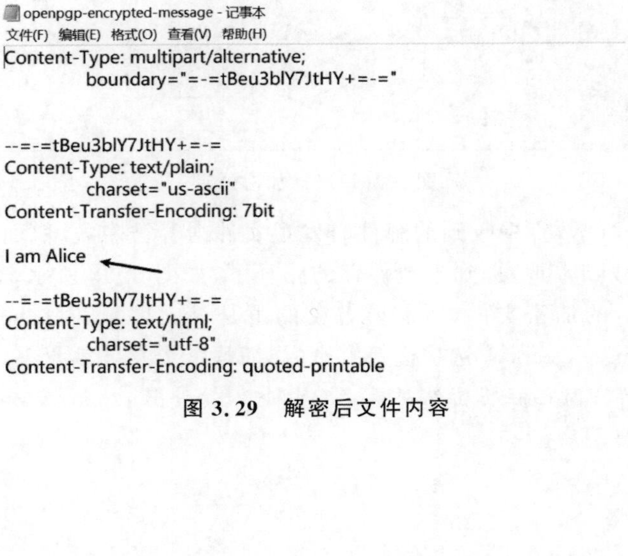

图 3.29　解密后文件内容

练习题

1. 单项选择题

(1) 就目前计算机设备的计算能力而言,数据加密标准 DES 不能抵抗对密钥的穷举搜索攻击,其原因是( )

A. DES 算法是公开的

B. DES 的密钥较短

C. DES 除了其中 S 盒是非线性变换外,其余变换均为线性变换

D. DES 算法简单

(2) 数字签名可以做到( )。

A. 防止窃听

B. 防止接收方的抵赖和发送方的伪造

C. 防止发送方的抵赖和接收方的伪造

D. 防止窃听者攻击

(3) 下列关于 PGP(Pretty Good Privacy)的说法不正确的是( )。

A. PGP 可用于电子邮件,也可用于文件存储

B. PGP 可选用 MD5 和 SHA 两种散列算法

C. PGP 采用了 ZIP 数据压缩算法

D. PGP 不可使用 IDEA 加密算法

(4) 为了保障数据的存储和传输安全,需要对一些重要数据进行加密。由于对称密码算法(①),因此特别适合对大量的数据进行加密。DES 实际的密钥长度是(②)位。

① A. 比非对称密码算法更安全

B. 比非对称密码算法密钥长度更长

C. 比非对称密码算法效率更高

D. 还能同时用于身份认证

② A. 56 B. 64 C. 128 D. 256

(5) 使用 Telnet 协议进行远程管理时,( )。

A. 包括用户名和口令在内,所有传输的数据都不会被自动加密

B. 包括用户名和口令在内,所有传输的数据都会被自动加密

C. 用户名和口令是加密传输的,而其他数据则是以文明方式传输的

D. 用户名和口令是不加密传输的,其他数据则是以加密传输的

(6) 以下不属于对称密码算法的是( )。

A. IDEA B. RC C. DES D. RSA

(7) 以下算法中属于非对称算法的是( )。

A. 散列算法 B. RSA 算法 C. IDEA D. 3 DES

(8) 以下不属于公钥管理方法的是( )。

A. 公开发布 B. 公用目录表 C. 公钥管理机构 D. 数据加密

(9) 以下不属于非对称密码算法特点的是(　　)。

A. 计算量大　　B. 处理速度慢

C. 使用两个密码　　D. 适合加密长数据

(10) 假设使用一种加密算法,它的加密方法很简单:将每一个字母加5,即a加密成f。这种算法的密钥就是5,那么它属于(　　)。

A. 对称加密技术　　B. 分组密码技术

C. 公钥加密技术　　D. 单向散列函数密码技术

(11) DES属于(　　)。

A. 对称密码体制　　B. 恺撒密码体制

C. 非对称密码体制　　D. 公钥密码体制

(12) 第一个实用的、迄今为止应用最广的公钥密码体制是(　　)。

A. RSA　　B. Elgamal

C. ECC　　D. NTRU

2. 填空题

(1) (　　)的重要性在于赋予消息M唯一的"指纹",其主要作用于验证消息M的完整性。

(2) 非对称加密算法有两把密钥:一把称为私钥;另一把称为(　　)。

(3) IDEA是目前公开的最好和最安全的分组密码算法之一,它采用(　　)位密钥对数据进行加密。

(4) RSA算法的安全是基于(　　)分解的难度。

(5) (　　)技术是指一种将内部网络与外部网络隔离的技术,以防止外部用户对内部用户进行攻击。

(6) MD5把可变长度的消息散列成(　　)位固定长度的值。

(7) DES算法加密过程中输入的明文长度是(　　)位,整个加密过程需经过(　　)轮的子变换。

(8) 在密码学中通常将源消息称为(　　),将加密后的消息称为(　　)。这个变换处理过程称为(　　)过程,它的逆过程称为(　　)过程。

3. 简答题

(1) 对称加密算法与非对称加密算法有哪些优缺点?

(2) 如何验证数据完整性?

(3) 散列算法有何特点?

(4) 简要说明DES加密算法的关键步骤。

(5) 什么情况下需要数字签名?简述数字签名的算法。

(6) 什么是身份认证?用哪些方法可以实现?

(7) RSA算法的基本原理和主要步骤是什么?

4. 综合应用题

(1) WYL 公司的业务员甲与客户乙通过 Internet 交换商业电子邮件。为保障邮件内容的安全,采用安全电子邮件技术对邮件内容进行加密和数字签名。安全电子邮件技术的实现原理如图 3.30 所示。根据要求,回答问题 1～问题 4,并把答案填入下面对应的位置。

(1)	(2)	(3)	(4)	(5)	(6)	(7)	(8)	(9)	(10)

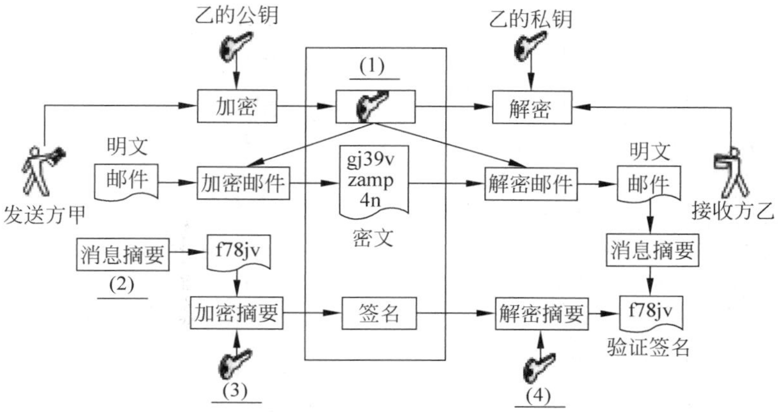

图 3.30　安全电子邮件技术的实现原理

【问题 1】

给图 3.30 中(1)～(4)处选择合适的答案。(1)～(4)的备选答案如下:

A. DES 算法　　B. MD5 算法　　C. 会话密钥　　D. 数字证书

E. 甲的共钥　　F. 甲的私钥　　G. 乙的共钥　　H. 乙的私钥

【问题 2】

以下关于报文摘要的说法中正确的有(5)、(6)。(5)和(6)的备选答案如下:

A. 不同的邮件很可能生成相同的摘要

B. 由邮件计算出其摘要的时间非常短

C. 由邮件计算出其摘要的时间非常长

D. 摘要的长度比输入邮件的长度长

E. 不同输入邮件计算出的摘要长度相同

F. 仅根据摘要很容易还原出原邮件

【问题 3】

甲使用 Outlook Express 撰写发送给乙的邮件,他应该使用(7)的数字证书来添加数字签名,而使用(8)的数字证书来对邮件加密。(7)和(8)的备选答案如下:

A. 甲　　B. 乙　　C. 第三方　　D. CA 认证中心

【问题 4】

乙收到了地址为甲的含数字签名的邮件,他可以通过验证数字签名来确认的信息有

(9)、(10)。(9)和(10)的备选答案如下：

A. 邮件在传送过程中是否加密　　B. 邮件中是否含病毒

C. 邮件是否被篡改　　D. 邮件的发送者是否是甲

(2) 恺撒密码明文字母表为 ABCDEFGHIJKLMNOPQRSTUVWXYZ。它的密文密码表是什么？

(3) 利用列置换密码算法，密钥用对换表示为 o=(245)，加密 xiandaimimaxue，写出解密过程。

第4章

防火墙技术

CHAPTER 4

防火墙是一种综合性技术，用于加强网络间的访问控制，防止外部用户非法使用内部资源，保护企业内部网络的设备不被破坏，防止企业内部网络的敏感数据被窃取。防火墙在物理上表现为一个或一组带特殊功能的网络设备，它在内部网和外部网之间的边界上构造一个保护层，强制所有的访问和连接都必须经过这一层，在此进行检查和连接，只有被授权的通信才能通过这一层。在各种网络安全产品中，用得最多的应属防火墙产品。本章主要讲解包过滤防火墙、应用网关型防火墙与状态检测防火墙的工作原理，并通过三个实际课业任务和一个综合案例来学习防火墙的应用与配置。

本章实验使用的防火墙设备是华为 USG6000V 系列防火墙，华为 USG6000V 系列防火墙将安全能力与应用识别进行深度融合，实现安全防护一体化。USG6000V 是一个镜像虚拟防火墙，它是一个镜像包集成后运行在 eNSP 之上从而达到模拟 USG6000V 系列防火墙设备的目的，由此可以进行更多新一代的防火墙网络模拟实验。

4.1　防火墙技术概述

4.1.1　防火墙的定义

在古代,房子多是木制,为了防止房屋着火蔓延到其他的房屋而在房屋与房屋之间用石头堆砌的一堵墙,称为防火墙,如图4.1所示。

延伸到网络里的防火墙不是指为了防火而设置的墙,而是指隔离在本地网络与外界网络之间的一道防御系统,如图4.2所示。防火墙是指设置在信任程度不同的网络(如公共网络和企业内部网络)或网络安全域之间的一系列的软件或硬件设备的组合。

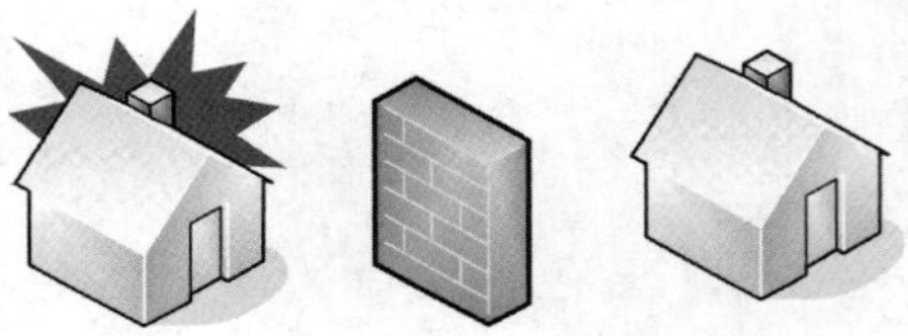

图4.1　古代用于防火的墙

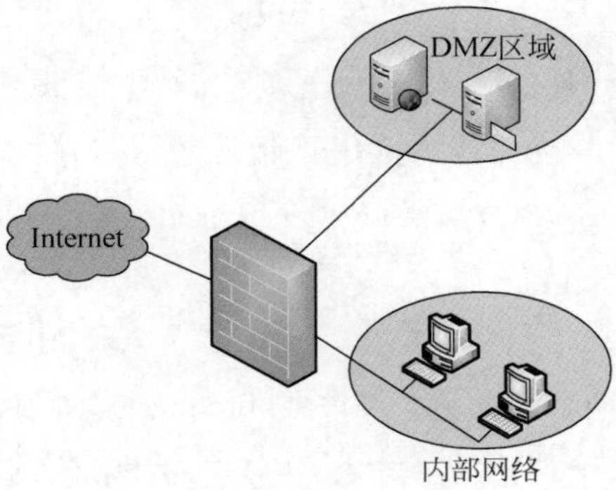

图4.2　网络里的防火墙

防火墙是设置在被保护网络和外部网络之间的一道屏障,以防止发生不可预测的、潜在破坏性的侵入。它是不同网络或网络安全域之间信息的唯一出入口,能根据企业的安全策略控制(允许、拒绝、监测)出入网络的信息流,且本身具有较强的抗攻击能力。它是提供信息安全服务、实现网络和信息安全的基础设施。在逻辑上,防火墙是一个分离器、一个限制器,也是一个分析器,它有效地监控了内部网络和互联网之间的任何活动,保证了内部网络的安全。

4.1.2　防火墙的分类

防火墙技术经历了包过滤防火墙、代理防火墙、状态检测防火墙三个阶段。现在网络中包过滤防火墙和代理防火墙逐步在被淘汰,取而代之的是状态检测防火墙。

1. 包过滤防火墙

包过滤防火墙工作在网络层,对数据包的源及目地IP具有识别和控制作用,对于传输层,也只能识别数据包是TCP还是UDP及所用的端口信息。综上所述,包过滤防火墙的基本原理为使用ACL(Access Control List)对源目的IP、源目的端口、服务协议、报文传递方向等进行流量的放行和阻断来达到保护内网安全的目的。现在的路由器、三层交换机以及某些操作系统已经具有用包过滤控制的能力。

包过滤防火墙具有根本的缺陷,具体如下。

(1) 不能防范黑客攻击。包过滤防火墙的工作基于一个前提,就是网管知道哪些IP是可信网络,哪些IP是不可信网络。但是随着远程办公等新应用的出现,网管不可能区分出可信网络与不可信网络的界限,对于黑客来说,只需将源IP包改成合法IP即可轻松通过包过滤防火墙,进入内网,而任何一个初级水平的黑客都能进行IP地址欺骗。

(2) 不支持应用层协议。假如内网用户提出这样一个需求,只允许内网员工下载外网的网页中的Office文档,不允许下载exe文件。包过滤防火墙无能为力,因为它不认识数据包中的应用层协议,访问控制粒度太粗糙。

(3) 不能处理新的安全威胁。它不能跟踪TCP状态,所以对TCP层的控制有漏洞。如当它配置了仅允许从内到外的TCP访问时,一些以TCP应答包的形式从外部对内网进行的攻击仍可以穿透防火墙。

(4) 随着ACL条目数量的增加,每当有数据包通过包过滤防火墙时,都会过滤完所有的ACL规则,条目数越多,防火墙的处理速度就越慢,大大影响业务效率。

(5) 无法适应多通道协议。由于包过滤防火墙是通过报文头部检测去完成的,必须首先要知道头部里面的信息是什么,然后才能去做包过滤。但如果这些信息是后期协商出来,那么防火墙就不能在事先就知道,就会导致没有对应ACL进行匹配导致丢包。

(6) 通常是不去检查应用层上的数据的。

综上可见,包过滤防火墙技术面太过初级,就好比一位保安只能根据访客来自哪个省市来判断是否允许他进入一样,难以履行保护内网安全的职责。

2. 代理防火墙

这种防火墙通过一种代理(Proxy)技术参与到一个TCP连接的全过程。从内部发出的数据包经过这样的防火墙处理后,就好像是源于防火墙外部网卡一样,从而可以达到隐藏内部网结构的作用。这种类型的防火墙被网络安全专家和媒体公认为是最安全的防火墙。代理防火墙为它们所支持的协议提供全面的协议意识安全分析。相比于那些只考虑数据包头信息的产品,这使得它们能做出更安全的判定。

代理防火墙的工作原理如图4.3所示,外网终端要去访问这个内网服务器时,首先会发出一个请求,数据包经过代理防火墙时,防火墙会对请求进行安全检查,如果不通过的话防火墙会对请求进行阻断。如果安全检查通过的话,防火墙就可以让外网终端和内网终端建立连接。

当连接建立完成后,外网终端就会开始向内网服务器发送报文,防火墙对报文进行安全检查后会发送一个有标记的报文给内网服务器。同理,服务器回应外网终端的报文也会经过防火墙的安全检查,然后防火墙也会将一个有标记的报文发给外网终端。

代理防火墙缺点也非常突出,主要有:

(1) 处理速度会比较慢,因为所有的数据报文都需要经过代理防火墙处理之后才能够继续向目的端发送。

(2) 对防火墙的升级也比较困难。

(3) 难以配置。由于每个应用都要求单独的代理进程,这就要求网管能理解每项应用协议的弱点,并能合理地配置安全策略,由于配置烦琐,难于理解,容易出现配置失误,最终

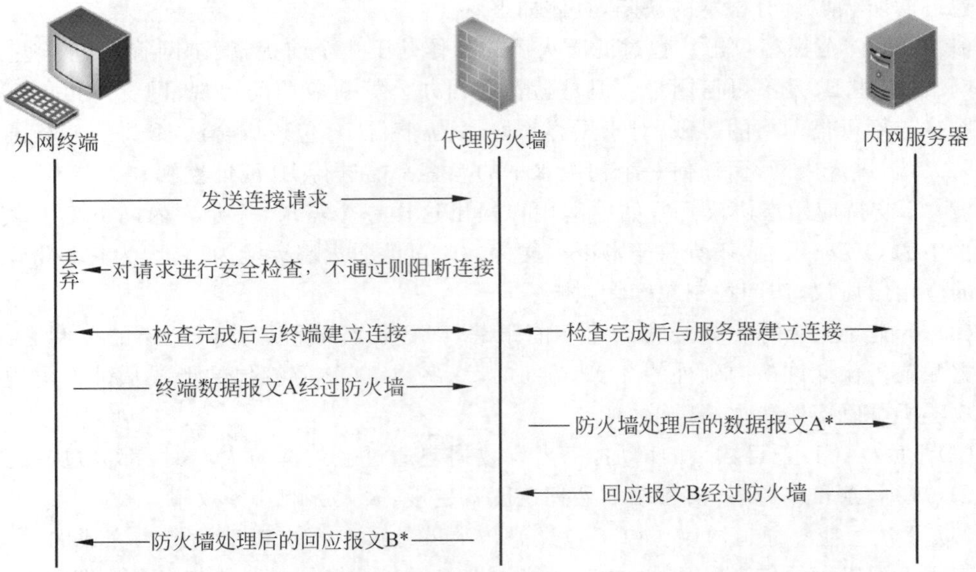

图 4.3 代理防火墙的工作原理

影响内网的安全防范能力。

总之,应用网关型防火墙不能支持大规模的并发连接,在对速度敏感的行业使用这类防火墙时简直是灾难。另外,防火墙核心要求预先内置一些已知应用程序的代理,使得一些新出现的应用在代理防火墙内被阻断,不能很好地支持新应用。

在 IT 领域中,新应用、新技术、新协议层出不穷,代理防火墙很难适应这种局面。因此,在一些重要的领域和行业的核心业务应用中,代理防火墙正被逐渐疏远。

但是,自适应代理技术的出现让应用代理防火墙技术出现了新的转机,它结合了代理防火墙的安全性和包过滤防火墙的高速度等优点,在不损失安全性的基础上将代理防火墙的性能提高了。

3. 状态检测防火墙

Internet 上传输的数据都必须遵循 TCP/IP,根据 TCP,每个可靠连接的建立需要经过"客户端同步请求""服务器应答""客户端再应答"三个阶段,我们最常用到的 Web 浏览、文件下载、收发邮件等都要经过这三个阶段。这反映出数据包并不是独立的,而是前后之间有着密切的状态联系,基于这种状态变化,引出了状态检测技术。

状态检测防火墙摒弃了包过滤防火墙仅考查数据包的 IP 地址等几个参数,而不关心数据包连接状态变化的缺点,当收到报文后对其进行检测,检测完后它会记录这个报文的一些特征信息,在防火墙的核心部分建立状态连接表,并将进出网络的数据当成一个个的会话,利用状态表跟踪每一个会话状态。当另一端回数据包时,根据刚才记录下来的特征信息就可以直接放行该报文。状态监测对每一个包的检查不仅根据规则表,更考虑了数据包是否符合会话所处的状态,因此提供了完整的对传输层的控制能力。

应用网关型防火墙的一个挑战就是能处理的流量,状态检测技术在大大提高安全防范能力的同时也改进了流量处理速度。状态监测技术采用了一系列优化技术,使防火墙性能大幅度提升，能应用在各类网络环境中，尤其是在一些规则复杂的大型网络上。

任何一款高性能的防火墙，都会采用状态检测技术。

4.1.3 防火墙的功能

防火墙技术是网络安全策略的重要组成部分，它通过控制和检测网络之间的信息交换和访问行为来实现对网络的安全管理。从总体上看，防火墙应具有以下五大基本功能。

- 过滤进出网络的数据包。
- 管理进出网络的访问行为。
- 封堵某些禁止的访问行为。
- 记录通过防火墙的信息内容和活动。
- 对网络攻击进行检测和告警。

4.1.4 防火墙的局限性

防火墙不是解决所有网络安全问题的万能药方，只是网络安全政策和策略中的一个组成部分。防火墙有以下三方面的局限。

- 防火墙不能防范绕过防火墙的攻击。
- 防火墙不能防范来自内部人员恶意的攻击。
- 防火墙不能阻止被病毒感染的程序或文件的传递。

4.2 状态检测防火墙

4.2.1 状态检测防火墙的工作原理

状态检测防火墙采用了状态检测包过滤的技术，是传统包过滤上的功能扩展。状态检测防火墙在网络层有一个检查引擎截获数据包并抽取出与应用层状态有关的信息，并以此为依据决定对该连接是接受还是拒绝。对新建的应用连接，状态检测检查预先设置的安全规则，允许符合规则的连接通过，并在内存中记录下该连接的相关信息，生成状态表。对该连接的后续数据包，只要符合状态表，就可以通过。它允许受信任的客户机和不受信任的主机建立直接连接，不依靠与应用层有关的代理，而是依靠某种算法来识别进出的应用层数据，这些算法通过已知合法数据包的模式来比较进出数据包，这样从理论上就能比应用级代理在过滤数据包上更有效。

状态检测防火墙可监测 RPC 和 UDP 端口信息（包过滤防火墙和代理防火墙都不支持此类端口），它将所有通过防火墙的 UDP 分组均视为一个虚连接，当反向应答分组送达时，就认为一个虚拟连接已经建立。状态检测防火墙克服了包过滤防火墙和代理防火墙的局限性，不仅仅检测 to 和 from 的地址，而且不要求每个访问的应用都有代理。目前，大部分用户使用状态监测防火墙，它对用户透明，在 OSI 最高层上加密数据，而无须修改客户端程序，也无须对每个需在防火墙上运行的服务额外增加一个代理。这种技术提供了高度安全的解决方案，同时具有较好的适应性和扩展性。

4.2.2 状态检测防火墙的优点

1. 安全性好

状态检测防火墙工作在数据链路层和网络层之间,它从这里截取数据包,因为数据链路层是网卡工作的真正位置,网络层是协议栈的第一层,这样防火墙确保了截取和检查所有通过网络的原始数据包。防火墙截取到数据包就处理它们,首先根据安全策略从数据包中提取有用信息,保存在内存中;然后将相关信息组合起来,进行一些逻辑或数学运算,获得相应的结论,进行相应的操作,如允许数据包通过、拒绝数据包、认证连接、加密数据等。状态检测防火墙虽然工作在协议栈较低层,但它检测所有应用层的数据包,从中提取有用信息,如IP地址、端口号、数据内容等,这样安全性得到很大提高。

2. 性能高效

状态检测防火墙工作在协议栈的较低层,通过防火墙的所有的数据包都在低层处理,而不需要协议栈的上层处理任何数据包,这样减少了高层协议头的开销,执行效率提高很多;另外在这种防火墙中一旦一个连接建立起来,就不用再对这个连接做更多工作,系统可以去处理别的连接,执行效率明显提高。

3. 扩展性好

状态检测防火墙不像应用网关式防火墙那样,每一个应用对应一个服务程序,这样所能提供的服务是有限的,而且当增加一个新的服务时,必须为新的服务开发相应的服务程序,这样系统的可扩展性降低。状态检测防火墙不区分每个具体的应用,只是根据从数据包中提取出的信息、对应的安全策略及过滤规则处理数据包,当有一个新的应用时,它能动态产生新的应用的新的规则,而不用另外编写代码,所以具有很好的伸缩性和扩展性。

4. 配置方便,应用范围广

状态检测防火墙不仅支持基于TCP的应用,而且支持基于无连接协议的应用,如RPC、基于UDP的应用(DNS 、WAIS、Archie)等。对于无连接的协议,连接请求和应答没有区别,包过滤防火墙和应用网关对此类应用要么不支持,要么开放一个大范围的UDP端口,这样暴露了内部网,降低了安全性。

状态检测防火墙实现了基于UDP应用的安全,通过在UDP通信之上保持一个虚拟连接来实现。防火墙保存通过网关的每一个连接的状态信息,允许穿过防火墙的UDP请求包被记录,当UDP包在相反方向上通过时,依据连接状态表确定该UDP包是否是已被授权的,若已被授权,则通过,否则拒绝。如果在指定的一段时间内响应数据包没有到达,连接超时,则该连接被阻塞,这样所有的攻击都被阻塞。状态检测防火墙可以控制无效连接的连接时间,避免大量的无效连接占用过多的网络资源,可以很好地降低DoS和DDoS攻击的风险。

状态检测防火墙也支持RPC,因为对于RPC服务来说,其端口号是不定的,因此简单的跟踪端口号是不能实现该种服务的安全,状态检测防火墙通过动态端口映射图记录端口号，为验证该连接还保存连接状态、程序号等，通过动态端口映射图来实现此类应用的安全。

4.2.3　状态检测防火墙的缺点

包过滤防火墙得以进行正常工作的一切依据都在于过滤规则的实施，但又不能满足建立精细规则的要求，并且不能分析高级协议中的数据。代理防火墙的每个连接都必须建立在为之创建的有一套复杂的协议分析机制的代理程序进程上，这会导致数据延迟的现象。状态检测防火墙虽然继承了包过滤防火墙和代理防火墙的优点，克服了它们的缺点，但它仍只是检测数据包的第三层信息，无法彻底地识别数据包中大量的垃圾邮件、广告以及木马程序等。

4.2.4　状态检测防火墙与普通包过滤防火墙对比

如果要允许内网用户访问公网的 Web 服务，针对普通包过滤防火墙应该建立一条如图 4.4 所示的规则。

动作	源地址	源端口	目标地址	目标端口	方向(此栏为备注)
允许	*	*	*	80	出

图 4.4　普通包过滤防火墙规则 1

以上规划只是允许内网向公网请求 Web 服务，但 Web 服务响应数据包怎么进来呢？还必须建立一条允许相应响应数据包进入的规则。如果按上面的规则增加，由于现在数据包是从外进来，因此源地址应该是所有外部的，在源端口输入 80，目标地址暂不限定。访问网站时本地端口是临时分配的，也就是说这个端口是不定的，只要是 1023 以上的端口都有可能，所以只有把大于 1023 的所有端口都开放，于是在目标端口输入 1024～65 535，规则就如图 4.5 所示，这就是普通包过滤防火墙所采用的方法。

动作	源地址	源端口	目标地址	目标端口	方向(此栏为备注)
允许	*	*	*	80	出
允许	*	80	*	1024 ~65 535	进

图 4.5　普通包过滤防火墙规则 2

包过滤防火墙要实现内网用户访问公网的 Web 服务，因为入站的高端口全开放了，而很多危险的服务也是使用的高端口，如微软的终端服务/远程桌面监听的端口就是 3389，当然对这种固定的端口还好说，把进站的 3389 封了就行，但对于同样使用高端口但却是动态分配端口的 RPC 服务就没那么容易处理了，因为是动态的，所以不便封住某个特定的 RPC 服务。

针对状态检测防火墙，同样实现内网用户访问公网的 Web 服务，需要建立好一条类似图 4.4 的规则，但不需要建立图 4.5 的规则。如果有内网用户在客户端打开 IE 向某个网站请求 Web 页面，当数据包到达防火墙时，状态检测引擎会检测到这是一个发起连接的初始数据包(由 SYN 标志)，然后它就会把这个数据包中的信息与防火墙规则作比较，如果没有相应规则允许，防火墙就会拒绝这次连接，如果有相应规则允许，那么它允许将数据包通过并且在状态表中新建一条会话，通常这条会话会包括此连接的源地址、源端口、目标地址、目标端口、连接时间等信息,对于TCP连接,它还应该会包含序列号和标志位等信息。当后续数据包到达时,如果这个数据包不含SYN标志,也就是说这个数据包不是发起一个新的连接时,状态检测引擎就会直接把它的信息与状态表中的会话条目进行比较,如果信息匹配,就直接允许数据包通过,这样不再去接受规则的检查,提高了效率;如果信息不匹配,数据包就会被丢弃或连接被拒绝,并且每个会话还有一个超时值,过了这个时间,相应会话条目就会被从状态表中删除掉。外部Web网站对内网用户的响应包来说,由于状态检测引擎会检测到返回的数据包属于Web连接的那个会话,因此它会动态打开端口以允许返回包进入,传输完毕后又动态地关闭这个端口,这样就避免了普通包过滤防火墙那种静态地开放所有高端端口的危险做法,同时由于有会话超时的限制,它也能够有效地避免外部的DoS攻击,并且外部伪造的ACK数据包也不会进入,因为它的数据包信息不会匹配状态表中的会话条目。

上面是针对TCP(Web服务)连接的状态检测,但对UDP同样有效,虽然UDP不是像TCP那样有连接的协议,但状态检测防火墙会为它创建虚拟的连接。相对于TCP和UDP来说,ICMP的处理要难一些,但它仍然有一些信息来创建虚拟的连接,关键是有些ICMP数据包是单向的,也就是当TCP和UDP传输有错误时会有一个ICMP数据包返回。对于ICMP的处理,不同的防火墙产品可能不同的方法,在ISA SERVER 2000中,不支持ICMP的状态检查,只能静态地允许或拒绝ICMP包的进出。

4.3 防火墙转发原理

4.3.1 包过滤技术

包过滤技术作为网络安全保护的其中一种机制,对于网络中各种不同的流量做一个最基本的控制。最基本的包过滤防火墙对于要转发的报文,先对其报文头部进行信息获取,包括报文头部里面的源IP地址、目的IP地址、传输层协议的协议号、源端口号和目的端口号等,然后去与预先设置好的过滤规则进行匹配,根据过滤规则给出的动作对整个报文进行转发或丢弃动作。

包过滤防火墙的转发机制是每一个经过的数据包都要进行包过滤规则的检查,因此所有数据包的转发时间都会加长,那么转发效率就会大大降低。目前防火墙基本都会使用状态检测机制,只会对每一个连接会话的首包进行包过滤检查,如果首包可以通过防火墙的过滤检查,防火墙会对应建立一个会话表项,后续包就不需要在进行对应的过滤检查,直接依据形成的会话表放行转发。例如:一列火车通过检查时,如果火车头可以通过检查,后续的车厢就不需要再进行一次检查,直接可以提速通过检查站,提高了效率。

包过滤能够通过报文头部携带的源MAC地址、目的MAC地址、源IP地址、目的IP地址、源端口号、目的端口号、上层协议等下四层的一些标志信息来组合定义网络里面的数据流,在这些信息里面源IP地址、目的IP地址、源端口号、目的端口号、对应的上层协议就是状态检测防火墙中常用到的五元组,也是TCP/UDP连接非常重要的五个信息。访问控制列表就是利用这些元素来定义一些规则,做到精细控制报文的转发。

课业任务 4-1

WYL 公司在设计公司内部网络时，出于对网络设备的安全考虑在靠近服务器的路由器上设置了不允许所有终端设备远程连接进该路由器 AR2，如图 4.6 所示。全网使用默认路由进行互通，使用 ACL 实现公司需求。

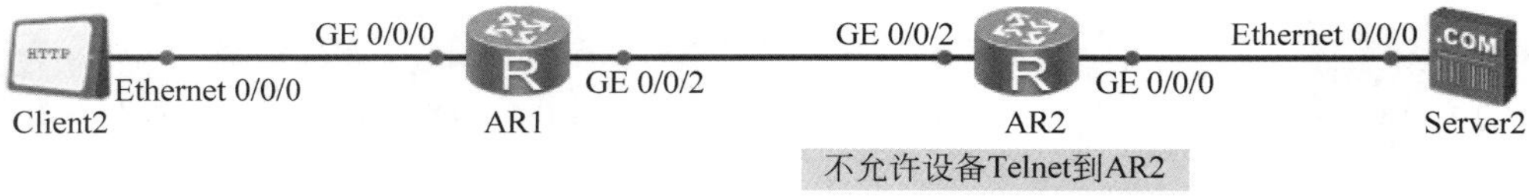

图 4.6　课业任务 4-1 的网络拓扑

任务要求：

(1) IP 地址客户端方向用 192.168.10.0/24，服务器用 10.10.10.0/24，路由器与路由器之间使用 20.20.20.0/30。

(2) 在 AR2 上做 ACL 流控，使得所有客户端设备都不可以 Telnet 到此设备。

(3) ACL 的流控方向为 inbound。

(4) 使用默认路由，使得全网贯通。

(5) 配置 AR2 Telnet 认证。

(6) 测试 ACL 流控(在 AR1 上 Telnet 20.20.20.2)。

具体实现步骤如下。

(1) IP 地址客户端方向用 192.168.10.0/24，服务器用 10.10.10.0/24，路由器与路由器之间使用 20.20.20.0/30。

AR1：

```
[AR1]interface GigabitEthernet 0/0/0
[AR1 - GigabitEthernet0/0/0]ip address 192.168.10.254 24
[AR1 - GigabitEthernet0/0/0]undo shutdown            //激活该端口
[AR1 - GigabitEthernet0/0/0]quit
[AR1]interface GigabitEthernet 0/0/2
[AR1 - GigabitEthernet0/0/2]ip address 20.20.20.1 30
[AR1 - GigabitEthernet0/0/2]undo shutdown            //激活该端口
[AR1 - GigabitEthernet0/0/2]quit
```

AR2：

```
[AR2]interface GigabitEthernet 0/0/0
[AR2 - GigabitEthernet0/0/0]ip address 10.10.10.254 24
[AR2 - GigabitEthernet0/0/0]undo shutdown
[AR2 - GigabitEthernet0/0/0]quit
[AR2]interface GigabitEthernet 0/0/2
[AR2 - GigabitEthernet0/0/2]ip address 20.20.20.2 30
[AR2 - GigabitEthernet0/0/2]undo shutdown
[AR2 - GigabitEthernet0/0/2]quit
```

(2) 在 AR2 上做 ACL 流控,使得所有客户端设备都不可以 Telnet 到此设备。

```
[AR2]acl number 3001
[AR2 - acl - adv - 3001]rule deny tcp source any destination - port eq telnet destination 20.20.20.2 0
                                              //根据需要限制的数据流 IP、端口进行 ACL 规则建立
```

(3) ACL 的流控方向为 inbound。

```
[AR2]interface GigabitEthernet 0/0/2
[AR2 - GigabitEthernet0/0/2]traffic - filter inbound acl 3001 //在该接口的入方向进行 ACL 过滤
```

(4) 使用默认路由,使得全网贯通。

```
[AR1]ip route - static 0.0.0.0 0.0.0.0 20.20.20.2
[AR2]ip route - static 0.0.0.0 0.0.0.0 20.20.20.1
```

(5) 配置 AR2 Telnet 认证。

```
[AR2]aaa
[AR2 - aaa]local - user test password cipher Huawei      //添加一个本地用户
Info: Add a new user.
[AR2 - aaa]local - user test service - type telnet       //为该用户开启 Telnet 权限
[AR2 - aaa]quit
[AR2]user - interface vty 0 4                            //进入用户管理接口,开启 0~4 号通道
[AR2 - ui - vty0 - 4]authentication - mode aaa
[AR2 - ui - vty0 - 4]quit
```

(6) 测试 ACL 流控(在 AR1 上 Telnet 20.20.20.2),如图 4.7 所示。

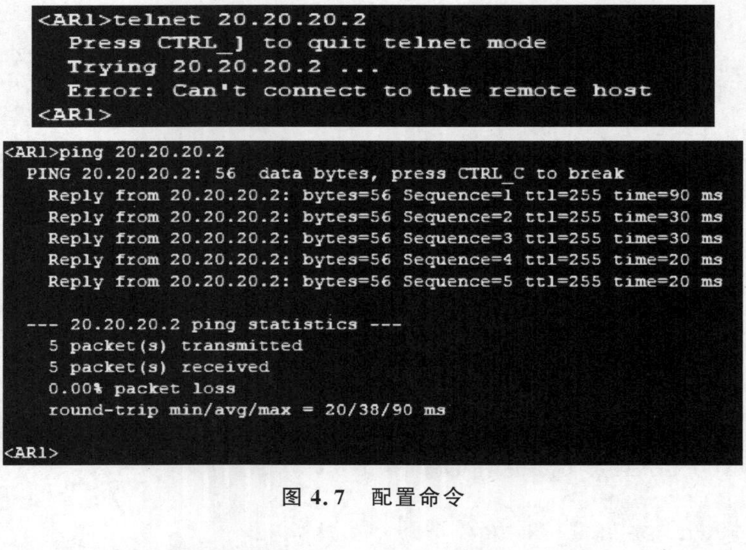

<AR1>telnet 20.20.20.2
Press CTRL_] to quit telnet mode
Trying 20.20.20.2 ...
Error: Can't connect to the remote host
<AR1>
<AR1>ping 20.20.20.2
PING 20.20.20.2: 56 data bytes, press CTRL_C to break
Reply from 20.20.20.2: bytes=56 Sequence=1 ttl=255 time=90 ms
Reply from 20.20.20.2: bytes=56 Sequence=2 ttl=255 time=30 ms
Reply from 20.20.20.2: bytes=56 Sequence=3 ttl=255 time=30 ms
Reply from 20.20.20.2: bytes=56 Sequence=4 ttl=255 time=20 ms
Reply from 20.20.20.2: bytes=56 Sequence=5 ttl=255 time=20 ms
--- 20.20.20.2 ping statistics ---
5 packet(s) transmitted
5 packet(s) received
0.00% packet loss
round-trip min/avg/max = 20/38/90 ms
<AR1>

图 4.7 配置命令

4.3.2 防火墙安全策略

1. 安全策略的定义

安全策略是运用设置好的特定规则控制设备对流量的转发和拦截做出对应的动作,同

时也对流量进行内容安全一体化检测。其本质是包过滤，但是现在的防火墙设备并不需要在设备上面去写对应的 ACL，主要使用在对跨防火墙的网络互访进行控制和对设备本身的访问进行控制。

防火墙的基本作用是保护特定的安全区域不受非信任区域网络的攻击，但是还要保证两个区域的网络可以进行合法、安全的通信。安全策略的作用就是对通过防火墙设备的流量进行检查，通过了安检的合法数据才可以进行转发。

使用防火墙的安全策略可以控制企业内网访问外网的权限、控制企业内网不同安全区域的互访权限和对应内容的检查。同时也可以对设备本身（Local）的访问进行控制和检查，如允许哪些 IP 可以通过 Telnet 或者 Web 等方式登录防火墙设备等。

2. 安全策略的原理

防火墙安全策略是定义数据流在防火墙上的处理规则，防火墙根据规则来对经过防火墙的数据流进行处理。所以，防火墙的安全策略的核心作用就是依据定义的规则对经过防火墙设备的流量进行筛选过滤，由安全策略定义的关键字来确定筛选出的流量该如何进行下一步的操作。

在防火墙应用中，防火墙的安全策略是对经过防火墙的数据流量进行网络安全访问的一种基本手段，决定了后续的数据流量是否被丢弃或者转发。NGFW（下一代防火墙）会对收到的数据流量进行检查，检查流量的各项属性，包括源安全区域、目的安全区域、源地址或源地区、目的地址或目的地区、用户、源端口、目的端口、协议、应用以及时间段，如图 4.8 所示。

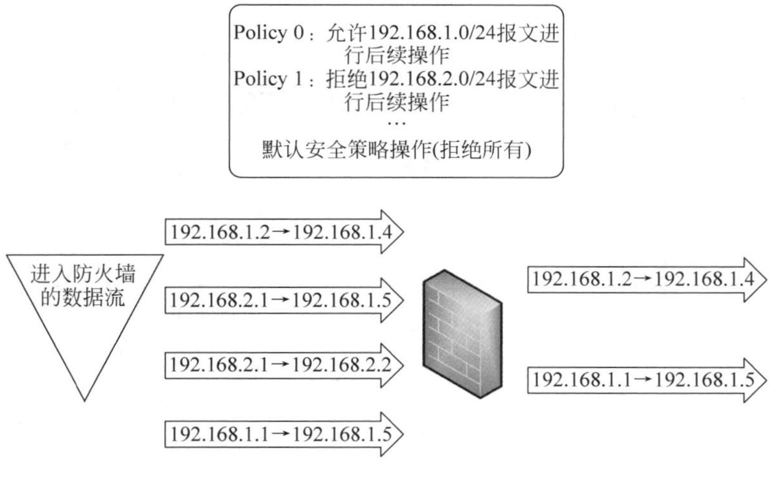

图 4.8 安全策略处理流程

3. 安全策略分类

根据防火墙安全策略应用位置和方向的不同，安全策略可以被划分为域间安全策略、域内安全策略和直接包过滤三种类别，如图 4.9～图 4.11 所示。

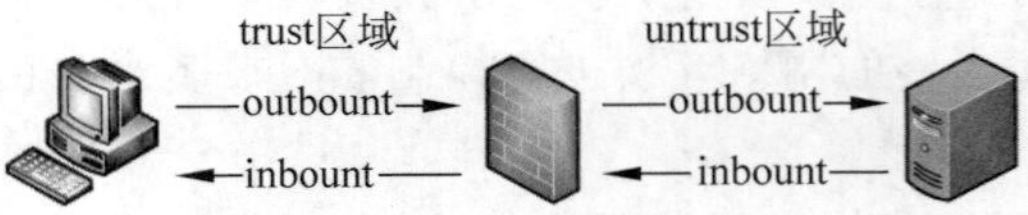

图 4.9　域间安全策略

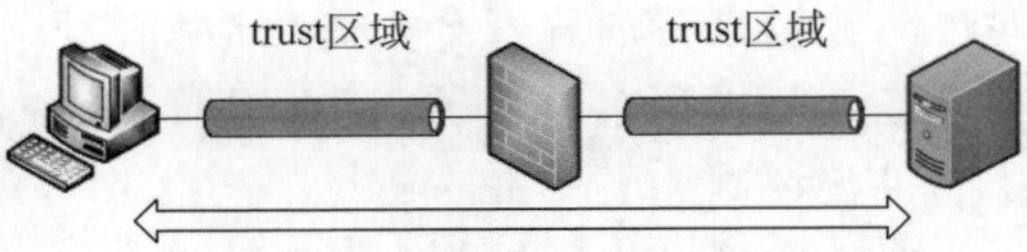

图 4.10　域内安全策略

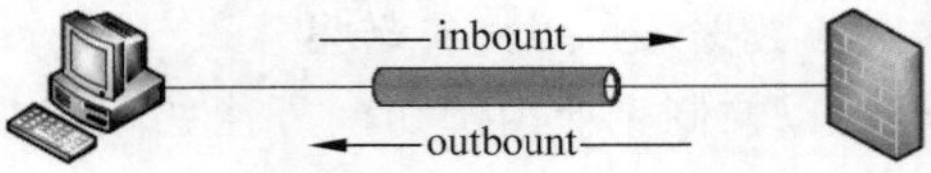

图 4.11　直接包过滤规则

4.3.3　防火墙转发原理

早期的包过滤防火墙采取的是逐包检查机制，顾名思义，就是对所有流经防火墙设备的所有报文都根据包过滤规则进行检查，检查的结果直接影响数据包的后续动作，是否允许放行。这种方式严重影响了防火墙设备的转发效率，影响了整体网络的转发速度。

为了解决这个问题，越来越多的防火墙采用了状态检测机制和包过滤技术联动。状态检测机制是以应用流量为单位来对报文进行检查和转发，对第一条应用流量的第一个报文(首包)进行包过滤规则检查，并将判断后的结果和该报文的一些属性记录下来，如源目的IP、源目的端口号、协议号等。对于该应用流量后续报文都直接根据这些记录下来的信息来判断是否转发、丢弃和进行内容安全检查。这些记录下来的信息就是平常所述的会话表项。这种机制大大提升了防火墙设备的检查效率和转发效率，已经成为目前防火墙设备的主流包过滤机制，如图4.12所示。

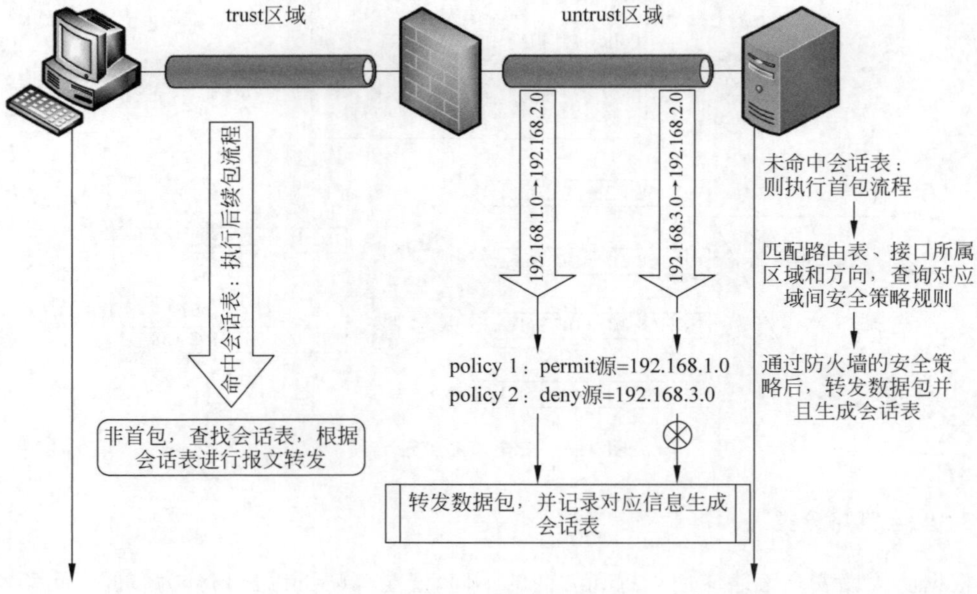

图 4.12　防火墙处理流程

4.3.4 防火墙的查询和创建会话

防火墙的查询和建立会话流程如图4.13所示。

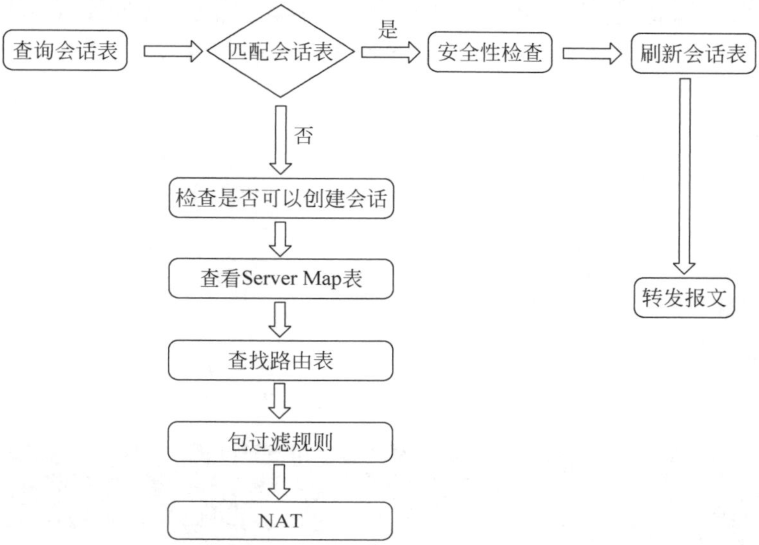

图4.13 防火墙的查询和建立会话

由图4.13中可以看出，对于已经建立好会话表的报文，检查过程就比没有建立好会话表的报文要简短很多。在通常情况下，通过对一条应用流量的首包进行安全检查并建立好会话表后，该条应用流量后续的绝大部分报文都不需要重新检查，这就是状态检测防火墙的优势。

状态检测机制开启状态下，只有首包通过防火墙设备才能收集对应信息建立起会话表项，后续报文直接匹配会话表项进行转发。但是如果首包没过来，后续报文过来了是无法通过后续报文来创建会话表项的。

而状态检测机制关闭状态下，即使首包没有经过防火墙设备，后续报文只要通过防火墙设备也可以生成会话表项。

1. 什么是会话表

防火墙一般是检查IP报文头部的五个元素，又称为五元组，即源IP地址、目的IP地址、源端口号、目的端口号、协议类型。通过IP报文头部的五元组属性就可以判断一条应用数据流的相同IP数据报文。NGFW除了检查五元组属性外，还会检查报文的用户、应用和时间段等所对应的就是安全策略中的一些安全匹配选项。

会话是状态检测防火墙的基础，每一个经过防火墙的数据流量都会在防火墙上建立一个对应的会话表项，以五元组为关键字，通过建立动态的会话表来提供域间转发数据流量的高安全性和高效性。

其实简单来说就是把防火墙收到的数据报文后，把数据报文里面的一些关键信息提取出来作为关键字，将这些关键字的参数提取后放在一个表里面，而这个表就叫作会话表，如

图 4.14 所示。

```
http  VPN: public --> public  ID: c487ff4016a73d0c24061925aaa
Zone: trust --> dmz  TTL: 00:20:00  Left: 00:19:57
Interface: GigabitEthernet1/0/0  NextHop: 10.1.13.1  MAC: 5489-989f-2e4f
<--packets: 22 bytes: 5,182 --> packets: 37 bytes: 7,805
192.168.223.1:41626 --> 10.1.13.1:80 PolicyName: permit_Trust_to_DMZ_http
```

图 4.14　防火墙会话表

2. 查看会话表信息

(1) 在图 4.15 所示的拓扑中,在防火墙上输入 display firewall session table 命令,显示会话表的简要信息如图 4.16 所示。

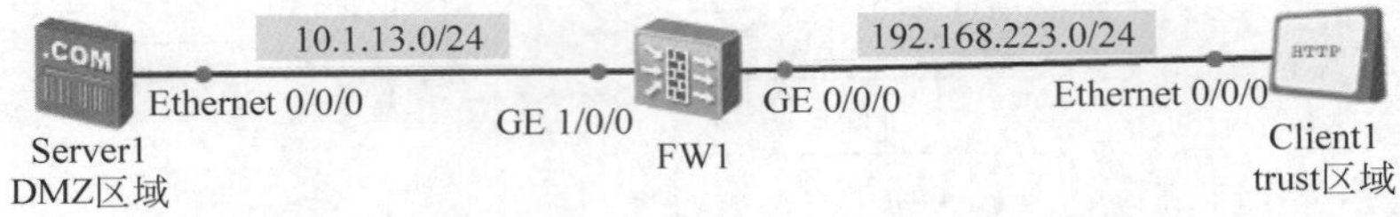

图 4.15　防火墙会话表

```
[USG6000V1]display firewall session table
 Current Total Sessions : 3
 netbios-data  VPN: public --> public  192.168.223.1:138 --> 192.168.223.255:138
 http  VPN: public --> public  192.168.223.1:8575 --> 10.1.13.1:80
 http  VPN: public --> public  192.168.223.1:16852 --> 10.1.13.1:80
```

图 4.16　简要会话表示例

示例内容说明如下:

```
<FW1>dis firewall session table
        Current Total Sessions : 当前会话表统计数目;
        http: 协议名称;
        VPN: 表示 VPN 实例名称,表明方式为源方向 -->目的方向;
        192.168.223.1: 8575 --> 10.1.13.1: 80: 表示会话表的源、目的 IP 和源、目的端口号。
```

(2) 输入 display firewall session table verbose 命令,显示会话表的详细信息,如图 4.17 所示。

```
http  VPN: public --> public  ID: c487ff4016a73d0c24061925aaa
Zone: trust --> dmz  TTL: 00:20:00  Left: 00:19:57
Interface: GigabitEthernet1/0/0  NextHop: 10.1.13.1  MAC: 5489-989f-2e4f
<--packets: 22 bytes: 5,182 --> packets: 37 bytes: 7,805
192.168.223.1:41626 --> 10.1.13.1:80 PolicyName: permit_Trust_to_DMZ_http
```

图 4.17　详细会话表示例

示例内容说明如下:

```
<FW1>dis firewall session table verbose
        Current Total Sessions : 当前会话表统计数目;
        http: 协议名称;
        VPN: 表示 VPN 实例名称,表明方式为源方向                  -->目的方向;
        ID: 当前会话 ID;
        Zone: 建立会话所涉及的安全区域,表示方式为源安全区域     -->目的安全区域;
        TTL: 该会话表项总的生存时间;
        Left: 该会话表项剩余生存时间;
```

```
Interface: 出接口;
NextHop: 下一跳 IP 地址;
MAC: 下一跳 MAC 地址;
<-- packets: 该会话入方向的报文数(包括分片)和字节数总和统计;
--> packets: 该会话出方向的报文数(包括分片)和字节数总和统计;
PolicyName: 报文匹配的安全策略名称。
```

课业任务 4-2

课业任务 4-2

WYL 公司在设计公司内部 Web 服务器时，规划了一台防火墙，防火墙的 GE0/0/0 接口连接内部网络，GE1/0/0 接口连接服务器区域网络，现在的需求是配置安全策略使得 trust 区域的客户端可以访问 DMZ 区域的 http 服务。WYL 公司的网络拓扑如图 4.18 所示。

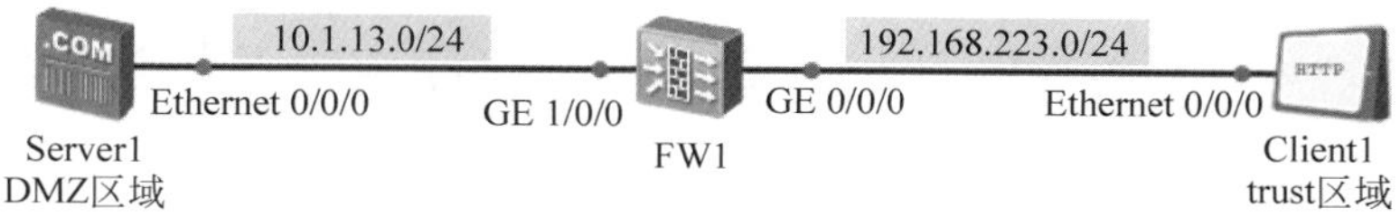

图 4.18　课业任务 4-2 的网络拓扑

具体实现步骤如下。

(1) IP 地址和安全区域规划。

```
[FW1]int GigabitEthernet 1/0/0
[FW1-GigabitEthernet1/0/0]ip address 10.1.13.254 24
[FW1-GigabitEthernet1/0/0]undo shutdown                          //激活该端口
[FW1-GigabitEthernet1/0/0]quit
[FW1]interface GigabitEthernet 0/0/0
[FW1-GigabitEthernet0/0/0]ip address 192.168.223.254 24
[FW1-GigabitEthernet0/0/0]undo shutdown
Info: Interface GigabitEthernet0/0/0 is not shutdown.            //该提示为该接口已被激活
[FW1-GigabitEthernet0/0/0]quit
[FW1]firewall zone dmz                                           //进入防火墙的 DMZ 安全区域
[FW1-zone-dmz]add interface GigabitEthernet 1/0/0
[FW1-zone-dmz]quit
[FW1]firewall zone trust                                         //进入防火墙的 trust 安全区域
[FW1-zone-trust]add interface GigabitEthernet 0/0/0
Error: The interface has been added to trust security zone.     //该提示为此接口已经在该区域中
[FW1-zone-trust]quit
```

(2) 配置对应安全策略，动作为允许。

```
[FW1]security-policy
[FW1-policy-security]rule name Permit_trust_to_DMZ_http          //定义一个规则集名称
[FW1-policy-security-rule-Permit_trust_to_DMZ_http]source-zone trust
                                                                  //指定流量的源安全区域
[FW1-policy-security-rule-Permit_trust_to_DMZ_http]destination-zone dmz
                                                                  //指定流量的目的安全区域
[FW1-policy-security-rule-Permit_trust_to_DMZ_http]source-address 192.168.223.0 24
                                                                  //指定流量的源 IP 地址段
```

```
[FW1-policy-security-rule-Permit_trust_to_DMZ_http]destination-address 10.1.13.0 24
                                                        //指定流量的目的地址段
[FW1-policy-security-rule-Permit_trust_to_DMZ_http]action permit
                                                        //匹配中的流量执行的动作为允许
[FW1-policy-security-rule-Permit_trust_to_DMZ_http]quit
[FW1-policy-security]quit
[FW1]
```

(3) 实验测试。

如图4.19所示,在PC4上打开IE浏览器,在地址栏中输入http://10.1.13.1,看是否能正常访问到公司内部网站。如果能访问到,就说明配置是成功的。

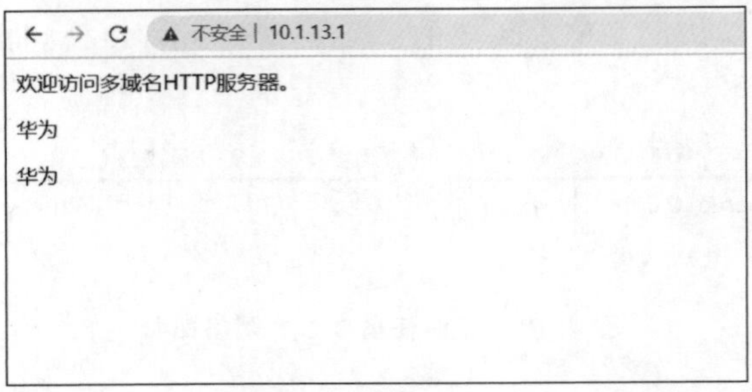

图4.19　测试结果

4.4　防火墙安全策略及应用

4.4.1　安全策略业务流程

当流量通过防火墙时,安全策略匹配流程如图4.20所示。

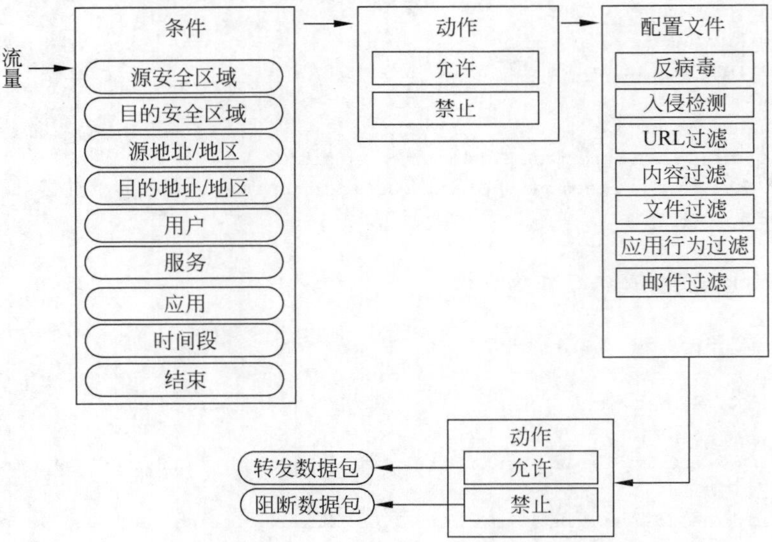

图4.20　安全策略匹配流程

当流量进入 NGFW 时，NGFW 会对收到的流量进行检查，检查流量的属性，包括流量的源安全区域、目的安全区域、源地址/地区、目的地址/地区、用户、服务、应用和时间段。

NGFW 将流量的属性与所设置好的安全策略进行匹配。如果所有条件都匹配成功，则此流量成功匹配到该安全策略，则执行该安全策略的设定动作（允许/丢弃）。如果有其中一个条件不匹配，则继续向下匹配下一跳安全策略。如果所有的安全策略都没有匹配成功，则防火墙会执行默认安全策略的动作，一般默认安全策略的动作是禁止所有，即丢弃该报文。

当流量进入防火墙后，根据配置好的安全策略，利用数据报文头部的信息来匹配所配置好的安全策略对应条件，然后根据条件匹配后再去看对应安全策略的动作是允许还是禁止。如果是禁止，则直接丢弃报文；如果是允许，还可以去进行内容安全检查，如看看这个流量里面的文件有没有携带病毒、是不是一个入侵行为、请求访问的网站有没有被 URL 过滤、是否允许访问该条 URL、文件是否是合法的文件、文件内容是否涉及机密信息（若是则需要配置内容过滤来进行检测）等。当动作是允许的情况下，在过滤报文内容时无法通过依然会被丢弃。

4.4.2　安全策略的配置流程

安全策略的配置流程如图 4.21 所示。

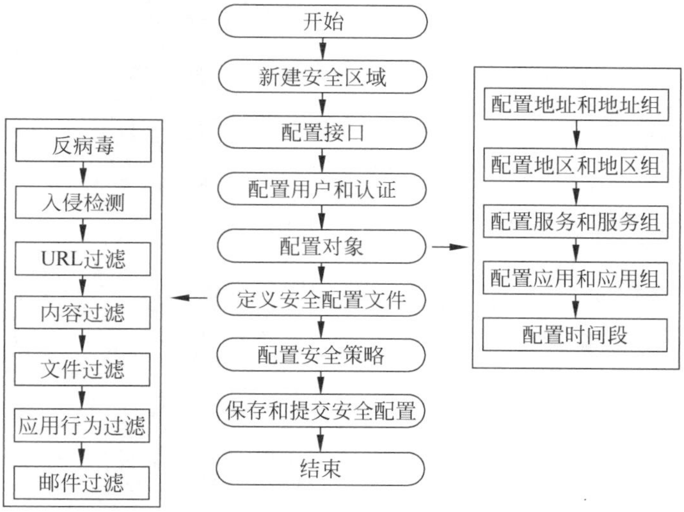

图 4.21　安全策略的配置流程

（1）要明确划分的安全区域有哪些，对应的安全级别是多少，哪些接口属于哪个安全区域。

（2）要明确是使用源地址组还是用户来区分企业里面的不同级别的员工。

（3）确定每个用户组的权限，再确定特殊用户的权限，包括用户所在的源安全区域和地址、用户所需要访问的目的安全区域和地址、用户可以使用的服务和应用、用户的网络权限可以使用的生效时间段等。如果需要允许某种流量放行，则配置安全策略的动作为“允许”；如果需要禁止某种流量放行，则配置安全策略的动作为“禁止”。

（4）确定是否对允许通过的流量进行内容安全检查，若需要则要进行对应的内容安全检查配置。

4.4.3　配置安全策略(CLI 命令行)

在安全策略视图下,可以为不同的流量根据其流量的属性创建不同的规则。默认情况下,先配置的策略优先于后配置的策略,即先匹配到最先配置的安全策略,然后依次向下,直到所有条件都命中后才执行该安全策略的设定动作,不会再继续往下匹配别的安全策略。各规则之间的优先级可以使用以下命令进行调整:rule move [name1] {after|before} name2。

1. 安全策略基本配置命令

(1) 进入安全策略视图命令。

```
[FW1] security - policy
[FW1 - policy - security]
```

(2) 创建安全策略规则条目,同时进入安全策略规则配置视图。

```
[FW1 - policy - security]rule name {名称}
```

(3) 配置安全策略规则匹配的源安全区域和目的安全区域。

```
[FW1 - policy - security - rule - test]source - zone {any|dmz|local|trust|untrust|用户自定义区域}
[FW1 - policy - security - rule - test]destination - zone {any|dmz|local|trust|untrust|用户自定义区域}
```

(4) 配置安全策略规则匹配的源地址和目的地址。

```
[FW1 - policy - security - rule - test]source - address
H - H - H            //MAC 地址,格式为 H - H - H,一个 H 等于 4 位 16 进制数,一次可以添加或删除 6 个
   X.X.X.X           //IPv4 地址
   X: X: : X: X      //IPv6 地址
   address - set     //IP 地址或地址组名称
   any               //表示任意地址
   geo - location    //定义好的地区名称或者自定义创建的地区名称
   range             //定义 IP 地址范围
```

2. 安全策略规则配置举例

WYL 公司在设计公司内部 Web 服务器时,规划了一台防火墙,防火墙的 GE0/0/0 接口连接内部网络,GE1/0/0 接口连接服务器区域网络,现在的需求是配置安全策略使得 trust 区域的客户端可以访问 DMZ 区域的 http 服务,如图 4.22 所示。

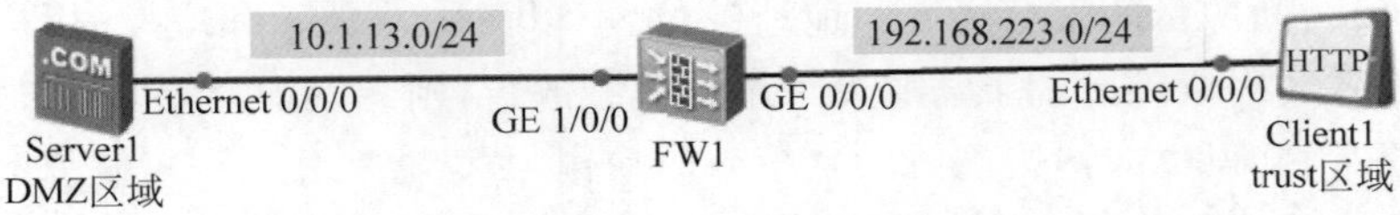

图 4.22　防火墙网络拓扑

配置如下。

```
[FW2]display security-policy rule {permit_trust_to_DMZ_http}
rule name {permit_trust_to_DMZ_http}
        source-zone trust
        destination-zone dmz
        source-address 192.168.223.0 24
        destination-address 10.1.13.0 24
        service http
        action permit
```

4.4.4 配置安全策略(Web 界面)

1. 安全区域配置

防火墙系统默认创建了 4 个安全区域。如果用户还需要划分更多的安全区域,或者定义更多的安全等级,可以自行创建新的安全区域并对其定义安全级别。

新建安全区域的步骤如下。

(1) 单击"系统"按钮,在左侧选项栏中选择"安全区域"选项,然后单击"新建"按钮,如图 4.23 所示。

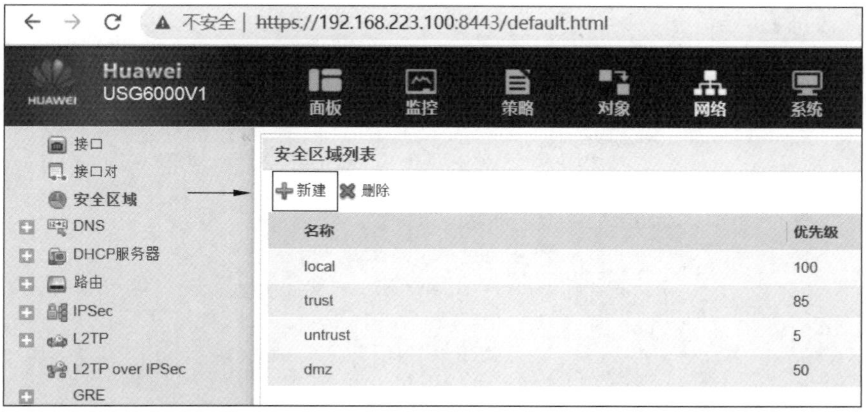

图 4.23 新建安全区域

(2) 在弹出的"新建安全区域"对话框中,配置所需的安全区域参数,如图 4.24 所示。

2. 配置地址和地址组

在数据通信中,地址组是地址的一个集合,它可以包含一个或多个 IP 地址,只需要将某个地址或者若干地址划分进一个地址组后,就可以被各种策略调用这个地址组。

通过 Web 配置地址和地址组的步骤如下。

(1) 单击图 4.23 中的"对象"按钮,在左侧项目栏中选择"地址"选项,在扩展选项中单击"地址"按钮或"地址组"按钮。

(2) 单击"新建"按钮,在弹出的如图 4.25 所示的"新建地址"对话框中,配置地址的网段和子网掩码参数,或者在如图 4.26 所示的"新建地址组"对话框中配置地址组的参数。

(3) 单击"确定"按钮,在页面上即可看到新建的地址或地址组。

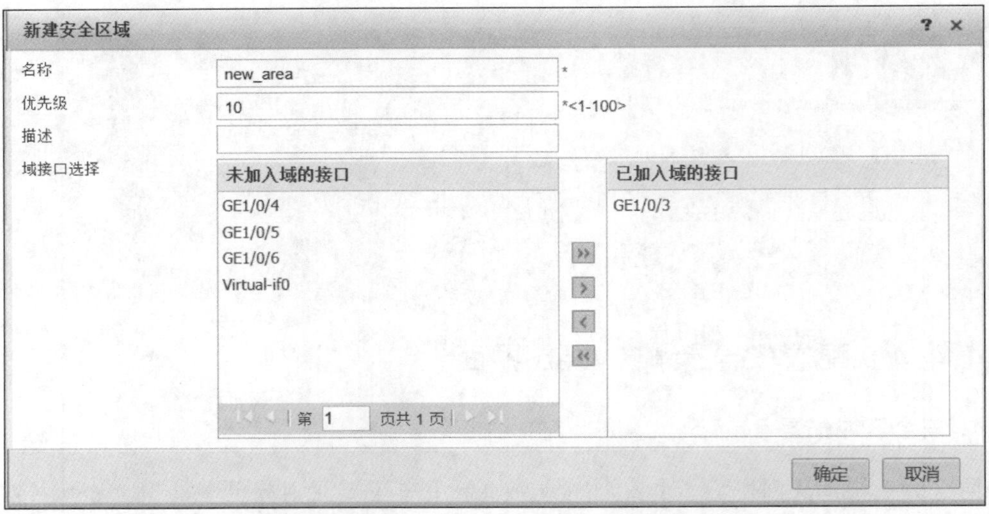

图 4.24　将接口添加进安全区域

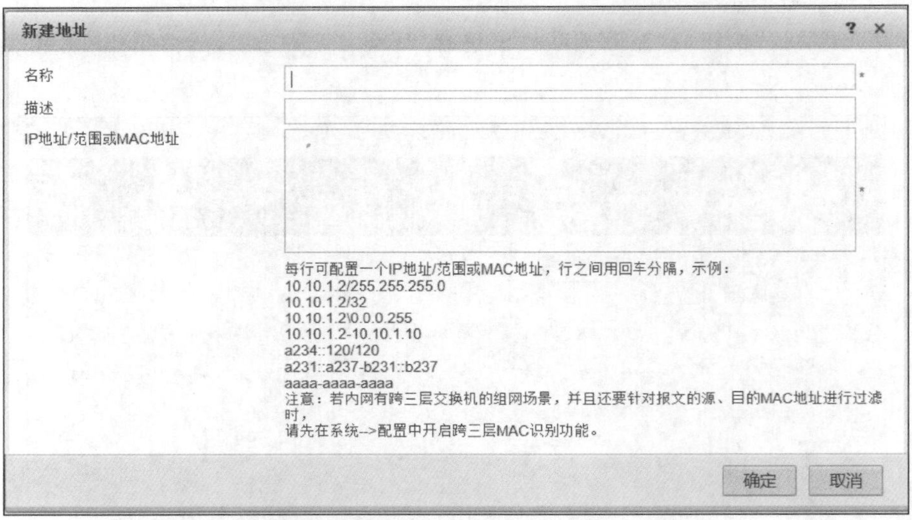

图 4.25　新建地址

3. 配置安全策略

通过 Web 界面配置安全策略的步骤如下。

(1) 单击图 4.23 中的“策略”按钮,在左侧项目栏中选择“安全策略”选项,选择下拉菜单中“安全策略”选项。

(2) 单击“新建”按钮,弹出如图 4.27 所示的“新建安全策略”对话框。

(3) 配置安全策略规则名称。

(4) 配置安全策略的匹配条件。

(5) 配置安全策略匹配后的动作。

(6) 配置安全策略内容检查的配置文件。

(7) 单击“确定”按钮。

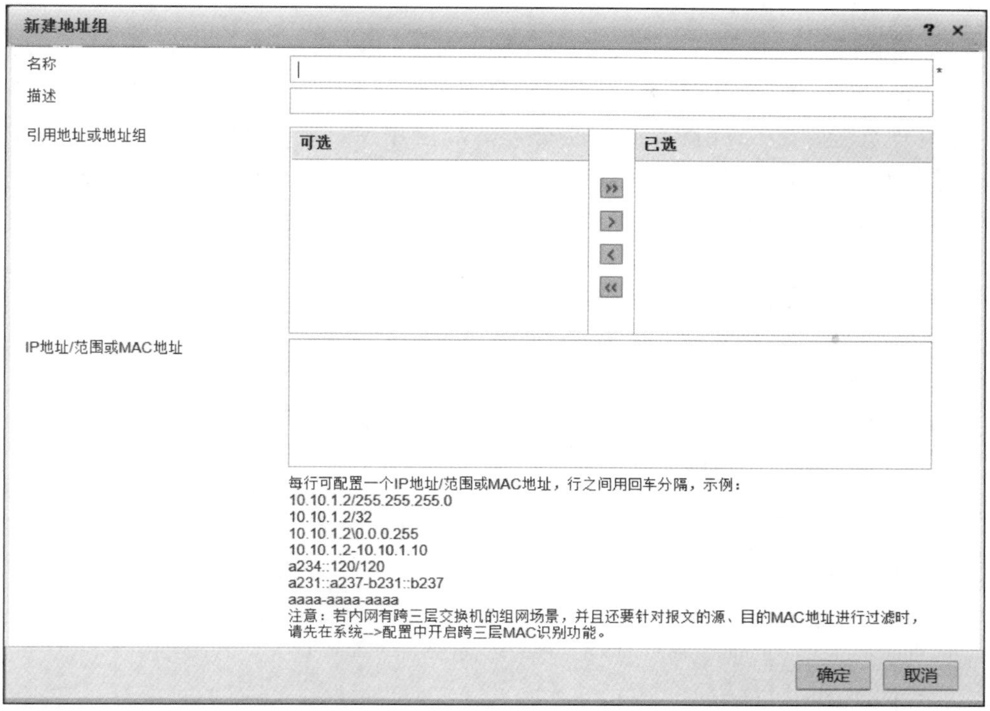

图 4.26　新建地址组

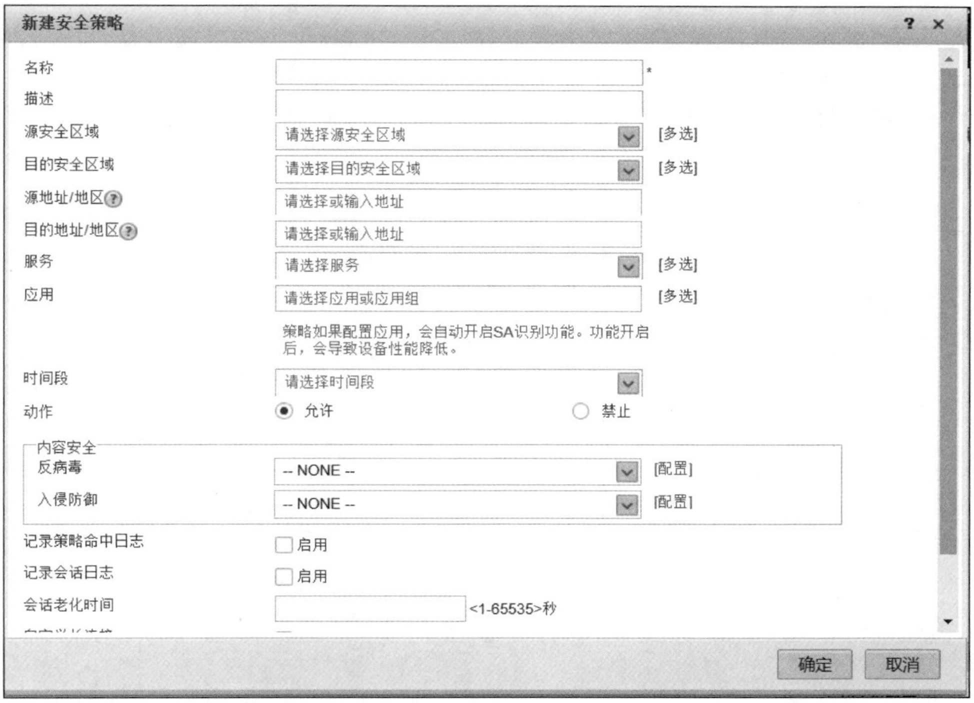

图 4.27　新建安全策略

课业任务
4-3

课业任务 4-3

Bob 是 ABC 企业的网络管理员,企业中针对不同业务需要配置不同的安全策略限制网络,网络管理员需要在 FW1 防火墙配置安全策略,使用 Web 界面配置。普通员工需要配置可以正常访问互联网的策略；财务有机密数据,需要配置不可访问互联网；服务器需要对外服务,需要配置服务器可以访问外网。网络拓扑如图 4.28 所示。

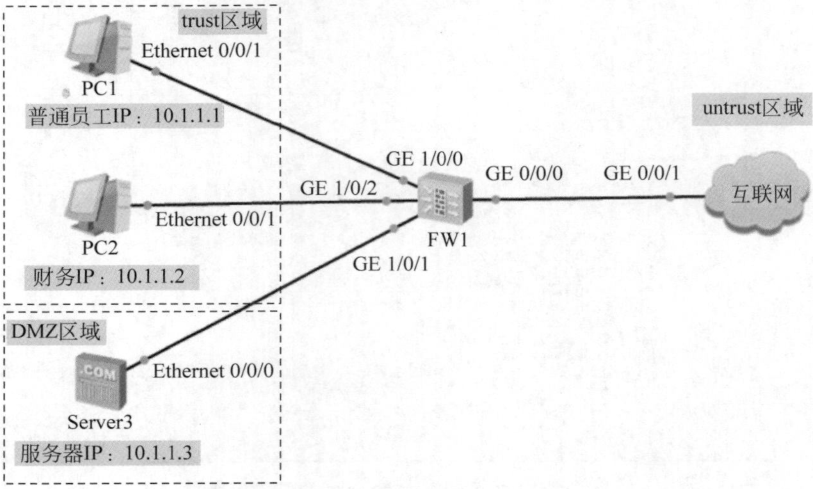

图 4.28　课业任务 4-3 的网络拓扑图

具体实现步骤如下。

(1) 如图 4.29 所示,创建安全策略。名称为 deny1,源安全区域为 trust,目的安全区域为 untrust,源地址/地区为 10.1.1.1,目的地址/地区为 any,动作为允许。

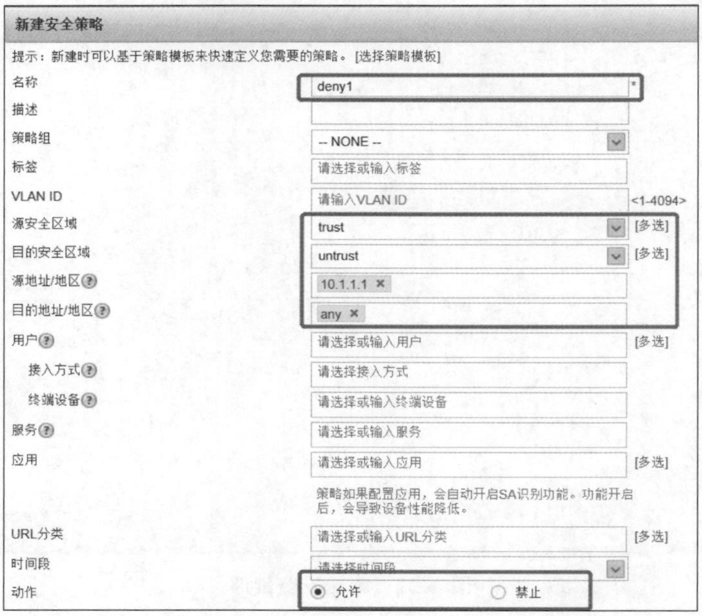

图 4.29　创建安全策略 deny1

(2) 如图 4.30 所示，创建安全策略。名称为 deny2，源安全区域为 trust，目的安全区域为 untrust，源地址/区域为 10.1.1.2，目的地址/区域为 any，动作为禁止。

图 4.30　创建安全策略 deny2

(3) 如图 4.31 所示，创建安全策略。名称为 permit，需要根据网络拓扑的地址以及区域，配置服务器对外访问的安全策略动作为允许。

图 4.31　创建安全策略 permit

4.5 ASPF 技术

4.5.1 多通道协议技术

什么是多通道协议技术?首先要弄清单通道协议是什么。单通道协议就是通信过程中只需要占用一个端口的协议。如 WWW 只需要占用 80 端口。而多通道协议就是通信过程中需要占用两个或两个以上的端口协议,如 FTP 控制和数据两个通道的端口号是不同的,对应就有两个通道。

4.5.2 ASPF 技术概述

ASPF(Application Specific Packet Filter)是一种高级的通信过滤技术,是基于应用层的一种特殊包过滤的方法。它会去检查应用层的协议信息,并且监控连接的应用层协议的状态,对于特定的应用协议连接进行控制,每一个会话连接状态都将被 ASPF 监控并动态决定数据表是否允许通过防火墙或者被防火墙拦截。

ASPF 是维护 Session 表中的数据和连接状态信息,并且利用这些信息来维护会话的访问规则。ASPF 记录了不能由访问控制列表规则保存的重要状态信息。启用了 ASPF 的防火墙会检测数据流中的每一个报文,确保报文的状态与报文本身能符合所定义的安全策略和规则。记录下来的连接信息用于智能地允许或者禁止报文转发。

ASPF 可以智能地检测 TCP 的三次握手和拆除连接的四次断开信息,通过检查握手、拆除连接的状态,保证一个正常的 TCP 访问可以正常进行,而对于非完整的 TCP 握手、连接的报文会被直接丢弃。

对于 UDP,由于 UDP 是无连接的报文,因此也没有真正的 UDP 连接建立。但是 ASPF 是基于连接的,它将对 UDP 报文的源和目的 IP 地址、端口号进行检查,通过判断该报文是否与该时间段内其他 UDP 报文相似,然后近似判断是否存在一个连接。

4.5.3 Server Map 表项

Server Map 表的产生通常有以下方式:配置 ASPF 后转发 FTP、RSTP 等多通道协议时会生成 Server Map 表项;配置 ASPF 后,转发 QQ/MSN、TFTP 等即时聊天软件,STUN 类型协议时会生成三元组的 Server Map 表项;配置 NAT 服务器映射会生成静态的 Server Map 表项;配置 NAT No-PAT 会生成动态的 Server Map 表项;配置 NAT Full-cone 会生成动态的 Server Map 表项;配置 PCP 会生成动态 Server Map 表项;配置服务器负载均衡会生成静态 Server Map 表项;配置 DS-Lite 下的 NAT Server 会生成动态 Server Map 表项;配置静态 NAT64 会生成静态 Server Map 表项。

4.6 本章综合案例

WYL 公司在设计公司内部 Web 服务器时,规划了一台防火墙,防火墙的 GE1/0/1 接口连接内部网络,GE1/0/6 接口连接服务器区域网络,现在的需求是配置安全策略使得

trust 区域的客户端可以访问 DMZ 区域的 http 服务，但是它们之间不能互相 ping 通，拓扑如图 4.32 所示。

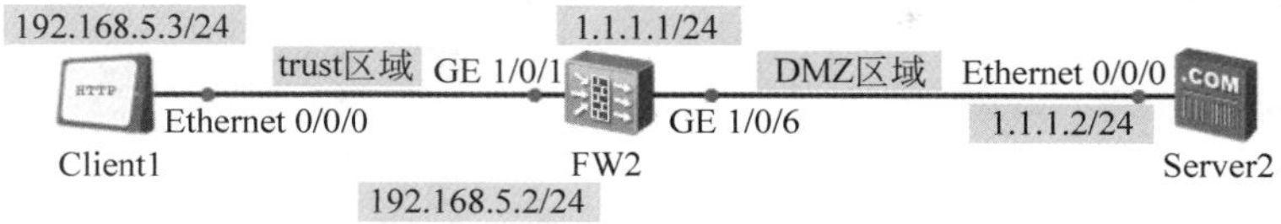

图 4.32　本章综合案例的网络拓扑

能力观测点

掌握和了解基于 IP 地址的安全策略规则配置。

具体实验步骤如下。

(1) 配置各个接口的 IP 地址并且加入对应的安全区域。

```
//配置对应 IP 地址:
[FW1]int GigabitEthernet 1/0/1
[FW1 - GigabitEthernet1/0/1]ip address 192.168.5.2 24
[FW1 - GigabitEthernet1/0/1]service - manage https permit      //允许 https 登录到设备
[FW1 - GigabitEthernet1/0/1]quit
[FW1]interface GigabitEthernet 1/0/6
[FW1 - GigabitEthernet1/0/6]ip address 1.1.1.1 24
[FW1 - GigabitEthernet1/0/6]service - manage https permit      //允许 https 登录到设备
[FW1 - GigabitEthernet1/0/6]quit
[FW1]
//划分对应安全区域
[FW1]firewall zone trust                                        //进入防火墙的 trust 安全区域
[FW1 - zone - trust]add interface GigabitEthernet 1/0/1
[FW1 - zone - trust]quit
[FW1]firewall zone dmz                                          //进入防火墙的 DMZ 安全区域
[FW1 - zone - dmz]add interface GigabitEthernet 1/0/6
[FW1 - zone - dmz]quit
[FW1]
```

(2) 配置名称为 Trust_to_DMZ_permit_http 的安全策略，服务类型为 http。

```
[FW1]security - policy
[FW1 - policy - security]rule name Trust_to_DMZ_permit_http   //定义一个规则集名称
[FW1 - policy - security - rule - Trust_to_DMZ_permit_http]source - zone trust
                                                               //指定流量的源安全区域
[FW1 - policy - security - rule - Trust_to_DMZ_permit_http]destination - zone dmz
                                                               //指定流量的目的安全区域
[FW1 - policy - security - rule - Trust_to_DMZ_permit_http]source - address 192.168.5.0 24
                                                               //指定流量的源 IP 地址段
[FW1 - policy - security - rule - Trust_to_DMZ_permit_http]destination - address 1.1.1.0 24
                                                               //指定流量的目的 IP 地址段
[FW1 - policy - security - rule - Trust_to_DMZ_permit_http]service http
                                                               //使用防火墙预定义的 http 服务集
[FW1 - policy - security - rule - Trust_to_DMZ_permit_http]action permit
                                                               //匹配到的流量采取的动作为允许
[FW1 - policy - security - rule - Trust_to_DMZ_permit_http]quit
[FW1 - policy - security]quit
[FW1]
```

(3) 如图 4.33 和图 4.34 所示,测试是否能正常访问到 Server 的 http 服务,但是不能 ping 通该服务器。

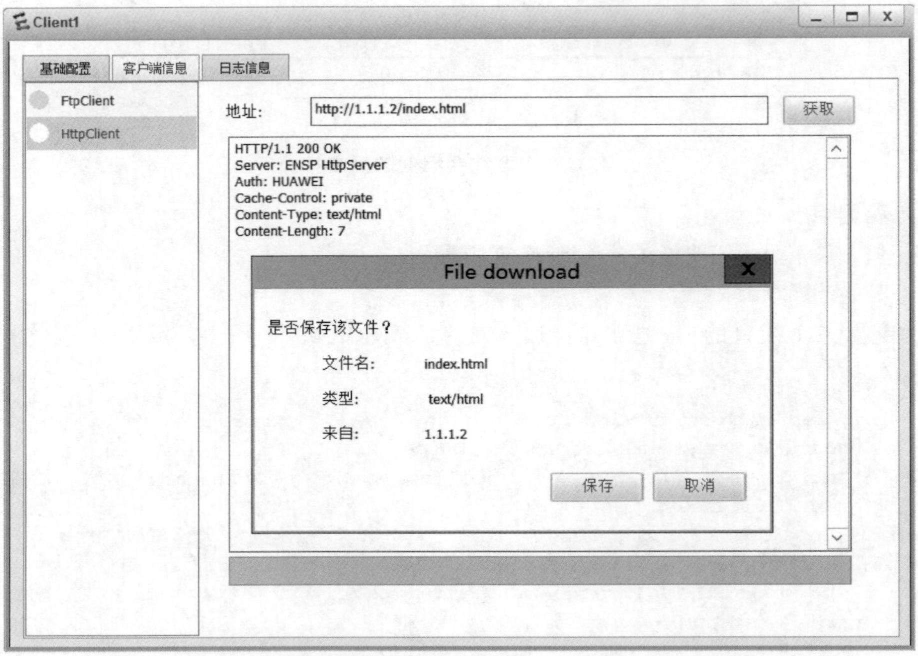

图 4.33　测试效果图-1

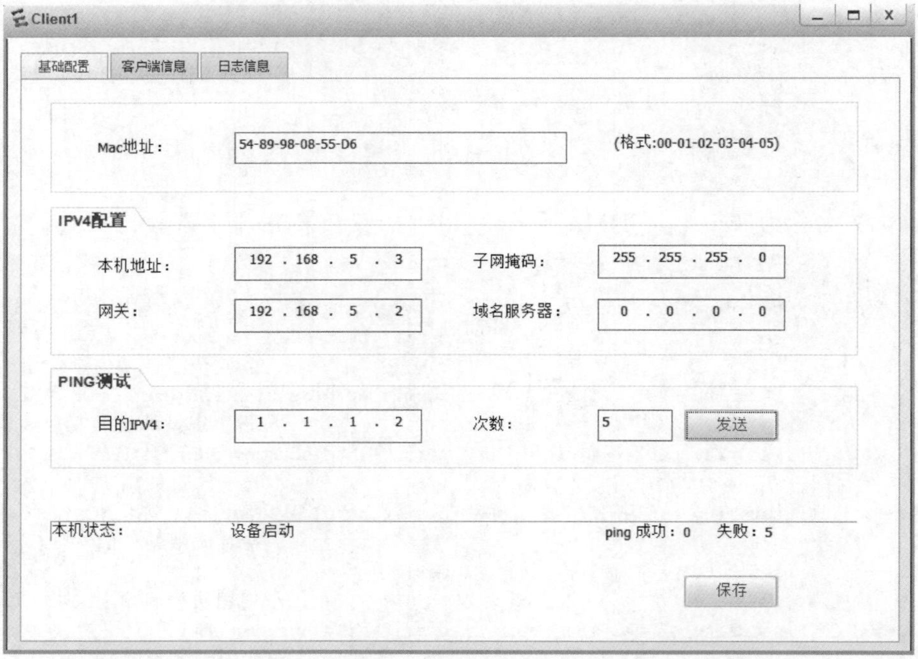

图 4.34　测试效果图-2

练习题

1. 单项选择题

(1) 一般而言,Internet 防火墙建立在一个网络的(　　)。

A. 内部网络与外部网络的交叉点

B. 每个子网的内部

C. 部分内部网络与外部网络的结合

D. 内部子网之间传送信息的中枢

(2) 下面关于防火墙的说法中,正确的是(　　)。

A. 防火墙可以解决来自内部网络的攻击

B. 防火墙可以防止受病毒感染的文件的传输

C. 防火墙会削弱计算机网络系统的性能

D. 防火墙可以防止错误配置引起的安全威胁

(3) 包过滤防火墙工作在(　　)。

A. 物理层　　B. 数据链路层　　C. 网络层　　D. 会话层

(4) 关于防火墙和 IDS,(　　)是正确的。

A. 防火墙属于旁路设备,用于进行细粒度的检测

B. IDS 属于直路设备,无法做深度检测

C. 防火墙无法检测内部人员的恶意操作或误操作

D. IDS 不能与防火墙进行联动

(5) WYL 公司申请到 5 个 IP 地址,要使公司的 20 台主机都能连接到 Internet 上,需要使用防火墙(　　)功能。

A. 假冒 IP 地址的侦测　　B. 网络地址转换技术

C. 内容检查技术　　D. 基于地址的身份认证

(6) 网络攻击主要分为单包攻击和流量型攻击两大类,单包攻击包括扫描窥探攻击、畸形报文攻击和特殊报文攻击。上述说法(　　)。

A. 正确　　B. 错误

(7) 关于防火墙的描述不正确的是(　　)。

A. 防火墙不能防止内部攻击

B. 如果一个公司信息安全制度不明确,拥有再好的防火墙也没有用

C. 防火墙是 IDS 的有利补充

D. 防火墙既可以防止外部用户攻击,也可以防止内部用户攻击

(8) 包过滤是有选择地让数据包在内部与外部主机之间进行交换,根据安全规则有选择地路由某些数据包。下面不进行包过滤的设备是(　　)。

A. 路由器　　B. 一台独立的主机

C. 二层交换机　　D. 网桥

(9) 默认情况下,防火墙有4个安全区域,且不能修改安全级别。上述说法(　　)。

A. 正确　　　　B. 错误

2. 简答题

(1) 防火墙的两条默认准则是什么?

(2) 防火墙技术可以分为哪些基本类型?简述各自的优缺点?

(3) 防火墙产品的主要功能是什么?

(4) 简述在一台初始化配置的防火墙上配置安全策略的步骤。

第5章

计算机病毒及其防治

CHAPTER 5

随着计算机技术的普及和发展，计算机系统的安全已成为计算机用户普遍关注的问题，而计算机病毒是计算机系统的巨大威胁之一，计算机病毒一旦发作，轻则破坏文件、损害系统，重则造成网络瘫痪。因此，势必要了解计算机病毒，使计算机免受其恶意的攻击与破坏。

学习目标

- 了解计算机病毒的定义及特征。
- 熟悉计算机病毒的传播途径及其主要危害。
- 熟悉计算机病毒发作后的症状。
- 掌握CIH病毒、宏病毒、蠕虫病毒、特洛伊木马、勒索病毒的主要特征及防治对策。
- 掌握木马程序的工作原理，以及手工清除木马的常见方法。
- 掌握企业版杀毒软件的安装及配置。

5.1 计算机病毒概述

5.1.1 计算机病毒的概念

1994年2月18日,计算机病毒(Computer Virus)在《中华人民共和国计算机信息系统安全保护条例》中进行了明确的定义:“计算机病毒,是指编制或者在计算机程序中插入的破坏计算机功能或者毁坏数据,影响计算机使用,并能自我复制的一组计算机指令或者程序代码。”

也就是说,计算机病毒就是一段程序,但是它具有自己的特殊性。首先,计算机病毒利用计算机资源的脆弱性,破坏计算机系统;其次,计算机病毒不断地进行自我复制,在潜伏期内,通过各种途径传播到其他计算机系统并隐藏起来,当达到触发条件时被激活,将会导致系统被恶意破坏。

5.1.2 计算机病毒的发展

1. 计算机病毒的起源

20世纪60年代初,美国贝尔实验室里,三个年轻的程序员编写了一个名为“磁芯大战”的游戏,游戏中通过复制自身来摆脱对方的控制,这就是所谓“病毒”的雏形。

20世纪70年代,美国作家雷恩在其出版的《P.1的青春》一书中构思了一种能够自我复制的计算机程序,并第一次称之为“计算机病毒”。

2. 第一个病毒

1983年11月,在国际计算机安全学术研讨会上,美国学者科恩第一次明确提出“计算机病毒”的概念,并将病毒程序在VAX/750计算机上进行了演示,世界上第一个计算机病毒就这样诞生在实验室中。

20世纪80年代后期,巴基斯坦有两个以写程序为生的兄弟,他们为了打击那些盗版软件的使用者,设计出了一个名为“巴基斯坦”的病毒,该病毒只传染软盘引导区。这就是最早在世界上流行的一个真正的病毒。

3. DOS阶段

1988—1989年,我国也相继出现了能感染硬盘和软盘引导区的Stoned(石头)病毒,该病毒体代码中有明显的标志“Your PC is now Stoned!”“LEGALISE MARIJUANA!”,也称为“大麻”病毒等。该病毒感染软硬盘0面0道1扇区,并修改部分中断向量表。该病毒不隐藏也不加密自身代码,所以很容易被查出和解除。类似这种特性的还有小球、Azusa/Hong.Kong/2708、Michaelangelo,这些都是从国外传染的。而国产的有Bloody、Torch、Disk Killer等病毒,实际上它们大多数是Stoned病毒的翻版。

20世纪90年代初,感染文件的病毒有Jerusalem(黑色13号星期五)、YankeeDoole、Liberty、1575、Traveller、1465、2062,4096等,主要感染.COM和.EXE文件。这类病毒修

改了部分中断向量表，被感染的文件明显地增加了字节数，并且病毒代码主体没有加密，也容易被查出和解除。在这些病毒中，略有对抗反病毒手段的只有 Yankee Doole 病毒，当它发现你用 DEBUG 工具跟踪它时，它会自动从文件中逃走。

接着，又一些能对自身进行简单加密的病毒相继出现，有 1366(DaLian)、1824(N64)、1741(Dong)、1100 等病毒，它们加密的目的主要是防止跟踪或掩盖有关特征等。

以后又出现了引导区、文件型"双料"病毒，这类病毒既感染磁盘引导区又感染可执行文件，常见的有 Flip/Omicron（颠倒）、XqR（New Century，新世纪）、Invader（侵入者）、Plastique(塑料炸弹)、3584[郑州(狼)]、3072(秋天的水)、ALFA/3072.2、Ghost/One_Half/3544(幽灵)、Natas(幽灵王)、TPVO/3783 等，如果只解除了文件上的病毒，而没解除硬盘主引导区的病毒，系统引导时又将病毒调入内存，会重新感染文件。如果只解除了主引导区的病毒，而可执行文件上的病毒没解除，一执行带毒的文件时，就又将硬盘主引导区感染。

自 1992 年以来，DIR2.3、DIR2.6、NEW DIR2 病毒以一种全新的面貌出现，感染力极强，无任何表现，不修改中断向量表，而直接修改系统关键中断的内核，修改可执行文件的首簇数，将文件名字与文件代码主体分离。在系统有此病毒的情况下，一切就像没发生一样。而在系统无病毒时，用户用无病毒的文件去覆盖有病毒的文件，灾难就会发生，全盘所有被感染的可执行文件内容都是刚覆盖进去的文件内容。这是病毒"我死你也活不成"的罪恶伎俩。该病毒的出现使病毒又多了一种新类型。

20 世纪，绝大多数病毒是基于 DOS 系统的，有 80% 的病毒能在 Windows 中传染。TPVO/3783 病毒是"双料性"(传染引导区、文件)、"双重性"(DOS、Windows)病毒，这就是病毒随着操作系统发展而发展起来的病毒。

4. Windows 阶段

Windows 9x、Windows 2000 操作系统的发展，也使病毒种类随其变化而变化。以下例举几个典型的 Windows 病毒。

1）WIN32.CAW.1XXX 病毒

WIN32.CAW.1XXX 病毒是驻留内存的 Win32 病毒，它感染本地和网络中的 PE 格式文件。该病毒的产生是来源一种 32 位的 Windows"CAW 病毒生产机"，该"CAW 病毒生产机"是国际上一家有名的病毒编写组织开发的。

"CAW 病毒生产机"能生产出各种各样的 CAW 病毒，有加密的和不加密的，其字节数一般为 1000～2000。目前在国内流行的有 CAW.1531、CAW.1525、CAW.1457、CAW.1419、CAW.1416、CAW.1335、CAW.1226 等，在国际上流行的 CAW.1XXX 病毒种类更多。

对于 WIN32.CAW.1XXX 病毒，当病毒驻留内存时，会在每日的整点时间，如 1：00，6：00，10：00，…，病毒就会删除一些特定的文件，如.BMP、.JPG、.DOC、.WRI、.BAS、.SAV、.PDF、.RTF、.TXT、WINWORD.EXE。

当 7 月 7 日时 CAW 病毒就会发作，删除硬盘上的所有文件。

某些 CAW.1XXX 病毒有缺陷，被传染上该病毒的文件被破坏了，杀毒后文件也无法修复，只能用正常文件覆盖坏文件。病毒还有一个缺陷，即重复多层次感染文件，容易将文件写坏。

2）WIN32.FunLove.4099 病毒

WIN32.FunLove.4099 病毒感染本地和网络中的 PE.EXE 文件。

该病毒本身就是只具有".code"部分PE格式的可执行文件。

当染毒的文件被运行时,该病毒将在Windows\system目录下创建FLCSS.EXE文件,在其中只写入病毒的纯代码部分,并运行这个生成的文件。

一旦在创建FLCSS.EXE文件时发生错误,病毒将从染毒的主机文件中运行传染模块。该传染模块被作为独立的线程在后台运行,主机程序在执行时几乎没有可察觉的延时。

传染模块将扫描本地从C:to Z:的所有驱动器,然后搜索网络资源,扫描网络中的子目录树并感染具有.OCX,.SCR或者.EXE扩展名的PE文件。

这个病毒类似Bolzano病毒那样修补NTLDR和WINNT\System32\ntoskrnl.exe,被修补的文件不可以恢复只能通过备份来恢复。

3) WIN32.KRIZ.4250病毒

WIN32.KRIZ.4250病毒已大面积传播,这是一个变形病毒,变化多端,每年的12月25日像CIH病毒一样破坏硬盘数据与主板BIOS,该病毒目前也有许多字节数不同的变种。

4) 宏病毒

病毒的种类、传染和攻击的手法越来越高超,在Windows环境下最为知名的就属寄存在文档或模板的宏中的宏病毒。

近几年,出现了近万种Word(Macro宏)病毒,并以迅猛的势头发展,已形成了病毒的另一大派系。由于宏病毒编写容易,不分操作系统,再加上Internet上用Word格式文件进行大量的交流,宏病毒会潜伏在这些Word文件里,被人们在Internet上传来传去。

5. Internet阶段

1997年以后,Internet发展迅速,各种病毒也开始利用Internet进行传播,一些携带病毒的数据包和邮件越来越多,如果不小心打开了这些邮件或登录了带有病毒的网页,计算机就有可能中毒。以2003年出现的"冲击波"病毒为代表,出现了以利用系统或应用程序漏洞,采用类似黑客手段进行感染的病毒。

1) 2001年——尼姆达病毒

尼姆达病毒(Nimda)是典型的蠕虫病毒,病毒由JavaScript脚本语言编写,病毒通过Email、共享网络资源、IIS服务器、网页浏览传播,修改本地驱动器上的.htm,.html和.asp文件。此病毒可以使IE和Outlook Express加载产生readme.eml病毒文件。该文件将尼姆达蠕虫作为附件,不需要拆开或运行这个附件病毒就被执行。

2) 2003年——冲击波病毒

冲击波病毒是利用在2003年7月21日公布的RPC漏洞进行传播的,该病毒于当年8月爆发。病毒运行时会不停地利用IP扫描技术寻找网络上系统为Windows 2000或XP的计算机,找到后就利用DCOM/RPC缓冲区漏洞攻击该系统,一旦攻击成功,病毒体将会被传送到对方计算机中进行感染,使系统操作异常、不停重启,甚至导致系统崩溃。另外,该病毒还会对系统升级网站进行拒绝服务攻击,导致该网站堵塞,使用户无法通过该网站升级系统。只要是有RPC服务并且没有打安全补丁的计算机都存在有RPC漏洞,具体涉及的操作系统是Windows 2000\XP\Server 2003\NT4.0。

3) 2007年——熊猫烧香病毒

熊猫烧香病毒会感染系统扩展名为.exe、.com、.src、.html、.asp等文件,并在其后追加病毒网址，导致用户只要一打开这些扩展名的文件就会掉进不法分子的陷阱中。熊猫烧香病毒的“凶残”之处就在于：装系统对于它来说是起不到用处的。会感染镜像文件。即使用户试图采用全盘格式化的方式来摆脱熊猫烧香，但是只要用之前的镜像文件来恢复系统，病毒将依然存在于计算机中。

4）2010 年——震网病毒

震网病毒是一种典型的蠕虫病毒。它十分复杂，因此对黑客的能力要求也很高。震网病毒在 2010 年 6 月出现在人们的视野中，被称为有史以来最复杂的网络武器。作为世界上第一个网络“超级毁灭性武器”，震网病毒的威力不可小觑，它感染了全世界 45 000 多个网络。震网病毒让人不能忽视的理由——它专门破坏现实世界中的各种能源设施，例如水坝、核电站、国家电网的等重要设施。

5）2015 年——苹果 Xcode

2015 年 9 月，据报道，非官方下载的苹果开发环境 Xcode 中包含恶意代码，将编译的 App 应用里添加远程控制和盗窃用户信息的功能。此次事件波及了网易云音乐、微信、滴滴出行、高德地图、高铁管家等众多 App，许多用户也因此损失惨重。由于此病毒，个人重要信息在不知不觉间就到了不怀好意的人的手里。它的恐怖之处就在于一旦用户下载了带有恶意代码的 App 之后，一些不法分子将会神不知鬼不觉地窃取用户的信息，并利用用户信息来进行诈骗、欺诈等一系列的非法活动。

6）2016 年——DDoS 攻击

2016 年 11 月，俄罗斯 5 家主流银行遭遇长达两天的 DDoS 攻击。连续的攻击使得多家主流银行无法正常营业，其损失不可估量。不仅如此，DDoS 攻击使得同年美国一些知名网站如亚马逊、Twitter、Tumblr 等人气网站崩溃，网民一度无法使用支付系统。DDoS 攻击让人无可奈何的原因就是因为它戴上合法的面具，占用大量网络资源，以此让此网站瘫痪无法使用。

7）2017 年——勒索病毒 WannaCry

WannaCry 是一种计算机软件敲诈病毒。该恶意软件进行端口扫描，找到漏洞之后即刻进行攻击，并以蠕虫式方式传播。感染了该病毒的计算机文件将被加密，而后攻击主机以支付等额 300 美元比特币的形式向用户勒索赎金。2017 年 5 月，WannaCry 勒索病毒袭击了 99 多个国家，包括英国、美国、中国、俄罗斯、西班牙和意大利。勒索病毒 WannaCry 利用用户以图省事关闭防火墙的坏习惯进行攻击，之后对用户文件进行加密，最后展现出自己要勒索的真面目。但是，当用户支付完黑客想要的酬金之后，会得到黑客更加猖狂的攻击。

5.2 计算机病毒的特征及传播途径

5.2.1 计算机病毒的特征

1. 非授权可执行性

用户通常调用执行一个程序时，把系统控制权交给这个程序，并分配给它相应系统资源,如内存,从而使之能够运行完成用户的需求,因此程序执行的过程对用户是透明的。而计算机病毒是非法程序,正常用户不会明知它是病毒程序,而故意调用执行的。但计算机病毒具有正常程序的一切特性:可存储性和可执行性。它隐藏在合法的程序或数据中,当用户运行正常程序时,病毒伺机窃取到系统的控制权,得以抢先运行,而此时用户还认为在执行正常程序。

2. 隐蔽性

计算机病毒是一种具有很高编程技巧、短小精悍的可执行程序。它通常黏附在正常程序之中或磁盘引导区中,或者磁盘上标为坏簇的扇区中,以及一些空闲概率较大的扇区中,这是它的非法可存储性。病毒想方设法隐藏自身,就是为了防止用户察觉。

3. 传染性

传染性是计算机病毒最重要的特征,是判断一段程序代码是否为计算机病毒的依据。病毒程序一旦侵入计算机系统就开始搜索可以传染的程序或者磁介质,然后通过自我复制迅速传播。由于目前计算机网络日益发达,计算机病毒可以在极短的时间内通过 Internet 传遍世界。

4. 潜伏性

计算机病毒具有依附于其他媒体而寄生的能力,这种媒体称为计算机病毒的宿主。依靠病毒的寄生能力,病毒传染合法的程序和系统后,不立即发作,而是悄悄隐藏起来,然后在用户不察觉的情况下进行传染。这样,病毒的潜伏性越好,它在系统中存在的时间也就越长,病毒传染的范围也越广,其危害性也越大。

5. 表现性或破坏性

无论何种病毒程序一旦侵入系统都会对操作系统的运行造成不同程度的影响。即使不直接产生破坏作用的病毒程序也要占用系统资源(如占用内存空间、占用磁盘存储空间以及系统运行时间等)。而绝大多数病毒程序要显示一些文字或图像,影响系统的正常运行,还有一些病毒程序删除文件,加密磁盘中的数据,甚至摧毁整个系统和数据,使之无法恢复,造成不可挽回的损失。因此,病毒程序的副作用轻者降低系统工作效率,重者导致系统崩溃、数据丢失。病毒程序的表现性或破坏性体现了病毒设计者的真正意图。

6. 可触发性

计算机病毒一般都有一个或者几个触发条件。一旦满足其触发条件或者激活病毒的传染机制,就会使之进行传染,或者激活病毒的表现部分或破坏部分。触发的实质是一种条件的控制,病毒程序可以依据设计者的要求,在一定条件下实施攻击。这个条件可以是输入特定字符、使用特定文件、某个特定日期或特定时刻,或者是病毒内置的计数器达到一定次数等。

5.2.2　计算机病毒的传播途径

传染性是计算机病毒最重要的特征，计算机病毒从已被感染的计算机感染到未被感染的计算机，就必须要通过某些方式来进行传播，最常见的就是以下两种方式。

第一种：通过移动存储设备来进行传播，包括软盘、光盘、移动硬盘和 U 盘等。

在计算机应用早期，计算机应用较简单，许多文件都是通过软盘来进行相互复制、安装，这时，软盘也就是最好的计算机病毒的传播途径。光盘容量大、存储内容多，所以大量的病毒就有可能藏匿在其中，对于只读光盘，不能进行写操作，光盘上的病毒更加不能查杀。曾经盗版光盘泛滥，这样给病毒的传染带来了极大的便利。又曾广泛使用移动硬盘和 U 盘来交换数据，这些存储设备也就成了计算机病毒的主要寄生的“温床”。

第二种：通过网络来进行传播。

毫无疑问，网络是现在计算机病毒传播的重要途径。我们平时浏览网页、下载文件、收发电子邮件，访问 BBS 等，都可能会使计算机病毒从一台计算机传播到网络上其他的计算机上。

5.3　计算机病毒的分类

计算机病毒的种类有很多，按照计算机病毒的特征来分类可以将计算机病毒分为以下几类。

1. 按寄生方式分

按寄生方式分可分为引导型病毒、文件型病毒和复合型病毒。

引导型病毒是指寄生在磁盘引导区或主引导区的计算机病毒。此种病毒利用系统引导时，不对主引导区的内容正确与否进行判别的缺点，在引导型系统的过程中侵入系统，驻留内存，监视系统运行，待机传染和破坏。按照引导型病毒在硬盘上的寄生位置又可细分为主引导记录病毒和分区引导记录病毒。主引导记录病毒感染硬盘的主引导区，如大麻病毒、2708 病毒、火炬病毒等；分区引导记录病毒感染硬盘的活动分区引导记录，如小球病毒、Girl 病毒等。

文件型病毒是指能够寄生在文件中的计算机病毒。这类病毒程序感染可执行文件或数据文件。如 1575/1591 病毒、848 病毒感染.COM 和.EXE 等可执行文件，Macro/Concept、Macro/Atoms 等宏病毒感染.DOC 文件。

复合型病毒是指具有引导型病毒和文件型病毒寄生方式的计算机病毒。这种病毒扩大了病毒程序的传染途径，它既感染磁盘的引导记录，又感染可执行文件。当染有此种病毒的磁盘用于引导系统或调用执行染毒文件时，病毒就会被激活。因此在检测、清除复合型病毒时，必须全面彻底地根治，如果只发现该病毒的一个特性，把它只当作引导型或文件型病毒进行清除，虽然好像是清除了，但还留有隐患，这种经过消毒后的“洁净”系统更赋有攻击性。这种类型的病毒常见的有：Flip 病毒、新世纪病毒、One. half 病毒等。

2. 按破坏性分

按破坏性分可分为良性病毒和恶性病毒。

良性病毒是指那些只是为了表现自身,并不彻底破坏系统和数据,但会大量占用CPU时间、增加系统开销、降低系统工作效率的一类计算机病毒。这种病毒多数是恶作剧者的产物,他们的目的不是破坏系统和数据,而是让使用染有病毒的计算机用户了解病毒设计者的编程技术。这类病毒常见的有小球病毒、1575/1591病毒、救护车病毒、扬基病毒、Dabi病毒等。还有一些人利用病毒的这些特点宣传自己的政治观点和主张。也有一些病毒设计者在其编制的病毒发作时进行人身攻击。

恶性病毒是指那些一旦发作后,就会破坏系统或数据,造成计算机系统瘫痪的一类计算机病毒。这类病毒常见的有黑色星期五病毒、火炬病毒、米开朗·基罗病毒等。这种病毒危害性极大,有些病毒发作后可以给用户造成不可挽回的损失。

5.4 计算机病毒的破坏行为及防御

5.4.1 计算机病毒的破坏行为

计算机病毒的破坏行为体现了病毒的杀伤能力。病毒破坏行为的激烈程度取决于病毒作者的主观愿望和他所具有的技术能量。数以万计、不断发展扩张的病毒,其破坏行为千奇百怪。根据常见的病毒特征,可以把病毒的破坏目标和攻击部位归纳如下。

1. 攻击系统数据区

攻击部位包括硬盘主引导扇区、Boot扇区、FAT表、文件目录。一般来说,攻击系统数据区的病毒是恶性病毒,受损的数据不易恢复。

2. 攻击文件

病毒对文件的攻击方式很多,一般包括删除文件、修改文件名、替换文件内容、丢失部分程序代码、内容颠倒、写入时间空白、假冒文件、丢失文件簇、丢失数据文件等。

3. 攻击内存

内存是计算机的重要资源,也是病毒经常攻击的目标。病毒额外地占用和消耗系统的内存资源,可以导致一些程序受阻,甚至无法正常运行。

病毒攻击内存的方式有占用大量内存、改变内存总量、禁止分配内存、蚕食内存。

4. 干扰系统运行

病毒会干扰系统的正常运行,以此达到自己的破坏行为。其一般表现为不执行命令、干扰内部命令的执行、虚假报警、打不开文件、内部栈溢出、占用特殊数据区、时钟倒转、重启动、死机、强制游戏、扰乱串并行口等。

5. 速度下降

病毒激活时，其内部的时间延迟程序启动。在时钟中载入了时间的循环计数，迫使计算机空转，计算机速度明显下降。

6. 攻击磁盘

攻击磁盘数据、不写盘、写操作变读操作、写盘时丢字节。

7. 扰乱屏幕显示

病毒扰乱屏幕显示一般表现为字符跌落、环绕、倒置、显示前一屏、光标下跌、滚屏、抖动、乱写、吃字符等。

8. 键盘

病毒干扰键盘操作，主要表现为响铃、封锁键盘、换字、抹掉缓存区字符、重复、输入紊乱等。

9. 喇叭

许多病毒运行时，会使计算机的喇叭发出响声。有的病毒作者让病毒演奏旋律优美的世界名曲，在高雅的曲调中抹掉人们的信息财富。其一般表现为演奏的曲子、警笛声、炸弹的噪声、鸣叫、咔咔声、嘀嗒声等。

10. 攻击 CMOS

在机器的 CMOS 中，保存着系统的重要数据，如系统时钟、磁盘类型、内存容量等，并具有校验和。有的病毒激活时，能够对 CMOS 进行写入动作，破坏系统 CMOS 中的数据。

11. 干扰打印机

假报警、间断性打印、更换字符。

5.4.2　如何有效防御计算机病毒

怎样有效地防御计算机病毒呢？建议在自己的计算机上做好以下操作：

- 在计算机上安装杀毒软件和防火墙软件，本章以 Symantec Endpoint Protection（端点保护）为例；
- 及时升级杀毒软件，尤其在病毒盛行期间或者病毒突发的非常时期，这样做可以保证计算机受到持续地保护；
- 使用流行病毒专杀工具；
- 开启杀毒软件的实时监控中心功能，系统启动后立即启用计算机监控功能，防止病毒侵入计算机。
- 定期全面扫描一次系统（建议个人计算机每周一次，服务器每天深夜全面扫描一次系统）；

- 复制任何文件到本机时,建议使用杀毒软件右键查杀功能进行专门查杀;
- 以纯文本方式阅读信件,不要轻易打开电子邮件附件;
- 从互联网下载任何文件时,请检查该网站是否具有安全认证;
- 请勿访问某些可能含有恶意脚本或者蠕虫病毒的网站,建议启用杀毒软件网页监控功能;
- 及时获得反病毒预报警示;
- 建议使用 Windows Update 更新操作系统,或者使用杀毒软件系统漏洞扫描工具及时下载并安装补丁程序;
- 使用防火墙软件,防止黑客程序侵入计算机。

5.4.3 如何降低由病毒破坏所引起的损失

- 定期备份硬盘数据,万一发生硬盘数据损坏或丢失,可使用杀毒软件的硬盘数据备份功能恢复数据;
- 可以通过邮件、电话、传真等方式与杀毒软件的客户服务中心联系,由他们的技术中心提供专业的服务,尽量减少由病毒破坏造成的损失。

5.4.4 计算机病毒相关法律法规

为了保护计算机信息系统的安全,促进计算机的应用和发展,保障社会主义现代化建设的顺利进行,制定了《中华人民共和国计算机信息系统安全保护条例》。

为了加强对计算机病毒的预防和治理,保护计算机信息系统安全,保障计算机的应用与发展,根据《中华人民共和国计算机信息系统安全保护条例》的规定,制定了《计算机病毒防治管理办法》。

为了加强计算机信息系统安全专用产品的管理,保证安全专用产品的安全功能,维护计算机信息系统的安全,根据《中华人民共和国计算机信息系统安全保护条例》第十六条的规定,制定了《计算机信息系统安全专用产品检测和销售许可证管理办法》。

5.5 常见病毒的查杀

5.5.1 CIH病毒的查杀

CIH 病毒最早于 1998 年 6 月初在台湾被发现,它是由一位名叫陈盈豪(Chen Ing Halu)的台湾大学生所编写的,由于其名字第一个字母分别为 C、I、H,“CIH 病毒”名称的由此得来。CIH 病毒的载体是一个名为“ICQ 中文 Ch_at 模块”的工具,并以热门盗版光盘游戏如“古墓奇兵”或 Windows 95/98 为媒介,经互联网各网站互相转载,使其迅速传播。目前传播的主要途径是 Internet 和电子邮件。

CIH 病毒属文件型病毒,它主要感染 Windows 95/98 系统下的 EXE 文件,当一个染毒的 EXE 文件被执行时,CIH 病毒驻留内存,当其他程序被访问时对它们进行感染。其发展过程经历了 v1.0,v1.1、v1.2、v1.3、v1.4 总共 5 个版本,目前较为流行的是 v1.2 版本,在此期间，同时产生了不下十个变种，但是没有流行起来的迹象。

CIH 病毒属恶性病毒，当其发作条件成熟时，将破坏硬盘数据，同时有可能破坏 BIOS 程序，其发作特征是：某些主板上的 Flash ROM 中的 BIOS 信息将被清除。

瑞星公司提供了针对硬盘的 CIH 病毒修复工具，可以到相关的网站上下载此修复工具。瑞星公司提供的修复程序只是针对 CIH 病毒破坏的硬盘进行修复，对于正常的硬盘不要使用此程序处理。此程序不保证修复所有硬盘数据，也不能保证修复后的数据是完全正确的，只是尽可能修复用户数据。此程序只修复第一块硬盘，如果有多块硬盘，可将其他硬盘摘下，一块一块地对其进行修复。

修复的操作步骤如下。

(1) 该软件包括两个程序：ANTICIH. EXE 和 RAV. REC，这两个文件必须复制到磁盘的同一路径下。

(2) 用无毒的磁盘启动计算机。

(3) 执行 ANTICIH. EXE，该程序将对硬盘进行扫描，以获得有关数据。

(4) 扫描完成后，程序将提示如下：

```
Hard disk scanned result:
SIZE CYLS HEAD SECTOR
XXXX XXXX XXXX XXXX
Partition: C: D:
Drive C: FAT32
Recover partition table (Y/N)?
```

注意：SIZE 是硬盘的大小，以 MB 为单位；CYLS 是硬盘柱面数，HEAD 是硬盘的磁头数，SECTOR 是每道扇区数。对于大于 8GB 的硬盘，只显示硬盘大小。Partition 是找到的分区；Drive C：是说明 C 盘的格式，是 FAT16 或 FAT32。

以上提示信息针对不同硬盘显示不一样，此时确认是否要修复主引导记录，要修复则按 Y 键，否则按 N 键，本程序将退出。如果按了 Y 键，此程序将修复主引导记录，程序进一步提示：

```
Recover drive C: (Y/N)?
```

如果修复 C 盘，则按 Y 键，否则按 N 键，程序将退出。

如果 C 盘是 FAT16，而且破坏比较严重，修复过程可能需要很长时间，请耐心等待。修复完成后，应重启系统。

5.5.2 宏病毒的查杀

宏病毒是一种寄存在文档或模板的宏中的计算机病毒。一旦打开这样的文档，其中的宏就会被执行，于是宏病毒就会被激活，转移到计算机上，并驻留在 Normal 模板上。从此以后，所有自动保存的文档都会感染上这种宏病毒，而且如果其他用户打开了感染病毒的文档，宏病毒又会转移到他的计算机上。目前发现的几种主要宏病毒有 Wazzu、Concept、13 号病毒、Nuclear、July. killer(又名“七月杀手”)。

有些宏病毒对用户进行骚扰，但不破坏系统，比如说有一种宏病毒在每月的 13 日发作时显示出5个数字连乘的心算数学题；有些宏病毒或使打印中途中断或打印出混乱信息，如Nuclear、Kompu等属此类；有些宏病毒将文档中的部分字符、文本进行替换；但也有些宏病毒极具破坏性，如MDMA.A，这种病毒既感染中文版Word，又感染英文版Word，发作时间是每月的1日。此病毒在不同的Windows平台上有不同的破坏性表现，轻则删除帮助文件，重则删除硬盘中的所有文件；另外还有一种双栖复合型宏病毒，发作可使计算机瘫痪。

1. 宏病毒的预防

(1) 将常用的Word模板文件改为只读属性，可防止Word系统被感染；DOS下的autoexec.bat和config.sys文件最好也都设为只读属性文件。

(2) 因为宏病毒是通过自动执行宏的方式来激活、进行传染破坏的，所以只要将自动执行宏功能禁止掉，即使有宏病毒存在，但无法被激活，也无法发作传染、破坏，这样就起到了防毒的效果。

2. 宏病毒的制作以及查杀实例

下面简单的制作一个宏病毒让大家对实际存在的宏病毒有一个了解，其具体制作步骤如下。

(1) 打开Word文字处理软件，在窗口菜单栏中选择“插入”→“对象”选项，在弹出的“对象”对话框中选择“对象类型”列表的“包”选项，单击“确定”按钮，如图5.1所示。

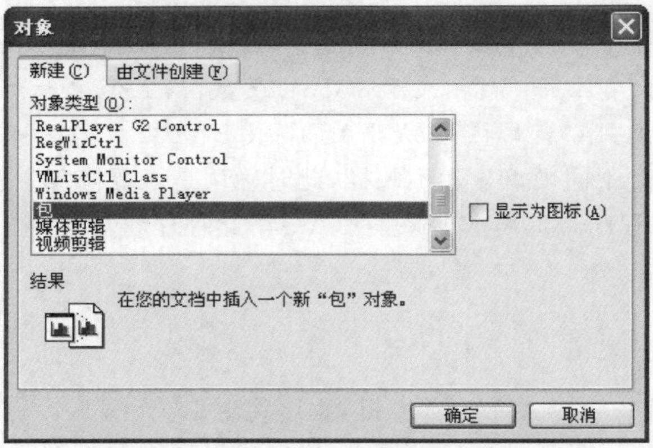

图5.1　Word的“对象”对话框

(2) 在如图5.2所示的“对象包装程序”窗口中，选择菜单栏中的“编辑”→“命令行”命令，在弹出的“命令行”对话框窗口中输入“ping -t localhost -l 60000”，完成单击“确定”按钮。那么这条命令只是在永久地ping自己的计算机，并且每次发出的ping包都是60 000字节，如此就会形成一个DoS攻击。黑客们编写的宏病毒往往比这个更加厉害，比如格式化硬盘的命令等。

(3) 在如图5.2所示的“对象包装程序”窗口中，单击“插入图标”按钮，为该命令行选个有诱惑力的图标，在关闭“对象包装程序”窗口后，此时在文档的相关位置出现了一个和命令关联的图标，如图5.3所示，这样一个宏病毒就做成功了。

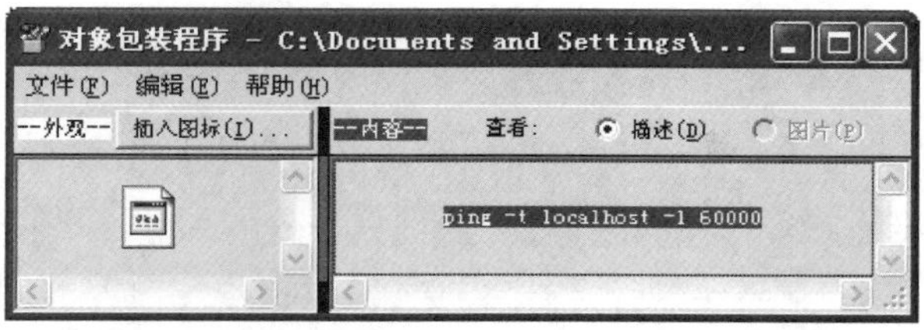

图 5.2　对象包装程序对话框

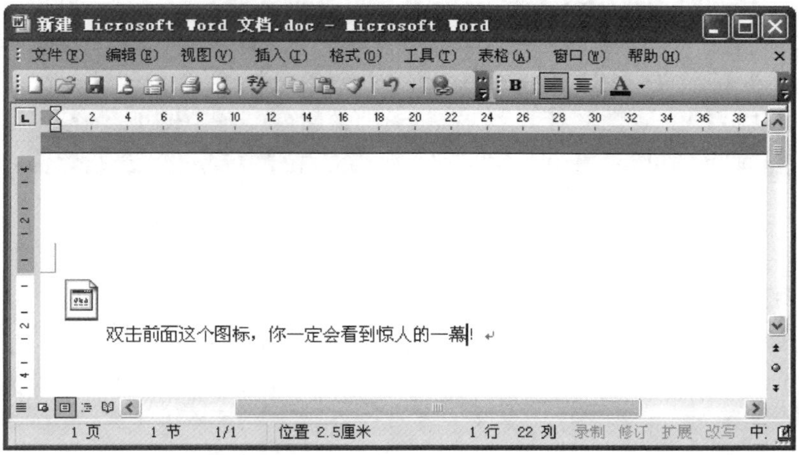

图 5.3　Word 中的宏病毒

真正的宏病毒不是这样制作的，真正的病毒会和宏指令如 FileOpen、FileSave、FileSaveAs 和 FilePrint 等命令相关联，其内编写了具有瘫痪系统，感染每一个 Word 文件的代码，并可以自动保存为"模板"文件，只要打开一次染毒的 Word 文件，则以后所有的 Word 文件都会被感染，看起来再正常不过的一个正规文档文件，很可能就暗藏着宏病毒。

刚才制作的宏病毒运行后的结果如图 5.4～图 5.6 所示。

图 5.4　Word 中的宏病毒运行结果 1

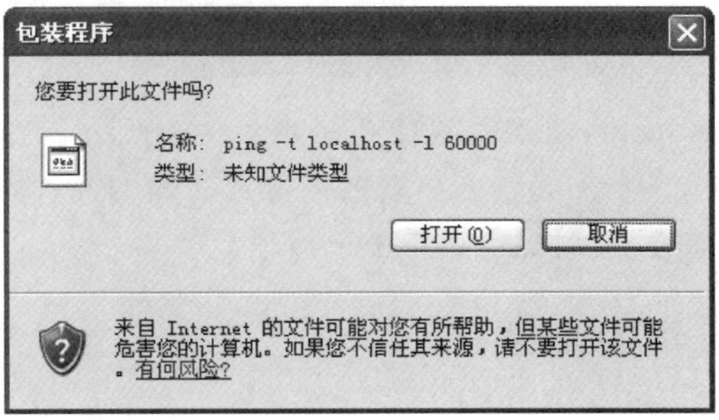

图 5.5　Word 中的宏病毒运行结果 2

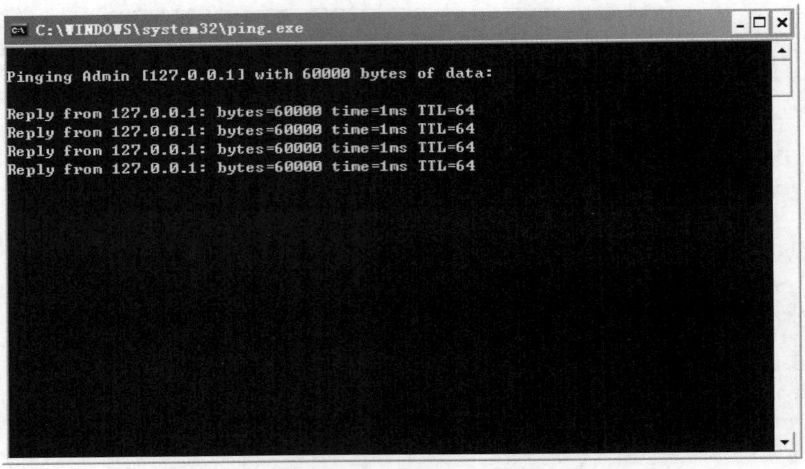

图 5.6　Word 中的宏病毒运行结果 3

3. 宏病毒的清除

(1) 手工：以 Word 为例，最简单的就是禁止 Word 执行宏指令，方法是：在 Word 窗口的菜单栏中选择“工具”→“宏”→“安全性”选项，在弹出的如图 5.7 的所示的对话框中将其安全性设为“高”，这样，未经系统签署的宏指令将会被 Word 禁止执行，这样就不利于宏病毒的运行。

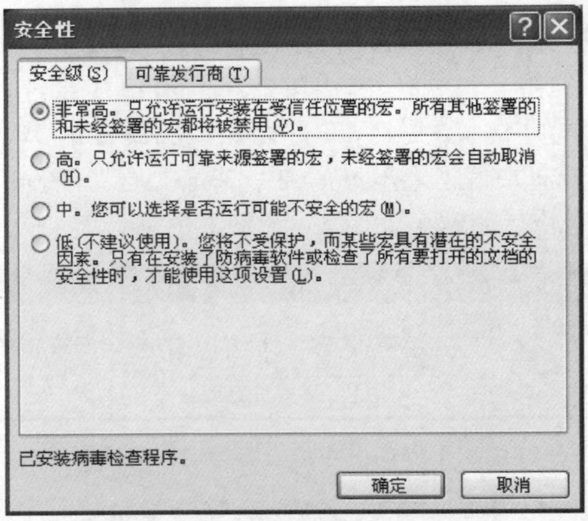

图 5.7　“安全性”对话框

(2) 使用专业杀毒软件：目前杀毒软件公司都具备清除宏病毒的能力，当然也只能对已知的宏病毒进行检查和清除，对于新出现的病毒或病毒的变种则可能不能正常地清除，或者将会破坏文件的完整性，此时建议还是手工清理。

5.5.3　蠕虫病毒的查杀

蠕虫病毒和一般的计算机病毒有着很大的区别，对于它，现在还没有一个成套的理论体系，但是一般认为，蠕虫病毒是一种通过网络传播的恶性病毒，它除具有病毒的一些共性外，同时具有自己的一些特征，如不利用文件寄生（有的只存在于内存中）、对网络造成拒绝服务，以及与黑客技术相结合等。蠕虫病毒主要的破坏方式是大量的复制自身，然后在网络中传播，严重地占用有限的网络资源，最终引起整个网络的瘫痪，使用户不能通过网络进行正常的工作。每一次蠕虫病毒的爆发都会给全球经济造成巨大的损失，因此它的危害性是十分巨大的；有一些蠕虫病毒还具有更改用户文件、将用户文件自动当附件转发的功能，更是严重地危害到用户的系统安全。

1. 蠕虫病毒常见的传播方式

（1）利用系统漏洞传播——蠕虫病毒利用计算机系统的设计缺陷，通过网络主动地将自己扩散出去。

（2）利用电子邮件传播——蠕虫病毒将自己隐藏在电子邮件中，随电子邮件扩散到整个网络中。这也是个人计算机被感染的主要途径。

2. 蠕虫病毒感染的对象

蠕虫病毒一般不寄生在别的程序中，而多作为一个独立的程序存在，它感染的对象是全网络中所有的计算机，并且这种感染是主动进行的，所以总是让人防不胜防。在现今全球网络高度发达的情况下，一种蠕虫病毒在几个小时之内蔓延全球并不是什么困难的事情。

现在流行的蠕虫病毒主要有尼姆达、红色代码、冲击波、震荡波、求职信以及 2007 年流行的熊猫烧香。本书以冲击波（Worm. Blaster）和熊猫烧香为例来讲解蠕虫病毒的危害以及如何清除。

3. 冲击波病毒的介绍

病毒运行时会不停地利用 IP 扫描技术寻找网络上系统为 Windows 2000 或 Windows XP 的计算机，找到后就利用 DCOM RPC 缓冲区漏洞攻击该系统，一旦攻击成功，病毒体将会被传送到对方计算机中进行感染，使系统操作异常、不停重启，甚至导致系统崩溃，如图 5.8 所示。另外，该病毒还会对微软的一个升级网站进行拒绝服务攻击，导致该网站堵塞，使用户无法通过该网站升级系统，该病毒还会使被攻击的系统丧失更新该漏洞补丁的能力。

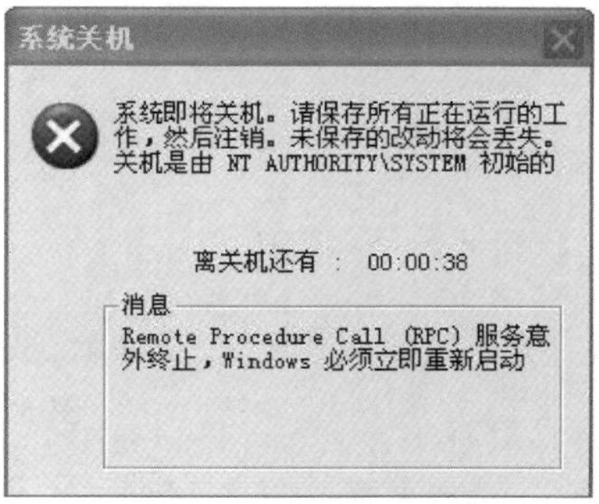

图 5.8　冲击波病毒的症状

4. 冲击波病毒的防范与查杀

（1）用户可以先进入微软网站，下载相应的系统补丁，给系统打上补丁，每个 Windows 都有相应的版本，下面是一个 Windows XP 32 位版本的下载补丁地址：

```
http://microsoft.com/downloads/details.aspx?FamilyId = 2354406C.C5B6.44AC.9532.
3DE40F69C074&displaylang = en
```

(2) 病毒运行时会建立一个名为BILLY的互斥量,使病毒自身不重复进入内存,并且病毒在内存中建立一个名为msblast的进程,用户可以用任务管理器将该病毒进程终止。

(3) 病毒运行时会将自身复制为%systemdir%\msblast.exe,用户可以手动删除该病毒文件。

注意:%Windir%是一个变量,它指的是操作系统安装目录,默认是"C:\Windows"或"c:\Winnt",也可以是用户在安装操作系统时指定的其他目录。%systemdir%是一个变量,它指的是操作系统安装目录中的系统目录,默认是"C:\Windows\system"或"c:\Winnt\system32"。

(4) 病毒会修改注册表的HKEY_LOCAL_MACHINE\SOFTWARE\Microsoft\Windows\CurrentVersion\Run项,在其中加入"windows auto update"="msblast.exe"进行自启动,用户可以手工清除该键值。

(5) 病毒会用到135、4444、69等端口,用户可以使用Windows防火墙软件将这些端口禁止,或者使用"TCP/IP筛选"功能禁止这些端口。

(6) 也可以使用瑞星专杀工具来进行查杀,图5.9就是一款RPC漏洞蠕虫专用查杀工具。

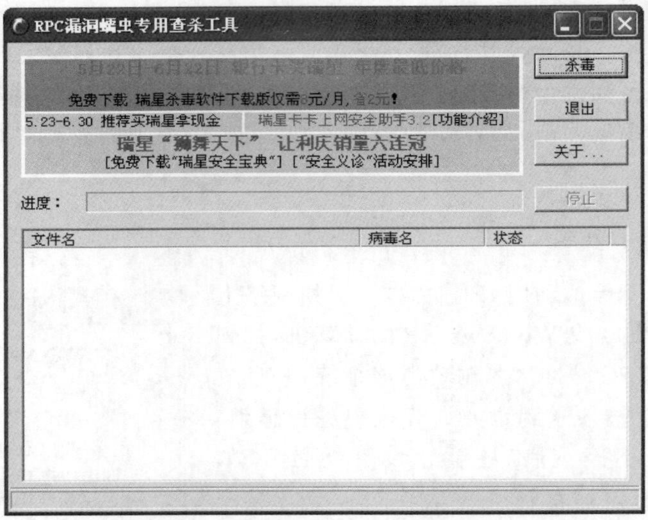

图5.9 RPC漏洞蠕虫专用查杀工具

5. 熊猫烧香病毒

熊猫烧香(Worm.Nimaya)又称武汉男生或者尼姆亚,是一种蠕虫病毒。它是一个由Delphi编程工具编写的程序,终止大量的反病毒软件和防火墙软件进程。病毒会删除扩展名为.gho的文件,使用户无法使用ghost软件恢复操作系统。熊猫烧香感染系统的.exe、.com、.pif、.src、.html、.asp文件,添加病毒网址,导致用户一打开这些网页文件,IE就会自动连接到指定的病毒网址中下载病毒。在硬盘各个分区下生成文件autorun.inf和setup.exe,可以通过U盘和移动硬盘等方式进行传播,并且利用Windows系统的自动播放功能来运行，搜索硬盘中的.exe 可执行文件并感染，感染后的文件图标变成熊猫烧香图案。熊猫烧香病毒还可以通过共享文件夹、系统弱口令等多种方式进行传播。这是中国近些年来发生的比较严重的一次蠕虫病毒，影响很大，也造成了很大的损失，图 5.10 列出了被熊猫烧香病毒感染后的文件图标。

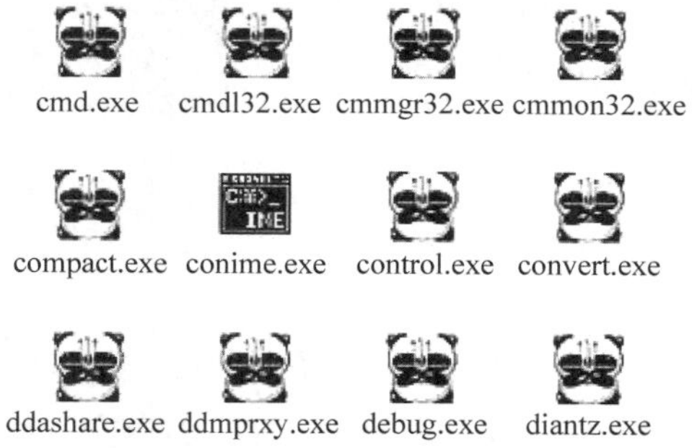

图 5.10　被熊猫烧香病毒感染后的文件图标

6. 熊猫烧香病毒的防范

(1) 安装杀毒软件，并在上网时打开网页实时监控。

(2) 网站管理员应该更改机器密码，以防止病毒通过局域网传播。

(3) 当 QQ、UC 的漏洞已经被该病毒利用时，用户应该去相应的官方网站打好最新补丁。

(4) 该病毒会利用 IE 浏览器的漏洞进行攻击，因此用户应该给 IE 打好所有的补丁。如果必要的话，用户可以暂时换用 Firefox、Opera 等比较安全的浏览器。

7. 熊猫烧香病毒的清除

如果中了熊猫烧香病毒，可以采取以下步骤来对它来进行清除。

(1) 断开网络。

(2) 结束病毒进程%System%\FuckJacks.exe。

(3) 删除病毒文件%System%\FuckJacks.exe。

(4) 在分区盘符上右击，在弹出的快捷菜单中选择“打开”选项进入分区根目录，删除根目录下的两个文件：X:\autorun.inf 和 X:\setup.exe。

(5) 在注册表中删除病毒创建的启动项：

```
[HKEY_CURRENT_USER\Software\Microsoft\Windows\CurrentVersion\Run]
"FuckJacks" = "%System%\FuckJacks.exe"
[HKEY_LOCAL_MACHINE\SOFTWARE\Microsoft\Windows\CurrentVersion\Run]
"svohost" = "%System%\FuckJacks.exe"
```

(6) 修复或重新安装反病毒软件。

(7) 使用反病毒软件或专杀工具进行全盘扫描，清除恢复被感染的.exe 文件。图 5.11 为瑞星公司的熊猫烧香专杀工具。

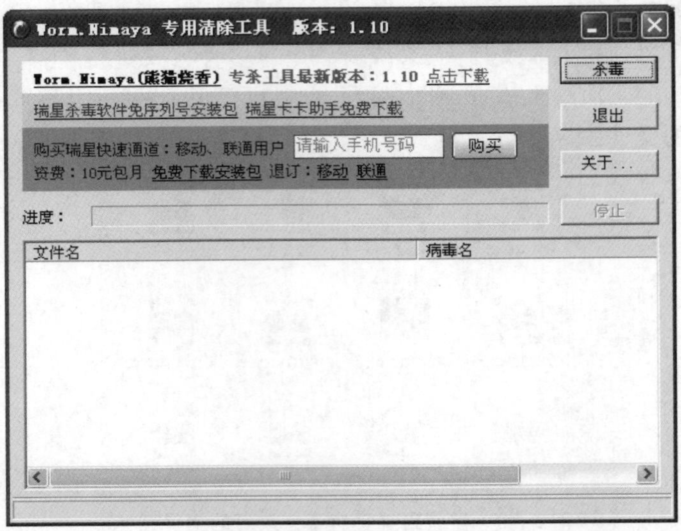

图 5.11 熊猫烧香专杀工具

5.5.4 WannaCry 勒索病毒的查杀

1. WannaCry 勒索病毒介绍

WannaCry 勒索病毒是一种利用美国国家安全局的“永恒之蓝”(EternalBlue)漏洞，通过互联网对全球运行 Microsoft Windows 操作系统的计算机进行攻击的加密型勒索病毒，它是蠕虫病毒。该病毒利用 AES-128(高级加密标准)和 RSA 算法(非对称加密演算法)恶意加密用户文件以勒索比特币，其加密流程如图 5.12 所示。

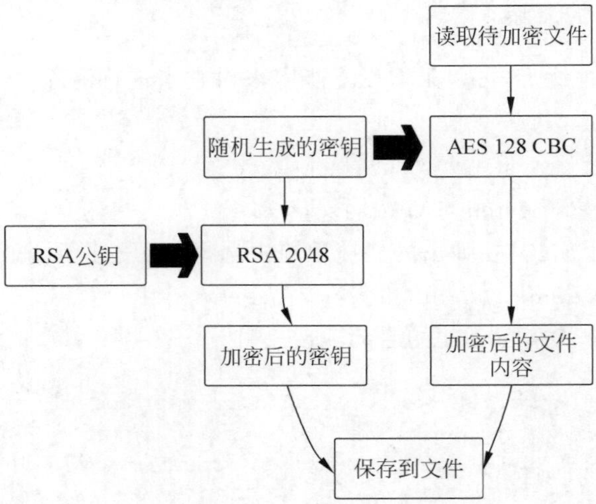

图 5.12 加密流程

2017 年 5 月初，WannaCry 勒索病毒全球大爆发，至少 150 个国家 30 万名用户中病毒，造成的损失高达 80 亿美元，已经影响到金融、能源、医疗等众多行业，造成严重的危机管理问题。中国部分 Windows 操作系统用户遭受感染，校园网用户首当其冲，受害严重，大量实验室数据和毕业设计被锁定加密。部分大型企业的应用系统和数据库文件被加密后，无法正常工作。WannaCry 勒索病毒是自熊猫烧香病毒以来影响力最大的病毒之一。

微软早在 2017 年 3 月 14 日就推送了更新，封堵了漏洞。没有及时下载这个补丁的 Windows 主机就很可能被感染，如图 5.13 所示，遭受感染后桌面被替换。直到目前为止，没有证据显示攻击者是有目标地进行攻击。还在运行已被微软淘汰的 Windows XP 的主机则非常危险，因为微软早已不对 Windows XP 提供安全更新与支持。但由于此次事件的严重性，微软事后已为部分已经淘汰的系统发布了漏洞修复补丁，Windows XP、Windows Server 2003 和 Windows 8 用户都可从微软官方网站下载修复补丁。但部分腾讯电脑管家用户因补丁遭到屏蔽而未能接受到安全更新，事后据官方回应，部分第三方修改系统安装补丁后可能致使蓝屏、系统异常，因此有部分用户补丁被屏蔽。

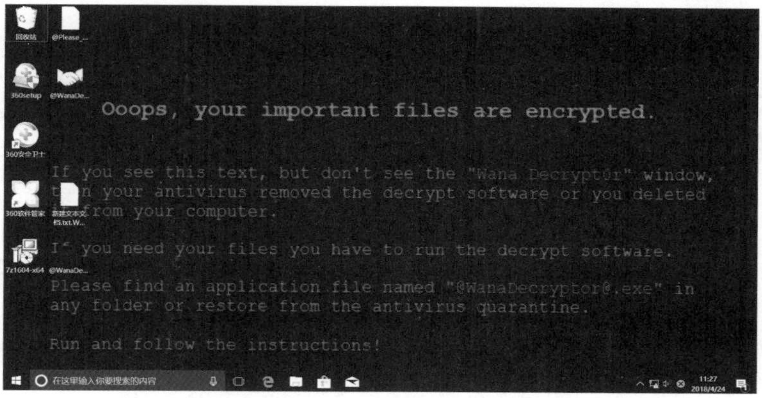

图 5.13 遭受感染后桌面被替换

被 WannaCry 勒索病毒入侵后，用户主机系统内几乎所有类型的文件都将被加密，加密文件的扩展名被统一重命名为.WNCRY，并会在桌面弹出勒索对话框，要求受害者支付 300～600 美元等值的比特币，且赎金金额还会随着时间的推移而增加。如图 5.14 所示，如果单击对话框下方的 Decrypt 按钮，就会弹出如图 5.15 所示的 Decrypt 界面，可以恢复部分已加密的文档。该病毒触发后产生的文件如图 5.16 所示。

2. WannaCry 勒索病毒的防范

若想有效防御此蠕虫病毒的攻击，首先应立即部署微软安全公告 MS17-010 中所涉及的所有安全更新。Windows XP、Windows Server 2003 以及 Windows 8 应根据微软的用户指导安装更新。

当不具备条件安装安全更新，且没有与 Windows XP（同期或更早期 Windows）主机共享的需求时，应当根据微软安全公告 MS17-010 中的变通办法，禁用 SMBv1 协议，以免遭受攻击。虽然利用 Windows 防火墙阻止 TCP 445 端口也具备一定程度的防护效果，但这会导致 Windows 共享完全停止工作，并且可能会影响其他应用程序的运行，应当按照微软公司提供的变通办法来应对威胁。

2017 年 5 月该病毒第一次大规模传播时，署名为 MalwareTech 的英国安全研究员在当时的病毒中发现了一个未注册的域名，主因是病毒内建有传播开关（Kill Switch），会向该域名发

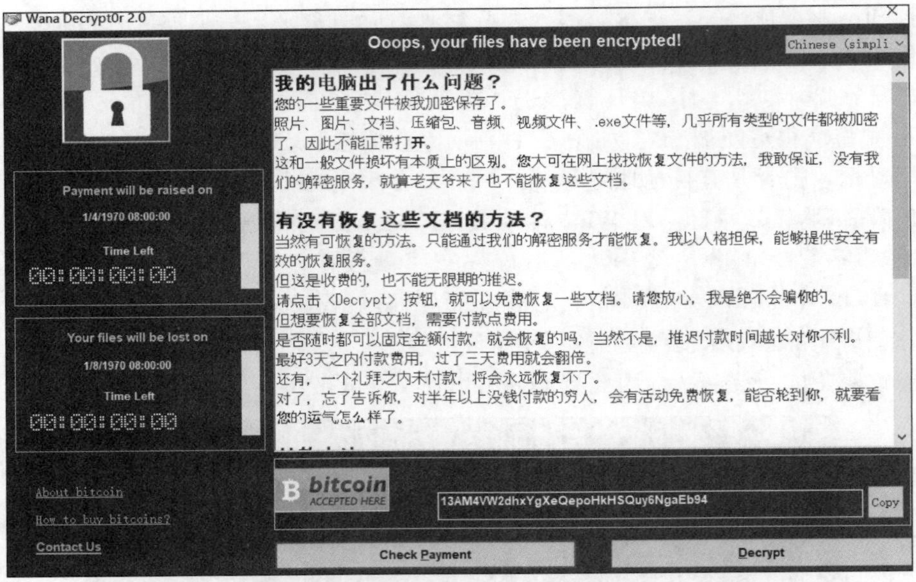

图 5.14　WannaCry 勒索病毒界面

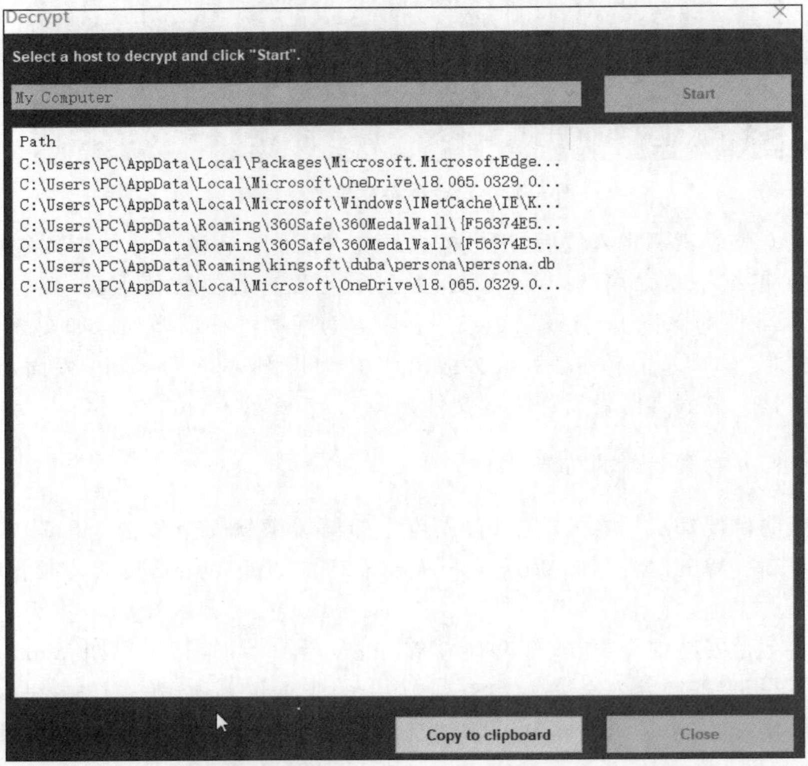

图 5.15　Decrypt 界面

出 DNS 请求，用于测试病毒是否处于防毒软件的虚拟运作环境中。由于该域名并没有设置 DNS，因此正常情况是不会有响应的。若有响应就说明处于虚拟环境下，病毒会停止传播以防被防毒软件清除。这名安全研究员花费 8.29 英镑注册域名后发现每秒收到上千次请求。在

名称 修改日期 类型 大小
msg 2018/4/24 11:21 文件夹
@Please_Read_Me@ 2018/4/24 11:20 文本文档 1 KB
@WanaDecryptor@ 2017/5/12 2:22 应用程序 240 KB
00000000.eky 2018/4/24 11:20 EKY 文件 0 KB
00000000.pky 2018/4/24 11:20 PKY 文件 1 KB
00000000.res 2018/4/24 11:24 RES 文件 1 KB
156361524540038.bat.WNCRY 2018/4/24 11:20 WNCRY 文件 1 KB
b.wnry 2017/5/11 20:13 WNRY 文件 1,407 KB
c.wnry 2018/4/24 11:22 WNRY 文件 1 KB
f.wnry 2018/4/24 11:21 WNRY 文件 1 KB
r.wnry 2017/5/11 15:59 WNRY 文件 1 KB
s.wnry 2017/5/9 16:58 WNRY 文件 2,968 KB
t.wnry 2017/5/12 2:22 WNRY 文件 65 KB
taskdl 2017/5/12 2:22 应用程序 20 KB
taskse 2017/5/12 2:22 应用程序 20 KB
u.wnry 2017/5/12 2:22 WNRY 文件 240 KB
wcry 2017/5/13 2:21 应用程序 3,432 KB

图 5.16　WannaCry 勒索病毒触发后产生的文件

该域名被注册后，部分计算机可能仍会被感染，但 WannaCry 的这一版本不会继续传播了 。

然而需要注意的是，在部分网络环境下，例如一些局域网、内部网，或是需要透过代理服务器才能访问互联网的网络，此域名仍可能无法正常连接。另外，现已有报道称该病毒出现了新的变种，一些变种在加密与勒索时并不检查这一域名。

3. 使用 360 安全卫士查杀 WannaCry 勒索病毒

在“360 安全卫士”界面中选择“木马杀毒”页面，选择“全盘扫描”选项开始扫描。在扫描的过程中会提示有问题的危险项，如图 5.17 所示。

图 5.17　360 安全卫士查杀 WannaCry 勒索病毒

扫描病毒结果如图5.18所示,发现一个危险项Worm.Win32.WannaCrypt.J,单击"一键处理"按钮或"立即处理"按钮即可清除病毒;也可以单击病毒查看病毒详情,如图5.19所示。

图5.18　360安全卫士扫描病毒结果

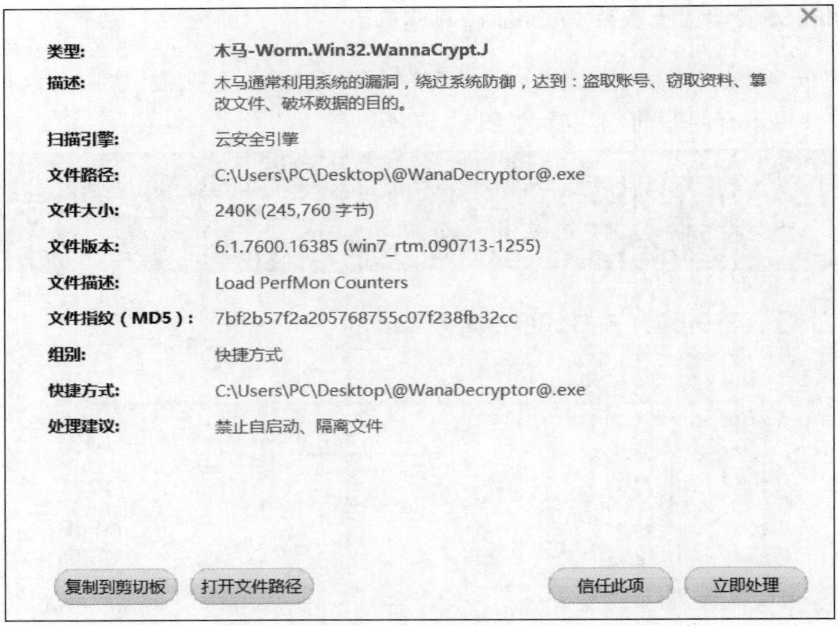

图5.19　查看病毒详情

4. 被 WannaCry 勒索病毒感染后的文件恢复

该病毒会读取源文件并生成加密档，直接对源文件进行删除操作。2017 年 5 月 19 日，安全研究人员 Adrien Guinet 发现病毒用来加密的 Windows API 存在的缺陷，在非新版操作系统（Windows 10）中，所用私钥会暂时留在内存中而不会被立即清除。他开发并开源了一个名为 Wannakey 的工具，Wannakey 是专用于 Windows XP 系统的勒索病毒文件恢复工具，前提是该计算机在感染病毒后并未重启，且私钥所在内存还未被覆盖。后有开发者基于此原理开发了名为 wanakiwi 的软件，使恢复过程更加自动化，并确认该方法适用于运行 Windows XP 至 Windows 7 时期的多款 Windows 操作系统。一些安全厂商也基于此原理或软件开发并提供了图形化工具，图 5.20 是 360 安全卫士的功能大全。

图 5.20　360 安全卫士的功能大全

5. 使用 360 安全卫士恢复被 WannaCry 勒索病毒感染的文件

360 安全卫士提供了一个应对这种病毒的工具，在如图 5.20 所示的 360 安全卫士的功能大全界面的"数据安全"下，有一个工具能够恢复被 WannaCry 勒索病毒加密的文件，这个工具称为"WannaCry 勒索病毒文件恢复 V2"，如图 5.21 所示。

打开"WannaCry 勒索病毒文件恢复 V2"，单击"扫描"按钮后扫描全盘被 WannaCry 勒索病毒加密的文件，等待扫描结果，如图 5.22 所示。

扫描完成后选择目录，并单击"确定"按钮，即可将恢复的文件存储在该文件目录，如图 5.23 和图 5.24 所示。

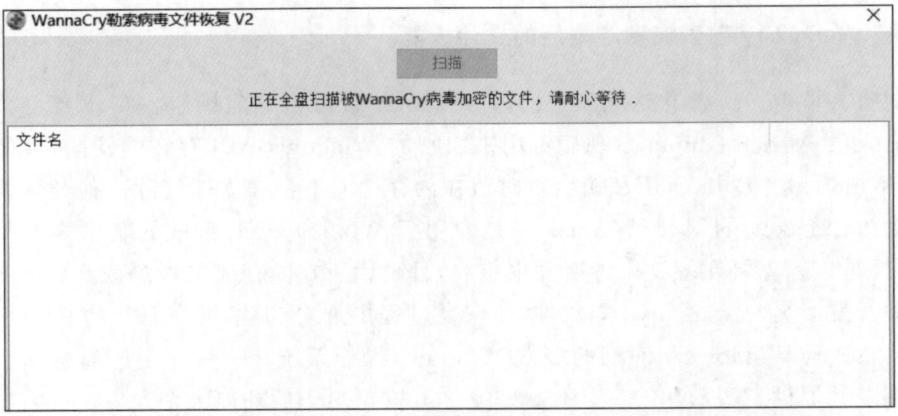
WannaCry勒索病毒文件恢复 V2
扫描
正在全盘扫描被WannaCry病毒加密的文件，请耐心等待 .
文件名

图 5.21　WannaCry 勒索病毒文件恢复 V2

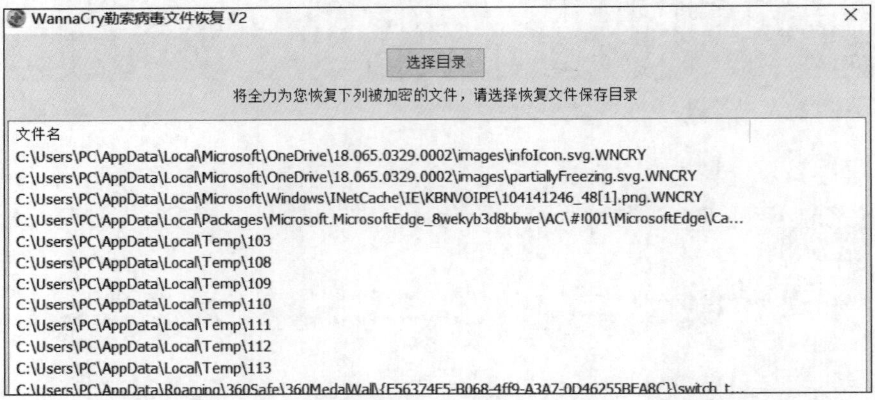
WannaCry勒索病毒文件恢复 V2
选择目录
将全力为您恢复下列被加密的文件，请选择恢复文件保存目录
文件名
C:\Users\PC\AppData\Local\Microsoft\OneDrive\18.065.0329.0002\images\infoIcon.svg.WNCRY
C:\Users\PC\AppData\Local\Microsoft\OneDrive\18.065.0329.0002\images\partiallyFreezing.svg.WNCRY
C:\Users\PC\AppData\Local\Microsoft\Windows\INetCache\IE\KBNVOIPE\104141246_48[1].png.WNCRY
C:\Users\PC\AppData\Local\Packages\Microsoft.MicrosoftEdge_8wekyb3d8bbwe\AC\#!001\MicrosoftEdge\Ca...
C:\Users\PC\AppData\Local\Temp\103
C:\Users\PC\AppData\Local\Temp\108
C:\Users\PC\AppData\Local\Temp\109
C:\Users\PC\AppData\Local\Temp\110
C:\Users\PC\AppData\Local\Temp\111
C:\Users\PC\AppData\Local\Temp\112
C:\Users\PC\AppData\Local\Temp\113

图 5.22　扫描结果

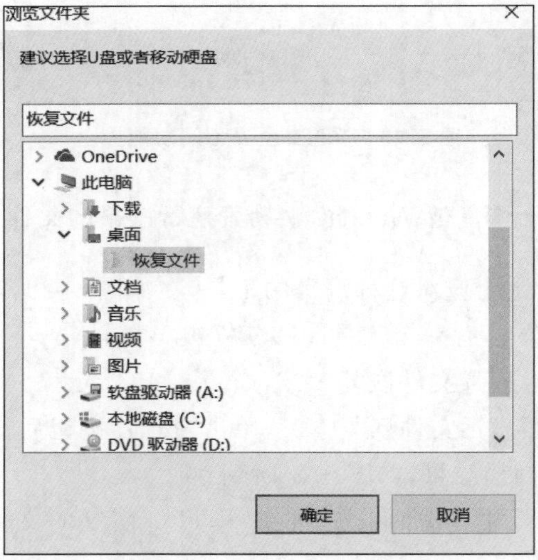
浏览文件夹
建议选择U盘或者移动硬盘
恢复文件
OneDrive
此电脑
下载
桌面
恢复文件
文档
音乐
视频
图片
软盘驱动器 (A:)
本地磁盘 (C:)
DVD 驱动器 (D:)
确定
取消

图 5.23　选择恢复文件

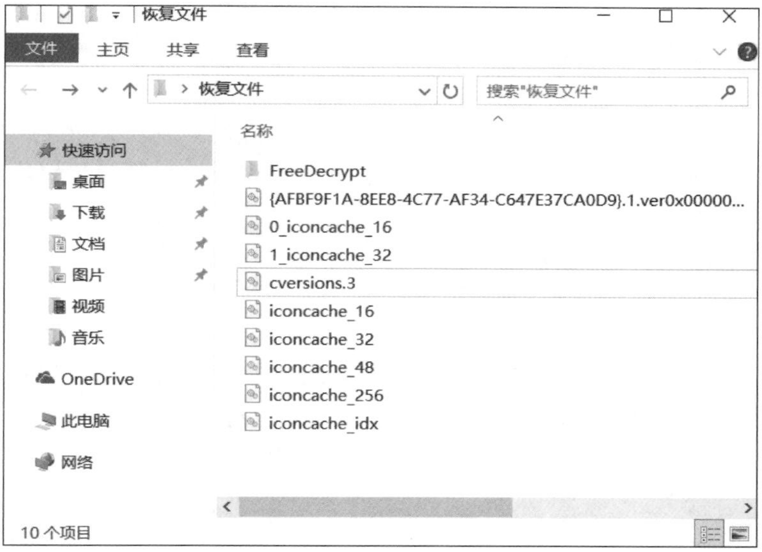

图 5.24　已恢复的文件

5.6　部署企业版杀毒软件

5.6.1　企业版杀毒软件概述

防病毒是网络安全中的重中之重。网络中个别客户端感染病毒后，在极短的时间内就可能感染整个网络，造成网络服务中断或瘫痪，所以局域网的防病毒工作非常重要。最常用的方法就是在网络中部署企业版杀毒软件，比如 Symantec AntiVirus、趋势科技与瑞星的网络版杀毒软件等。本节重点讲解 Symantec 公司推出的新一代企业版网络安全防护产品，Symantec Endpoint Protection（端点保护）。它将 Symantec AntiVirus 与高级威胁防御功能相结合，可以为笔记本电脑、台式机和服务器提供安全防护能力。它在一个代理和管理控制台中无缝集成了基本安全技术，不仅提高了防护能力，而且还有助于降低总拥有成本。Symantec Endpoint Protection 服务器端在安装过程中至少需要 12GB 的硬盘空间，如果空间不足，将导致失败。

1. 主要功能

- 无缝集成一些基本技术，如防病毒与反间谍软件、防火墙、入侵防御和设备控制。
- 只需要一个代理，通过一个管理控制台即可进行管理。
- 由端点安全领域的市场领导者提供无可匹敌的端点防护。
- 无须对每个端点额外部署软件即可立即进行 NAC（网络接入控制）升级。

2. 主要优势

- 阻截恶意软件，如病毒、蠕虫、特洛伊木马、间谍软件、恶意软件、bot、0day 威胁和 rootkit。

- 防止安全违规事件的发生,从而降低管理开销。
- 降低保障端点安全的总拥有成本。

新一代 Symantec 安全防护产品主要包括 Symantec Endpoint Protection 和 Symantec Network Access Control(端点安全访问控制)两种。每一种功能都可以提供强大的 Symantec Endpoint Protection Manager(端点保护管理),以帮助管理员快速完成网络安全的统一部署和管理。

课业任务 5-1

课业任务 5-1

WYL 公司采用 Symantec Endpoint Protection 作为安全防护解决方案,网络管理员需要在一台安装 Windows Server 2019 操作系统的计算机上安装 Symantec Endpoint Protection 服务器端软件,然后对其管理的所有客户端进行部署。

下面通过 5.6.2～5.6.5 节分别来讲解服务器端与客户端的安装与部署,完成课业任务 5-1。

5.6.2 安装 Symantec Endpoint Protection Manager

(1) 插入安装光盘,双击光盘根目录下的 Setup.exe 文件,启动安装程序,显示如图 5.25 所示的"Symantec Endpoint Protection 安装程序"窗口。

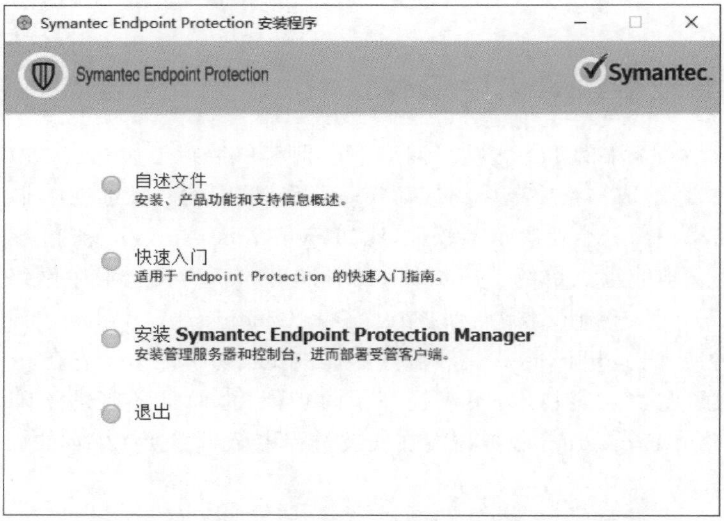

图 5.25 "Symantec Endpoint Protection 安装程序"窗口

(2) 在图 5.25 所示的窗口中,单击"安装 Symantec Endpoint Protection Manager"按钮,启动 Symantec Endpoint Protection Manager 安装向导,显示如图 5.26 所示的 Symantec Endpoint Protection Manager 安装向导。

(3) 在图 5.26 所示的对话框中,单击"下一步"按钮,显示如图 5.27 所示的"授权许可协议"对话框,选择"我接受该授权许可协议中的条款"单选按钮。

(4) 图 5.27 所示的对话框中,单击"下一步"按钮,显示如图 5.28 所示的"目录文件夹"对话框,单击"更改"按钮可以重新选择安装目录,建议接受默认安装路径。

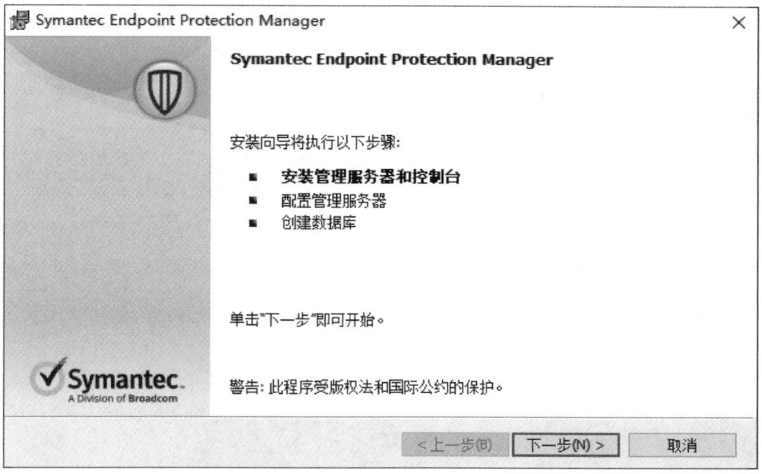

图 5.26　Symantec Endpoint Protection Manager 安装向导

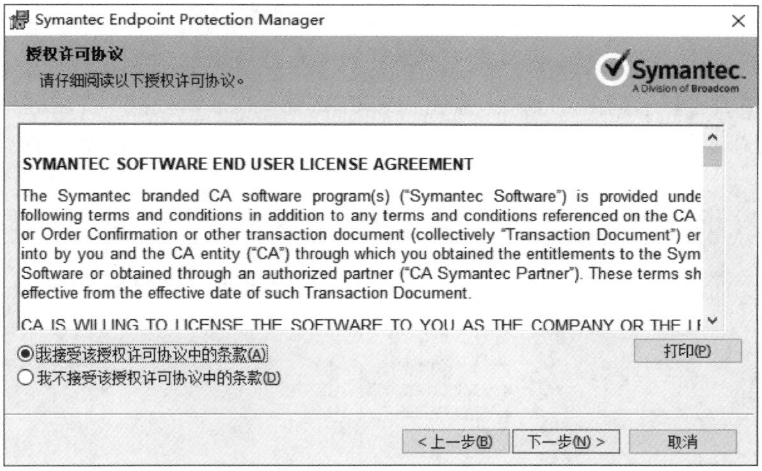

图 5.27　"授权许可协议"对话框

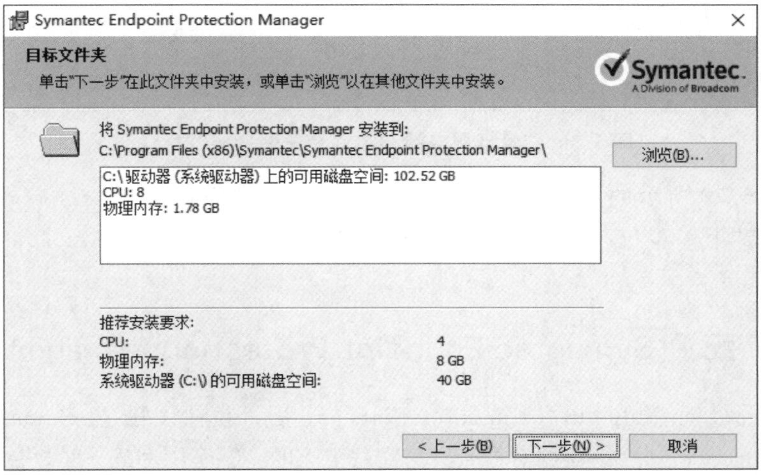

图 5.28　"目录文件夹"对话框

(5) 在图 5.28 所示的对话框中,单击“下一步”按钮,显示如图 5.29 所示的“准备安装程序”对话框,提示安装向导已经准备就绪。

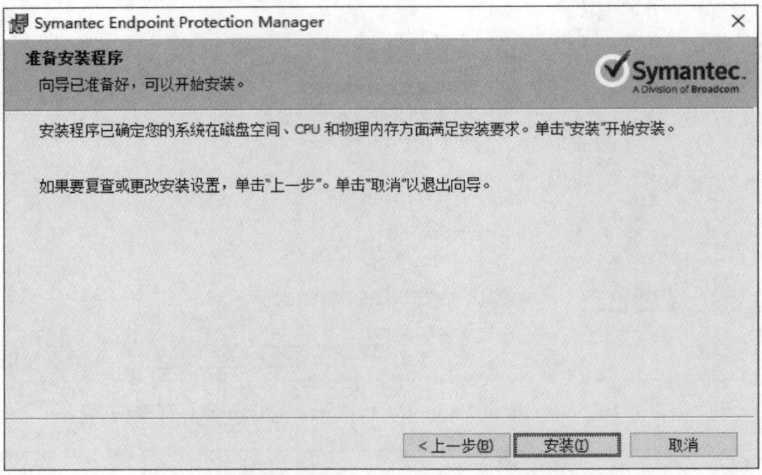

图 5.29 “准备安装程序”对话框

(6) 在图 5.29 所示的对话框中,单击“安装”按钮,即开始安装,需要等待几分钟时间,完成后会再次显示如图 5.30 所示的“管理服务器和控制台安装摘要”对话框。

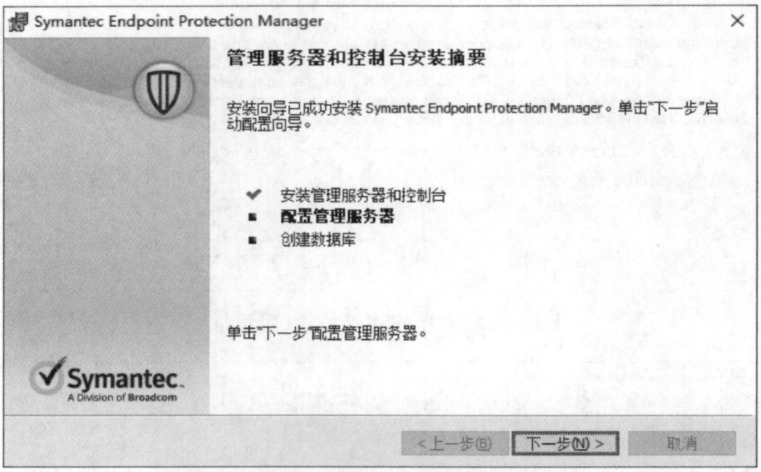

图 5.30 “管理服务器和控制台安装摘要”对话框

(7) 在图 5.30 所示的对话框中,已经完成 Symantec Endpoint Protection Manager 的安装部分,单击“下一步”按钮将进入 Symantec Endpoint Protection Manager 的“管理服务器配置向导”部分。

5.6.3 配置 Symantec Endpoint Protection Manager

安装 Symantec Endpoint Protection Manager 后,还应该配置 Symantec Endpoint Protection Manager,包括创建服务器组,设置站点名称、管理员密码、客户端安装方式以及制作客户端安装包等,其具体操作步骤如下:

（1）在图 5.30 所示的对话框中，完成 Symantec Endpoint Protection Manager 的安装部分后，单击“下一步”按钮进入 Symantec Endpoint Protection Manager 的“管理服务器配置向导”部分。默认显示如图 5.31 所示的“管理服务器配置向导”对话框。此处提供“适用于新安装的默认配置（不到 500 个客户端）”和“适用于新安装的自定义配置（超过 500 个客户端，或者自定义设置）”两种配置类型。二者的区别在于“适用于新安装的默认配置（不到 500 个客户端）”是指小于 500 个客户端的情况，并且使用嵌入式数据库，而“适用于新安装的自定义配置（超过 500 个客户端，或者自定义设置）”是指大于 500 个客户端的情况，同时可以使用 Microsoft SQL 数据库。本任务因为企业规模不大，所以选择“适用于新安装的默认配置（不到 500 个客户端）”单选按钮。

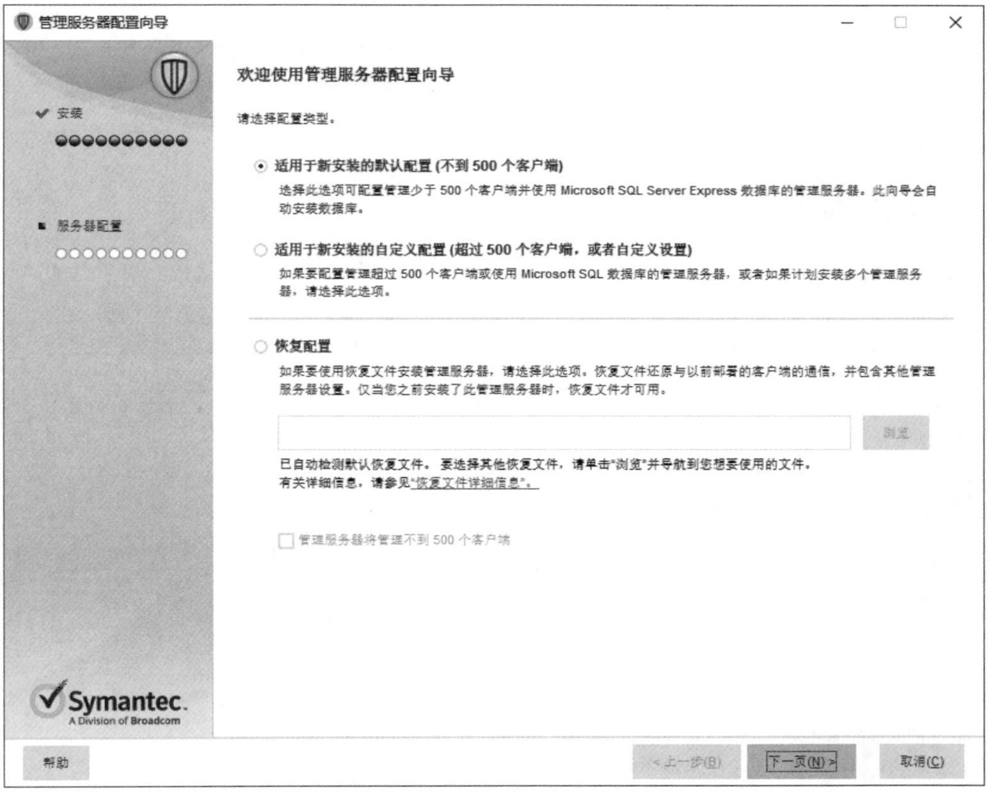

图 5.31　管理服务器配置向导

（2）在图 5.31 所示的对话框中，单击“下一步”按钮，显示如图 5.32 所示的“创建系统管理员账户”对话框，配置登录 Symantec Endpoint Protection Manager 的用户名与密码和管理员电子邮件地址。

（3）在图 5.32 所示的对话框中，可以勾选“使用指定的电子邮件服务器”复选框，显示如图 5.33 所示的配置企业电子邮件服务器对话框，设置自己企业的电子邮件 SMTP 服务器。

（4）在图 5.33 所示的对话框中，单击“下一步”按钮，显示如图 5.34 所示的“合作伙伴信息（可选）”对话框，如果许可证由合作伙伴管理，可输入对应的联系人信息。

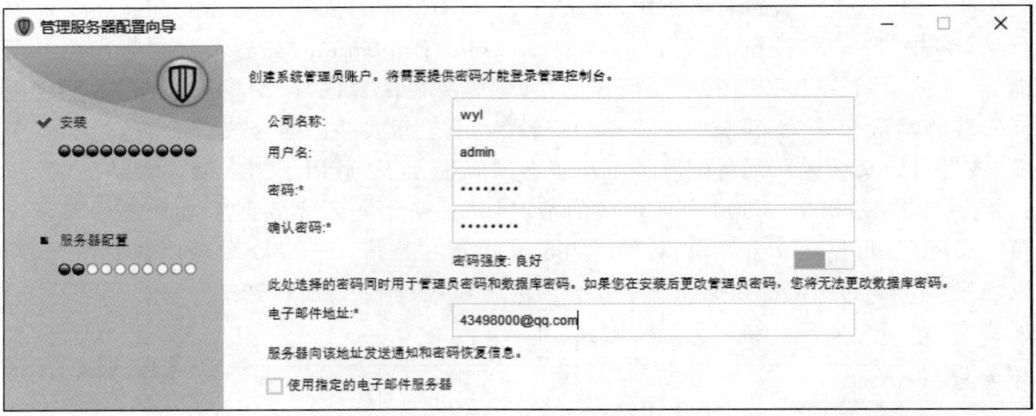

图 5.32 创建用户名与密码

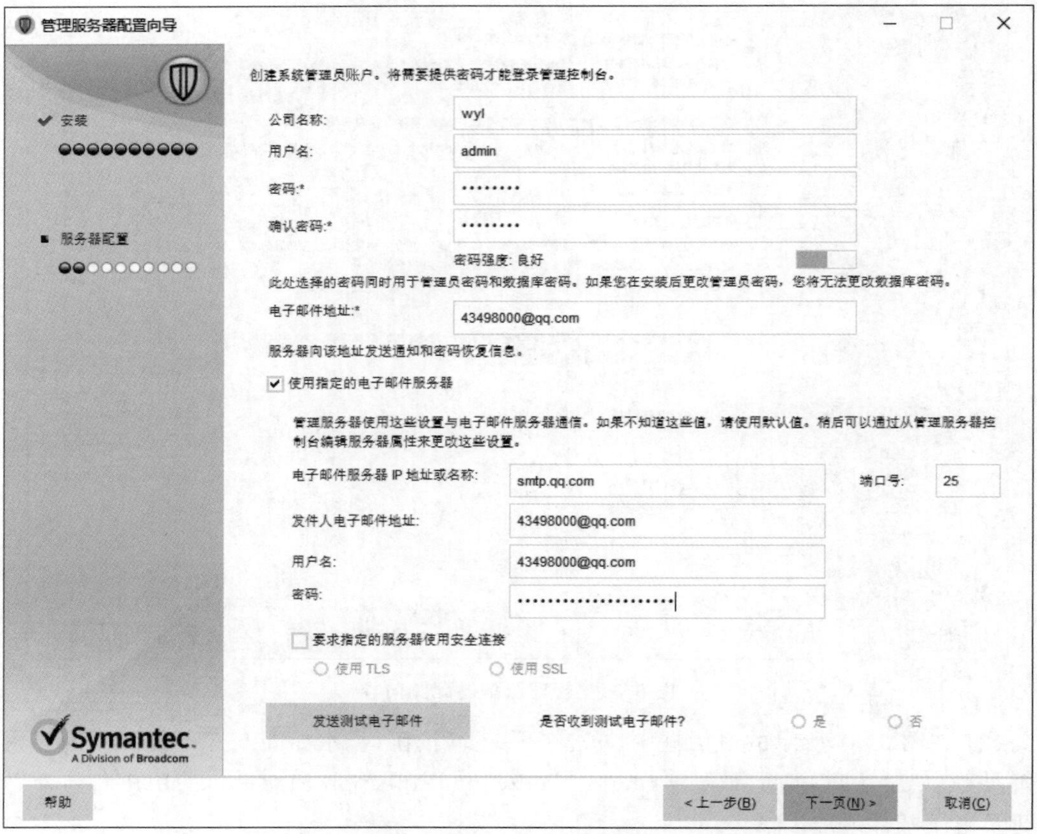

图 5.33 配置企业电子邮件服务器对话框

(5) 在图 5.34 所示的对话框中，单击“下一步”按钮，等待系统自动安装 SQL Server 2017 并自动完成数据库创建，如图 5.35 所示。完成数据库部署之后，显示如图 5.36 所示的“已完成配置”对话框，完成 Symantec Endpoint Protection Manager 的配置。

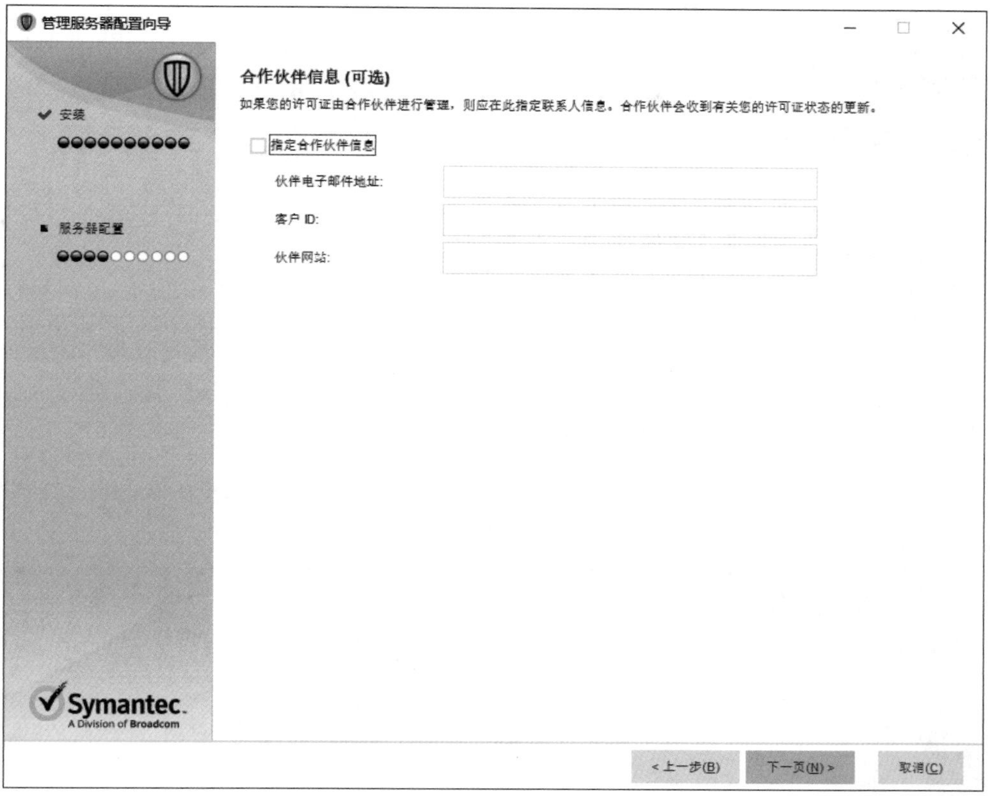

图 5.34　“合作伙伴信息(可选)”对话框

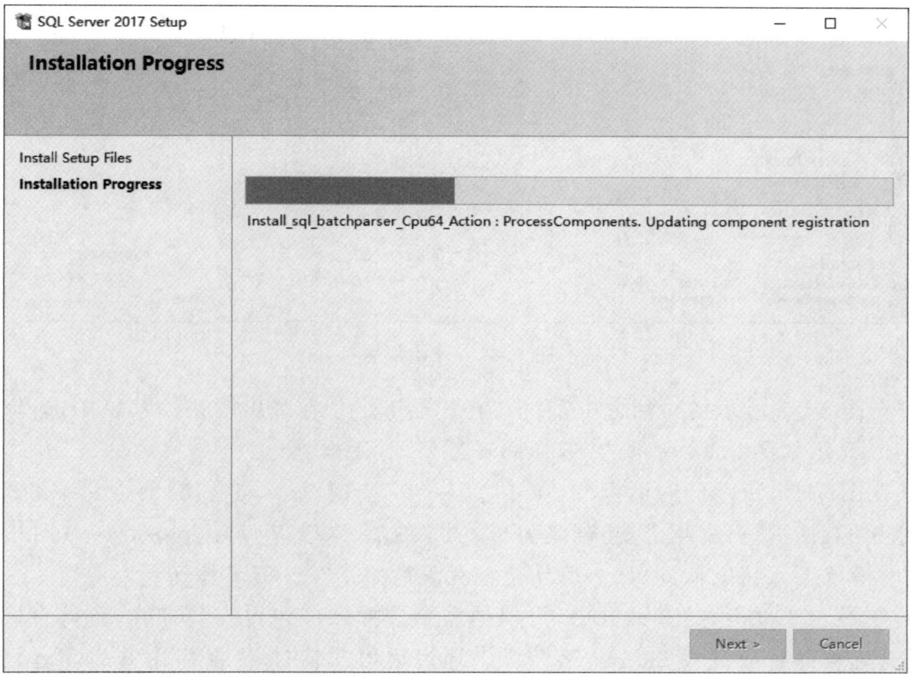

图 5.35　Symantec Endpoint Protection Manager 自动部署 SQL Server 2017

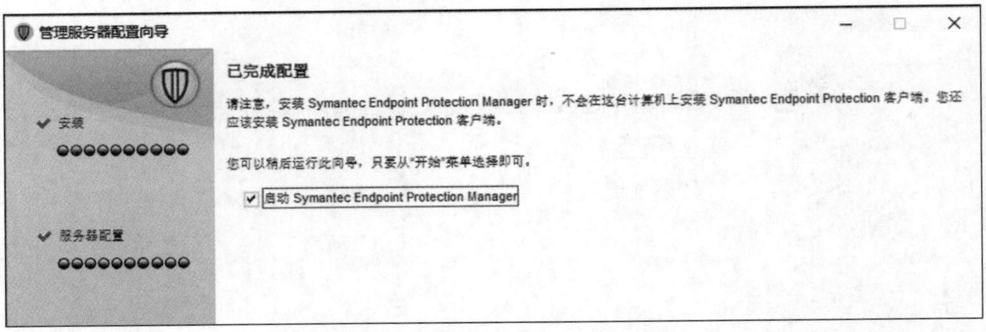

图 5.36 “已完成配置”对话框

5.6.4 客户端本地安装部署

下面介绍客户端的本地安装部署。可以打开 Symantec Endpoint Protection 管理平台开始部署，也可以在浏览器中打开 Symantec Endpoint Protection Web，如图 5.37 所示。

图 5.37 开始部署

(1) 在图 5.37 所示的对话框中，右击“客户端”选项，在弹出的快捷菜单中选择“安装客户端”选项，显示如图 5.38 所示的“选择部署类型”对话框。

(2) 在图 5.38 所示的对话框中，单击“下一步”按钮，显示如图 5.39 所示的“选择组并安装功能集”对话框，可根据需要选择客户端的系统版本(支持 Windows、Mac OS、Linux 客户端，通常情况下保持默认即可)。确认选项无误后单击“下一步”按钮。

(3) 在图 5.39 所示的对话框中，可根据需要选择软件包得安装方式，支持直接生成安装包、通过远程部署准备 Windows 客户端。通过远程安装时，需要启用并启动远程注册表服务，禁用注册表项 LocalAccountTokenFilterPolicy，禁用或删除 Windows Defender 并禁

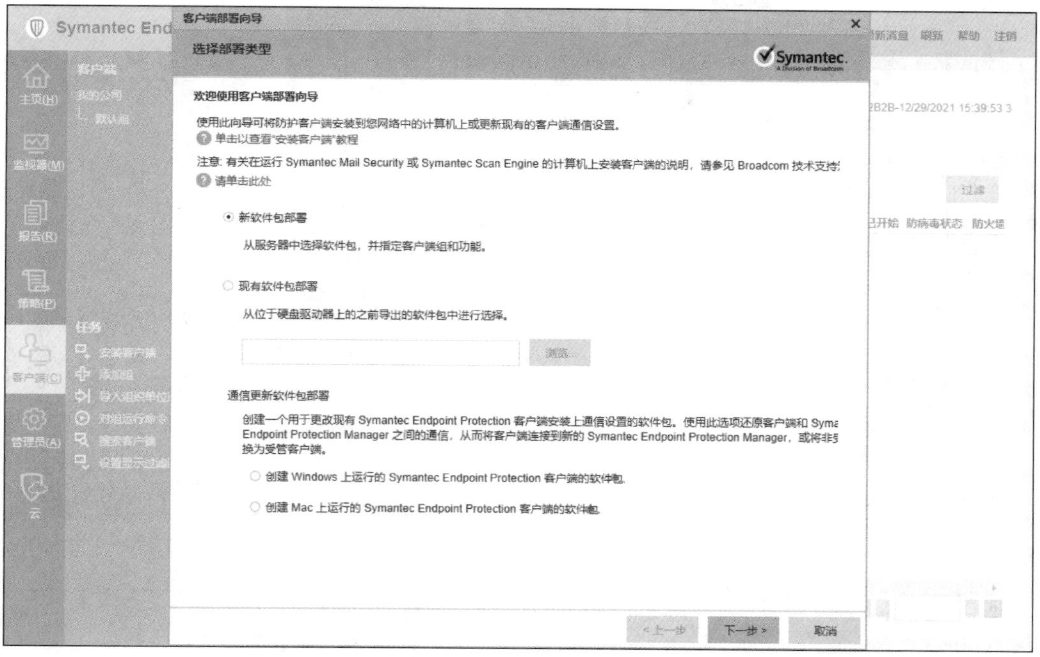

图 5.38　“选择部署类型”对话框

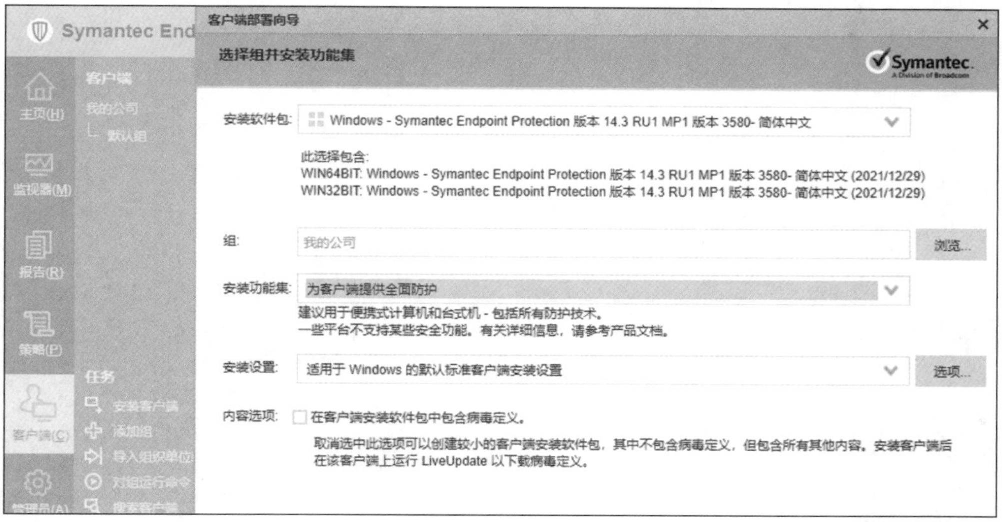

图 5.39　指定软件包安装方式

用 UAC 远程限制(通常情况下保持默认使用“保存软件包”即可,如图 5.40 所示)。单击“下一步”按钮,显示如图 5.41 所示的“指定软件包的类型”对话框,通常情况下保持默认即可。

(4) 在图 5.41 所示的对话框中,单击“下一步”按钮,显示如图 5.42 所示的“准备保存软件包”对话框,确认将在目标计算机中安装列表中的客户端功能。

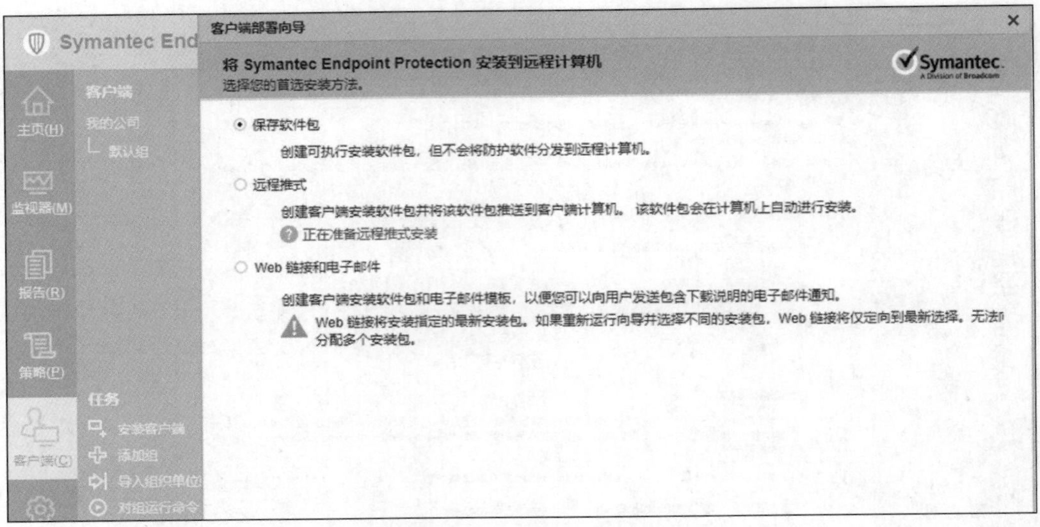

图 5.40　保存软件包

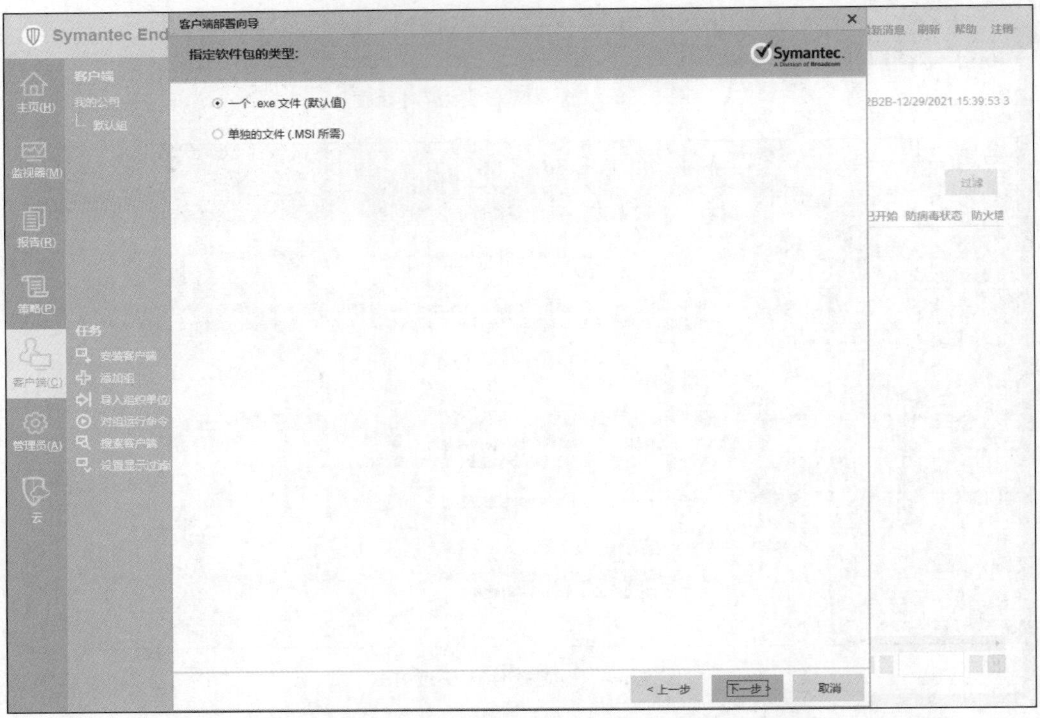

图 5.41　“指定软件包的类型”对话框

(5) 在图 5.42 所示的对话框中，单击“下一步”按钮，显示“正在创建安装文件”对话框，等待几分钟时间后，会显示“成功”对话框。

(6) 如图 5.43 所示，完成“客户端部署向导”对话框，默认情况下将自动下载根据前面设定产生的 Symantec Endpoint Protection Manager 客户端。

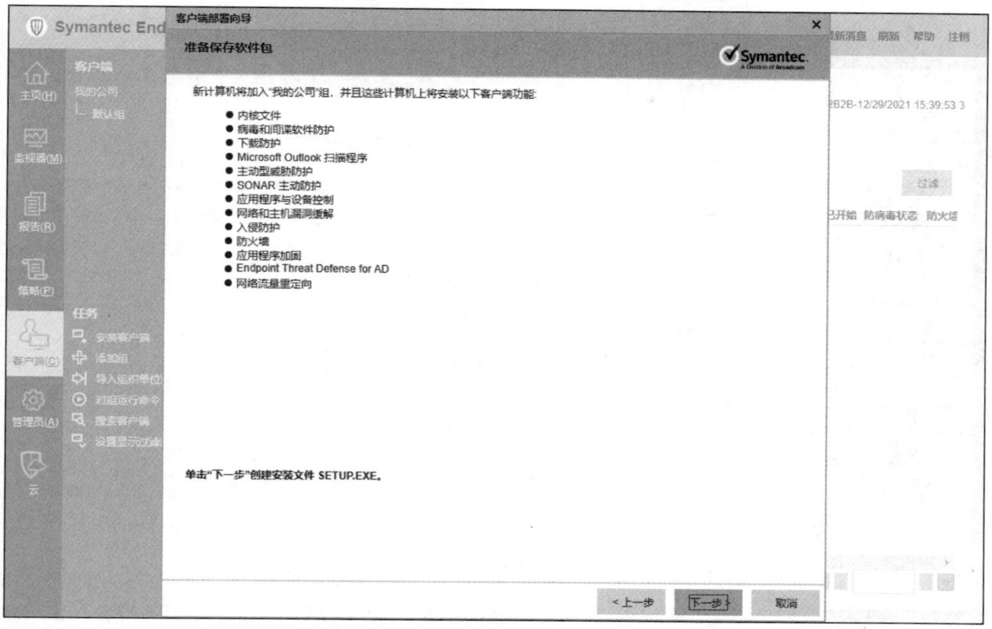

图 5.42　"准备保存软件包"对话框

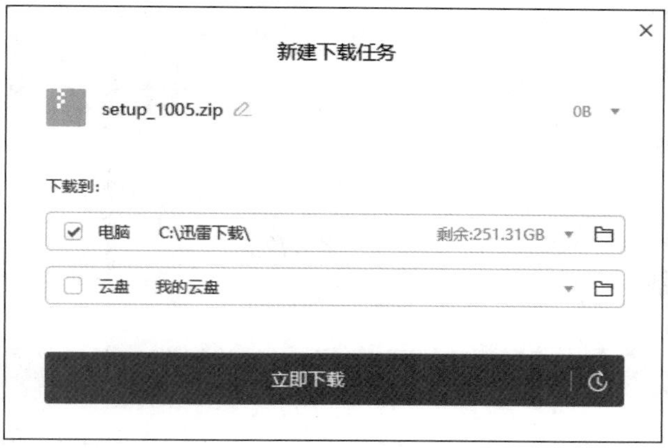

图 5.43　自动下载 Symantec Endpoint Protection Manager 客户端

5.6.5　客户端的远程安装部署

可以打开 Symantec Endpoint Protection 管理平台开始部署，也可以在浏览器中打开 Symantec Endpoint Protection Web，如图 5.44 所示。

(1) 在图 5.44 所示的对话框中，右击左侧的"客户端"选项，在弹出的快捷菜单中选择"安装客户端"选项，如图 5.45 所示。

(2) 在图 5.45 所示的对话框中，根据需要选择客户端的系统安装软件包（支持 Windows、Mac OS、Linux 客户端，通常情况下保持默认即可）。确认选项无误后单击"下一步"按钮。

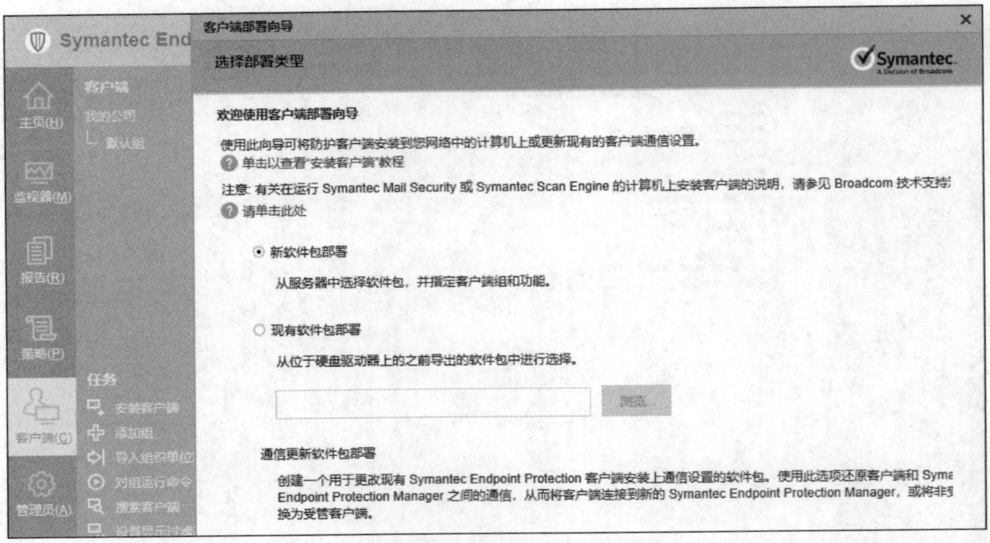

图 5.44 "欢迎使用客户端部署向导"对话框

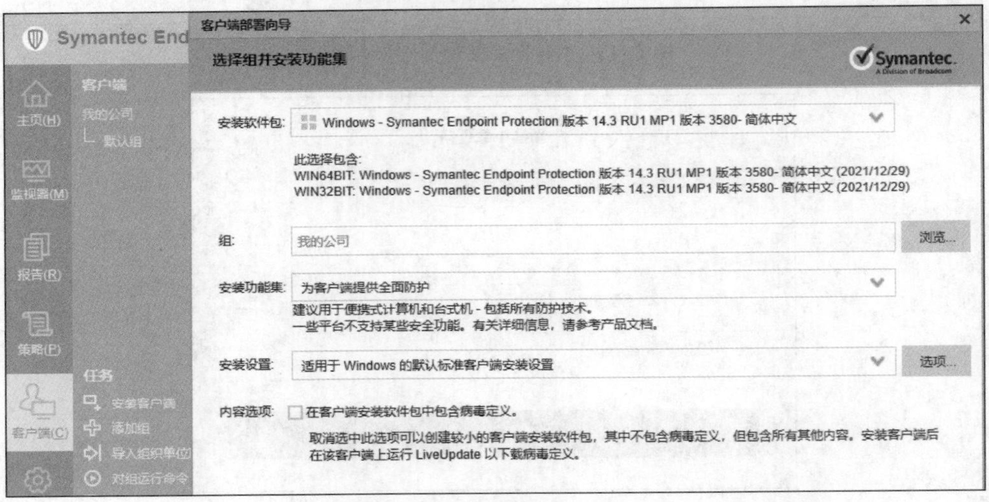

图 5.45 安装客户端操作

(3) 在图 5.46 所示的对话框中，可根据需要选择软件包的安装方式，支持直接生成安装包、通过远程部署准备 Windows 客户端。通过远程安装时，需要启用并启动远程注册表服务，禁用注册表项 LocalAccountTokenFilterPolicy，禁用或删除 Windows Defender 并禁用 UAC 远程限制(通常情况下保持默认使用"保存软件包"即可，本案例使用"远程推式")，单击"下一步"按钮，继续安装。

(4) 在图 5.47 所示的对话框中，安装器会自动扫描当前局域网内的所有计算机，如果目标计算机和当前服务器在同一域内，则不需要额外操作，否则需要提供每一台设备的权限，并且打开远程管理服务。如果需要安装的客户端没显示在列表内，可以在如图 5.48 所示的"搜索网络"对话框中，手动指定目标计算机的 IP 地址。

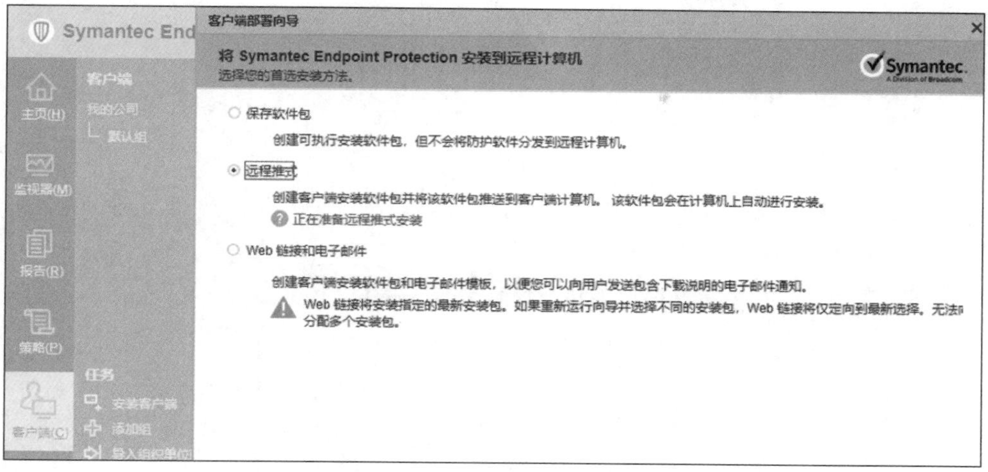

图 5.46　指定软件包安装方式

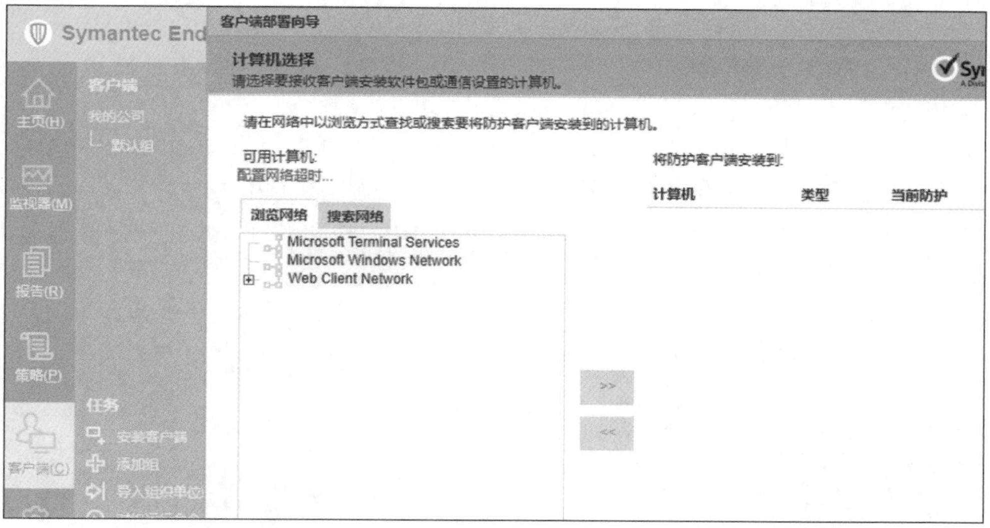

图 5.47　选择需要安装的计算机

(5) 在图 5.48 所示的对话框中，单击“确定”按钮，出现如图 5.49 中的提示：“管理服务器无法与远程计算机通信。确保以下任一条件得到满足：Windows Remote Registry 服务在客户端计算机上正运行输入正确的管理员凭据，以在目标计算机上验证客户端。”单击“确定”按钮。

(6) 本课业任务对 WinRM 使用 QuickConfig 进行快速配置。如图 5.50 所示，输入 WinRM QuickConfig，然后输入 Y 进行确认。

(7) 如图 5.51 所示，单击“此电脑”，选择任务栏中的“计算机”→“系统”→“管理”选项。

(8) 在如图 5.52 所示的“计算机管理”窗口中，找到 Remote Registry 并选择启动该服务(该服务默认为禁用状态)，如图 5.53 所示。

(9) 在图 5.53 中，单击“应用”按钮，启动 Remote Registry 服务并设置为自动运行，如图 5.54 所示。图 5.55 所示为启动远程部署工作完成。

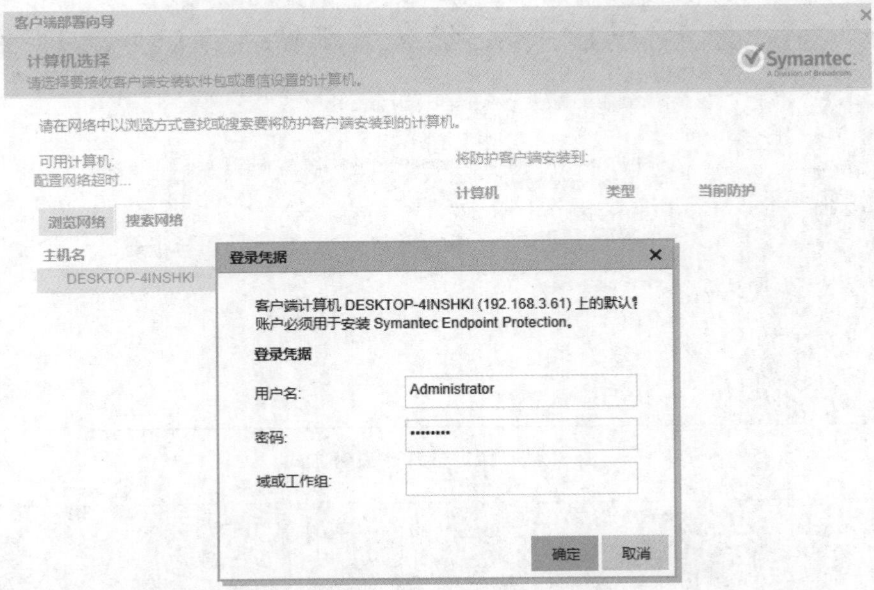

图 5.48　手动指定目标计算机的 IP 地址

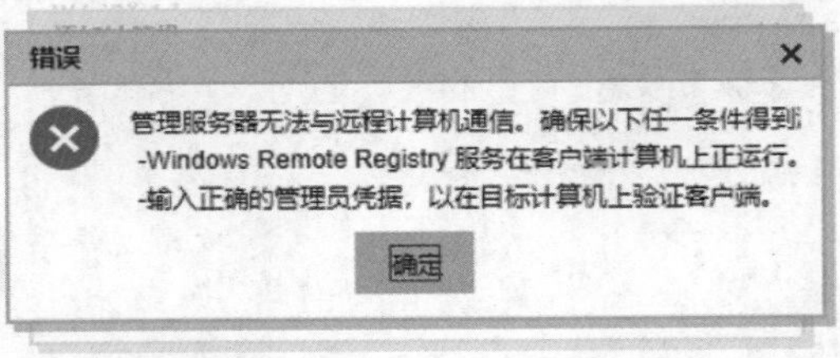

图 5.49　WinRM 服务未运行

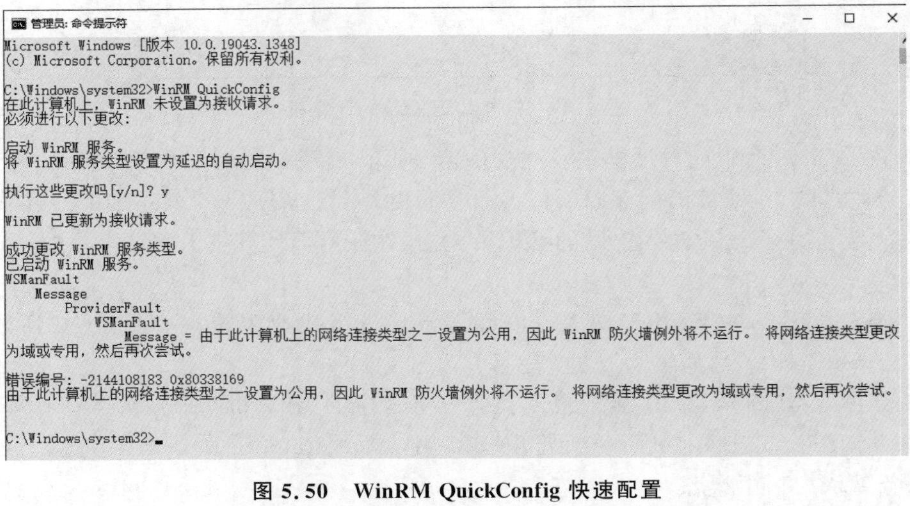

图 5.50　WinRM QuickConfig 快速配置

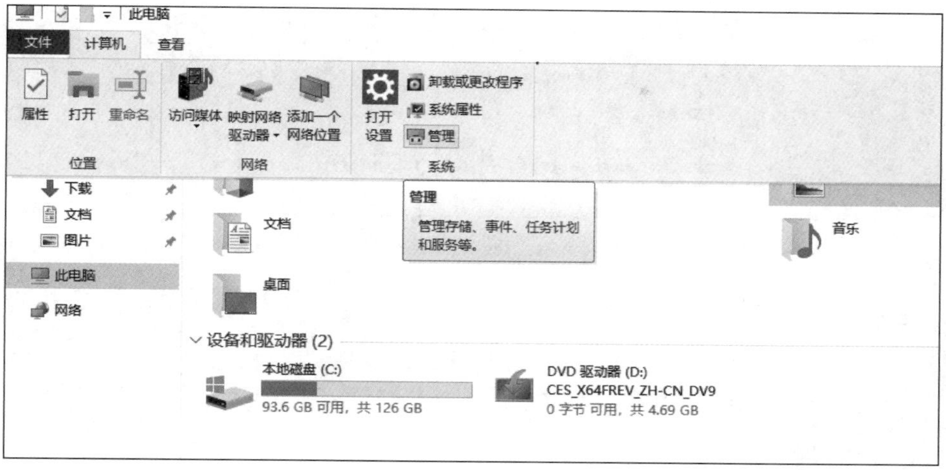

图 5.51　打开服务器管理器

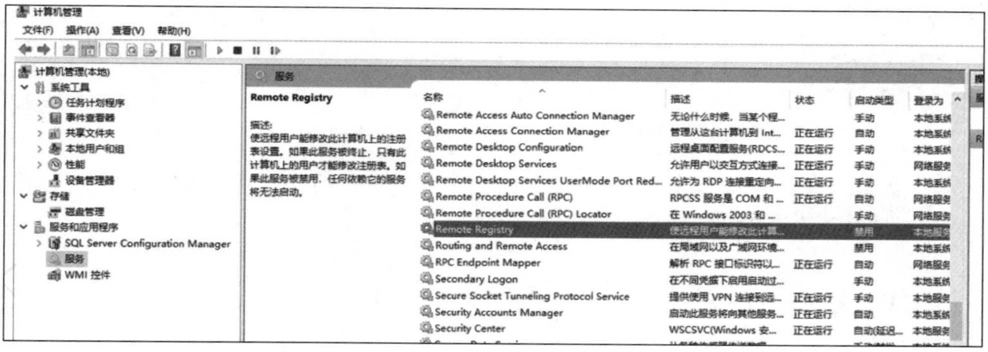

图 5.52　找到 Remote Registry 服务

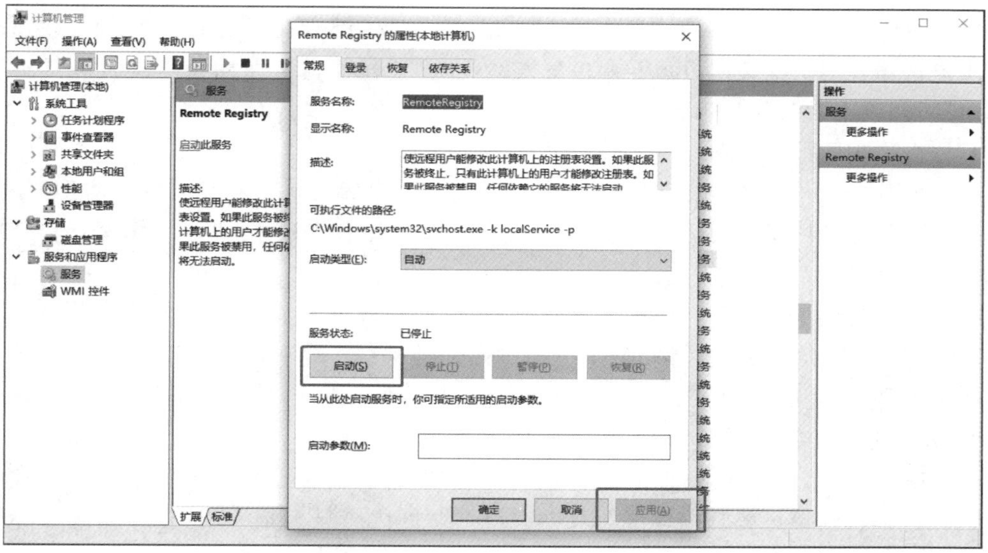

图 5.53　启动 Remote Registry 服务

图 5.54　启动 Remote Registry 服务并设置为自动运行

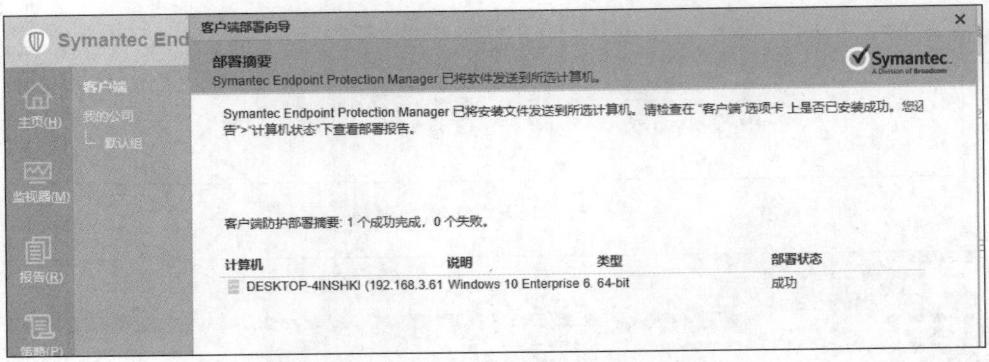

图 5.55　启动远程部署工作完成

至此，管理服务器上的远程部署工作完成，客户端将开始自动安装，安装完成后将提示用户是否立即重新启动计算机。

5.6.6　设置病毒和间谍软件防护策略

课业任务
5-2

课业任务 5-2

原本设定在凌晨 00:30 的病毒扫描，由于大部分员工都会在下班时关机，WYL 公司管理员决定把原有的扫描策略改成在中午休息时间，在比较少员工使用计算机时进行病毒扫描，并且限制杀毒时间最长不大于 2 小时。

具体操作步骤如下所示。

(1) 在图 5.56 所示的界面中，单击左侧"任务"下的"添加病毒和间谍软件防护策略"选项，显示如图 5.57 所示的"病毒和间谍软件防护策略"，本任务选择"调度扫描"下的"管理员定义的扫描"选项。

(2) 在图 5.57 所示的界面中，单击列表中的"每日调度扫描"，然后选择下方的"编辑"选项，显示如图 5.58 所示的"编辑调度扫描"对话框。

(3) 在图 5.58 所示的界面中，填写任务的说明，然后在下方的"扫描类型"下拉菜单中选择"活动扫描"选项后，选择"调度"选项卡，如图 5.59 所示。

(4) 在图 5.59 所示的界面中，选择执行任务的时间，为了避免影响下午工作正常使用计算机，取消勾选"错过的扫描调度"下的"在以下时间内重试扫描"复选框。完成全部设置后单击"确定"按钮保存所做的更改。

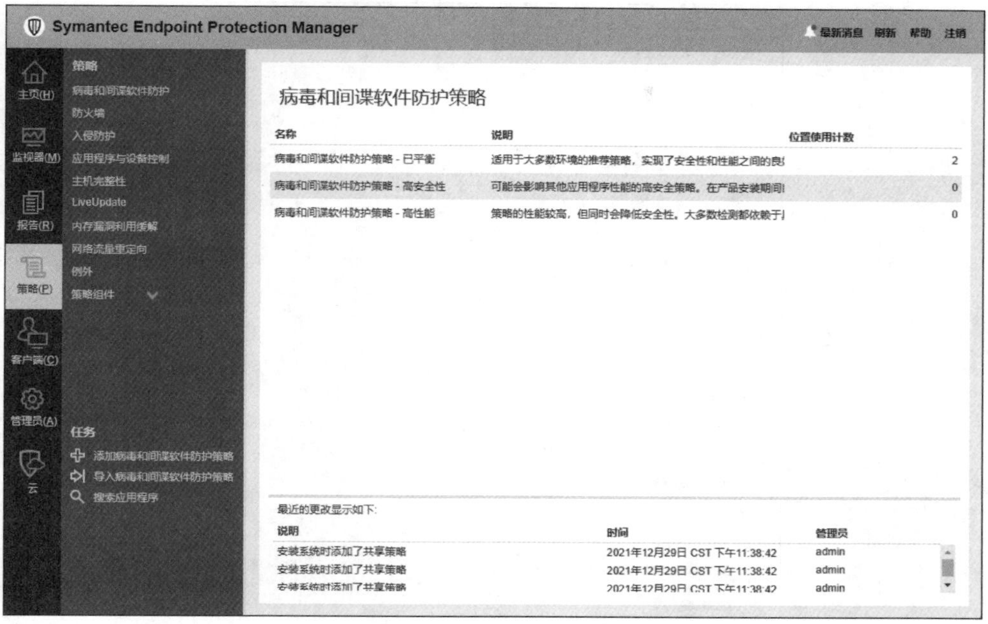

图 5.56　设置病毒和间谍软件防护策略 1

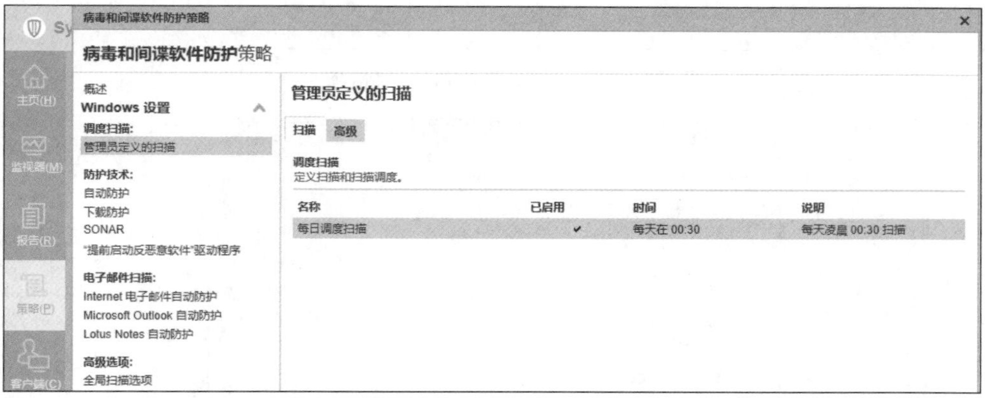

图 5.57　设置病毒和间谍软件防护策略 2

(5) 在图 5.60 所示的界面中，单击"是"按钮，对刚才设置的策略进行分配。

(6) 在图 5.61 所示的界面中，勾选"我的公司"复选框，然后单击"分配"按钮，并且单击"是"按钮确认对已设置的策略进行分配。

5.6.7　升级病毒库

杀毒软件是根据提取的病毒特征来确定文件是否是病毒程序的，升级病毒库是不断地更新能够识别的病毒库特征，增强杀毒软件与系统应用程序之间的兼容性。通常情况下，非受管客户端每天从 Symantec LiveUpdate 站点下载病毒库。在新一代 Symantec 安全防御系统中，新增了 LiveUpdate 管理服务器，主要为大型网络提供客户端病毒库升级管理。

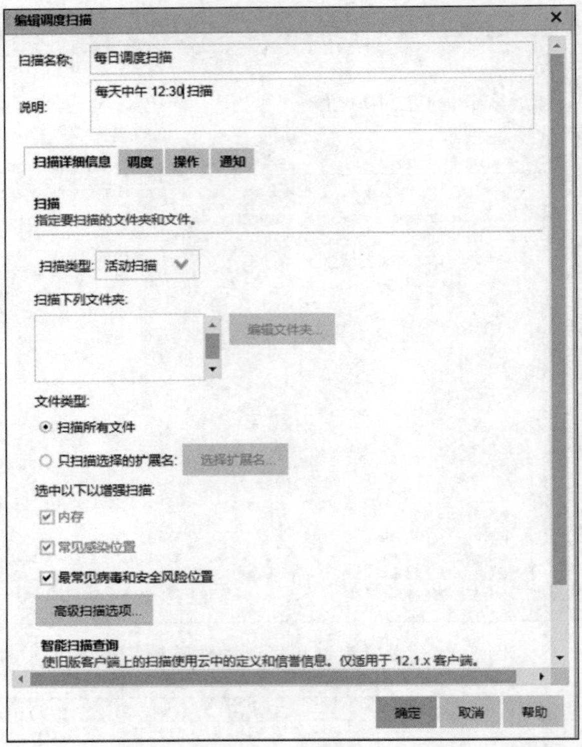

图 5.58　“编辑调度扫描”对话框

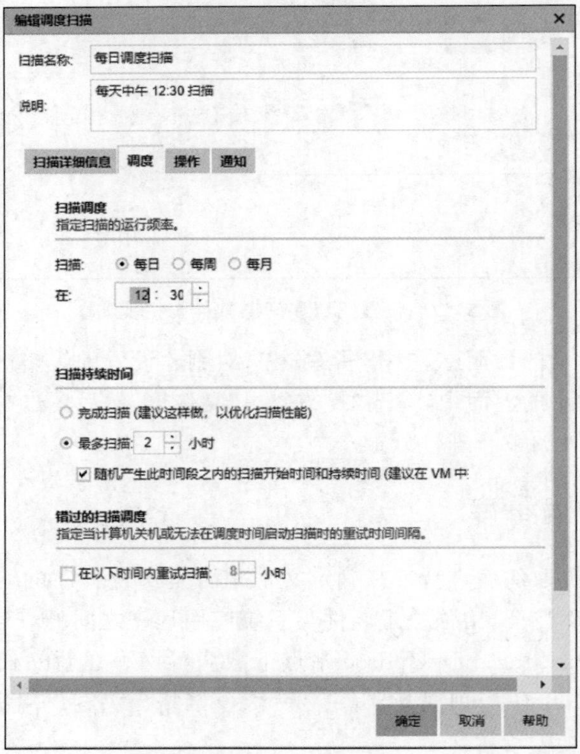

图 5.59　编辑调度时间

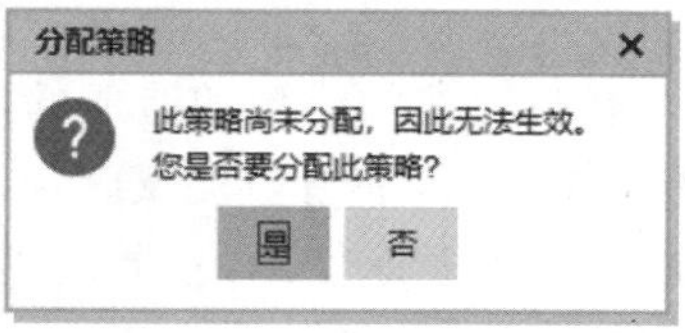

图 5.60　分配病毒和间谍软件防护策略

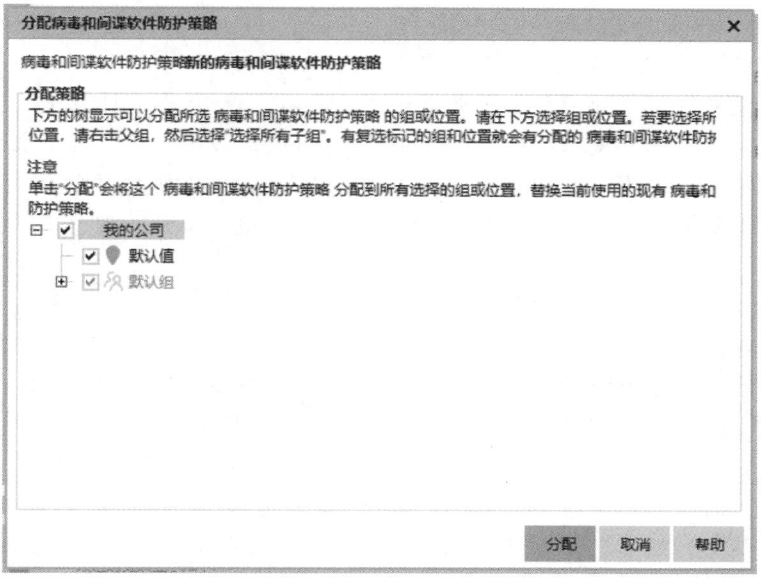

图 5.61　选择分配策略的组或者位置

练习题

1. 单项选择题

(1) 计算机病毒是(　　)。

A. 编制有错误的计算机程序

B. 设计不完善的计算机程序

C. 已被破坏的计算机程序

D. 以危害系统为目的的特殊的计算机程序

(2) 以下关于计算机病毒的特征说法正确的是(　　)。

A. 计算机病毒只具有破坏性，没有其他特征

B. 计算机病毒具有破坏性，不具有传染性

C. 破坏性和传染性是计算机病毒的两大主要特征

D. 计算机病毒只具有传染性，不具有破坏性

(3) 计算机病毒是一段可运行的程序，它一般(　　)保存在磁盘中。

A. 作为一个文件　　　　B. 作为一段数据

C. 不作为单独文件　　　　　　　　　　D. 作为一段资料

(4) 下列措施中,(　　)不是减少病毒的传染和造成的损失的好办法。

A. 重要的文件要及时、定期备份,使备份能反映出系统的最新状态

B. 外来的文件要经过病毒检测才能使用,不要使用盗版软件

C. 不与外界进行任何交流,所有软件都自行开发

D. 定期用抗病毒软件对系统进行查毒、杀毒

(5) 下列说法中,正确的有(　　)。

A. 计算机病毒是磁盘发霉后产生的一种会破坏计算机的微生物

B. 计算机病毒是患有传染病的操作者传染给计算机,影响计算机正常运行

C. 计算机病毒是有故障的计算机自己产生的、可以影响计算机正常运行的程序

D. 计算机病毒是人为制造出来的、干扰计算机正常工作的程序

(6) 计算机病毒会通过各种渠道从已被感染的计算机扩散到未被感染的计算机。此特征为计算机病毒的(　　)。

A. 潜伏性　　　B. 传染性　　　C. 欺骗性　　　D. 持久性

(7) 计算机病毒的主要危害有(　　)。

A. 损坏计算机的外观　　　　　　　　B. 干扰计算机的正常运行

C. 影响操作者的健康　　　　　　　　D. 使计算机腐烂

2. 填空题

(1) Office 中的 Word、Excel、PowerPoint、Viso 等很容易感染(　　)病毒。

(2) (　　)是指编制或者在计算机程序中插入的破坏计算机功能或者破坏数据,影响计算机使用并且能够自我复制的一组计算机指令或者程序代码。

(3) 冲击波和震荡波都是属于(　　)病毒。

第6章

Windows Server 2012 操作系统安全

CHAPTER 6

Windows Server 2012 R2 是由微软公司设计开发的新一代的服务器专属操作系统，其核心版本号为 Windows NT 6.3。它提供企业级数据中心与混合云解决方案，直观且易于部署、具有成本效益、以应用程序为重点、以用户体验为中心，深受广大 IDC（互联网数据中心）运营商的青睐。操作系统是连接计算机硬件与上层软件及用户的桥梁，也是计算机系统的核心，因此，操作系统的安全与否直接决定信息是否安全。作为网络操作系统或服务器操作系统，高性能、高可靠性和高安全性是其必备要素，尤其是日趋复杂的企业应用和 Internet 应用，对其提出了更高的要求。

学习目标

- 掌握 Windows Server 2012 操作系统用户安全管理、账号与密码设定，以及账号和密码安全设定的常用方法。
- 掌握文件系统安全管理，包括 NTFS 权限、共享权限、权限叠加，以及用文件服务器资源管理器实现文件屏蔽的方法。
- 熟练掌握 Windows Server 2012 主机安全的配置。
- 熟悉配置常见的本地组策略。
- 熟练掌握对 Windows Server 2012 系统的安全加固。

6.1 Windows Server 2012 用户安全

保证用户名和密码的安全是防止对计算机进行未授权访问的第一道防线,密码越强,就越能保护计算机免受黑客和恶意软件的侵害,应确保计算机上所有账户使用的都是强密码。

6.1.1 本地策略

1. 审核策略

安全审核对于任何企业系统来说都极其重要,可以通过使用审核日志来查看是否发生了违反安全的事件。如果通过其他某种方式检测到入侵,审核设置所生成的审核日志将记录有关入侵的重要信息。

如图 6.1 所示,以管理员的身份登录计算机,选择“开始”→“程序”→“管理工具”→“本地安全策略”选项,在弹出的“本地安全策略”窗口中选择“本地策略”→“审核策略”选项,在右边的详细信息列表中就可以看到能够设置的审核项了。

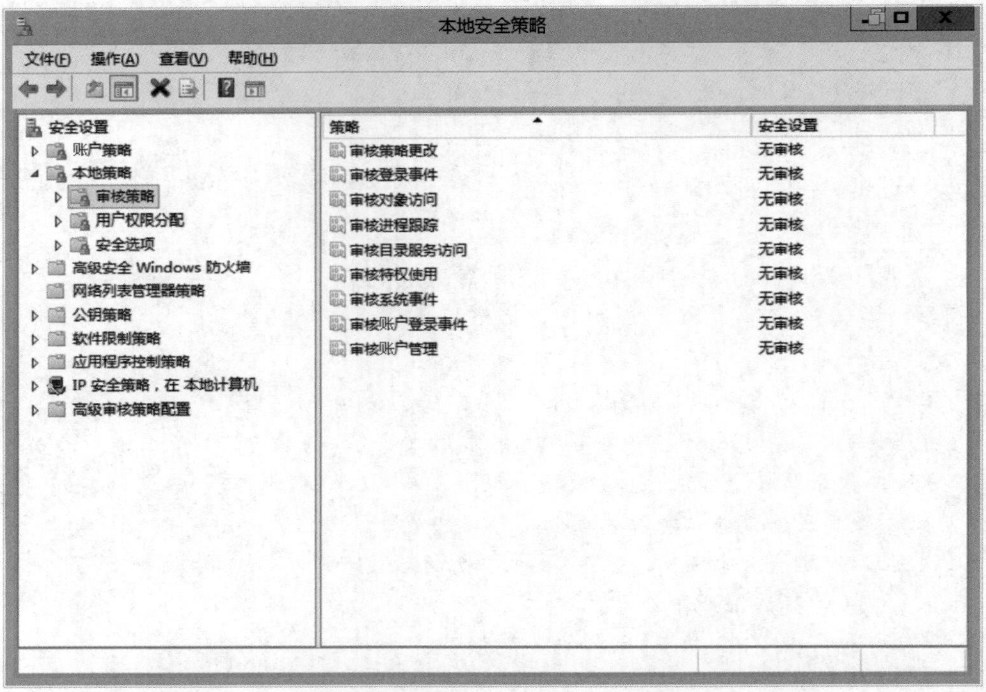

图 6.1 设置审核策略

2. 使用本地策略加固用户信息安全

课业任务 6-1

课业任务 6-1

Bob 是 WYL 公司的网络管理员,公司服务器安装的是 Windows Server 2012 操作系统，为了保证服务器的安全，Bob 在服务器上启动关于服务器端和客户端的安全选项。

(1) 启用安全选项，选择“开始”→“程序”→“管理工具”→“本地安全策略”选项，在弹出的“本地安全策略”窗口中选择“本地策略”→“安全选项”选项。

(2) 双击“Microsoft 网络服务器：通信进行数字签名(如果客户端允许)”选项，如图 6.2 所示。

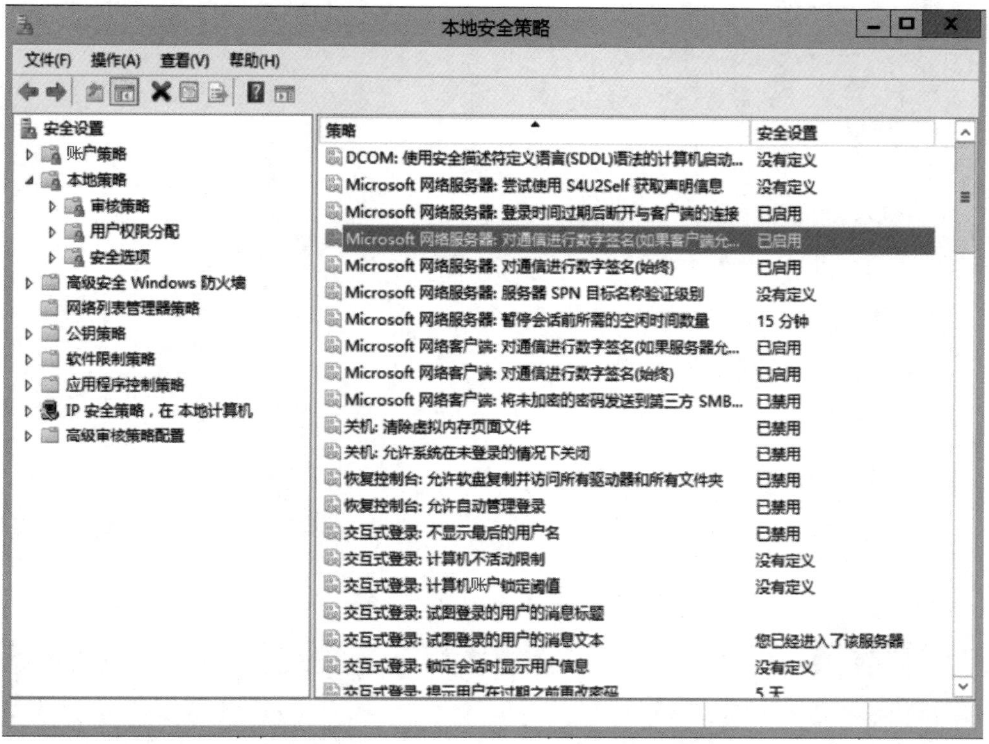

图 6.2　启用 Microsoft 网络服务器

(3) 在弹出的“Microsoft 网络服务器：对通信进行数字签名(如果客户端允许)属性”对话框中选择“已启用”单选按钮，然后单击“确定”按钮，如图 6.3 所示。

(4) 双击“Microsoft 网络服务端：对通信进行数字签名(始终)”选项，如图 6.4 所示。

(5) 在弹出的“Microsoft 网络服务器：对通信进行数字签名(始终)属性”对话框中，选择“已启用”单选按钮，然后单击“确定”按钮，如图 6.5 所示。

(6) 双击“Microsoft 网络客户端：对通信进行数字签名(始终)”选项，如图 6.6 所示。

(7) 在弹出的“Microsoft 网络客户器端：对通信进行数字签名(始终)属性”对话框中选择“已启用”单选按钮，然后单击“确定”按钮，如图 6.7 所示。

(8) 双击“网络安全：基于 NTLM SSP 的(包括安全 RPC)服务器的最小会话安全”选项，如图 6.8 所示。

(9) 在弹出的“网络安全：基于 NTLM SSP 的(包括安全 RPC)服务器的最小会话安全属性”对话框中勾选“要求 NTLMv2 会话安全”选项和“要求 128 位加密”复选框，然后单击“确定”按钮，如图 6.9 所示。

图 6.3 选择“已启用”单选按钮

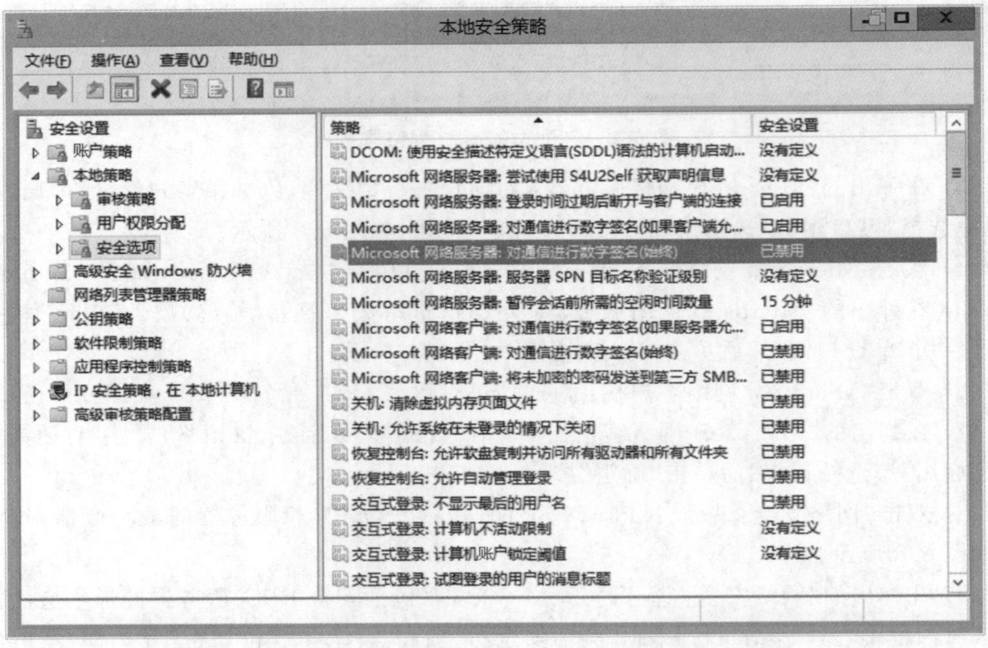

图 6.4 对通信进行数字签名(始终)

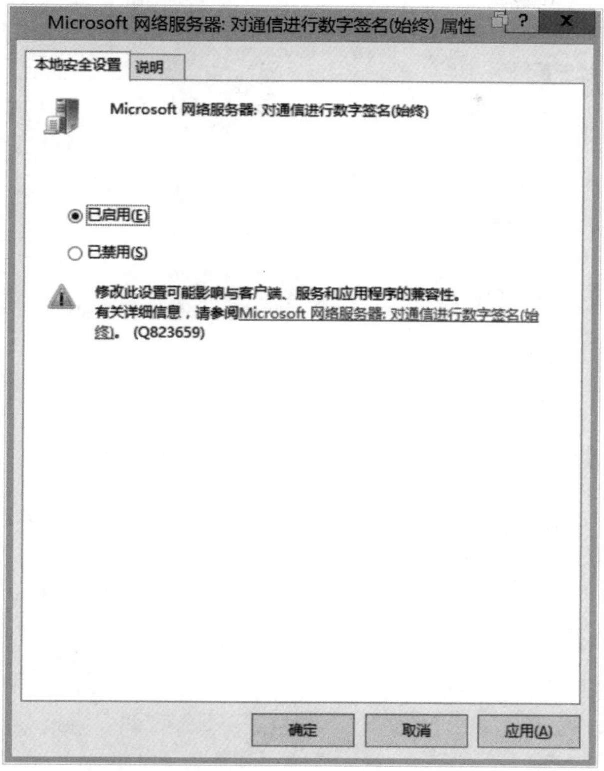

图 6.5 选择“已启用”单选按钮

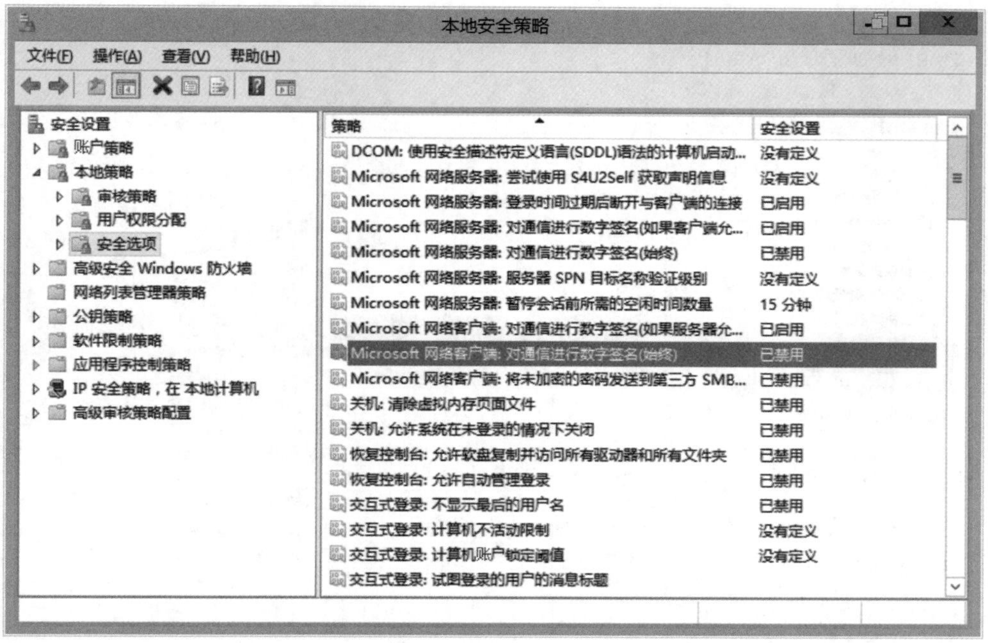

图 6.6 对通信进行数字签名(始终)

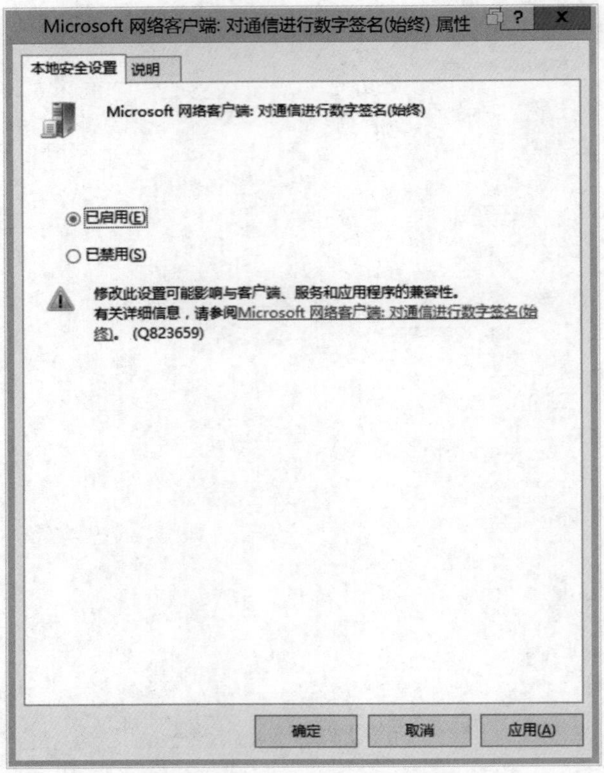

图 6.7　选择“已启用”单选按钮

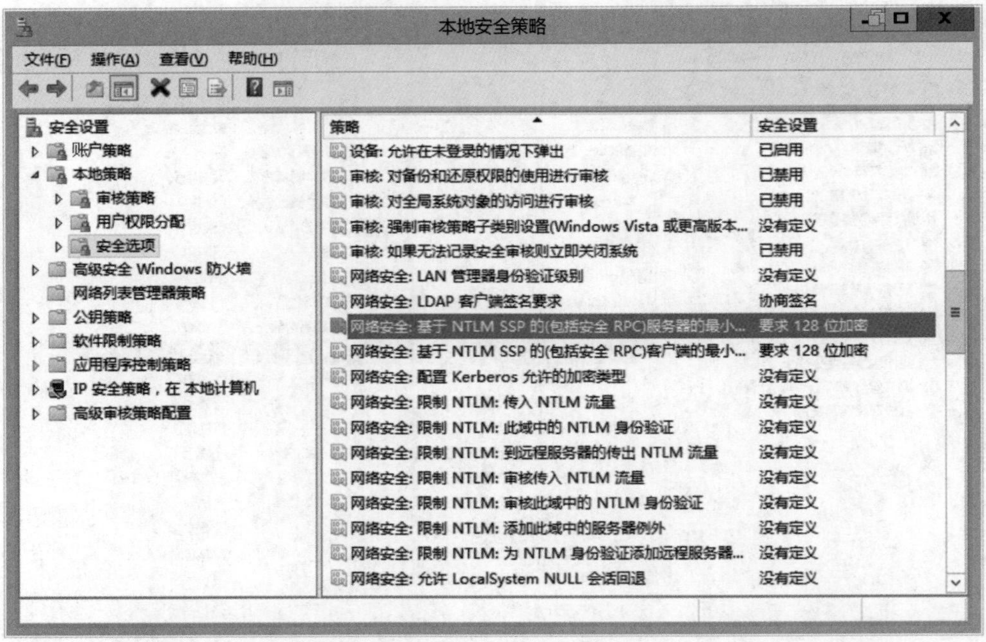

图 6.8　网络安全

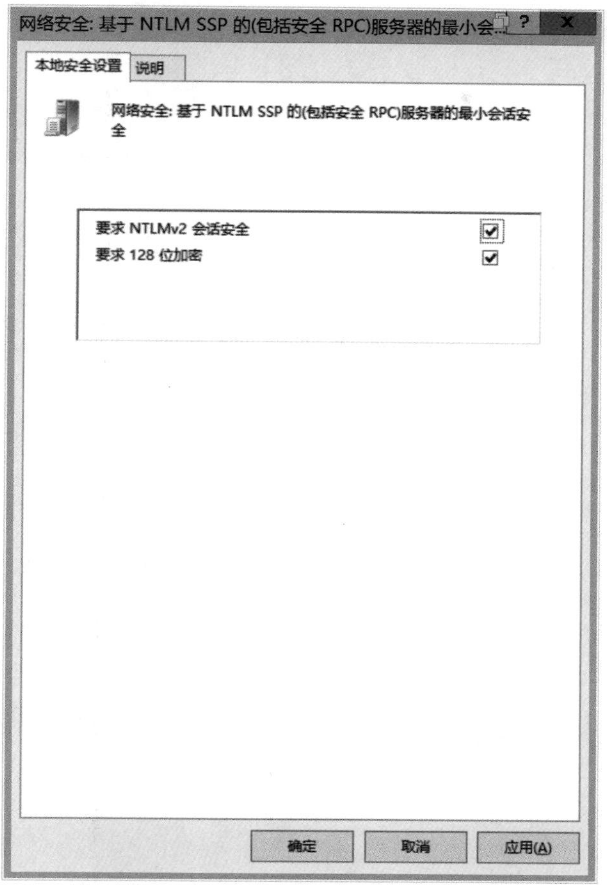

图 6.9　属性界面

课业任务 6-2

Bob 是 WYL 公司的网络管理员，公司服务器安装的是 Windows Server 2012 操作系统，为了保证服务器的安全，Bob 在服务器上配置服务器安全策略审核登录成功和失败，这样可以在安全日志中查看登录成功和失败的记录。

课业任务 6-2

审核登录事件，可以发现黑客的入侵行为。如打开安全事件，看到一连串的登录失败事件后有一个登录成功事件，基本上就可以断定，有人猜对了登录服务器的密码，入侵操作系统成功。

审核登录事件具体操作步骤如下。

(1) 在如图 6.10 所示的窗口中，双击“审核策略更改”选项。在弹出的“审核登录事件属性”对话框中勾选“成功”和“失败”复选框，即 Bob 在服务器上配置本地安全策略，启用审核登录事件的成功和失败，如图 6.11 所示。

(2) 注销当前用户，输入一次错误密码进行登录，再输入正确的用户密码登录。

(3) 打开事件查看器，查看安全日志，可以看到记录的 Administrator 登录成功和失败的记录，如图 6.12 所示。

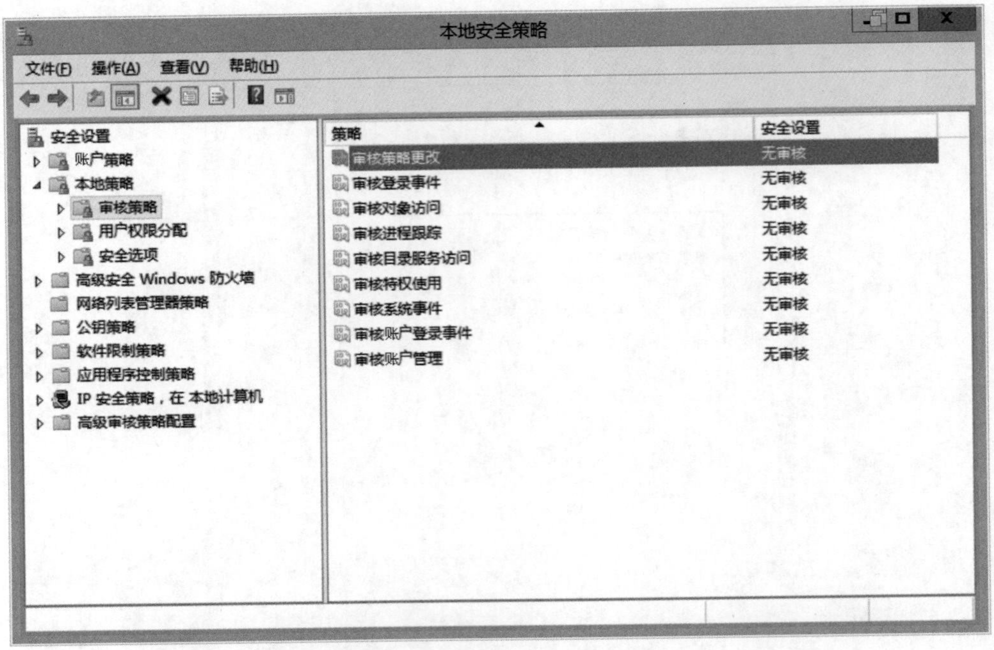

图 6.10　本地安全策略

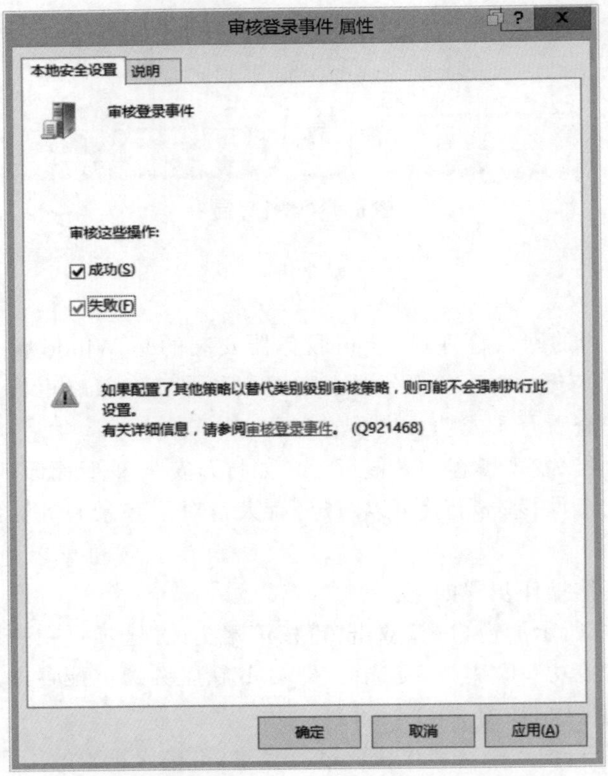

图 6.11　启用审核登录事件

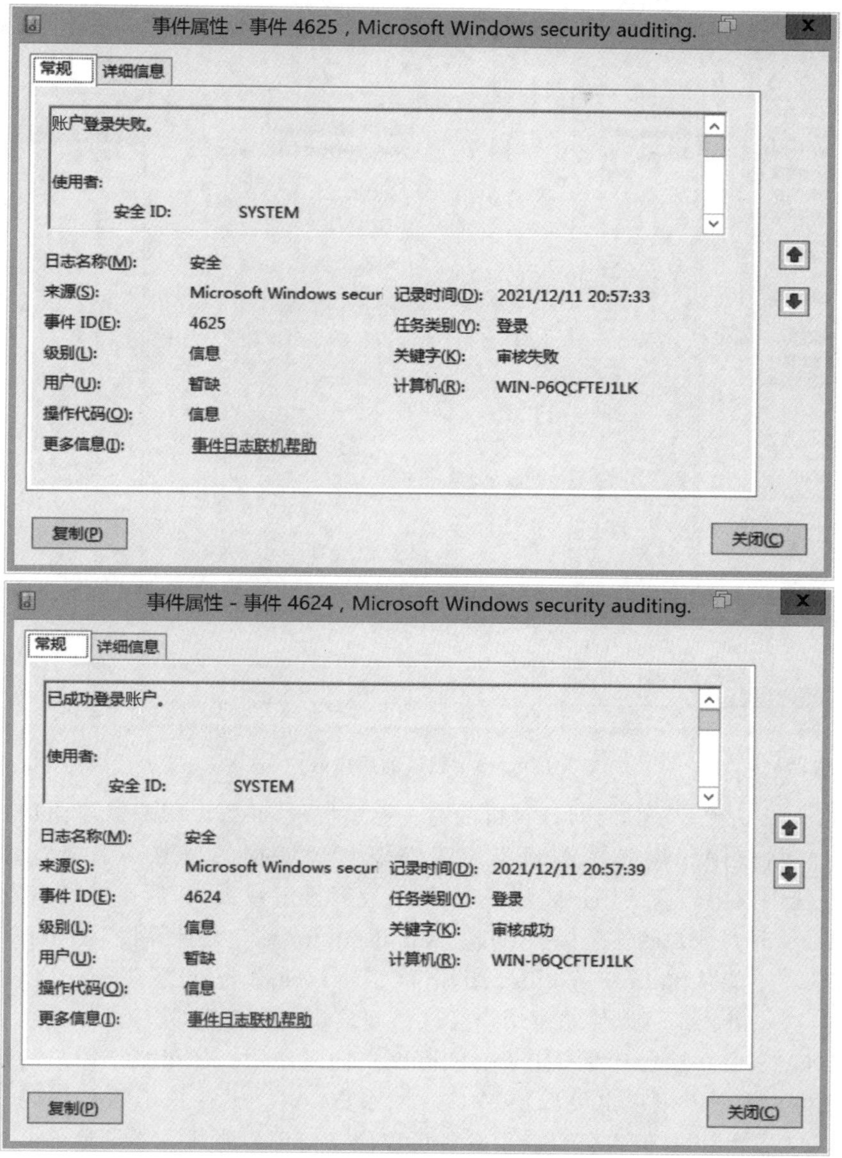

图 6.12 查看安全日志

6.1.2 用户管理

用户类型分为两种：一种是内置的账户；另一种是管理员自己创建的本地用户。

1. 内置的账户

打开服务器管理器，选择“工具”→“计算机管理”→“本地用户和组”→“用户”选项，即可以看到默认的用户账户，如图 6.13 所示。

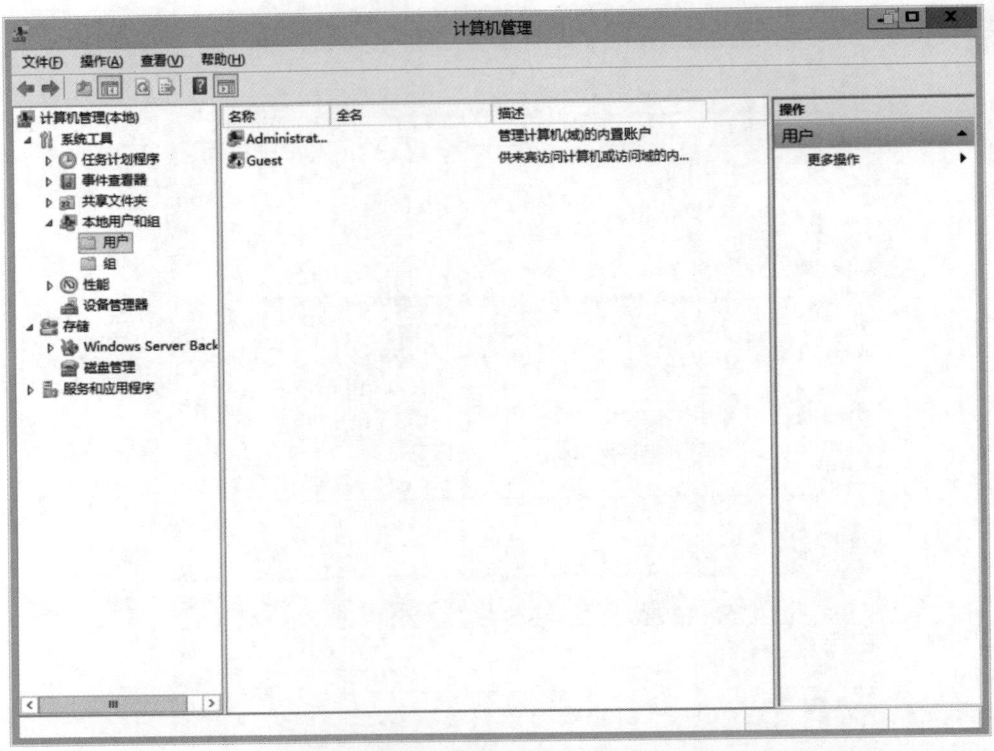

图 6.13　默认的用户账户

Administrator 账户：具有对计算机的完全控制权限，并可以根据需要向用户分配用户权利和访问控制权限。该账户必须仅用于需要管理凭据的任务。系统管理员账户是 Windows 系统中权限最高的用户账户，一旦被入侵者破解或丢失，后果将不堪设想。因此，必须做好系统管理员账户的安全保护工作。Administrator 账户是计算机上 Administrators 组的成员，该账户不能从 Administrators 组删除，但可以重命名、设置强密码、创建陷阱账号或者禁用等，这些措施都可以使恶意用户尝试访问该账户变得困难。

Guest 账户：由在这台计算机上没有实际账户的人使用。如果某个用户的账户已被禁用，但还未删除，那么该用户也可以使用 Guest 账户。Guest 账户不需要密码。默认情况下，Guest 账户是禁用的，但也可以启用它。可以像任何用户账户一样设置 Guest 账户的权利和权限。默认情况下，Guest 账户是默认的 Guest 组的成员，该组允许用户登录计算机。其他权利及任何权限都必须由 Administrators 组的成员授予 Guests 组。默认情况下将禁用 Guest 账户，并且建议将其保持禁用状态。

2. 创建本地用户

在如图 6.13 所示的窗口中，右击“用户”选项，在弹出的快捷菜单中选择“新用户”选项，将弹出如图 6.14 所示的“新用户”对话框，输入用户名、全名、描述、密码和确认密码，单击“创建”按钮，就创建了一个普通用户，该用户添加到 Administrators 组，该用户就成为该计算机的管理员。

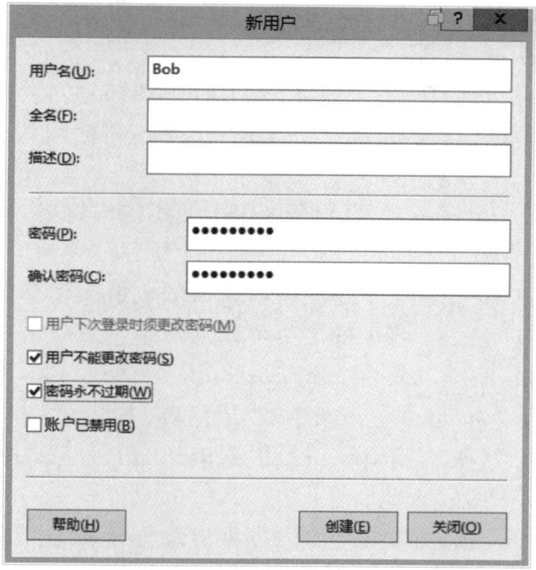

图 6.14　创建本地用户

6.1.3　组管理

组是用户账户的集合，利用组可以管理对共享资源的访问。共享资源包括网络文件夹、文件、目录和打印机。利用组，可以将访问共享资源的权限一次授予某个组，而不是单独授予多个用户，利用组可以简化授权。

例如销售部的成员可以访问产品的成本信息，不能访问公司员工的工资信息，而人事部的员工可以访问员工的工资信息却不能访问产品成本信息，当一个销售部的员工调到人事部后，如果权限控制是以每个用户为单位进行控制的，则权限设置相当麻烦而且容易出错，如果用组进行管理则相当简单，只需将该用户从销售组中删除再将其添加进人事组即可。如果销售部门的员工兼职人事部门工作，需要将其加入人事组，则该用户就有了两个组的权限。

1. 默认组

下面列出了每个组的默认用户权利。这些用户权利是在本地安全策略中分配的。将用户添加到这些组，用户登录后就有了该组的权限。

- Administrators：此组的成员具有对计算机的完全控制权限，并且他们可以根据需要向用户分配用户权利和访问控制权限。Administrator 账户是此组的默认成员。当计算机加入域中时，Domain Admins 组会自动添加到此组中。因为此组可以完全控制计算机，所以向其中添加用户时要特别谨慎。
- Backup Operators：此组的成员可以备份和还原计算机上的文件，而不管保护这些文件的权限如何。这是因为执行备份任务的权利要高于所有文件权限。此组的成员无法更改安全设置。
- Cryptographic Operators：已授权此组的成员执行加密操作。没有默认的用户权利。

- Distributed COM Users：允许此组的成员在计算机上启动、激活和使用 DCOM 对象。没有默认的用户权利。
- Guests：该组的成员拥有一个在登录时创建的临时配置文件，在注销时，此配置文件将被删除。来宾账户(默认情况下已禁用)也是该组的默认成员。没有默认的用户权利。
- IIS_IUSRS：这是 Internet 信息服务（IIS）使用的内置组。没有默认的用户权利。
- Network Configuration Operators：该组的成员可以更改 TCP/IP 设置，并且可以更新和发布 TCP/IP 地址。该组中没有默认的成员。没有默认的用户权利。
- Performance Log Users：该组的成员可以从本地计算机和远程客户端管理性能计数器、日志和警报，而不用成为 Administrators 组的成员。没有默认的用户权利
- Performance Monitor Users：该组的成员可以从本地计算机和远程客户端监视性能计数器，而不用成为 Administrators 组或 Performance Log Users 组的成员。没有默认的用户权利。
- Power Users：默认情况下，该组的成员拥有不高于标准用户账户的用户权利或权限。在早期版本的 Windows 中，Power Users 组专门为用户提供特定的管理员权利和权限执行常见的系统任务。在 Windows Server 2012 版本中，标准用户账户具有执行最常见配置任务的能力，例如更改时区。对于需要与早期版本的 Windows 相同的 Power Users 权利和权限的旧应用程序，管理员可以应用一个安全模板，此模板可以启用 Power Users 组，以假设具有与早期版本的 Windows 相同的权利和权限。没有默认的用户权利。
- Remote Desktop Users：该组的成员可以远程登录计算机。允许通过终端服务登录。
- Replicator：该组支持复制功能。Replicator 组的唯一成员应该是域用户账户，用于登录域控制器的复制器服务。不能将实际用户的用户账户添加到该组中。没有默认的用户权利。
- Users：该组的成员可以执行一些常见任务，例如运行应用程序、使用本地和网络打印机以及锁定计算机。该组的成员无法共享目录或创建本地打印机。默认情况下，Domain Users、Authenticated Users 以及 Interactive 组是该组的成员。因此，在域中创建的任何用户账户都将成为该组的成员。

2. 用户自定义组

如果默认本地组不能满足授权要求，可以创建组。如服务器存放的市场部数据，需要给市场部的员工授权读取，可以创建 marketGroup 组，授予该组能够读取市场部数据，将市场部的员工账户添加到该组。

3. 管理组成员

打开服务器管理器，双击“Administrators 组”，在“Administrators 属性”对话框中，可以看到该组的成员，如图 6.15 所示。单击“添加”按钮，可以添加用户到该组。选中其中的成员，单击“删除”按钮，可以将用户从该组删除。

图 6.15　查看组中的成员

如图 6.16 所示，打开服务器管理器，选择“工具”→“计算机管理”→“本地用户和组”→“用户”选项，双击 Administrators 组，在“Administrators 属性”对话框中，选择“隶属于”选项卡可以看到该用户属于哪个组，单击“添加”按钮，可以添加用户到该组。选中其中的成员，单击“删除”按钮，可以将用户从该组删除。

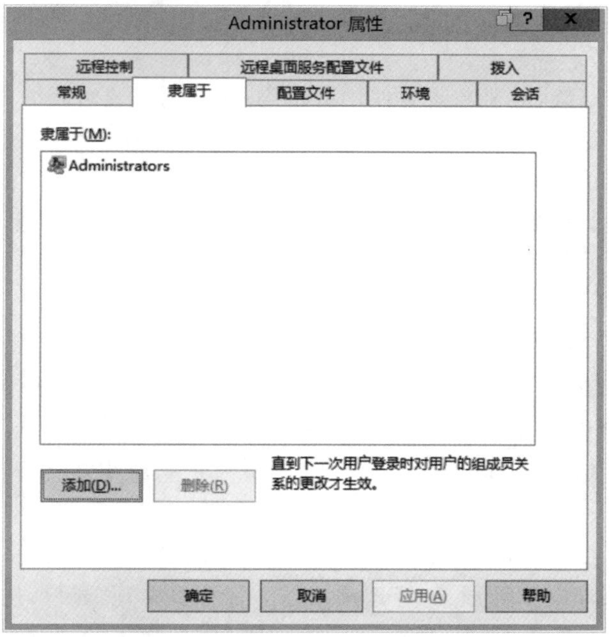

图 6.16　查看用户属性

6.1.4 账户与密码安全设置

入侵者若想盗取系统内的重要数据信息或执行某项管理功能,就必须先获得管理员权限,即破解管理员账户密码。密码破解软件工作机制主要包括3种:巧妙猜测、词典攻击和自动尝试字符组合。从理论上讲,只要有足够时间,使用这些方法可以破解任何账户和密码,破解一个弱密码可能只需几秒,而要破解一个安全性较高的强密码,则可能需要几个月甚至几年的时间。因此,系统管理员账户必须使用强密码,并且经常更改密码。

1. 安全密码原则

如果要保证账户与密码的安全,应当遵循以下规则:

(1) 用户密码应包含英文字母的大小写、数字、可打印字符,甚至是非打印字符,将这些符号排列组合使用,以达到更好的保密效果。

(2) 用户密码不要太规则,不要将用户姓名、生日和电话号码作为密码,不要用常用单词作为密码。

(3) 根据黑客软件的工作原理,参照密码破译的难易程度,以破解需要的时间为排序指标,密码长度设置时应遵循7位或14位的整数倍原则。

(4) 在通过网络验证密码的过程中,不得以明文方式传输,以免被监听、截取。

(5) 密码不得以明文方式存放在系统中,确保密码以加密的形式写在硬盘上并且包含密码的文件是只读的。加密的方法很多,如基于单向函数的密码加密、基于测试模式的密码加密、基于公钥加密方案的密码加密、基于平方剩余的密码加密、基于多项式共享的密码加密、基于数字签名方案的密码加密等。经过上述方法加密的密码,即使是系统管理员也难以得到。

(6) 密码应定期修改,应避免重复使用旧密码,应采用多套密码的命名规则。

(7) 创建账户锁定机制,一旦同一个账户或密码校验错误若干次,即断开连接并锁定该账号,需经过一段时间才可以解锁。

(8) 由网络管理员设置一次性密码机制,用户在下次登录时必须更换新的密码。

2. 更改 Administrator 账户名称

安装 Windows Server 2012 系统后,默认会自动创建一个系统管理员账户,即 Administrator。许多用户为了一时方便,就直接将其作为自己的系统管理员账户,因此,许多黑客攻击服务器时总是试图破解 Administrator 账户的密码,如果此时密码安全性不高,后果不堪设想。通常情况下,可以通过更改管理员账户名称来避免此类攻击,提高系统安全性。

更改本地计算机 Administrator 账户名的方法:以 Administrator 账户登录本地计算机,选择"开始"→"程序"→"管理工具"选项,打开"计算机管理"窗口,选择"系统工具"→"本地用户和组"→"用户"选项,右击 Administrator 账户,在弹出的快捷菜单中选择"重命名"选项,输入新的账户名称即可。设置新的账户名称时,尽量不要使用 Admin、master、guanliyuan 之类的名称,否则账户安全性同样没有任何保障。

3. 创建陷阱账户

所谓陷阱账户就是名称与默认管理员账户名称(Administrator)类似或完全相同,而权限却极低的用户账户。这种方法通常和"更改 Administrator 账户名称"配合使用,即将系统管理员账户更名后,再创建一个名称为 Administrator 的陷阱账户。

课业任务 6-3

课业任务
6-3

Bob 是 WYL 公司的网络管理员,公司服务器安装的是 Windows Server 2012 操作系统,为了保证服务器的安全,Bob 在服务器上更改了 Administrator 账户名称,并创建了一个名称为 Administrator 的陷阱账户。

具体操作步骤如下。

(1) 创建一个名称为 Administrator 的用户账户(如果原有管理员账户没有被更名,则可以创建一个名称类似的账户,如 Admin 等),并输入一个复杂程度极高的安全密码,勾选"密码永不过期"复选框,如图 6.17 所示,单击"创建"按钮即可创建该账户。

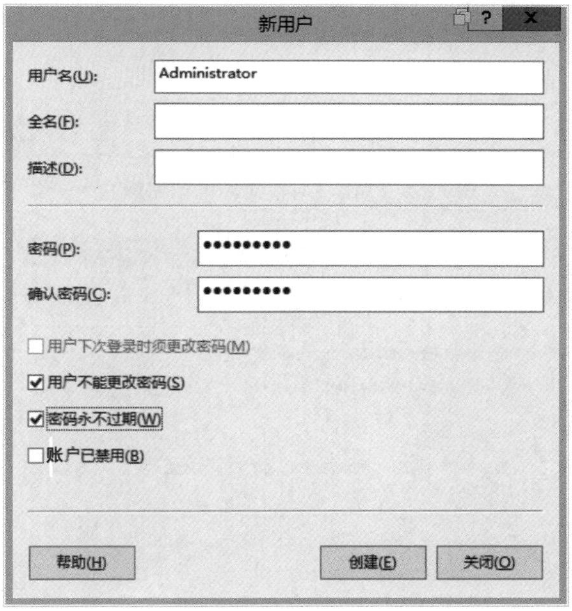

图 6.17 创建陷阱账户

(2) 将其从 Users 组中删除,即可避免其继承来自 Users 组的用户权限,如图 6.18 所示。选择陷阱账户 Administrator 并单击"删除"按钮,将其删除,最后单击"确定"按钮保存。

(3) 在所有磁盘分区的 NTFS 权限列表中一一删除陷阱账户的各种权限,使其不具备任何操作权限,即使被盗用也无法进行任何破坏操作。双击陷阱账户,弹出"Administrator 属性"对话框,将其各种权限设置为最低,如图 6.19 所示。单击"确定"按钮保存设置。

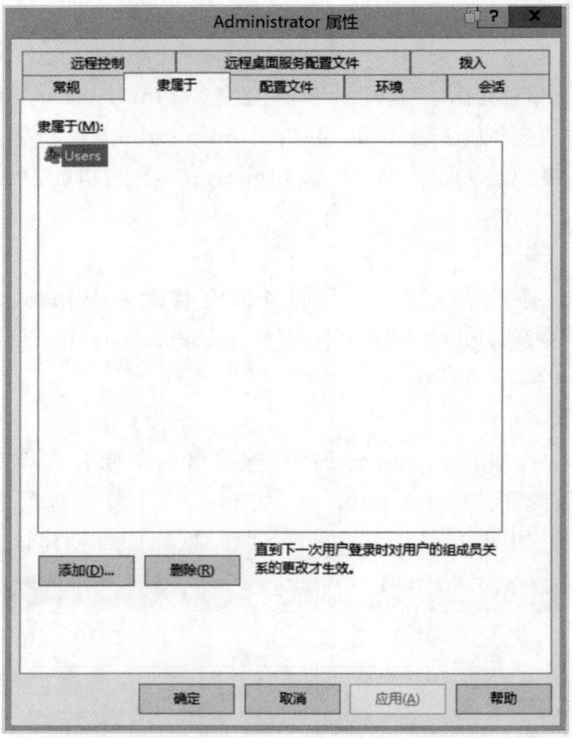

图 6.18　删除 Users 组中的陷阱账户

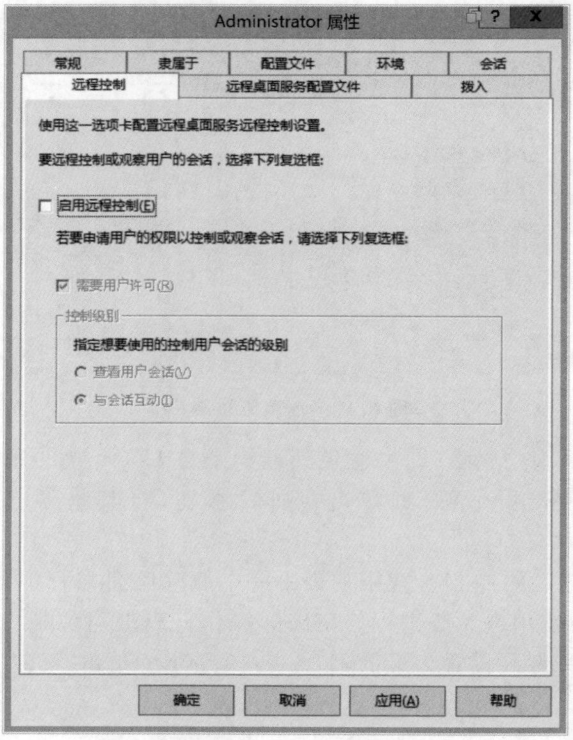

图 6.19　限制陷阱账户的权限

6.2　Windows Server 2012 文件系统的安全

在 NTFS 磁盘中，系统会自动设置默认的权限值，并且这些权限会被其子文件夹和文件所继承。为了控制用户对某个文件夹以及该文件夹中的文件和子文件的访问，需要指定文件夹权限。不过，要设置文件或文件夹的权限，必须是 Administrators 组的成员、文件/文件夹的所有者、具备完全控制权限的用户。

6.2.1　NTFS 文件夹与文件权限

Windows 文件夹默认已经有一些权限设置，这些设置是从父文件夹（或磁盘）所继承的，例如，在图 6.20 中，有打勾的就是继承来的权限。

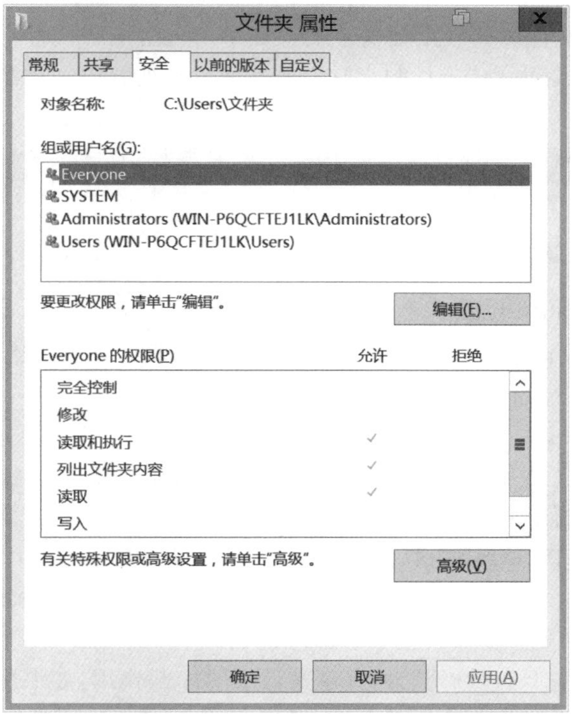

图 6.20　文件夹权限

如果要给其他用户指派权限，可从本地计算机上添加拥有对该文件夹访问和控制权限的用户或用户组，用户组中的用户将拥有和用户组同样的权限。不过，新添加用户的权限不是从父项继承的，因此，他们的所有的权限都可以被修改。

如果不想继承上一层的权限，可在“安全”选项卡中单击“高级”按钮打开“高级安全设置”对话框，取消“允许父项的继承权限传播到”复选框的勾选即可。

文件权限的设置与文件夹的设置方式相似，在文件的属性对话框中，通过“安全”选项卡便可为其设置权限。

6.2.2 文件权限的继承和共享

默认情况下,为父文件夹指定的权限会由其所包含的子文件夹和文件继承并传播给它们。当然,也可根据需要限制这种权限继承。

1. 权限继承

文件和子文件夹从它们的父文件夹继承权限,为父文件夹指定的任何权限也适用于在该父文件夹中所包含的子文件夹和文件。当为一个文件夹指定NTFS权限时,不仅为该文件夹及其中所包含的文件和子文件夹指定了权限,同时也为在该文件夹中创建的所有新文件和文件夹指定了权限。默认状态下,所有文件夹和文件都从其父文件夹继承权限。

2. 禁止权限继承

可以禁止一个父文件夹的权限被这个文件夹中所包含的子文件夹和文件继承。也就是说,子文件夹和文件不会继承指定给包含它们的父文件夹的权限。被禁止继承权限的文件夹变成新的父文件夹,为该文件夹指定的权限将不会被它所包含的任何子文件夹和文件继承。

若想要禁止权限继承,只需在"安全"选项卡中取消对"允许将来自父系的可继承权限传播给该对象"复选框的勾选即可。

3. 共享文件夹权限管理

1) 共享权限和NTFS权限

共享权限有三种:读者、参与者和所有者。共享权限只对从网络访问该文件夹的用户起作用,而对于本机登录的用户不起作用。

NTFS是Windows中的一种文件系统,它支持本地安全性。换句话说,他在同一台计算机上以不同用户名登录,对硬盘上同一文件夹可以有不同的访问权限。NTFS权限对从网络访问和本机登录的用户都起作用。

2) 共享权限和NTFS权限的联系和区别

共享权限是基于文件夹的,也就是说只能在文件夹上设置共享权限,不能在文件上设置共享权限;NTFS权限是基于文件的,既可以在文件夹上设置也可以在文件上设置。

共享权限只有当用户通过网络访问共享文件夹时才起作用,如果用户是本地登录计算机则共享权限不起作用;NTFS权限无论用户是通过网络还是本地登录使用文件都会起作用,只不过当用户通过网络访问文件时它会与共享权限联合起作用,规则是取最严格的权限设置。

共享权限与文件操作系统无关,只要设置共享就能够应用共享权限;NTFS权限必须要基于NTFS文件系统,否则不起作用。

共享权限只有几种:读者、参与者和所有者;NTFS权限有许多种,如读、写、执行、修改、完全控制等,可以进行非常细致的设置。

课业任务
6-4

课业任务 6-4

WYL公司文件服务器安装的是Windows Server 2012操作系统,服务器D盘使用NTFS格式,现要求网络管理员在D盘创建一个共享文件夹,命名为"开发部文件夹",并设置合适的 NTFS 权限和共享权限。

具体操作步骤如下。

(1) 启动 Windows Server 2012 操作系统，单击"管理工具"选项。

(2) 在弹出的"管理工具"窗口中，双击"计算机管理"图标，如图 6.21 所示。

图 6.21　"管理工具"窗口

(3) 弹出"计算机管理"窗口，选择"计算机管理(本地)"→"系统工具"文件夹，如图 6.22 所示。

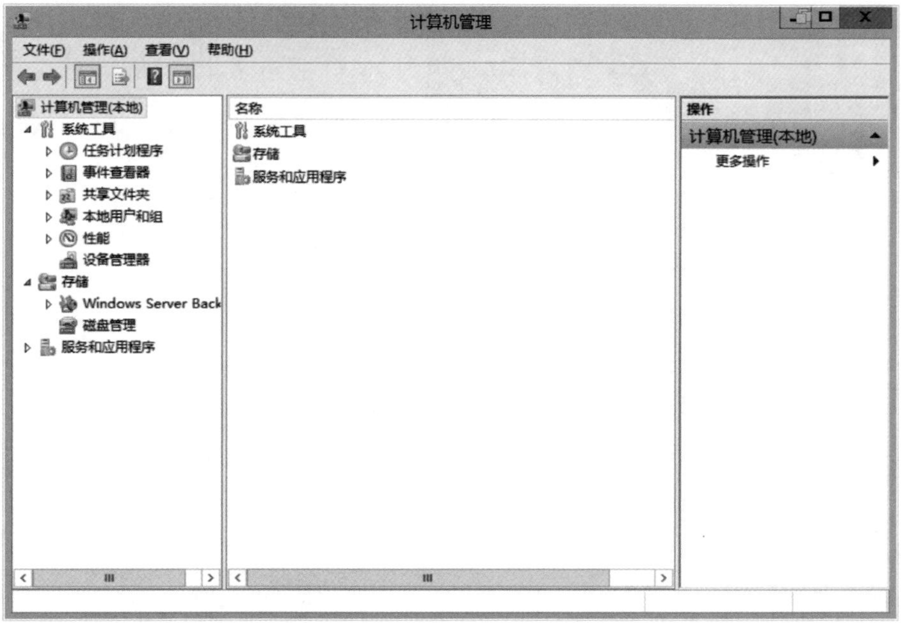

图 6.22　"系统工具"文件夹

(4) 单击"系统工具"选项,选择"共享文件夹"选项,如图6.23所示。

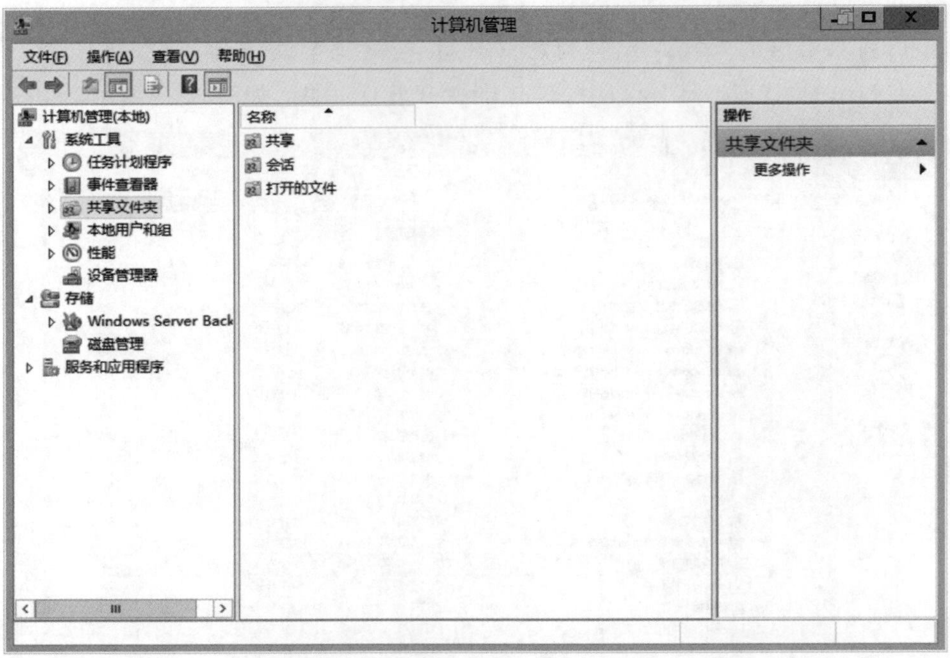

图6.23 选择"共享文件夹"选项

(5) 选择"共享文件夹"→"共享"文件夹,右击"共享"文件夹,在弹出的快捷菜单选择"新建共享"选项,如图6.24所示。

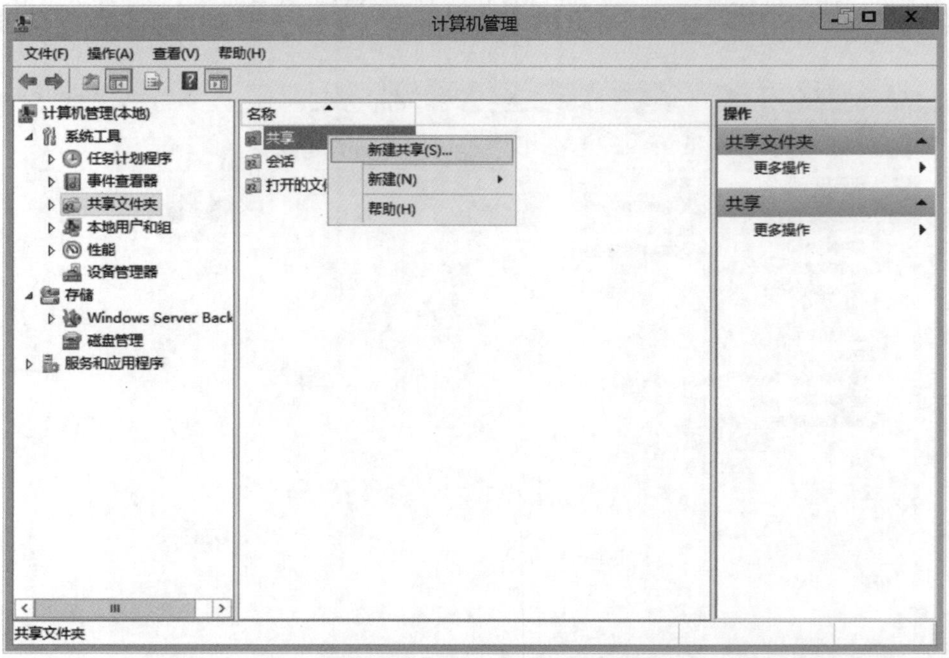

图6.24 选择"新建共享"选项

（6）在弹出的“创建共享文件夹向导”对话框中，单击“下一步”按钮，如图 6.25 所示。

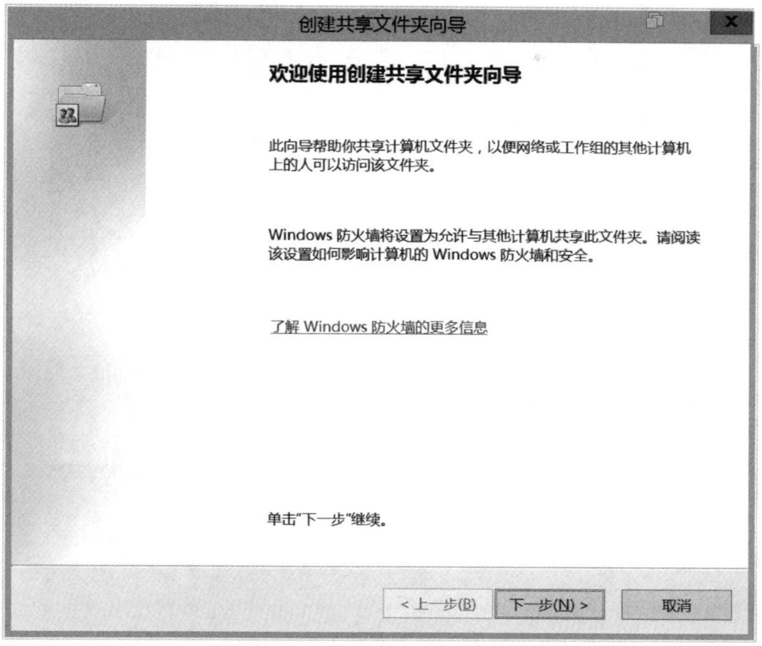

图 6.25 创建共享文件夹向导

（7）在弹出的“文件夹路径”对话框中，选择文件夹路径，设置完成后单击“下一步”按钮，如图 6.26 所示。

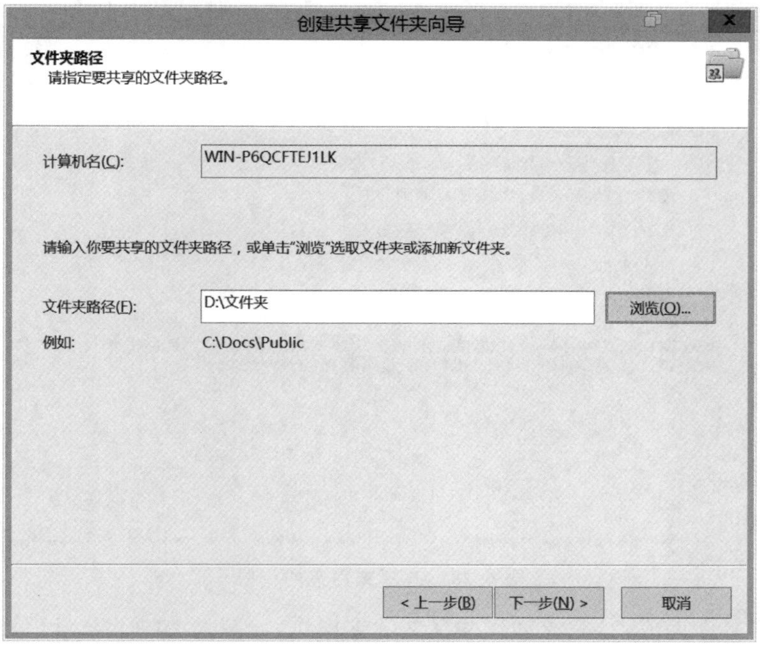

图 6.26 选择文件夹路径

(8) 在弹出的"名称、描述和设置"对话框中,输入共享名、共享路径、描述和脱机设置后单击"下一步"按钮,如图6.27所示。

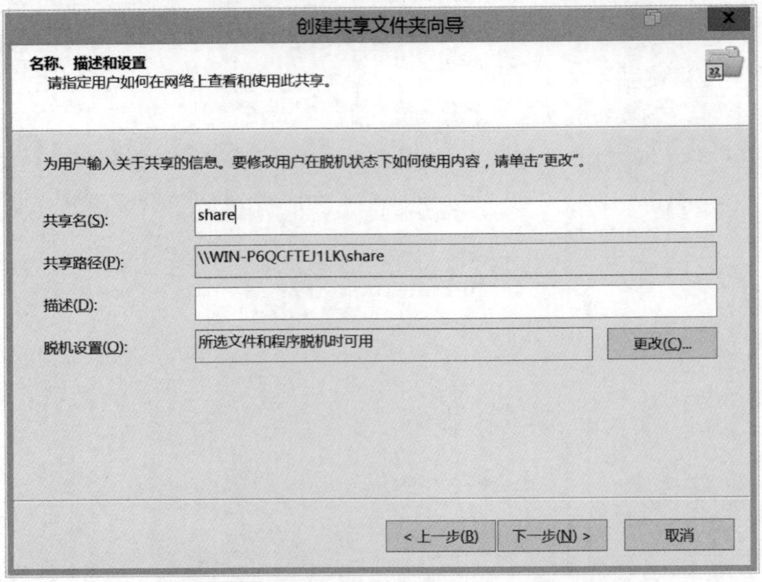

图6.27 输入关于共享的信息

(9) 在弹出的"共享文件夹的权限"对话框中,选择"所有用户有只读访问权限"单选按钮,然后单击"完成"按钮,如图6.28所示。

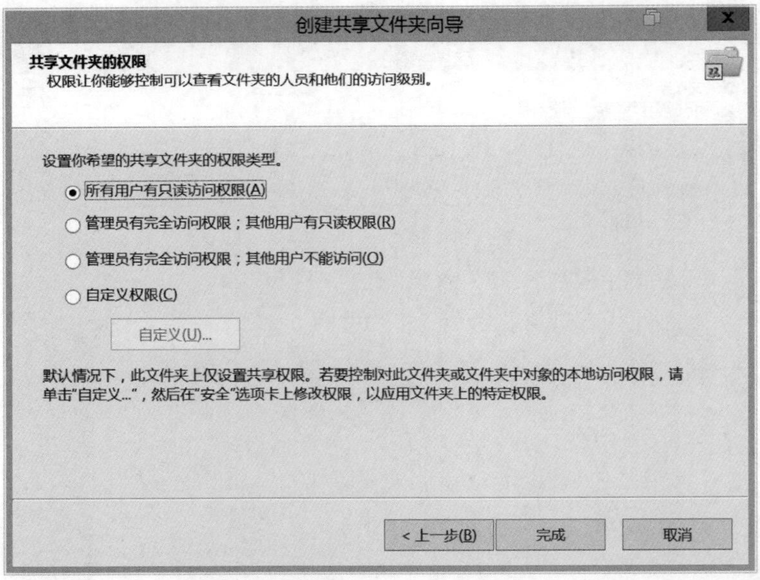

图6.28 共享文件夹的权限

(10) 共享文件夹成功,完成创建共享文件夹操作,如图6.29所示。

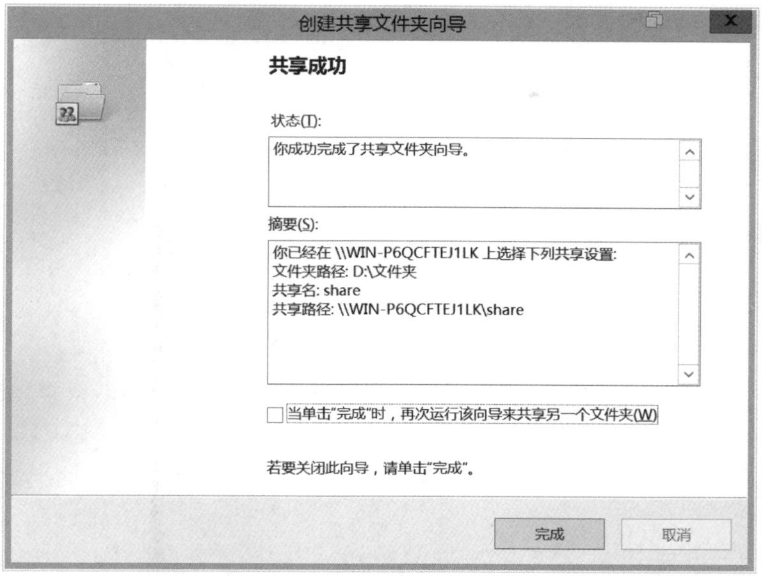

图 6.29　完成创建共享文件夹

6.2.3　取消默认共享

默认共享是为管理员管理服务器方便而设的，其权限不能更改，默认共享包含所有分区，只要知道服务器的管理员账号和密码，就可以通过网络访问服务器的所有分区，这是非常危险的。所以一般都要把这些默认共享取消。

具体操作步骤如下。

(1) 在文件服务器上，打开 DOS 窗口，输入 net share，可以查看该服务器所有的共享资源。如图 6.30 所示，可以看到 C 盘和 D 盘已经被默认共享为 C$ 和 D$。

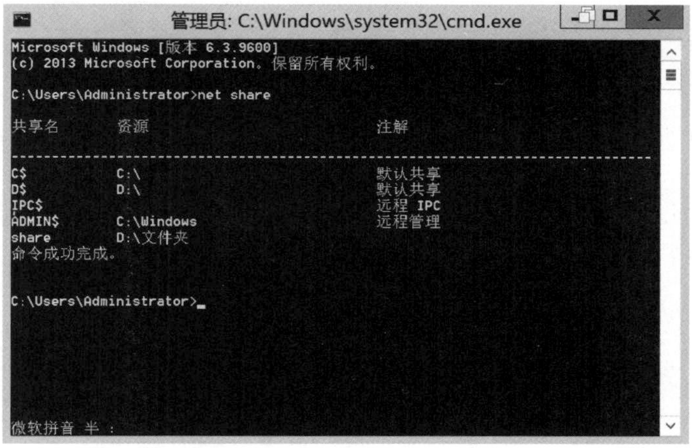

图 6.30　命令提示符下查看所有共享

(2) 选择"开始"→"运行"选项，在弹出的"运行"对话框中输入 regedit，单击"确定"按钮，如图 6.31 所示。

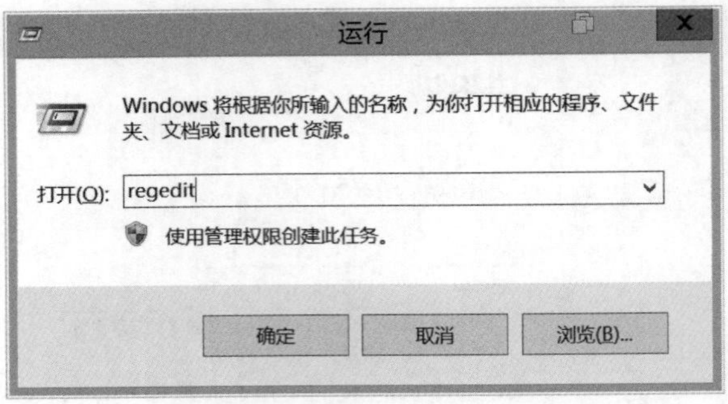

图 6.31　打开注册表编辑器

(3) 如图 6.32 所示，打开"注册表编辑器"窗口，右击 Parameters，在弹出的快捷菜单中选择"新建"→"DWORD(32 位)值"选项，在 HKEY_LOCAL_MACHINE\System\CurrentControlSet\Services\LanmanServer\Parameters 下新建 REG_DWORD 值，名称为 AutoShareServer。

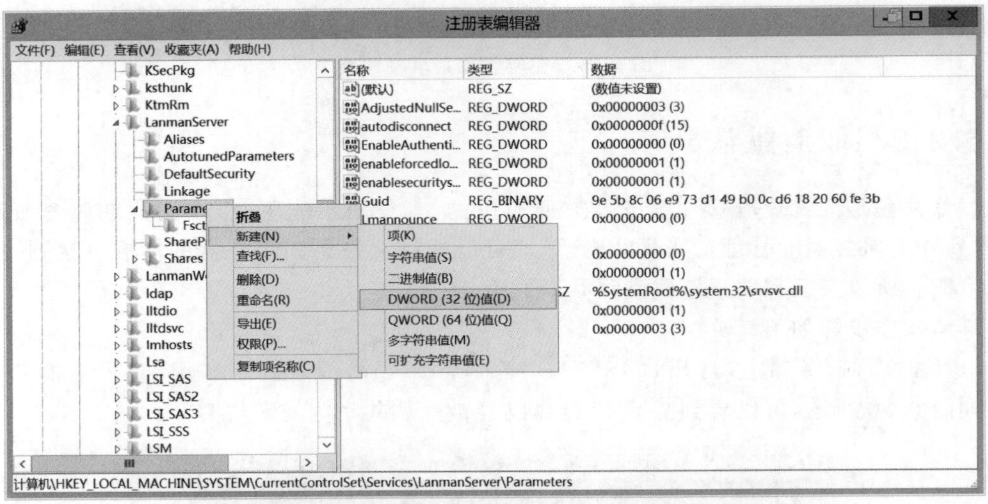

图 6.32　在注册表下新建 REG_DWORD 值

(4) 双击刚才创建的项，在弹出的对话框中输入"数值数据"为 0，停止默认磁盘共享，如图 6.33 所示。

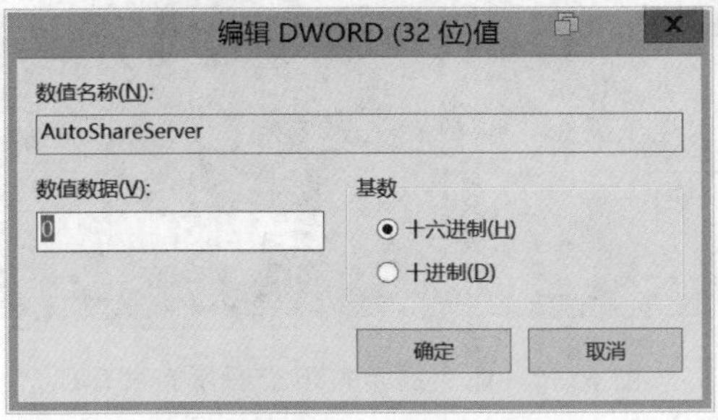

图 6.33　将"数值数据"修改为 0

（5）如果想禁止 Admin $ 的默认共享，可以在注册表的 HKEY_LOCAL_MACHINE\System\CurrentControlSet\Services\LanmanServer\Parameters 位置新建名称 AutoShareWks，值为“0”，其方法跟禁止默认磁盘共享相同，如图 6.34 所示。

图 6.34　禁止 Admin $ 默认共享

（6）重启系统。

（7）再次查看，默认共享已经删除。

6.2.4　文件的加密与解密

设置 NTFS 权限和共享权限，并不足以保证某些情况下的数据安全，例如计算机拿去维修或者丢失的情况下，其他人有机会接触到硬盘时，完全可以把计算机的硬盘挂在另一台能识别 NTFS 分区的系统上，这样所有的数据都将泄露。NTFS 分区所具有的加密文件系统(Encrypting File System，EFS)提供了解决这个问题的方法。EFS 提供文件加密的功能，文件经过加密后，只有当初将其加密的用户或被授权的用户能够读取，因此可以提高文件的安全性。如果采用了 EFS 加密，即使把硬盘挂接到其他操作系统上，也无法读取 EFS 加密过的文件。

课业任务 6-5

课业任务 6-5

Bob 和 Tom 都是 WYL 公司开发部的员工，他们的工作文档都保存在 D 盘“开发部文件夹”目录下，为了保证这些文档的安全性，他们要对自己的个人文件夹设置 EFS 加密，并备份密钥到安全的地方。

具体操作步骤如下。

（1）用管理员账号登录系统，右击 D 盘“Bob 的文件夹”选项，在弹出的快捷菜单中选择“属性”选项，在弹出的“Bob 的文件夹 属性”对话框中，单击“高级”按钮，在弹出的“高级属性”对话框中勾选“加密内容以便保护数据”复选框，单击“确定”按钮，如图 6.35 所示。

（2）在“Bob 的文件夹 属性”对话框中，单击“确定”按钮，在弹出的“确认属性更改”对话框中，选择“将更改应用于此文件夹、子文件夹和文件”单选按钮，单击“确定”按钮，即完成了

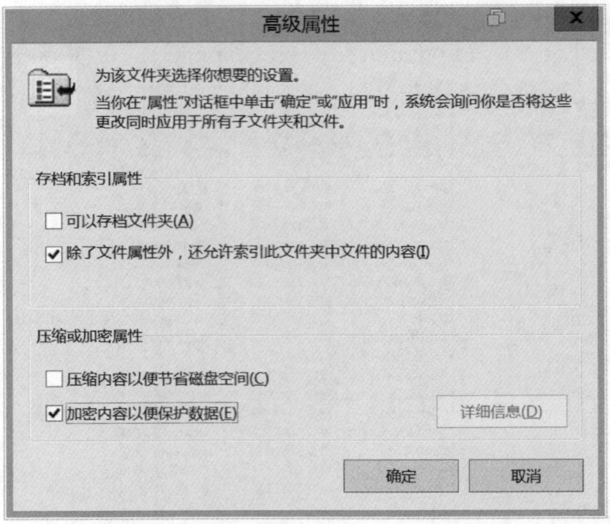

图 6.35 设置文件夹加密

文件夹的 EFS 加密，如图 6.36 所示。如果选择“仅将更改应用于此文件夹”单选按钮，则以后在此文件夹内新建的文件、子文件夹与子文件夹内的文件都会被自动加密，但是并不会影响此文件夹内现有的文件与文件夹。如果选择“将更改应用于此文件夹、子文件夹和文件”单选按钮，则不但以后在此文件夹内新建的文件、子文件夹和子文件夹内的文件都会被自动加密，同时会将已经保存在此文件夹内的现有文件、子文件夹和子文件夹内的文件一起加密。

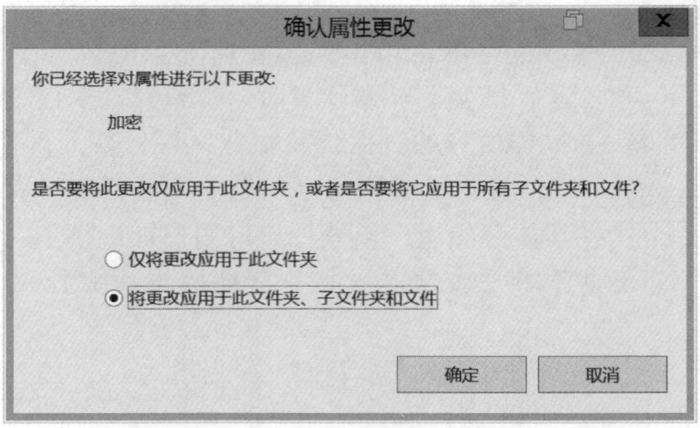

图 6.36 “确认属性更改”对话框

注意：当用户或应用程序想要读取加密文件时，系统会将文件自动解密后提供给用户或应用程序使用，然而存储在磁盘内的文件仍然处于加密的状态；而当用户或应用程序要将文件写入磁盘时，它们也会被自动加密后再写入磁盘内。这些操作都是自动的，完全不需要用户介入。如果将一个未加密文件移动或复制到加密文件夹后，该文件会被自动加密。当将一个加密文件移动或复制到非加密文件夹时，该文件仍然会保持其加密的状态。

(3) 备份 EFS 证书。第一次加密文件时，在“桌面”右下角会有个“备份文件加密密钥”的提示图标，单击图标进入“证书导出向导”，如图 6.37 所示，后面只需一步步单击“下一步”按钮即可完成 EFS 证书的备份。关键步骤如下：

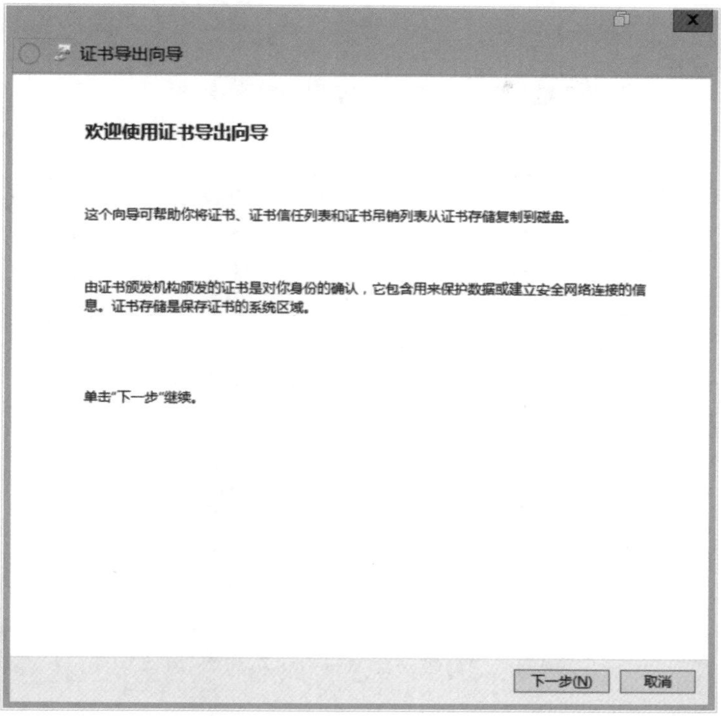

图 6.37　"证书导出向导"对话框

- 输入用于保护私钥的密码。
- 单击"浏览"按钮选择证书保存位置，输入证书文件名。

注意：也可以利用证书管理控制台来备份 EFS 证书，方法是选择"开始"→"运行"选项，在弹出的"运行"对话框中输入 CERTMGR.MSC，在打开的窗口中选择"个人"→"证书"选项，在右边窗口的证书名上右击，在弹出的快捷菜单中选择"所有任务"→"导出"选项，出现"证书导出向导"对话框，其后的操作步骤就跟上面的方法相同。

6.3　Windows Server 2012 操作系统的安全

6.3.1　使用高级功能防火墙

Windows Server 2012 内置高级安全 Windows 防火墙，能够严格控制外部进入服务器和从服务器流出的网络流量，用户可以创建自定义的入站规则和出站规则，严格控制出入服务器的流量，从而增加服务器的安全。如果网络不通，再高明的黑客也没有办法入侵服务器。例如对 Web 服务器可以通过配置防火墙只允许 TCP 目标端口是 80 的数据包进入服务器，TCP 源端口是 80 的数据包出服务器，实现最小化服务，提升服务器安全性。

选择"开始"→"运行"选项，在弹出的"运行"对话框中输入 wf.msc，打开"高级安全 Windows 防火墙"窗口，如图 6.38 所示。

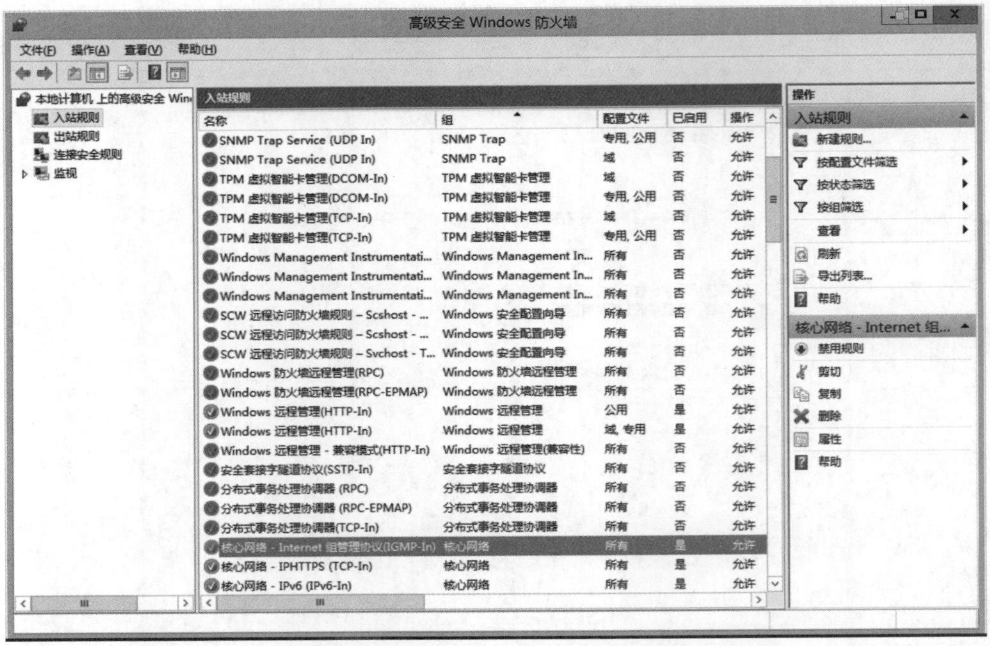

图 6.38 "高级安全 Windows 防火墙"窗口

在如图6.38所示的界面中,单击"入站规则"选项,可以看到系统对常见应用预定义了一些规则,双击任意规则,在出现的规则属性对话框中,可以看到该规则使用的协议和端口。这些预定义的规则会随着服务器的某些服务启动,而自动启用相应的规则。单击窗口中间栏"入站规则"的标题栏,可以按各种条件对入站规则排序,例如通过单击"已启用"按钮,可以按照规则是否启用对入站规则进行排序。

课业任务 6-6

课业任务 6-6

WYL公司Web服务器安装的是Windows Server 2012系统,通过创建自定义入站规则,允许客户机访问Web服务器上端口8080的网站首页。

具体操作步骤如下。

(1) 在Web服务器上安装IIS角色,配置端口8080的网站,在本机能打开这两个站点。

(2) 在Web服务器上配置自定义的入站规则,支持客户端使用TCP 8080端口打开站点。如图6.39所示,在"高级安全 Windows 防火墙"对话框中右击"入站规则"选项,在弹出的快捷菜单中选择"新建规则"选项。

(3) 在弹出的"规则类型"对话框中,选择"端口"单选按钮,单击"下一步"按钮,如图6.40所示。

(4) 在弹出的"协议和端口"对话框中,选择TCP和"特定本地端口"单选按钮,输入8080,单击"下一步"按钮,如图6.41所示。

(5) 在弹出的"操作"对话框中,选择"允许连接"单选按钮,单击"下一步"按钮,如图6.42所示。

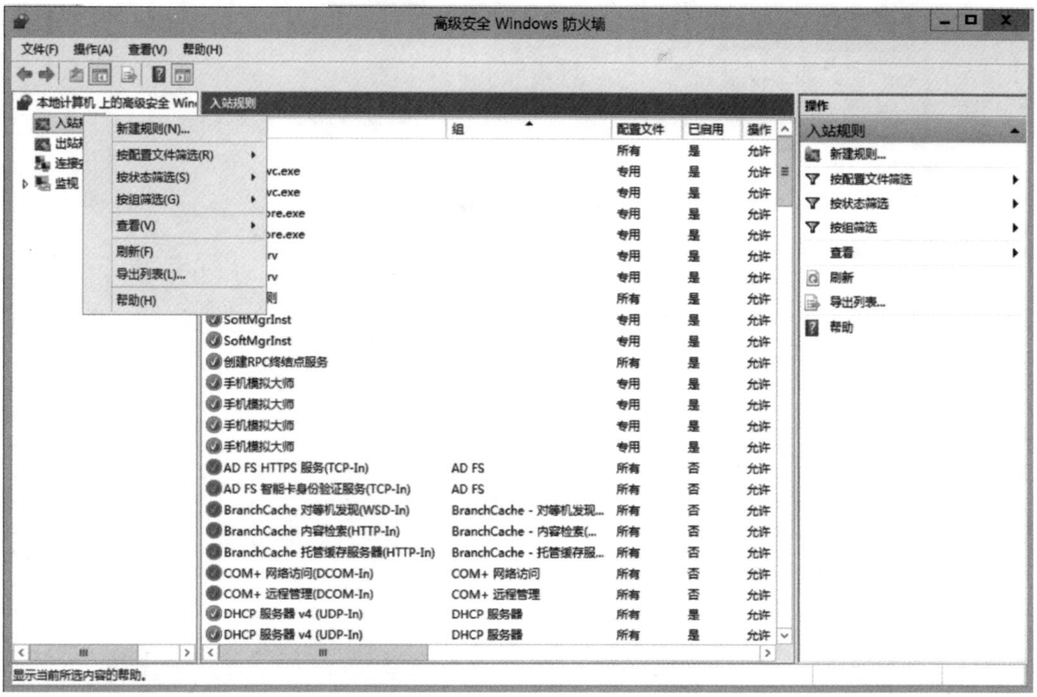

图 6.39　新建规则

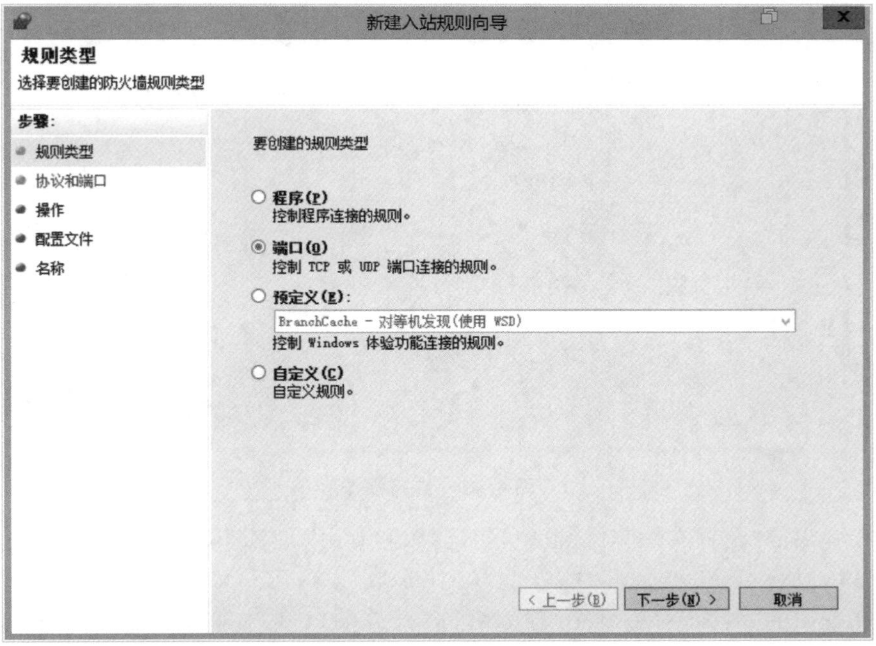

图 6.40　设置规则类型

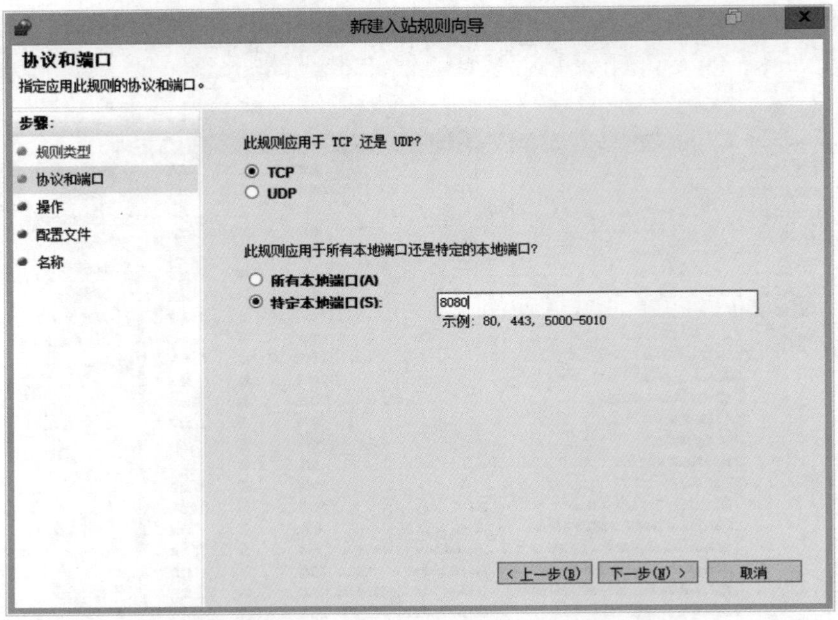

图 6.41　选择协议和端口

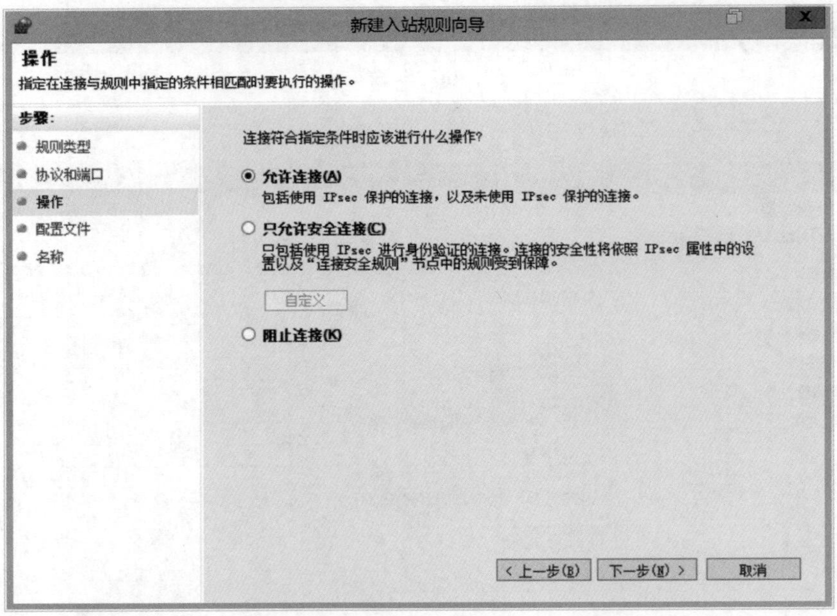

图 6.42　选择操作

(6) 在弹出的"配置文件"对话框中,勾选"域""专用"和"公用"复选框,单击"下一步"按钮,如图 6.43 所示。

(7) 在弹出的"名称"对话框中,输入名称"开放端口号为 8080 的网站服务",单击"完成"按钮完成新建入站规则,如图 6.44 所示。

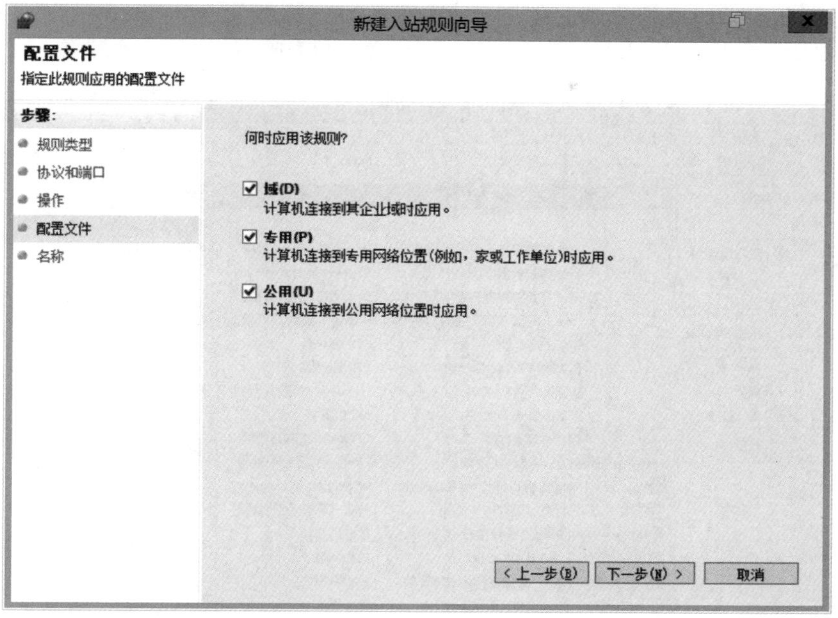

图 6.43　设置配置文件

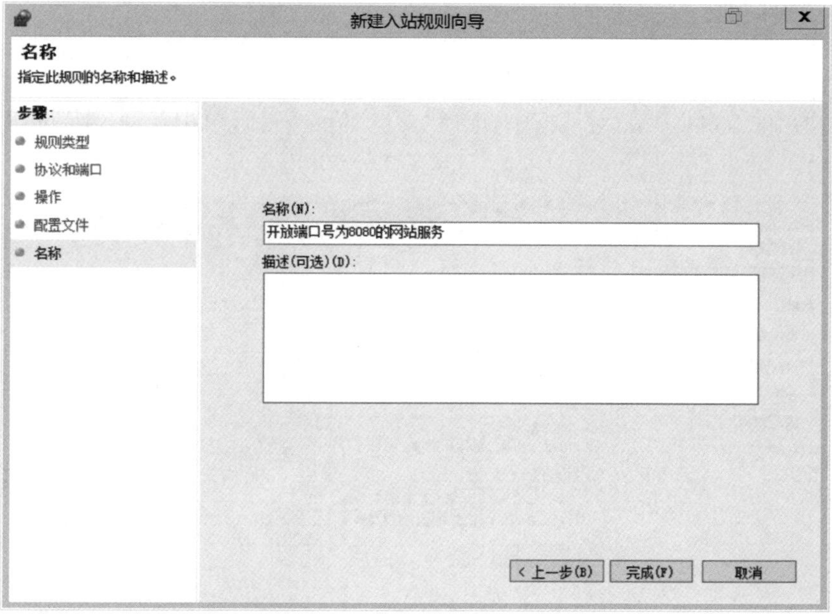

图 6.44　输入规则名称

课业任务 6-7

课业任务 6-7

WYL 公司服务器安装的是 Windows Server 2012 系统，通过基于协议和端口创建出站规则，阻止服务器访问 FTP 站点。

具体操作步骤如下。

(1) 配置自定义的出站规则。如图6.45所示,在“高级安全 Windows 防火墙”窗口中右击“出站规则”选项,在弹出的快捷菜单中选择“新建规则”选项。

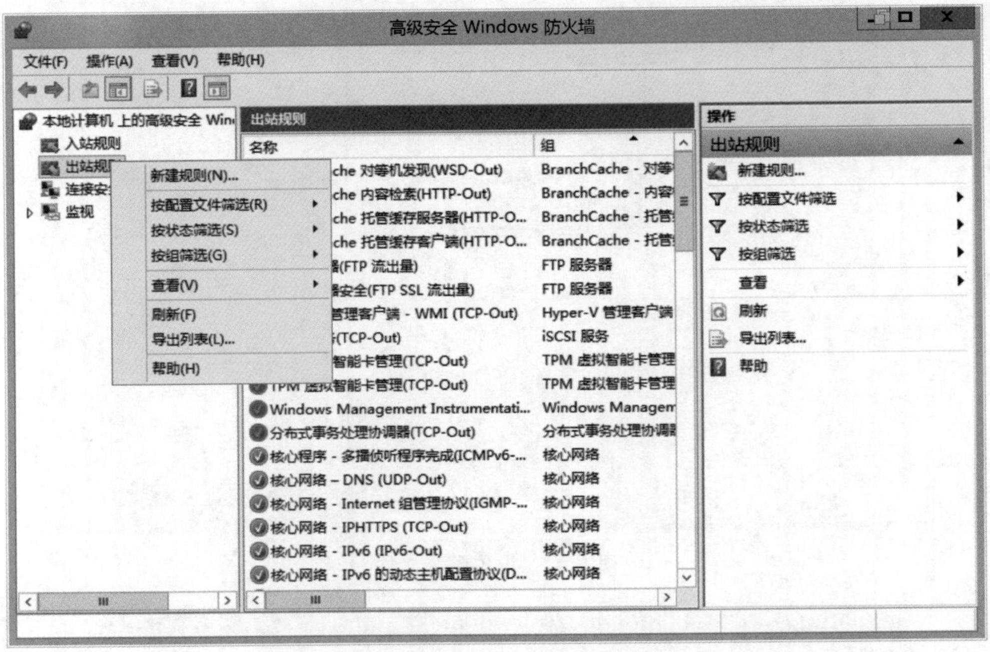

图6.45 新建出站规则

(2) 在弹出的“规则类型”对话框中,选择“端口”单选按钮,单击“下一步”按钮,如图6.46所示。

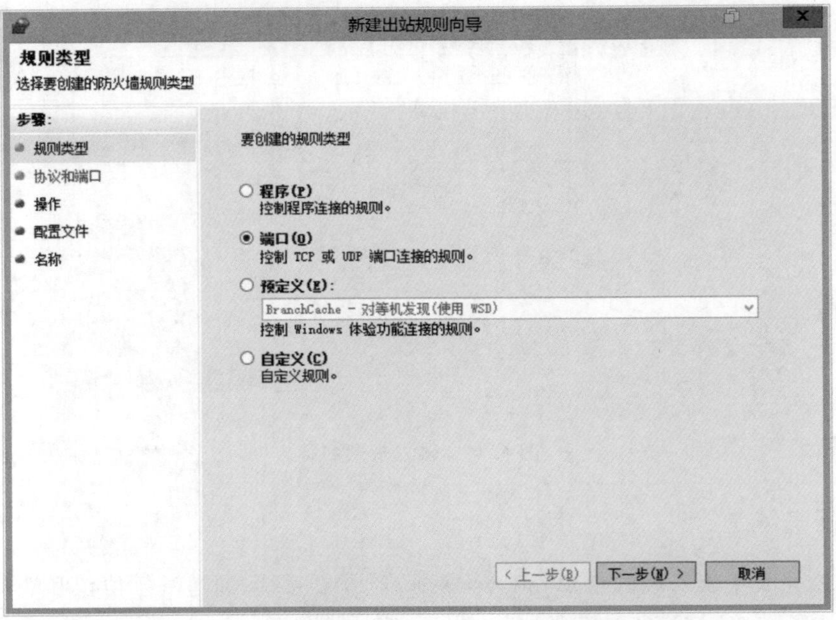

图6.46 选择协议端口

(3) 在弹出的“协议和端口”对话框中，选择 TCP 和“所有远程端口”单选按钮，单击“下一步”按钮，如图 6.47 所示。

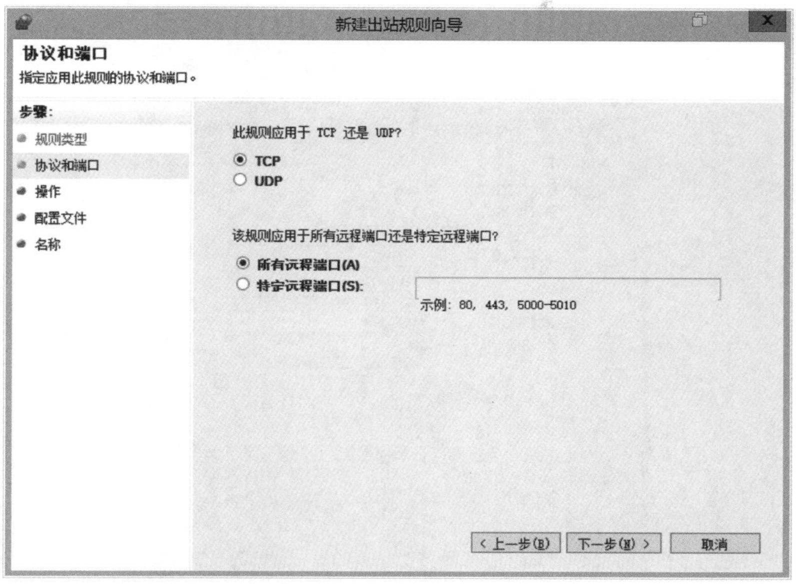

图 6.47　选择协议和端口

(4) 在弹出的“操作”对话框中，选择“阻止连接”单选按钮，单击“下一步”按钮。

(5) 在弹出的“配置文件”对话框中，勾选“域”“专用”和“公用”复选框，单击“下一步”按钮。

(6) 在弹出的“名称”对话框中，输入名称“禁止服务器使用 FTP 下载”，单击“完成”按钮完成设置出站规则。

(7) 如图 6.48 所示，右击刚才创建的出站规则，在弹出的快捷菜单中选择“属性”选项。

图 6.48　查看出站规则属性

(8) 在弹出的"禁止服务器使用 FTP 下载属性"对话框中,在"协议和端口"选项卡下,远程端口选择"特定端口"选项,远程端口设置为 21,这样就能够阻止服务器访问 FTP 服务器的流量,如图 6.49 所示。

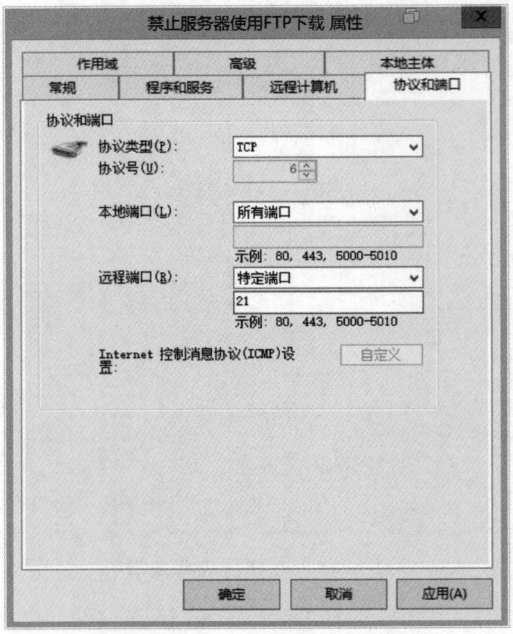

图 6.49 设置协议和端口

课业任务 6-8

课业任务 6-8

WYL 公司服务器安装的是 Windows Server 2012 系统,创建入站 ICMP 规则,使用组策略管理 MMC 管理单元中的"高级安全 Windows 防火墙"节点创建防火墙规则。这种类型的规则允许网络上的计算机发送和接收 ICMP 请求和响应。

具体操作步骤如下。

(1) 选择"开始"→"运行"选项,在弹出的"运行"对话框中输入 wf. msc,打开"高级安全 Windows 防火墙"窗口。在导航窗格中,单击"入站规则"选项。

(2) 在"操作"栏下单击"新建规则"按钮,如图 6.50 所示。

(3) 在"新建入站规则向导"的"规则类型"对话框中,选择"自定义"单选按钮,然后单击"下一步"按钮,如图 6.51 所示。

(4) 在"程序"对话框中,选择"所有程序"单选按钮,然后单击"下一步"按钮,如图 6.52 所示。

(5) 在"协议和端口"对话框中,从"协议类型"列表中选择 "ICMPv4"选项,如图 6.53 所示。

(6) 单击"自定义"按钮。在"自定义 ICMP 设置"对话框中,选择"所有 ICMP 类型"单选按钮,然后单击"确定"按钮,如图 6.54 所示。

(7) 在 "作用域"对话框中,可以指定该规则仅适用于在此页面上输入的 IP 地址的网络流量。根据设计情况进行配置,然后单击"下一步"按钮,如图 6.55 所示。

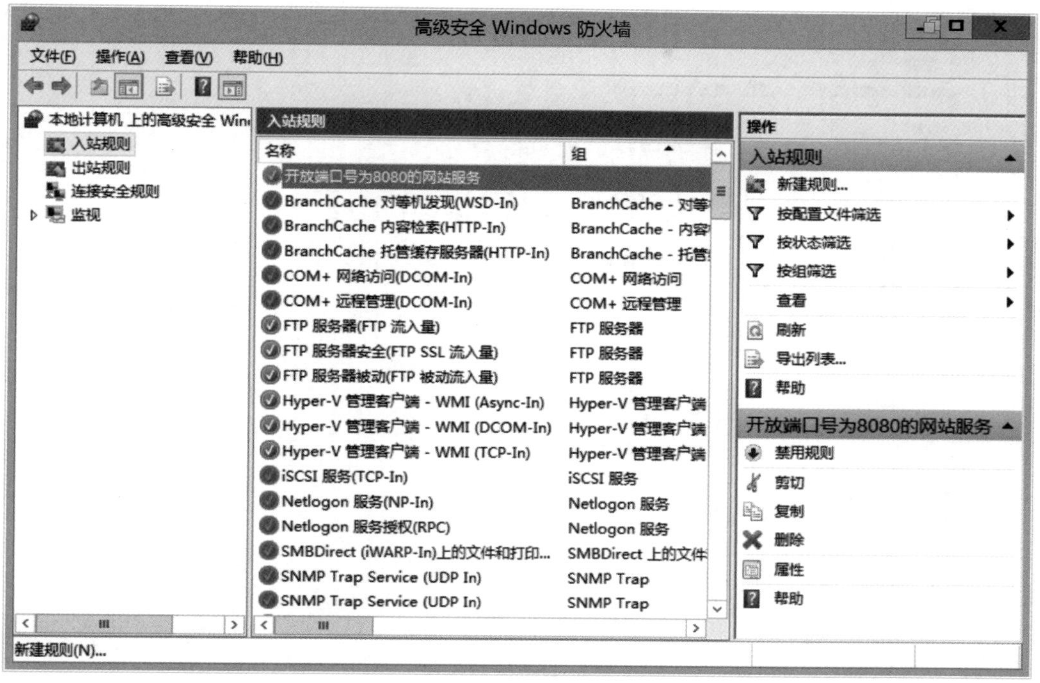

图 6.50 新建规则

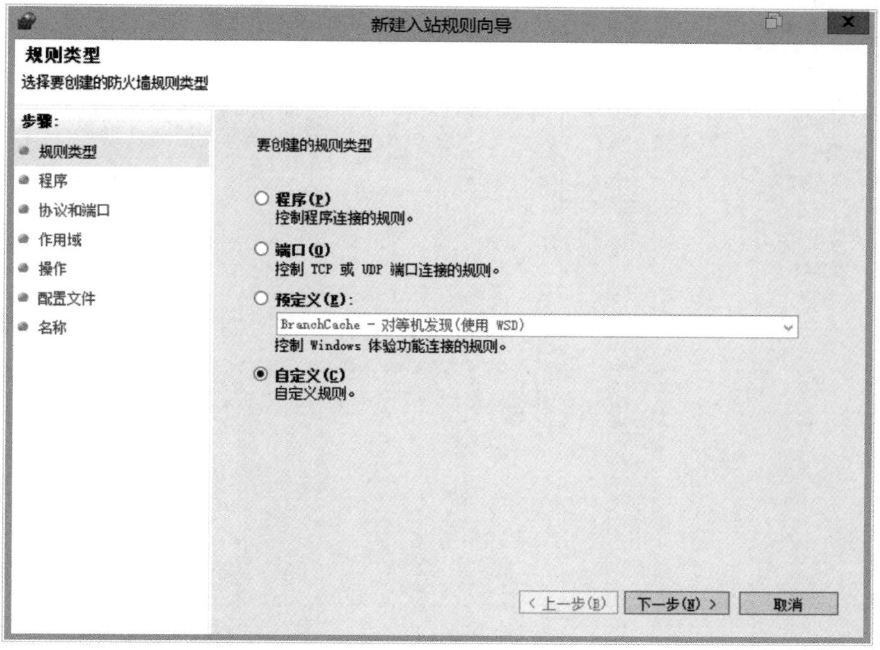

图 6.51 规则类型

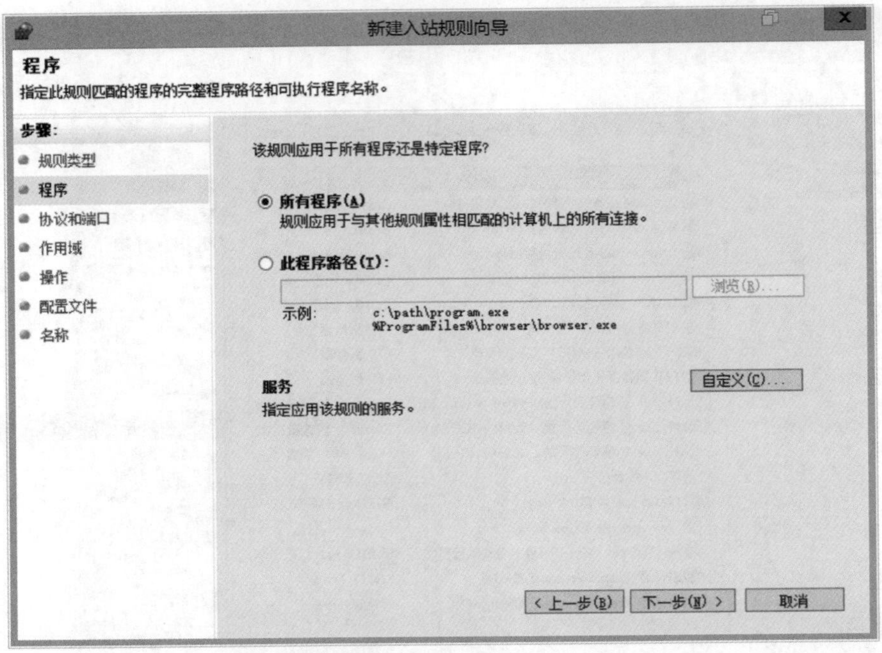

图 6.52　选择程序

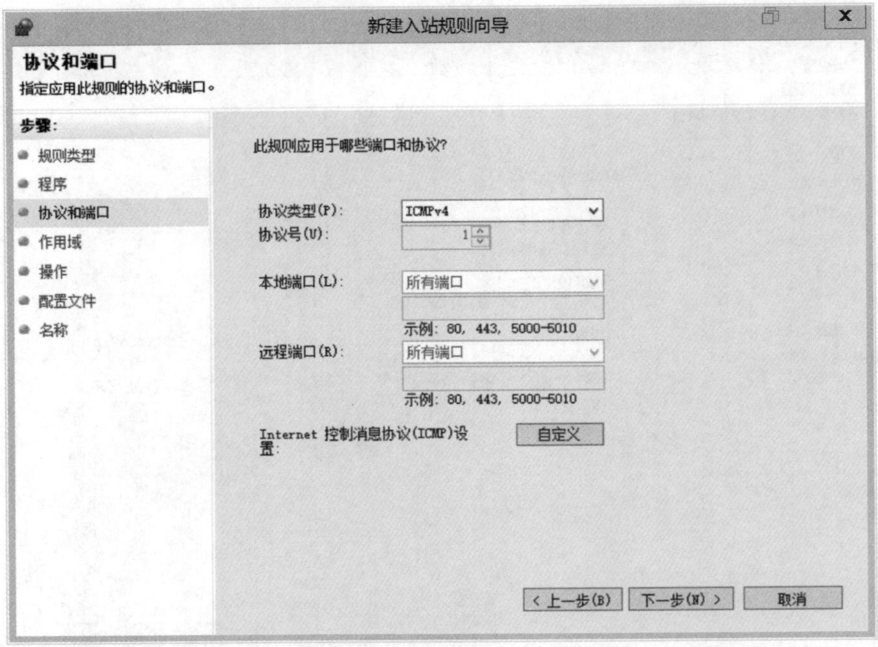

图 6.53　选择协议和端口

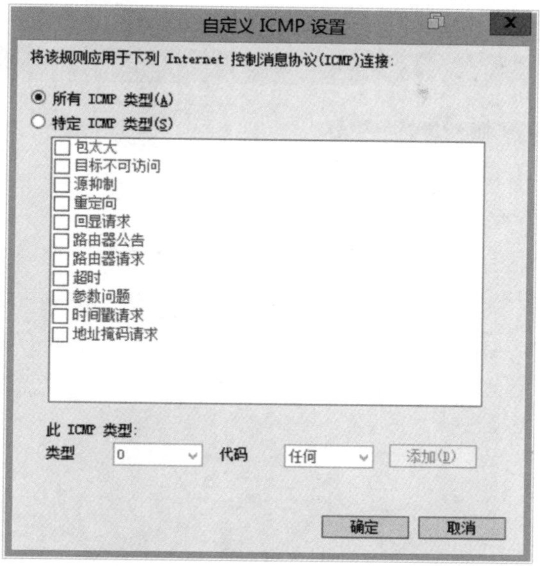

图 6.54　自定义 ICMP 设置

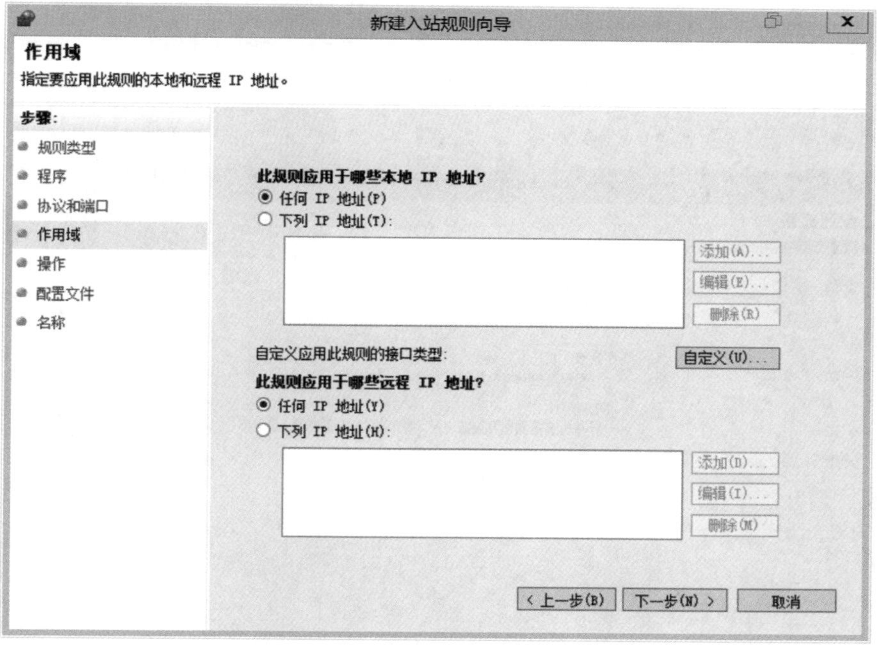

图 6.55　选择作用域

(8) 在“操作”对话框中，选择“允许连接”单选按钮，然后单击“下一步”按钮，如图 6.56 所示。

(9) 在“配置文件”对话框中，选择应用此规则的网络位置类型，然后单击“下一步”按钮，如图 6.57 所示。

(10) 在“名称”对话框中，输入规则的名称，然后单击“完成”按钮，如图 6.58 所示。

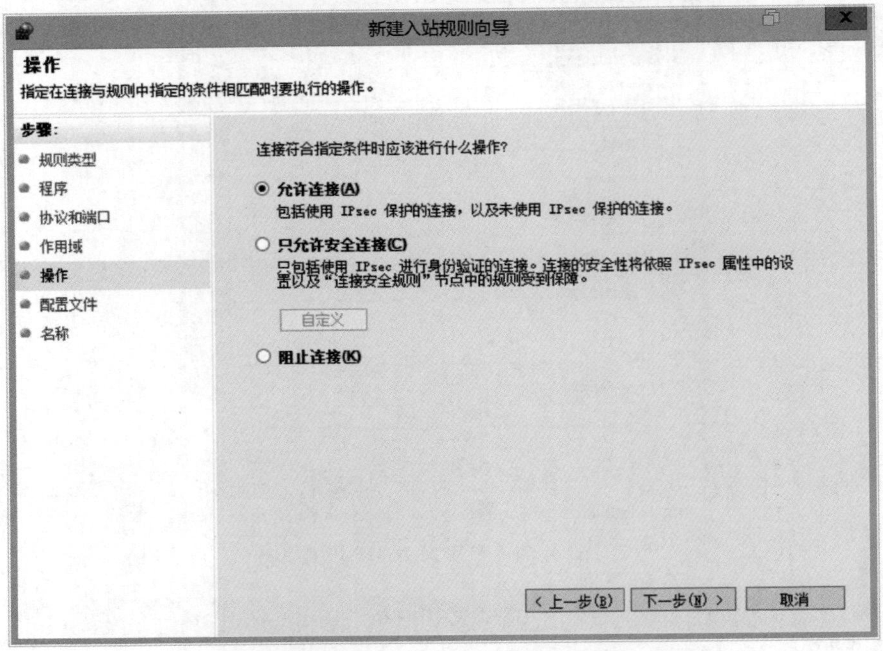

图 6.56　选择"允许连接"单选按钮

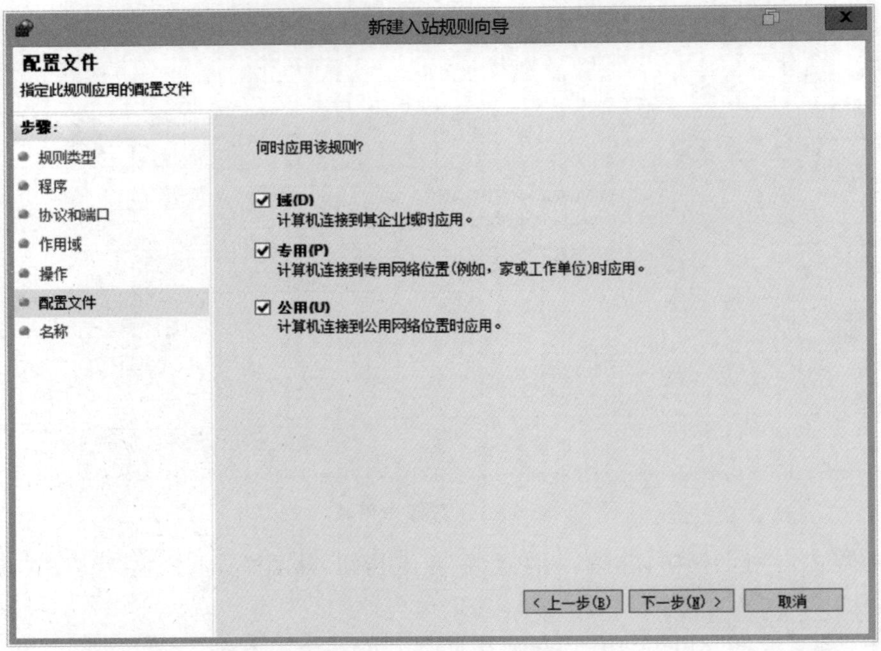

图 6.57　配置文件

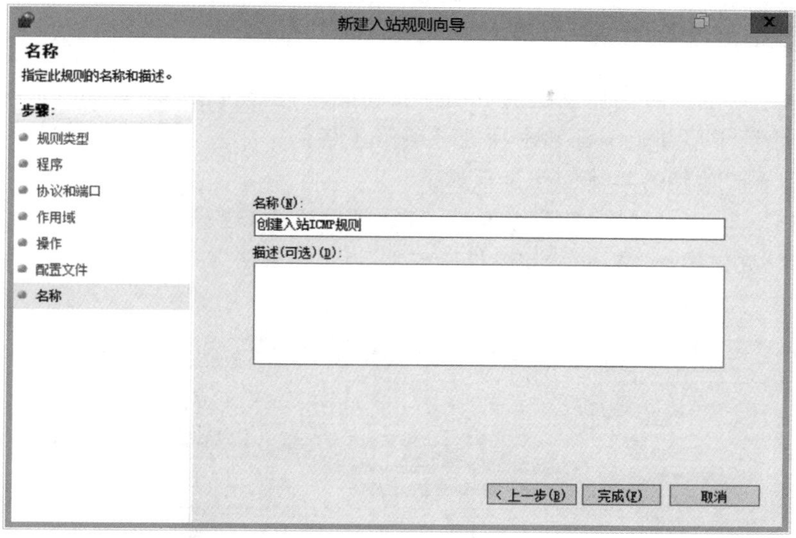

图 6.58　输入名称

6.3.2　配置本地组策略增强系统安全性

除了上述的本地安全策略配置服务器安全外，在 Windows Server 2012 中还可以配置本地组策略控制用户和计算机的行为，增强系统安全性。

1. 本地组策略编辑器

打开本地组策略编辑器的方法：按 Win+R 组合键，输入 gpedit. msc，按 Enter 键。可以看到本地组策略有两大部分的设置：计算机配置和用户配置，如图 6.59 所示。

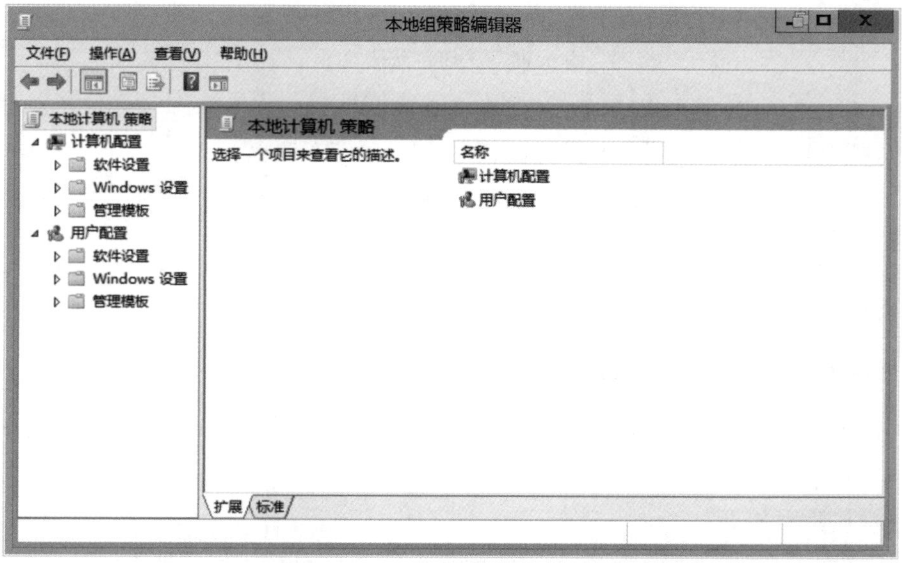

图 6.59　本地组策略编辑器

2. 关闭自动播放

现在越来越多的病毒利用系统的自动播放功能来进行传播,如果关闭了系统的自动播放功能,也就相当于掐断了病毒和木马的一条传播路径。

关闭自动播放功能的具体操作步骤如下。

(1) 在如图6.59所示的“本地组策略编辑器”窗口中,选择“本地计算机策略”→“计算机配置”→“管理模板”→“Windows组件”→“自动播放策略”选项,在右侧的“设置”区双击“关闭自动播放”选项,如图6.60所示。

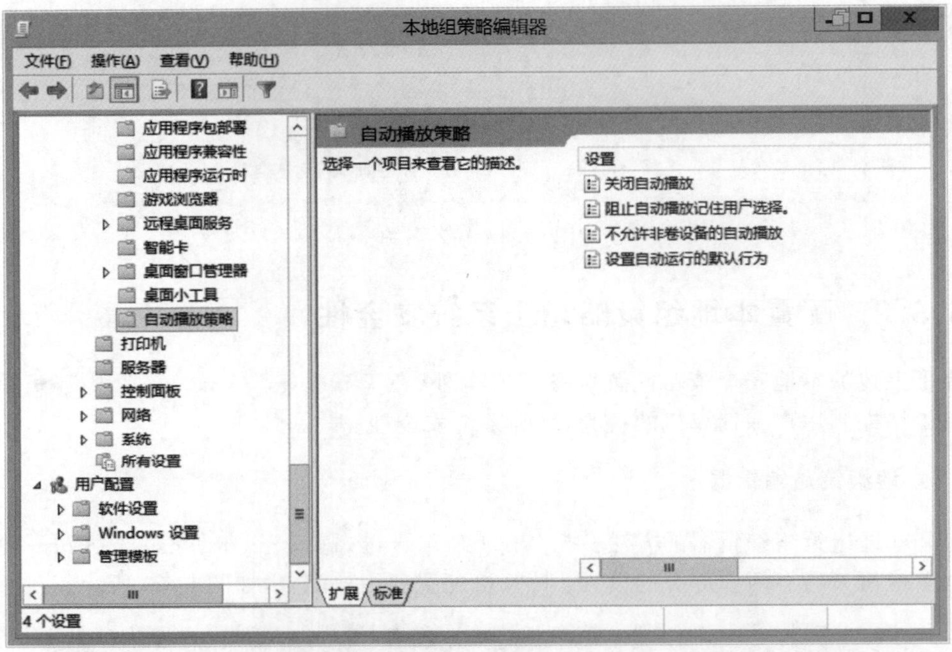

图6.60 关闭自动播放1

(2) 在弹出的如图6.61所示的“关闭自动播放”对话框中,选择“已启用”单选按钮,“关闭自动播放”选择“所有驱动器”选项,单击“下一个设置”按钮。

(3) 在弹出的如图6.62所示的“阻止自动播放记住用户选择”对话框中,选择“已启用”单选按钮,单击“下一个设置”按钮。

(4) 在弹出的“不允许非卷设备的自动播放”对话框中,选择“已启用”按钮,单击“下一个设置”按钮,默认自动运行行为选择为“不执行任何自动运行”命令,单击“确定”按钮保存。

3. 禁止用户使用注册表编辑工具

禁止用户使用注册表编辑工具,可以增强服务器的安全性,防止非法用户通过修改注册表危害系统安全。

具体操作步骤如下。

(1) 在如图6.63所示的“本地组策略编辑器”窗口中,选择“用户配置”→“管理模板”→“系统”选项,在右侧“设置”区双击“阻止访问注册表编辑工具”选项。

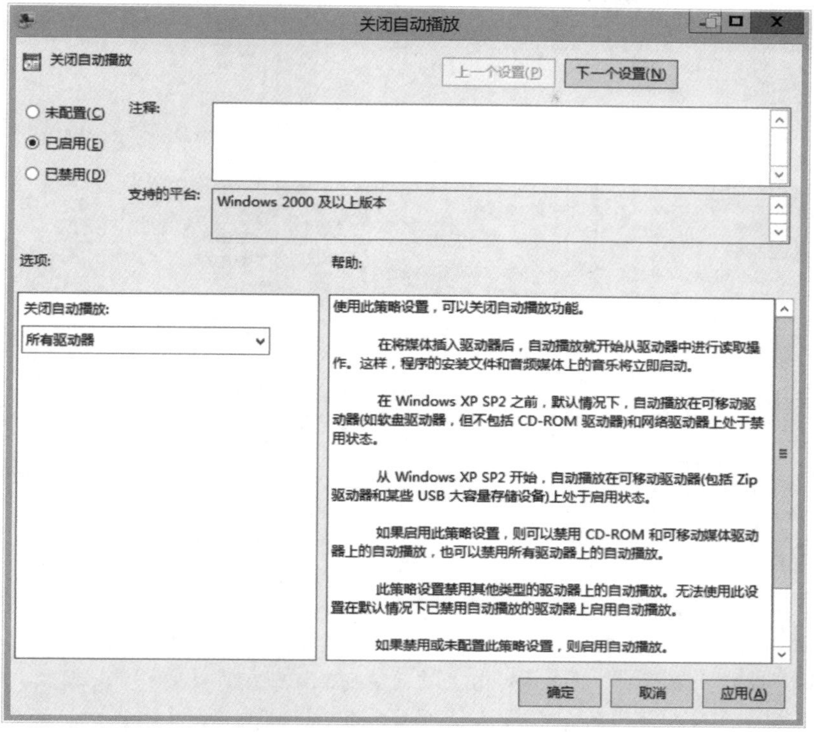

图 6.61　关闭自动播放 2

图 6.62　启用“阻止自动播放记住用户选择”

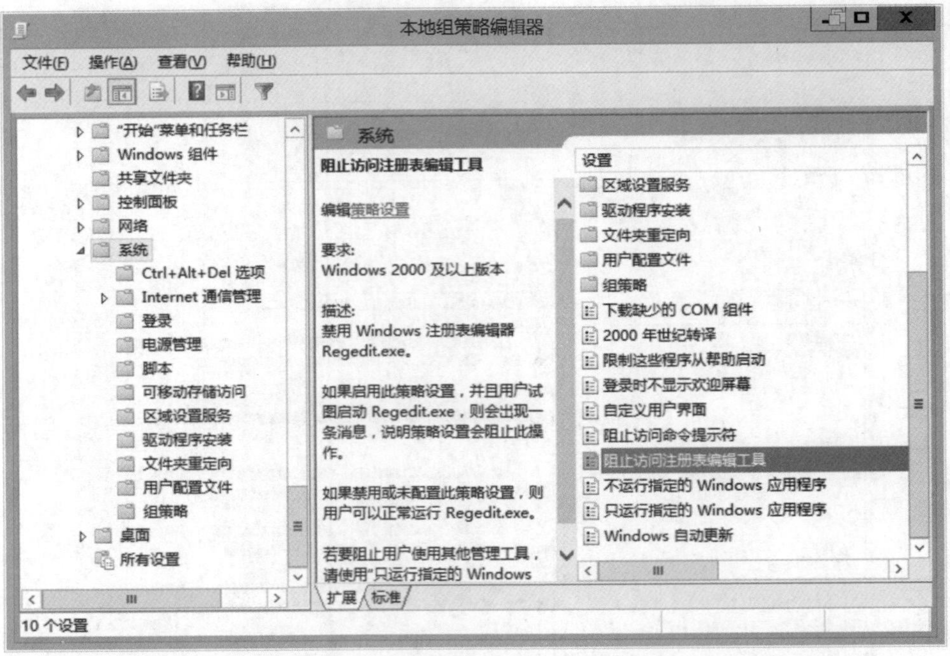

图 6.63　阻止访问注册表编辑工具

(2) 在弹出的"阻止访问注册表编辑工具"对话框中，选择"已启用"单选按钮，在"是否禁用无提示运行 regedit"下拉菜单中选择"是"选项，单击"确定"按钮保存，如图 6.64 所示。

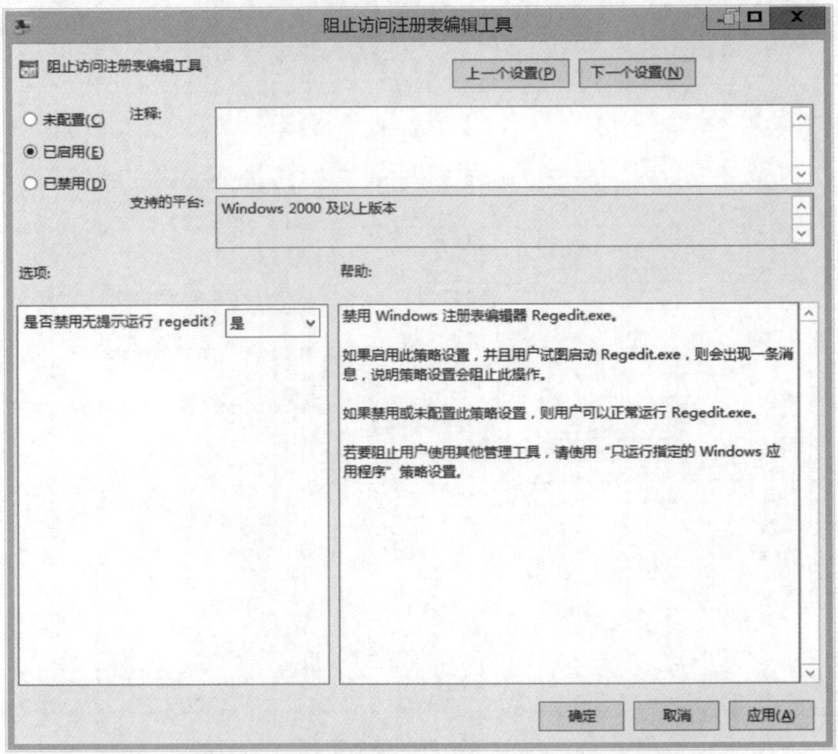

图 6.64　启用"阻止访问注册表编辑工具"

(3) 单击 Win+R，输入“regedit”，提示注册表编辑已被管理员禁用，如图 6.65 所示。

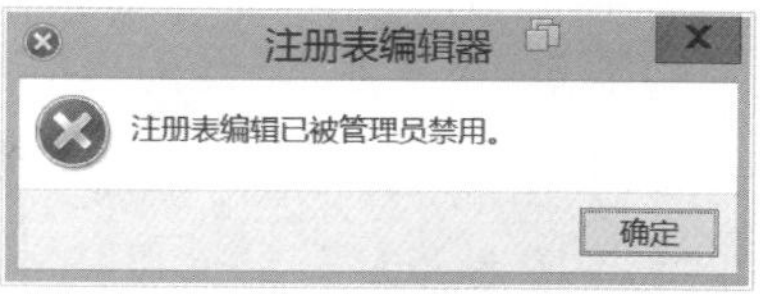

图 6.65　“注册表编辑器”被管理员禁用

4. 显示用户以前登录的信息

启用本地组策略中的“在用户登录期间显示以前登录的信息”，将在该用户登录后出现一则消息，显示该用户上次成功登录的日期和时间、该用户名上次尝试登录而未成功的日期和时间以及自该用户上次成功登录以来未成功登录的次数。用户必须确认该消息，然后才能登录到 Window 桌面。该项设置可以跟踪用户登录系统的行为，从而发现试图非法登录账户的行为。

具体操作步骤如下。

(1) 按 Win+R 组合键，输入 gpedit. msc，打开“本地组策略编辑器”窗口。

(2) 选择“计算机配置”→“管理模板”→“Windows 组件”→“Windows 登录选项”选项，然后在右侧“设置”区双击“在用户登录期间显示有关以前登录的信息”选项。

(3) 在弹出的“在用户登录期间显示有关以前登录的信息属性”对话框中，选择“已启用”单选按钮，单击“确定”按钮，设置成功后的效果如图 6.66 所示。

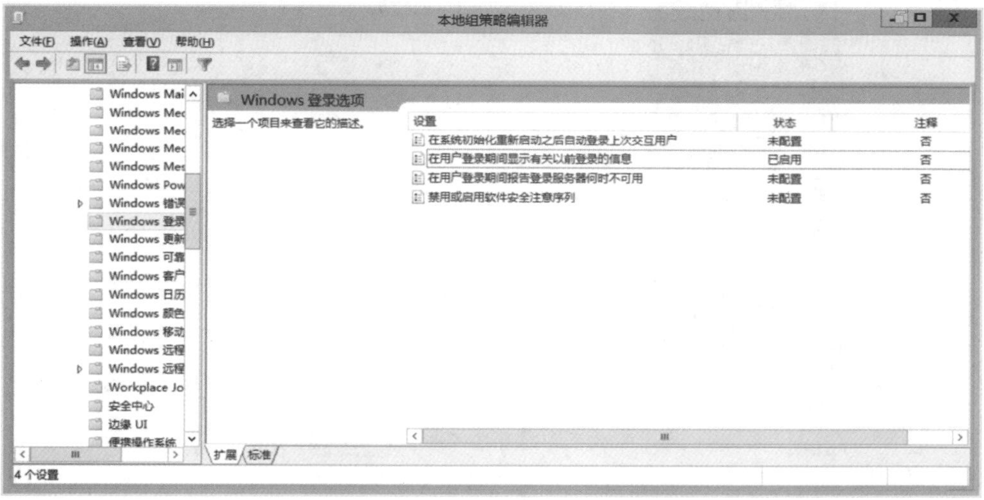

图 6.66　启用“在用户登录期间显示以前登录的信息”

(4) 注销并重新登录，故意输入一次错误的密码，然后输入正确的密码，屏幕会出现“登录不成功”的信息，如图 6.67 所示，单击“确定”按钮后才能成功登录桌面。

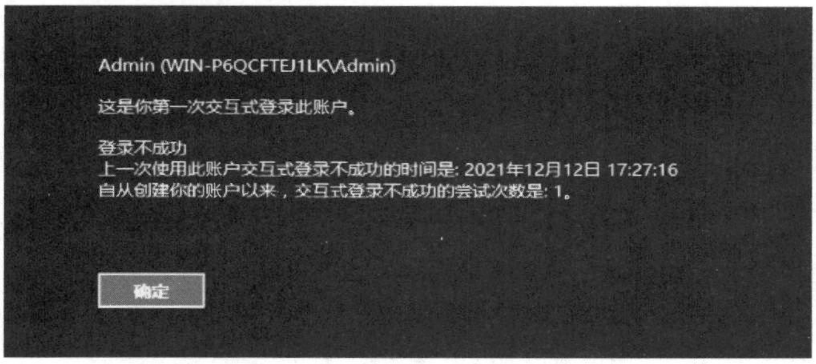

图 6.67　登录不成功提示

课业任务
6-9

课业任务 6-9

WYL 公司 Web 服务器安装的是 Windows Server 2012 系统，现在公司要求 Bob 设置阻止特定 IP 地址(段)访问服务器。

具体操作步骤如下。

(1) 选择“开始”→“运行”选项，输入 gpedit. msc，按 Enter 键，打开“本地组策略编辑器”窗口。

(2) 选择“计算机配置”→“Windows 设置”→“安全设置”选项，右击“IP 安全策略”选项，在弹出的快捷菜单中选择“本地计算机”→“创建 IP 安全策略”选项，在弹出的对话框中单击“下一步”按钮，如图 6.68 所示。根据提示输入合适的名称和描述。默认依次单击“下一步”→“下一步”→“完成”按钮完成操作。

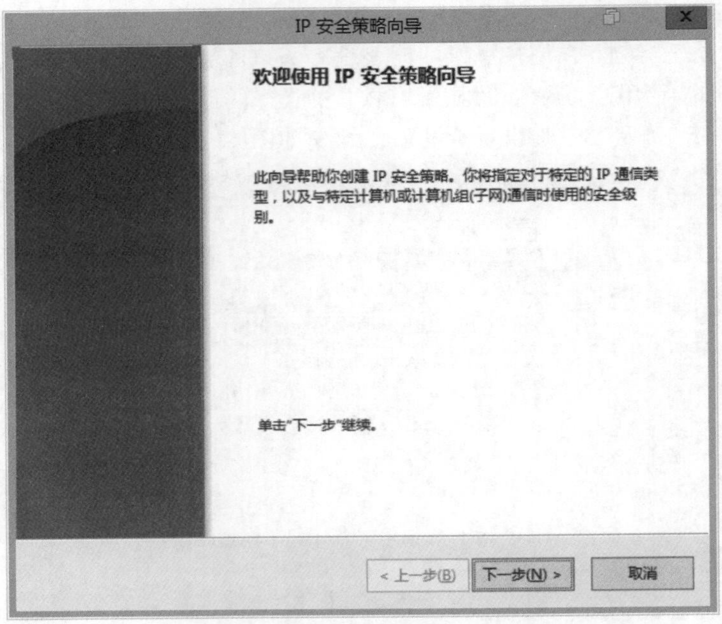

图 6.68　“IP 安全策略向导”对话框

(3) 选择新建的 IP 安全策略，单击“添加”按钮，根据提示单击“下一步”按钮，如图 6.69 所示。

(4) 在指定 IP 安全规则的“隧道终结点”对话框中，选择“此规则不指定隧道”单选按钮，如图 6.70 所示。

(5) 单击“下一步”按钮，在“网络类型”对话框中，选择“所有网络连接”单选按钮，如图 6.71 所示。

(6) 单击“下一步”按钮，单击“添加”按钮。

(7) 根据提示在“IP 筛选器列表”对话框中输入对应信息，单击“添加”按钮创建新 IP 筛选器，如图 6.72 所示。

(8) 如图 6.73 所示，在“源地址”处，选择“一个特定的 IP 地址或子网”选项，根据提示在“IP 地址或子网”处，输入对应的 IP 地址或子网，单击“下一步”按钮。

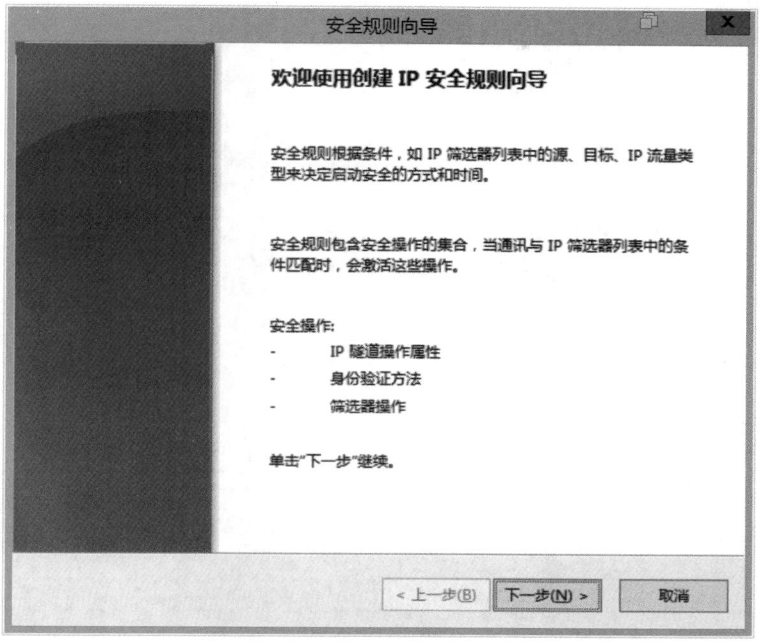

图 6.69 添加安全规则

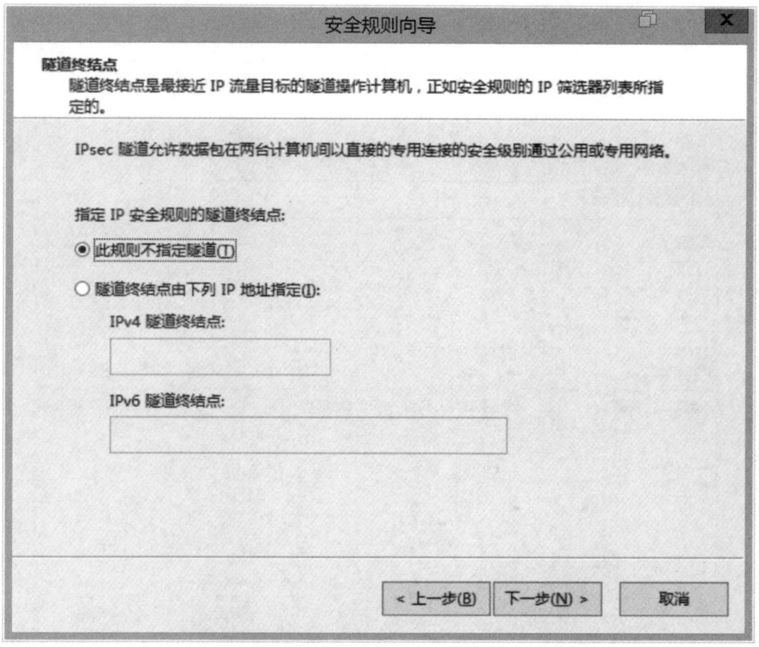

图 6.70 指定 IP 安全规则的隧道终结点

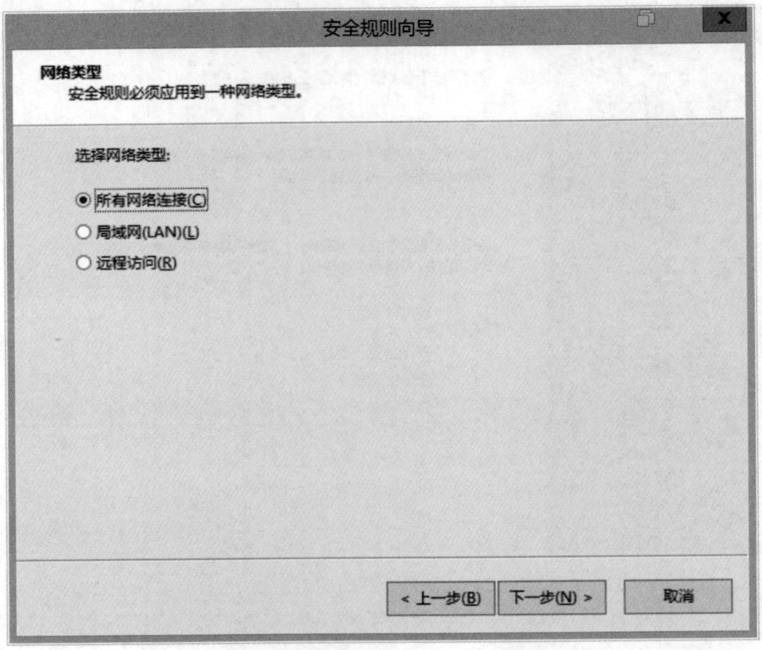

图 6.71 选择网络类型

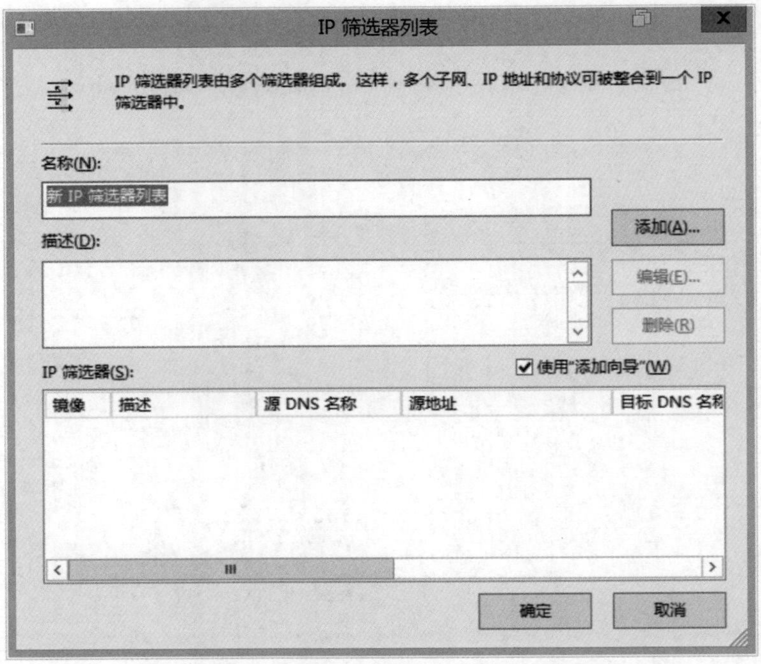

图 6.72 "IP 筛选器列表"对话框

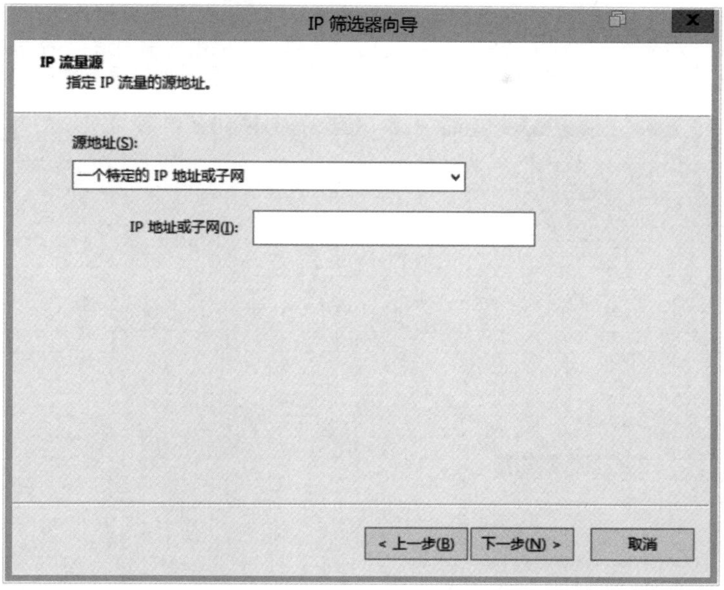

图 6.73　输入 IP 地址或子网

(9) 在"目标地址"处,选择"任何 IP 地址"选项,单击"下一步"按钮,如图 6.74 所示。

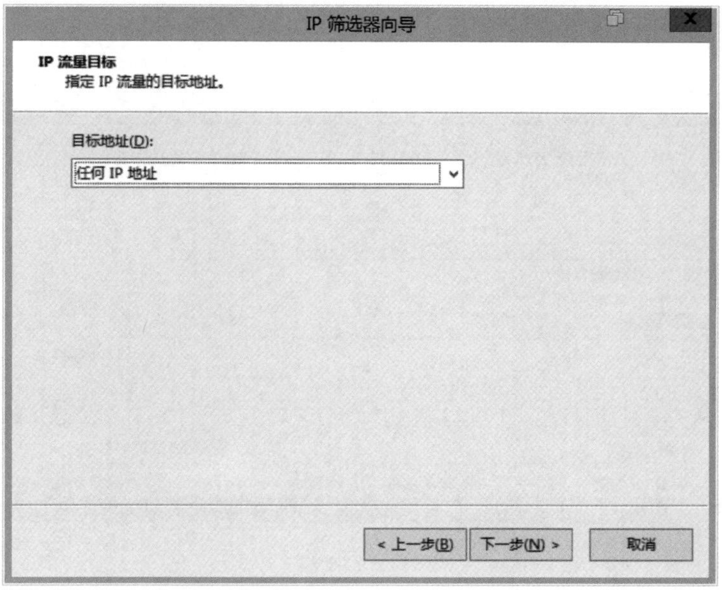

图 6.74　选择目标地址

(10) 在"选择协议类型"处,选择"任何"选项,单击"下一步"按钮,如图 6.75 所示。

(11) 在"IP 筛选器列表"对话框中,选择输入名称为"创建新 IP 筛选器"选项,单击"确定"按钮,如图 6.76 所示。

(12) 在"IP 筛选器"列表中,单击"添加"按钮,创建新的筛选器,如图 6.77 所示。

(13) 根据提示单击"下一步"按钮,输入对应的名称和描述。单击"下一步"按钮,选择"阻止"单选按钮。单击"下一步"按钮,根据提示单击"完成"按钮,如图 6.78 所示。

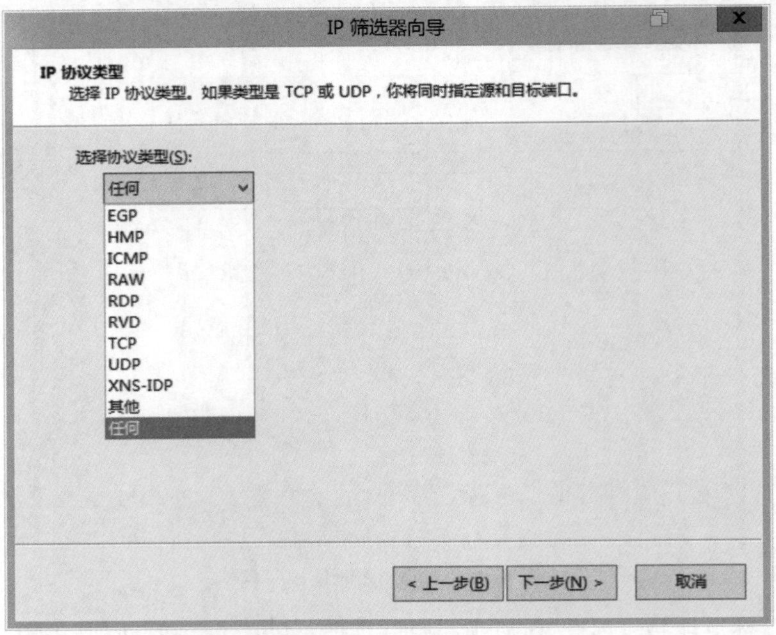

图 6.75　选择协议类型

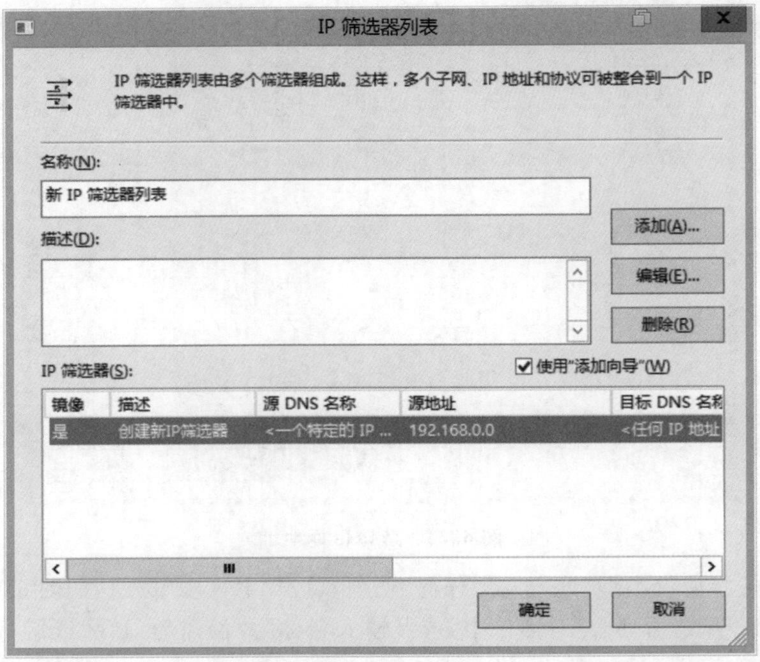

图 6.76　添加 IP 筛选器

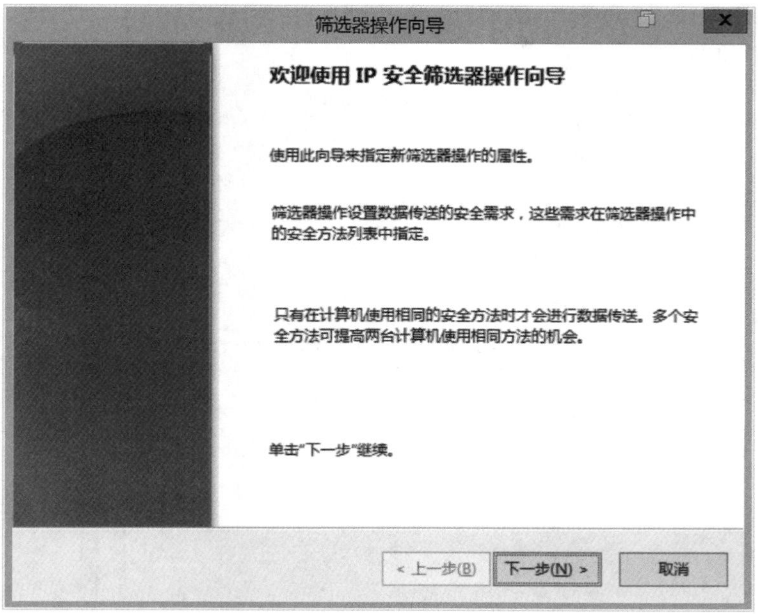

图 6.77　创建新的筛选器

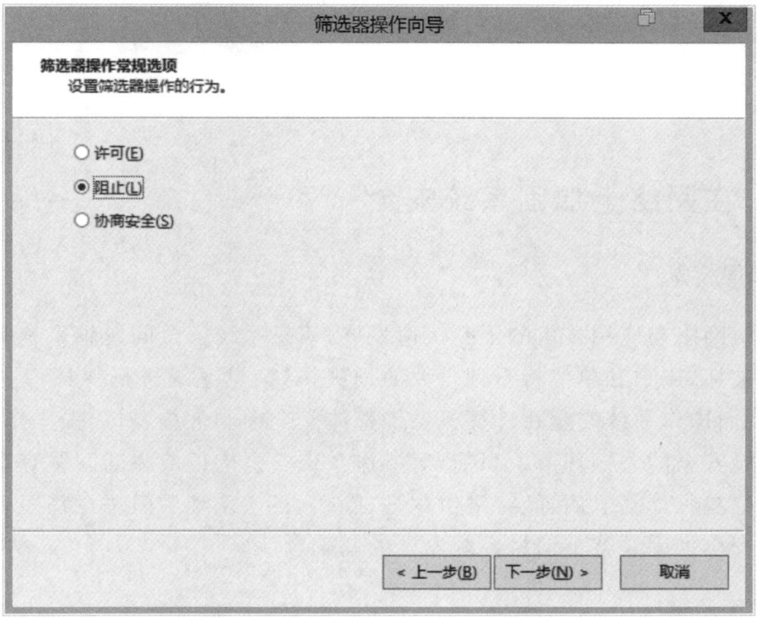

图 6.78　选择"阻止"操作

(14) 创建筛选器操作成功后,单击"该新建筛选器操作"按钮,单击"下一步"按钮,根据提示单击"完成"按钮,然后单击"确定"按钮。这样一个阻止指定 IP 地址(段)访问服务器的策略添加完成,如图 6.79 所示。

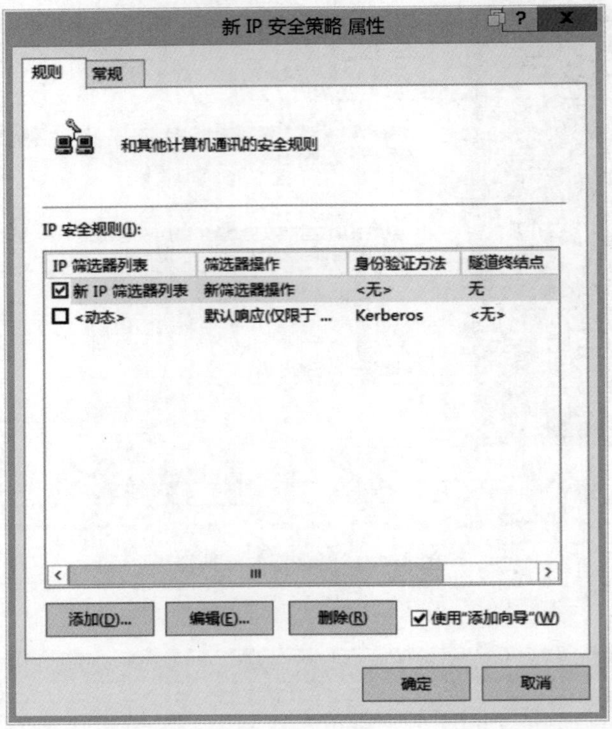

图 6.79　完成添加操作

6.3.3　在网络上加固系统安全

1. 安全加固技术

随着计算机网络与应用技术的不断快速发展,信息系统安全问题越来越引起关注,信息系统一旦遭到破坏,用户和单位将受到重大的损失,对信息系统进行保护,是必须面对与解决的迫切课题,而操作系统安全在计算机系统整体安全中非常重要,加强操作系统安全加固是实现信息系统安全的关键环节。当前,对操作系统安全构成威胁的问题有系统漏洞、登录认证方式、访问控制、计算机病毒、特洛伊木马、隐蔽通道、系统后门恶意程序和代码感染等,加强操作系统安全加固是整个信息系统安全的基础。

2. 安全加固原理

安全加固是指按照系统安全配置标准,综合用户信息系统实际情况,对信息系统涉及的终端主机、服务器、数据库、网络设备及应用中间件等进行安全配置加固、漏洞修复和安全设备调式。通过系统安全加固,可以合理加强信息系统的安全性,增加攻击入侵的难度,可以使信息系统安全防范水平得到大幅度的提升。

3. 安全加固方法

安全加固主要是通过人工对系统进行漏洞扫描，通过针对扫描的结果使用打补丁、修改安全配置、优化访问控制策略、强化账号安全、增加安全机制等方法来加固系统以及堵塞系统漏洞、“后门”，完成加固工作。

4. 操作系统的安全性定义

无论任何操作系统，都有一套规范的、可扩展的安全定义。操作系统的安全定义包括五大类，分别为身份认证、数据保密性、访问控制、数据完整性和不可否认性。操作系统的安全性是网络安全中的重要一环，主要体现在身份认证、访问控制和安全审计三方面。

(1) 身份认证是确认操作者身份的过程，是确定某用户是否具有对某种资源的使用权限。

(2) 访问控制进一步提高了系统的安全性和数据的保密性。

(3) 安全审计是一种事后追查的安全机制。

练习题

1. 单项选择题

(1) 下列(　　)不属于 NTFS 权限。

A. 创建　　B. 读取　　C. 修改　　D. 写入

(2) 通过使用(　　)可以更改显示器的属性。

A. 控制面板　　B. MMC　　C. 事件查看器　　D. 计算机管理

(3) 在 Windows 中用户来组织和操作文件及目录的工具是(　　)。

A. 资源管理器　　B. “开始”菜单　　C. 应用程序　　D. 控制面板

2. 填空题

(1) Windows Server 2012 中用户类型分为两种：一种是内置的账户；另一种是管理员自己创建的(　　)。

(2) Windows Server 2012 中内置的账户有 Guest 与(　　)。

(3) (　　)账户就是名称与默认管理员账户名称(Administrator)类似或完全相同，而权限却极低的用户账户。

(4) 共享权限是基于(　　)的，也就是说只能在文件夹上设置共享权限，不能在文件上设置共享权限；NTFS 权限是基于(　　)的，既可以在文件夹上设置也可以在文件上设置。

(5) 默认共享包含所有分区，这是非常危险的。取消默认共享一般是通过(　　)工具对其修改。

(6) 账户策略包括两方面设置：密码策略和(　　)策略。

(7) Windows 的(　　)能够严格控制外部进入服务器和从服务器流出的网络流量。

3. 简答题

(1) 简要说明系统管理员应该从哪些方面加强 Windows Server 2012 的用户安全。

(2) 简要说明共享权限与 NTFS 权限的区别。

(3) 简要说明 EFS 的加密文件系统的过程。

(4) 如何使用防火墙做到只允许外面的用户访问服务器的 Web 服务?

(5) 可以从哪些方面使用本地组策略增强系统的安全性?

第7章

Linux操作系统安全

CHAPTER 7

Linux 操作系统是开放源代码的类 UNIX 操作系统，是一个领先的操作系统。世界上运算最快的 10 台超级计算机运行的都是 Linux 操作系统。在许多国家，Linux 早已涉足政府办公、军事战略以及商业运作的方方面面。Linux 的发行版本有很多，例如：Red Hat Linux、Ubuntu、Fedora Core、OpenSUSE、Debian、Centos 等。Linux 的优势在于跨平台的硬件支持、丰富的软件支持、多用户多任务、可靠的安全性、良好的稳定性以及完善的网络功能，最重要的是它还是开源的操作系统，也就说明用户可以根据自己的需求来做相对应的更改，其中最为出名的是 Red Hat 公司的 RHEL7(Red Hat Enterprise Linux 7)，几乎占据了服务器操作系统的半壁江山，它的主要应用是各种网络服务、虚拟化、云计算等。本章是以 Red Hat Enterprise Linux 7 为平台，重点讲解 Linux 操作系统相关的安全属性。

学习目标

- 了解 GPG 的加密原理，以及使用 GPG 实现加密、解密文档。
- 了解 LUKS 技术，使用 LUKS 创建加密磁盘。
- 熟悉 SELinux 的原理，以及对 SELinux 的基础使用、安全上下文、布尔值、修改 SELinux 的端口标签。
- 熟悉 AIDE 技术，能使用 AIDE 检测系统文件是否被修改。
- 熟悉 RKHunter 技术，能够使用 RKHunter 检测文件系统是否被修改。
- 熟悉 Snort 技术，能够使用 Snort 进行入侵检测。
- 熟练 HTTPS 原理，以及 HTTPS 站点的搭建。

7.1 使用 GPG 加密 Linux 文件

PGP 是最为有名的加密工具之一,PGP 最初的设计主要是用于邮件加密,如今已经发展到了可以加密整个硬盘、分区、文件、文件夹、集成进邮件软件进行邮件加密,甚至可以对 ICQ 的聊天信息实时加密,但是它是一个商业版本。

GNU Privacy Guard(GnuPG)是自由软件基金会的 GNU 计划的一部分。它是一种基于密钥的加密方式,使用了一对密钥对消息进行加密和解密来保证消息的安全传输。一开始,用户通过数字证书认证软件生成一对公钥和私钥。任何其他想给该用户发送加密消息的用户,需要先从证书机构的公共目录获取接收者的公钥,然后用公钥加密信息,再发送给接收者。当接收者收到加密消息后,他可以用自己的私钥来解密,而私钥是不应该被其他人拿到的。

课业任务 7-1

课业任务 7-1

Bob 是 WYL 公司总部的技术开发人员,Alice 是 WYL 公司分部的技术开发人员,他们都使用 RHEL7 开发软件。身处异地的 Bob 与 Alice 现需要通过互联网交换他们的软件代码,故需要在传输的过程当中注意保密性。

Bob 和 Alice 交换文件实现的思路是:首先 Bob 在自己的 RHEL7 系统中产生密钥对,接下来导出其生成的公钥通过网络发送给 Alice,Alice 在收到 Bob 发送的公钥后,首先将 Bob 的公钥导入自己的 RHEL7 系统,然后再使用 Bob 的公钥加密需要的文件,最后 Alice 把加密后文件同样通过网络发给 Bob,Bob 在收到 Alice 发送来的加密文件后,用自己的私钥进行解密,则可以看到 Alice 发送来的文件了。

具体操作步骤如下:

(1) Bob 在自己的 RHEL7 系统中产生密钥对,如图 7.1 所示。

```
[root@localhost ~]# gpg --gen-key
gpg (GnuPG) 2.0.22; Copyright (C) 2013 Free Software Foundation, Inc.
This is free software: you are free to change and redistribute it.
There is NO WARRANTY, to the extent permitted by law.

gpg: directory `/root/.gnupg' created
gpg: new configuration file `/root/.gnupg/gpg.conf' created
gpg: WARNING: options in `/root/.gnupg/gpg.conf' are not yet active during this run
gpg: keyring `/root/.gnupg/secring.gpg' created
gpg: keyring `/root/.gnupg/pubring.gpg' created
Please select what kind of key you want:
   (1) RSA and RSA (default)
   (2) DSA and Elgamal
   (3) DSA (sign only)
   (4) RSA (sign only)
Your selection?
RSA keys may be between 1024 and 4096 bits long.
What keysize do you want? (2048)
Requested keysize is 2048 bits
Please specify how long the key should be valid.
         0 = key does not expire
      <n>  = key expires in n days
      <n>w = key expires in n weeks
      <n>m = key expires in n months
      <n>y = key expires in n years
Key is valid for? (0)
Key does not expire at all
Is this correct? (y/N) y

GnuPG needs to construct a user ID to identify your key.
```

图 7.1 生成密钥对

命令为：

```
gpg --gen-key
```

注意事项：

Please select what of key you want 这里有四种加密方式供你选择，默认的加密方式为 RSA and RSA(default)。

What keysize do you want?(2048)这里可以输入密钥的尺寸，RSA 的范围是 1024～4096，默认情况下是 2048。

Key is valid for?(0)这里可以选择密钥时长，0 表示密钥永不过期，< n >表示密钥时长为 n 天，< n > w 表示密钥时长为 n 周，< n > m 表示密钥时长为 n 个月，< n > y 表示密钥时长为 n 年。

在如图 7.2 所示的界面设置完用户名、邮件地址后会进入如图 7.3 所示的完成密钥生成界面。

```
Real name: wangyulin
Email address: 43498000@qq.com
Comment:
You selected this USER-ID:
    "wangyulin <43498000@qq.com>"

Change (N)ame, (C)omment, (E)mail or (O)kay/(Q)uit? o
You need a Passphrase to protect your secret key.
```

图 7.2 设置用户名、邮件地址

注意事项： Real name 表示用户名，Email address 表示邮件地址。

```
We need to generate a lot of random bytes. It is a good idea to perform
some other action (type on the keyboard, move the mouse, utilize the
disks) during the prime generation; this gives the random number
generator a better chance to gain enough entropy.
We need to generate a lot of random bytes. It is a good idea to perform
some other action (type on the keyboard, move the mouse, utilize the
disks) during the prime generation; this gives the random number
generator a better chance to gain enough entropy.
gpg: /root/.gnupg/trustdb.gpg: trustdb created
gpg: key 32E7C2DC marked as ultimately trusted
public and secret key created and signed.

gpg: checking the trustdb
gpg: 3 marginal(s) needed, 1 complete(s) needed, PGP trust model
gpg: depth: 0  valid:   1  signed:   0  trust: 0-, 0q, 0n, 0m, 0f, 1u
pub   2048R/32E7C2DC 2021-11-21
      Key fingerprint = F9A4 695F 4FC8 F004 EFAE  B4B0 309C AE2C 32E7 C2DC
uid                  wangyulin <43498000@qq.com>
sub   2048R/C2E01D42 2021-11-21

[root@localhost ~]#
```

图 7.3 完成密钥生成界面

(2) Bob 在自己的 RHEL7 系统中产生密钥对后，导出并且查看公钥，如图 7.4 所示。

命令为：

```
gpg --list-key                                          //查看公钥跟私钥
gpg --export --armor --output wangyulin 32E7C2DC        //导出公钥命名为 wangyulin
cat wangyulin                                           //查看公钥内容
```

(3) Bob 将公钥 wangyulin 通过网络发送给 Alice。

(4) Alice 在收到 Bob 发送的公钥后，将 Bob 的公钥导入自己的 RHEL7 系统，如图 7.5 所示。

```
[root@localhost ~]# gpg --list-key
/root/.gnupg/pubring.gpg
-------------------------
pub   2048R/32E7C2DC 2021-11-21
uid                  wangyulin <43498000@qq.com>
sub   2048R/C2E01D42 2021-11-21

[root@localhost ~]# gpg --export --armor --output wangyulin 32E7C2DC
[root@localhost ~]# cat wangyulin
-----BEGIN PGP PUBLIC KEY BLOCK-----
Version: GnuPG v2.0.22 (GNU/Linux)

mQENBGGaIewBCACmHXzB7gV64YZBxz6qQqPXVoLkP4JRpPAdT0udZGWQOmzt1QXI
sOlsUElYbQa+A1yDR3RUHAjqUzUstRtBRh8lW+gyYQOu3rDgKBwaoFnyCN86k7/U
O8bvt7TCC5ZKGwGjQD+WIfzWZkZMXsU3tFevl4n0d6vWCvQIQ/RMgJ5AJzlyPzZ/
qtznxBflcSeTU4Jmct1BdKn3p/Ogox/4axpHXDqf1VhMjf7ME42WrRlQ+2n5PkGk
B/fvyifI7EQMw1Gb2bh6hO7Ibw485y05ziI3liKJQpUWcyxcNF9GoEmAQZuuFKeY
nHWvtj6OZkbT2U9P+J3/sdg5bcIr0jrits65ABEBAAG0G3dhbmd5dWxpbiA8NDM0
OTgwMDBAcXEuY29tPokBOQQTAQIAIwUCYZoh7AIbAwcLCQgHAwIBBhUIAgkKCwQW
AgMBAh4BAheAAAoJEDCcriwy58Lck3UIAJIxSBPFc6Bf0YuJ4KNHHt9PBulBSOeJ
DjF7FPRTLrPTmFJ8RWNPjVB12WLtP4cmTwKe3/8f7pryQpxCu6nP3P8TcXhTOR4c
IduHjvARST7CSTR+H6SNG2C4VPgG4zTxg3c4tqLmxYFavWprID8SEzEpqSPPtPH2
2Wu7QAKQoGnDFhhNZSAF7fpkAJN9WUwCi+kli9mibKFwLlRlprNoIKsKC+J4OvKz
M+izcUOi7wWq0tGSHtREtDC/uFoUYfBhKm3LXLBtcHhRMeRWKVw0MCWGiu4hxCwS
78mkpYnSKYErKtN5sxT+urMJuHKrTAK2uq8n5dcFbVM+gvY35Y5a+h25AQ0EYZoh
7AEIAK6gt2VBo1mIhY9OXU8sW8nhW9w5h/6GQoOKYm+mq7/+grL2BZkiBe8vcjh8
22peplIuEErNpHvPm014MMwZ8df5/tXbGVQryzwUDDXJV2R6Ujp7DsxAewgM5/OX
YyDrPRZOxElZ6B5MYE7s2KMEQg1Bn4a6FzeBM7qZ/QVINydyUmcW4JRxSZRdizfe
wbK+nN0gw6dhMC3YVf7LUn2asOWxLm3iOou7bO2J3NxAWNl8nx7iMVmZaQqvzQbT
KVeweigDI46zKc1KPXlp1iCGZ5pjg2vpVc3QORLDy9kte2SFBn0K53tlfC8YBWsC
3o66YsLHufoLlQ1FyEUNnrKuRbsAEQEAAYkBHgQYAQIACQUCYZoh7AIbDAAKCRAw
nK4sMufC3G/UB/drIW018ZMQ+AxOyy7Xk8HbnEO9p9w0rt8ykTfF7eDCo7rcRQll
tYv0lNX2+tekAmfGqxpHlhtHRBpefWKZ5J9NXbJqLzo2LsDu4kDeQ+bwW96HahYl
tc2G4jriDplIQTVOY7lXMXMOOG0nrFo+cYAOSFTOlcJU//EV07dhHNaUs2Df4TZZ
vB8bbPBqiijr7v9nyYh7lVmui4B9JPp4DzSRKDJ7aIqBMqgJvtezhtQ6gPsWJuU5
1zwP6GQGU3EHX13bf2rNouf9SOdhdSZnU2GcceBd7hjXDOOuj0T8mtKZrBZq7LOg
6k9FXC4YRmCaJJhJTR+vk2mIOHKHPcY7+Iw=
=sKuP
-----END PGP PUBLIC KEY BLOCK-----
[root@localhost ~]# █
```

图 7.4　导出并且查看公钥

```
[Alice@localhost ~]$ gpg --import ./wangyulin
gpg: /home/Alice/.gnupg/trustdb.gpg: trustdb created
gpg: key 32E7C2DC: public key "wangyulin <43498000@qq.com>" imported
gpg: Total number processed: 1
gpg:               imported: 1  (RSA: 1)
[Alice@localhost ~]$
```

图 7.5　导入公钥

命令为：

```
gpg --import ./wangyulin
```

(5) Alice 用 Bob 的公钥加密文件 1.txt,加密后的文件名为 1.txt.asc,如图 7.6 所示。命令为：

```
gpg --encrypt --armor -r 32E7C2DC ./1.txt
```

上述命令对 1.txt 文件进行加密,随后将生成一个 1.txt.asc 的加密文件。

(6) Alice 把加密后的文件通过网络发送给 Bob。

(7) Bob 在收到 Alice 发送来的加密文件后,用自己的私钥进行解密,则可以看到 Alice 发送来的文件了。

命令为：

```
gpg --decrypt 1.txt.asc    //解密 1.txt.asc 文件
```

```
[Alice@localhost ~]$ gpg --list-key
/home/Alice/.gnupg/pubring.gpg
--------------------------------
pub   2048R/32E7C2DC 2021-11-21
uid                  wangyulin <43498000@qq.com>
sub   2048R/C2E01D42 2021-11-21

[Alice@localhost ~]$ gpg --encrypt --armor -r 32E7C2DC ./1.txt
gpg: C2E01D42: There is no assurance this key belongs to the named user

pub  2048R/C2E01D42 2021-11-21 wangyulin <43498000@qq.com>
 Primary key fingerprint: F9A4 695F 4FC8 F004 EFAE  B4B0 309C AE2C 32E7 C2DC
      Subkey fingerprint: 00C7 4EBC CD67 6A99 0BC4  E13F 4F13 90EA C2E0 1D42

It is NOT certain that the key belongs to the person named
in the user ID.  If you *really* know what you are doing,
you may answer the next question with yes.

Use this key anyway? (y/N) y
[Alice@localhost ~]$ cat 1.txt.asc
-----BEGIN PGP MESSAGE-----
Version: GnuPG v2.0.22 (GNU/Linux)

hQEMA08TkOrC4B1CAQf+LCQgaDmgdBu5qB2TSIkWFYNGn+dnjP2LB3F8gOQA4FZg
5Z+82ytKcLl32+hSBsPOiLrEDKL62jxQ/BRHoBMaNfGDrmd3ieMg2bJKWbrsmVvZ
WkgvYBDbDnGCtBYpLUQLABgzPfPfYYUlAs+TixSOwnX2Y43BOmwCvr7kYv57L1Bj
G5BWzQWoCHlmeffSr/I8keCfynDR7+gkZAQkTN4HkMrx27g0L+2a6vvyA6QTBAxo
N6G01t9jOOr1ni08v90cRS2+tt7Y7sQ0kkQC/Nbn7cOdWVrpw5C6Fnv+c79NvxD8
sfGdYmLLF+b3Li2RuKlIasKRJr6OusJs9TjzWkqHkNJAAVtlSuG3wl8iiS+Kzwgw
9uVpDeax6ih8Ya+m9WYzOnRMMtyYB8tUueFnJQ2Q7deHiiwbEa5D7EdF91XjyP93
Jg==
=/XIu
-----END PGP MESSAGE-----
[Alice@localhost ~]$
```

图 7.6　加密文件

注意事项：在输入完命令之后会有一个密码窗口，此时就要输入当时创建密钥时的密码，如图 7.7 所示。

```
Please enter the passphrase to unlock the secret key for the OpenPGP certificate:
"wangyulin <43498000@qq.com>"
2048-bit RSA key, ID C2E01D42,
created 2021-11-21 (main key ID 32E7C2DC).

Passphrase ********_____________________________________________

            <OK>                                        <Cancel>
```

图 7.7　解密文件

输入完正确密码，选择< OK >之后，输出的最后一行即为加密之前文件的内容。

7.2　使用 LUKS 加密 Linux 磁盘

LUKS(Linux Unified Key Setup)为 Linux 硬盘分区加密提供了一种标准，它不仅通用于不同的 Linux 发行版本，还支持多用户/口令。因为它的加密密钥独立于口令，所以如果口令失密，可以迅速改变口令而无须重新加密整个硬盘。LUKS 不仅提供一个标准的磁盘上的格式，还提供了多个用户密码的安全管理。在实现过程中必须首先对加密的卷进行解密，才能挂载其中的文件系统，在使用时对加密的分区进行解锁后挂载就可以使用，在不使用时就要先卸载再锁定分区。

文件系统在加密层之上，当加密层被破坏掉之后，磁盘里的内容就看不到，因为没有设备对它解密。

课业任务
7-2

课业任务 7-2

Bob 是 WYL 公司的软件开发人员,使用 RHEL7 开发软件,他的计算机的硬盘里有很多公司的核心软件代码,因怕其被泄露,因此急需要把这些文件保护起来。

实现思路:首先划分一个分区,使用 RHEL7 下的 LUKS 技术,对其分区数据进行保护。

具体操作步骤如下。

(1) 查询 LUKS 软件包是否安装,如图 7.8 所示。

```
[root@localhost ~]# rpm -qf /sbin/cryptsetup
cryptsetup-2.0.3-6.el7.x86_64
[root@localhost ~]# █
```

图 7.8 查询 LUKS 软件包是否安装

命令为:

```
rpm - qf /sbin/cryptsetup    //查询 LUKS 软件包是否安装
```

(2) 划分一个分区/dev/sdb,并给/dev/sdb 设置加密密码,如图 7.9 所示。

```
[root@localhost ~]# cryptsetup luksFormat /dev/sdb

WARNING!
========
This will overwrite data on /dev/sdb irrevocably.

Are you sure? (Type uppercase yes): YES
Enter passphrase for /dev/sdb:
Verify passphrase:
[root@localhost ~]#
```

图 7.9 设置加密密码

命令为:

```
cryptsetup luksFormat /dev/sdb 为/dev/sdb    //设置加密密码
```

注意事项:在提示确认时,输入的 YES 一定要为大写。

(3) 解锁磁盘,并把解锁的磁盘映射为 Bob,如图 7.10 所示。

```
[root@localhost ~]# cryptsetup luksOpen /dev/sdb Bob
Enter passphrase for /dev/sdb:
[root@localhost ~]# ll /dev/mapper/Bob
lrwxrwxrwx. 1 root root 7 Nov 22 03:13 /dev/mapper/Bob -> ../dm-2
```

图 7.10 磁盘映射

命令为:

```
cryptsetup luksOpen /dev/sdb Bob    //把解锁的硬盘映射为 Bob
```

注意事项:这里要输入的密码也就是第(2)步加密时设置的密码。

(4) 格式化该磁盘,如图 7.11 所示。

命令为:

```
mkfs.ext4 /dev/mapper/Bob    //将磁盘格式化为 ext4 格式
```

```
[root@localhost ~]# mkfs.ext4 /dev/mapper/Bob
mke2fs 1.42.9 (28-Dec-2013)
Filesystem label=
OS type: Linux
Block size=4096 (log=2)
Fragment size=4096 (log=2)
Stride=0 blocks, Stripe width=0 blocks
1310720 inodes, 5242368 blocks
262118 blocks (5.00%) reserved for the super user
First data block=0
Maximum filesystem blocks=2153775104
160 block groups
32768 blocks per group, 32768 fragments per group
8192 inodes per group
Superblock backups stored on blocks:
        32768, 98304, 163840, 229376, 294912, 819200, 884736, 1605632, 2654208,
        4096000

Allocating group tables: done
Writing inode tables: done
Creating journal (32768 blocks): done
Writing superblocks and filesystem accounting information: done
```

图 7.11　格式化磁盘

(5) 创建挂载点,如图 7.12 所示。

```
[root@localhost ~]# mkdir /mnt/luks
[root@localhost ~]# █
```

图 7.12　创建挂载点

命令为：

```
mkdir /mnt/luks   //创建挂载点 luks
```

(6) 挂载磁盘,并使用磁盘,如图 7.13 所示。

```
[root@localhost ~]# mount /dev/mapper/Bob  /mnt/luks/
[root@localhost ~]# df -h
Filesystem             Size  Used Avail Use% Mounted on
devtmpfs               2.0G     0  2.0G   0% /dev
tmpfs                  2.0G     0  2.0G   0% /dev/shm
tmpfs                  2.0G   13M  2.0G   1% /run
tmpfs                  2.0G     0  2.0G   0% /sys/fs/cgroup
/dev/mapper/rhel-root   17G  4.3G   13G  26% /
/dev/sda1             1014M  212M  803M  21% /boot
tmpfs                  394M   16K  394M   1% /run/user/42
tmpfs                  394M     0  394M   0% /run/user/0
/dev/mapper/Bob         20G   45M   19G   1% /mnt/luks
[root@localhost ~]# █
```

图 7.13　挂载硬盘

命令为：

```
mount /dev/mapper/Bob  //挂载硬盘
```

(7) 进入/etc/fstab 中设置加密硬盘开机自启,如图 7.14 和图 7.15 所示。配置完成后重启设备提示如图 7.16 所示的内容,则视为加密成功。

```
[root@localhost ~]# vi /etc/fstab

#
# /etc/fstab
# Created by anaconda on Sat Nov  6 08:01:53 2021
#
# Accessible filesystems, by reference, are maintained under '/dev/disk'
# See man pages fstab(5), findfs(8), mount(8) and/or blkid(8) for more info
#
/dev/mapper/rhel-root   /                       xfs     defaults        0 0
UUID=c9e4e594-4daa-421c-a533-2c50a78e54bb /boot                   xfs     defaults        0 0
/dev/mapper/rhel-swap   swap                    swap    defaults        0 0
/dev/mapper/Bob         /mnt/luks       ext4    defaults 0 0
~
```

图 7.14　在/etc/fstab 中设置开机自启

```
[root@localhost ~]# vi /etc/crypttab
Bob /dev/sdb
~
```

图 7.15　在/etc/crypttab 中自动生成虚拟设备文件

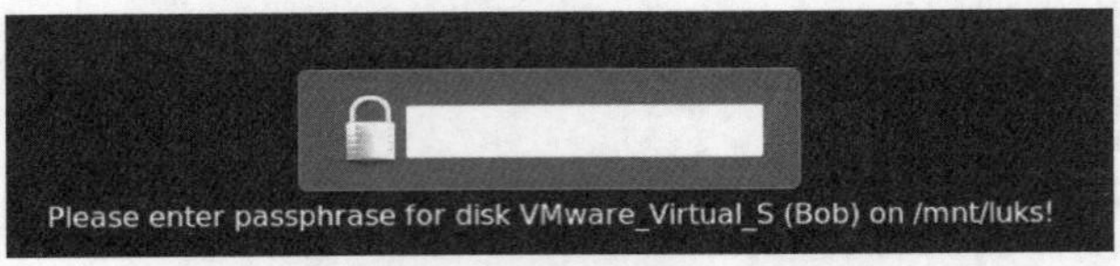

图 7.16　开机时提示输入加密硬盘的密码

命令为：

```
vi /etc/fstab  //进入/etc/fstab 中编辑
添加/dev/mapper/Bob /mnt/luks ext4 defaults 0 0。
在/etc/cryttab 中自动生成虚拟设备文件。
添加 Bob /dev/sdb 。
```

(8) 在不使用时就要先卸载再锁定分区，如图 7.17 所示。

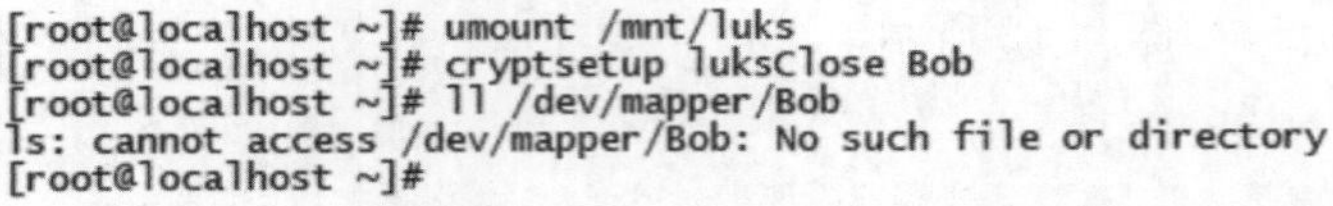

```
[root@localhost ~]# umount /mnt/luks
[root@localhost ~]# cryptsetup luksClose Bob
[root@localhost ~]# ll /dev/mapper/Bob
ls: cannot access /dev/mapper/Bob: No such file or directory
[root@localhost ~]#
```

图 7.17　卸载关闭加密

命令为：

```
mount /mnt/luks                //卸载
cryptsetup luksClose Bob       //关闭加密
```

7.3　使用 SELinux 保护网络服务

SELinux 是保护系统的另一种方法，SELinux 定义了一组哪些进程能访问哪些文件、目录、端口等的安全规则。每个文件、进程、目录和端口都具有专门的安全标签，称为 SELinux 的安全上下文。上下文只是一个名称，SELinux 策略使用它来确定某个进程是否能访问文件、目录和端口。SELinux 标签主要是看第三个上下文：类型上下文。例如，httpd_t 是 apache 的进程上下文；Web 网站文档的上下文是 httpd_sys_content_t；/tmp 与/var/tmp 的文件和目录的类型上下文件是 tmp_t。在 SELinux 策略中有一个规则允许 httpd_t 的进程可以访问 httpd_sys_content_t 文件，而不允许 httpd_t 的进程访问 tmp_t 的文件。

SELinux 服务有三种运行模式，具体如下。

enforcing：强制启用安全策略模式，将拦截服务的不合法请求。

permissive：遇到服务越权访问时，只发出警告而不强制拦截。

disabled：对于越权的行为不警告也不拦截。

selinux 的配置文件位置为/etc/selinux/config，链接文件位置为/etc/sysconfig/selinux。

7.3.1　修改 SELinux 的安全上下文

安全上下文是用来控制文件系统中每个文件及目录的 SELinux 权限，主要是针对某个进程的某个行为进行读写的控制。SELinux 管理过程中，进程是否可以正确地访问文件资源，取决于它们的安全上下文。进程和文件都有自己的安全上下文，SELinux 会为进程和文件添加安全信息标签，如 SELinux 用户、角色、类型、类别等，当运行 SELinux 后，所有这些信息都将作为访问控制的依据。

课业任务 7-3

课业任务 7-3

WYL 公司使用 RHEL7 作为公司的 Web 服务器，为了保护 Web 服务器安全，准备在 Web 服务器上启用 SELinux，使服务器能正常安全运行。

实现思路：首先禁用 SELinux 是能正常访问 Web 页面的，启用 SELinux 后就不能访问 Web 页面了，用修改 SELinux 安全上下文的方法来保证其 httpd 进程能访问存放网页文档的目录。

具体操作步骤如下。

(1) 安装 http 服务。

命令为：

```
yum install httpd - y
```

(2) 把 SELinux 设置为容许状态，如图 7.18 所示。

命令为：

```
setenforce 0            //把 SELinux 设置为容许状态
getenforce              //查看 SELinux 的状态
```

```
[root@localhost ~]# setenforce 0
[root@localhost ~]# getenforce
Permissive
[root@localhost ~]#
```

图 7.18　把 SELinux 设置为容许状态

(3) 将防火墙放行 http 服务，如图 7.19 所示。

```
[root@localhost ~]# firewall-cmd --permanent --add-service=http
success
[root@localhost ~]# firewall-cmd --list-all
public (active)
  target: default
  icmp-block-inversion: no
  interfaces: ens33
  sources:
  services: dhcpv6-client ssh
  ports:
  protocols:
  masquerade: no
  forward-ports:
  source-ports:
  icmp-blocks:
  rich rules:

[root@localhost ~]# firewall-cmd --reload
success
[root@localhost ~]# firewall-cmd --list-all
public (active)
  target: default
  icmp-block-inversion: no
  interfaces: ens33
  sources:
  services: dhcpv6-client http ssh
  ports:
  protocols:
  masquerade: no
  forward-ports:
  source-ports:
  icmp-blocks:
  rich rules:

[root@localhost ~]#
```

图 7.19　防火墙放行 http 服务

命令为：

```
firewall-cmd --permanent --add-service=http          //永久放行 http 服务
firewall-cmd --list-all                              //查看防火墙现有的规则
firewall-cmd -reload                                 //重新加载防火墙规则
```

(4) 创建 Web 站点并进行相应配置,如图 7.20～图 7.23 所示。

```
[root@localhost ~]# mkdir /www
[root@localhost ~]# echo "selinux test" > /www/index.html
[root@localhost ~]#
```

图 7.20　创建站点目录以及内容

```
#
DocumentRoot "/www"

#
# Relax access to content within /var/www.
#
```

图 7.21　更改 http 的配置文件 1

```
#
DocumentRoot "/www"

#
# Relax access to content within /var/www.
#
<Directory "/www">
    AllowOverride None
    # Allow open access:
    Require all granted
</Directory>
```

图 7.22　更改 http 的配置文件 2

```
[root@localhost ~]# systemctl restart httpd
[root@localhost ~]#
```

图 7.23　重启 http 服务

命令为：

```
mkdir /www                                   //创建网站的目录
echo "selinux test" > /www/index.html        //设置站点的首页,首页内容为 selinux test
vi /etc/httpd/conf/httpd.conf                //进到 http 的配置文件进行更改
//更改 DocumentRoot "/www"< Directory "/www">
    AllowOverride None
    # Allow open access:
    Require all granted
</Directory> systemctl restart httpd         //重启 http 服务
```

(5) 测试是否可以访问,从图 7.24 可知,此时 Web 站点是可以访问的。

命令为：

```
http://192.168.0.104
```

(6) 把 SELinux 设置为强制状态,如图 7.25 所示。

图 7.24　测试 1

```
[root@localhost ~]# setenforce 1
[root@localhost ~]# getenforce
Enforcing
[root@localhost ~]#
```

图 7.25　把 SELinux 设置为强制状态

命令为：

```
setenforce 1   //把 SELinux 设置为强制状态
```

（7）再次测试是否可以访问该网站，此时，由于 SELinux 的介入，网站显示没有权限访问，如图 7.26 所示。

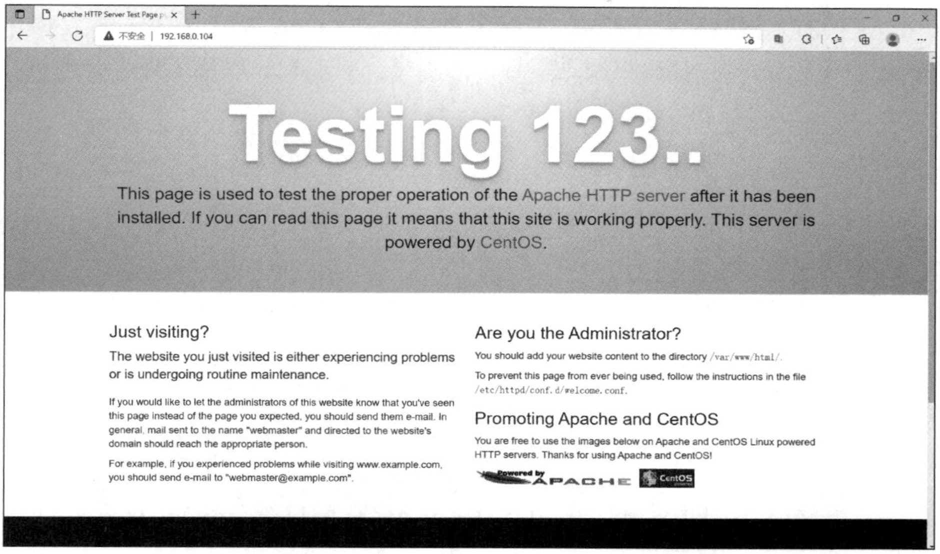

图 7.26　测试 2

命令为：

```
http://192.168.0.104
```

（8）修改/www 目录以及下面文件的 SELinux 安全上下文，让 httpd_t 的类型能访问/www 目录，如图 7.27 所示。

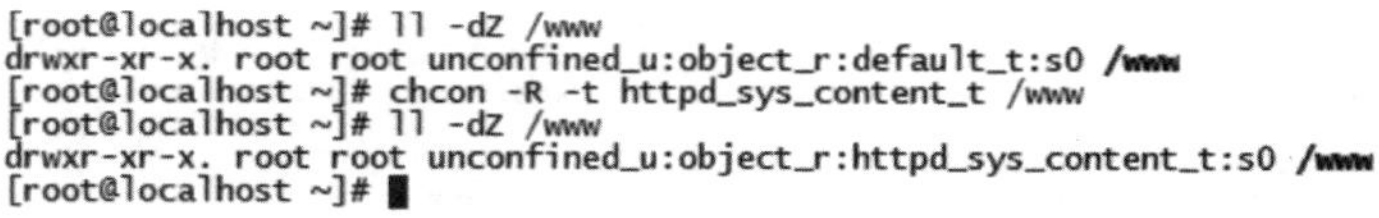

图 7.27　修改 SELinux 安全上下文

命令为：

```
ll - dZ /www                              //查看/www 目录的安全上下文
chcon - R - t httpd_sys_content_t /www    //修改/www 的安全上下文
```

（9）再次测试，便可以访问该 Web 站点，如图 7.28 所示。

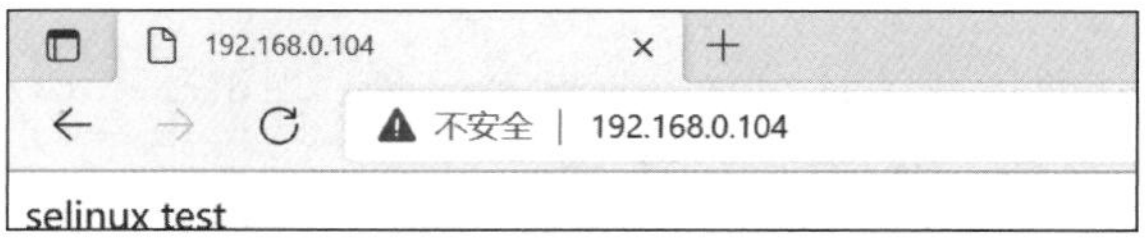

图 7.28　测试 3

命令为：

```
http://192.168.0.104
```

7.3.2 修改 SELinux 的布尔值

SELinux 的布尔值是一个字符串(可赋予具体含义),可以改变 SELinux 发挥作用,布尔值用来控制某个进程的权限,控制进程行为的本身。SELinux 内建了许多布尔值,可以通过这些布尔值来变更 SELinux 的设置。

课业任务 7-4

课业任务 7-4

WYL 公司使用 RHEL7 作为公司的 Web 服务器,开启 http 服务的个人用户主页功能配置 SELinux。

(1) 修改配置文件,开启个人用户主页功能,如图 7.29 所示。

```
[root@localhost ~]# vi /etc/httpd/conf.d/userdir.conf
#
# UserDir: The name of the directory that is appended onto a user's home
# directory if a ~user request is received.
#
# The path to the end user account 'public_html' directory must be
# accessible to the webserver userid.  This usually means that ~userid
# must have permissions of 711, ~userid/public_html must have permissions
# of 755, and documents contained therein must be world-readable.
# Otherwise, the client will only receive a "403 Forbidden" message.
#
<IfModule mod_userdir.c>
    #
    # UserDir is disabled by default since it can confirm the presence
    # of a username on the system (depending on home directory
    # permissions).
    #
    UserDir enabled

    #
    # To enable requests to /~user/ to serve the user's public_html
    # directory, remove the "UserDir disabled" line above, and uncomment
    # the following line instead:
    #
    UserDir public_html
</IfModule>

#
# Control access to UserDir directories.  The following is an example
# for a site where these directories are restricted to read-only.
#
<Directory "/home/*/public_html">
    AllowOverride FileInfo AuthConfig Limit Indexes
    Options MultiViews Indexes SymLinksIfOwnerMatch IncludesNoExec
    Require method GET POST OPTIONS
</Directory>
```

图 7.29 修改配置文件

命令为:

```
vi /etc/httpd/conf.d/userdir.conf   //进到配置文件中,添加 UserDir enabled 以及 UserDir
                                    //public_html
```

(2) 创建用户,并且创建网站目录及设置网站首页,如图 7.30 所示。

```
[root@localhost ~]# useradd wyl
[root@localhost ~]# su wyl
[wyl@localhost root]$ cd ~
[wyl@localhost ~]$ mkdir public_html
[wyl@localhost ~]$ echo "This is wyl's web" > public_html/index.html
[wyl@localhost ~]$ chmod -Rf 755 /home/wyl
[wyl@localhost ~]$ exit
exit
[root@localhost ~]# systemctl restart httpd
[root@localhost ~]# ▮
```

图 7.30 创建用户,并且创建网站目录及设置网站首页

命令为：

```
useradd wyl                                          //创建用户 wyl
su wyl                                               //切换至 wyl 用户下
mkdir public_html                                    //创建网站目录
echo "This is wyl's web"> public_html/index.html     //设置网站首页
chmod -Rf 755 /home/wyl                              //赋予目录 775 的权限
systemctl restart httpd                              //重启 http 服务
```

(3) 查看 SELinux 的布尔值，并设置 SELinux 为强制状态，如图 7.31 所示。

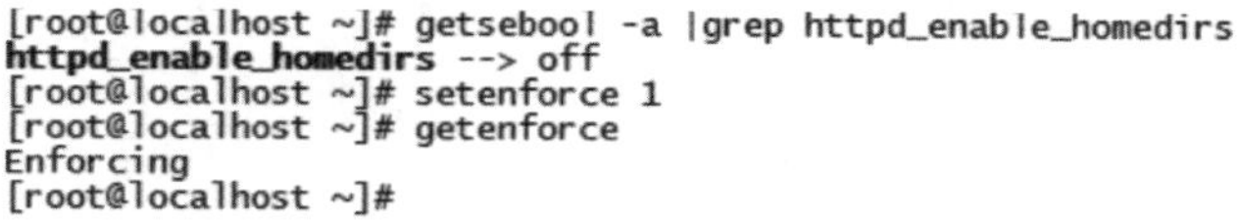

[root@localhost ~]# getsebool -a |grep httpd_enable_homedirs
httpd_enable_homedirs --> off
[root@localhost ~]# setenforce 1
[root@localhost ~]# getenforce
Enforcing
[root@localhost ~]#

图 7.31　查看 SELinux 的布尔值并设置 SELinux 为强制状态

命令为：

```
getsebool -a |grep httpd_enable_homedirs    //查看 SELinux 的布尔值
setenforce 1                                //设置 SELinux 为强制状态
```

(4) 测试 Web 站点，访问失败，如图 7.32 所示。

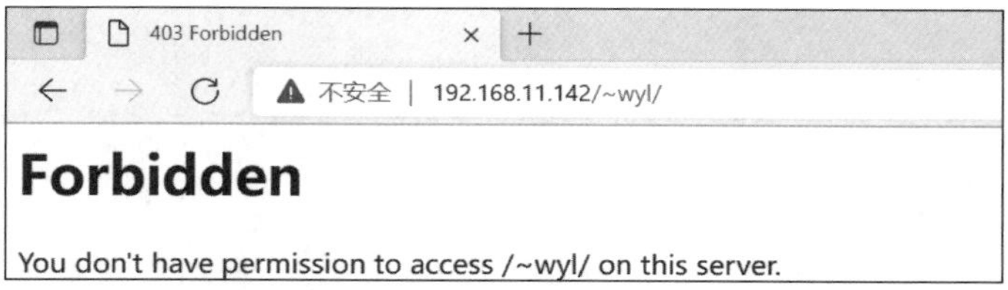

图 7.32　测试 4

命令为：

```
http://192.168.11.142/~wyl/
```

(5) 修改 SELinux 的布尔值，该操作永久生效，并且立即生效，如图 7.33 所示。

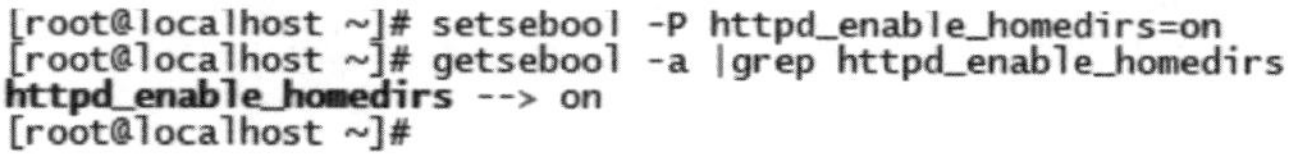

[root@localhost ~]# setsebool -P httpd_enable_homedirs=on
[root@localhost ~]# getsebool -a |grep httpd_enable_homedirs
httpd_enable_homedirs --> on
[root@localhost ~]#

图 7.33　修改 SELinux 的布尔值

命令为：

```
setsebool -P httpd_enable_homedirs=on
```

(6) 再次测试 Web 站点，访问成功，如图 7.34 所示。

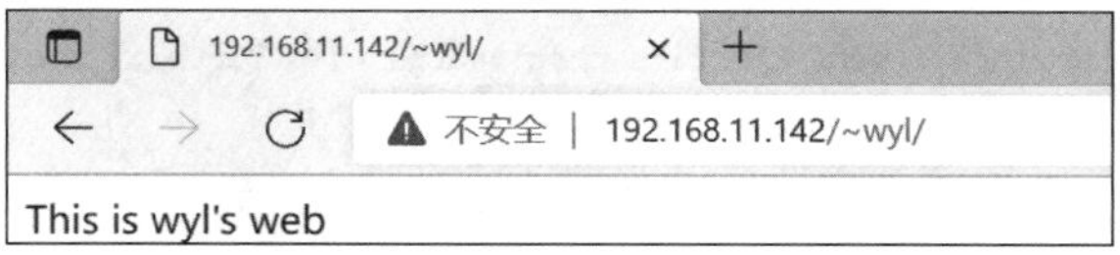

图 7.34　测试 5

命令为：

```
http://192.168.11.142/～wyl/
```

7.3.3　修改 SELinux 的端口标签

一个服务不能随意地使用任何一个端口，它的端口使用范围受到 SELinux 的策略限制，可以通过添加以及删除端口、修改其服务的布尔值或者安全上下文来对它们相对应的服务进行允许或者阻拦。

课业任务 7-5

课业任务 7-5

WYL 公司使用 RHEL7 作为公司的 Web 服务器，配置基于端口号的多站点来配置 SELinux。

(1) 创建网站目录，编写首页文件，如图 7.35 所示。

```
[root@localhost ~]# mkdir -p /www/1998
[root@localhost ~]# mkdir -p /www/1019
[root@localhost ~]# echo "port: 1998" > /www/1998/index.html
[root@localhost ~]# echo "port: 1019" > /www/1019/index.html
[root@localhost ~]# 
```

图 7.35　创建网站目录及首页文件

命令为：

```
mkdir -p /www/1998                              //创建目录
mkdir -p /www/1019                              //创建目录
echo "port: 1998" > /www/1998/index.html        //编写首页文件
echo "port: 1019" > /www/1019/index.html        //编写首页文件
```

(2) 修改配置文件，增加两个监听端口(1998 和 1019)，并且添加两个虚拟站点配置，如图 7.36 和图 7.37 所示。

```
#Listen 12.34.56.78:80
Listen 80
Listen 1998
Listen 1019
```

图 7.36　增加两个监听端口

```
    # Controls who can get stuff from this server.
    #
    Require all granted
</Directory>

<VirtualHost 192.168.11.142:1998>
        DocumentRoot /www/1998
        ServerName www.wyl.com
        <Directory "/www/1998">
            AllowOverride None
            Require all granted
        </Directory>
</VirtualHost>
<VirtualHost 192.168.11.142:1019>
        DocumentRoot /www/1019
        ServerName zzc.wyl.com
        <Directory "/www/1019">
            AllowOverride None
            Require all granted
        </Directory>
</VirtualHost>
#
# DirectoryIndex: sets the file that Apache will serve if a directory
# is requested.
#
```

图 7.37　添加两个虚拟站点配置

命令为:

```
vi /etc/httpd/conf/httpd.conf   //进到位置文件中
```

(3) 查看 SElinux 安全上下文并且重启 http 服务,如图 7.38 所示。

```
[root@localhost ~]# ls -Zd /www/1998/
drwxr-xr-x. root root unconfined_u:object_r:httpd_sys_content_t:s0 /www/1998/
[root@localhost ~]# ls -Zd /www/1019/
drwxr-xr-x. root root unconfined_u:object_r:httpd_sys_content_t:s0 /www/1019/
[root@localhost ~]# systemctl restart httpd
[root@localhost ~]#
```

图 7.38 查看 SElinux 安全上下文

命令为:

```
ls - Zd /www/1998/              //查看 SElinux 安全上下文
ls - Zd /www/1019/              //查看 SElinux 安全上下文
systemctl restart http          //重启 http 服务
```

(4) 查看与 HTTP 相关的 SELinux 服务允许的端口列表并将 1998 和 1019 端口放行,如图 7.39 所示。

```
[root@localhost ~]# semanage port -l | grep http
http_cache_port_t              tcp      8080, 8118, 8123, 10001-10010
http_cache_port_t              udp      3130
http_port_t                    tcp      80, 81, 443, 488, 8008, 8009, 8443, 9000
pegasus_http_port_t            tcp      5988
pegasus_https_port_t           tcp      5989
[root@localhost ~]#
[root@localhost ~]# semanage port -a -t http_port_t -p tcp 1019
[root@localhost ~]# semanage port -a -t http_port_t -p tcp 1998
[root@localhost ~]# semanage port -l | grep http
http_cache_port_t              tcp      8080, 8118, 8123, 10001-10010
http_cache_port_t              udp      3130
http_port_t                    tcp      1998, 1019, 80, 81, 443, 488, 8008, 8009, 8443, 9000
pegasus_http_port_t            tcp      5988
pegasus_https_port_t           tcp      5989
[root@localhost ~]#
```

图 7.39 查看与 HTTP 相关的 SELinux 服务允许的端口列表并将 1998 和 1019 端口放行

命令为:

```
semanage port - l | grep http  //查看与 HTTP 相关的 SELinux 服务允许的端口列表
semanage port - a - t http_port_t - p tcp 1019         //放行 1019 端口
semanage port - a - t http_port_t - p tcp 1998         //放行 1998 端口
```

(5) 配置 firewalld 防火墙允许 1998 和 1019 端口,如图 7.40 所示。

```
[root@localhost ~]# firewall-cmd --list-all
public (active)
  target: default
  icmp-block-inversion: no
  interfaces: ens33
  sources:
  services: dhcpv6-client http ssh
  ports:
  protocols:
  masquerade: no
  forward-ports:
  source-ports:
  icmp-blocks:
  rich rules:

[root@localhost ~]# firewall-cmd --permanent --add-port=1998/tcp
Warning: ALREADY_ENABLED: 1998:tcp
success
[root@localhost ~]# firewall-cmd --permanent --add-port=1019/tcp
success
[root@localhost ~]# firewall-cmd --reload
success
[root@localhost ~]# firewall-cmd --list-ports
1998/tcp 1019/tcp
[root@localhost ~]#
```

图 7.40 更改防火墙

命令为：

```
firewall - cmd -- permanent -- add - port = 1998/tcp     //允许 1998 端口
firewall - cmd -- permanent -- add - port = 1019/tcp     //允许 1019 端口
firewall - cmd -- reload                                 //更新策略
firewall - cmd -- list - ports                           //查看防火墙端口规则
```

(6) 重启 http 服务并设置 SELinux 为强制状态，如图 7.41 所示。

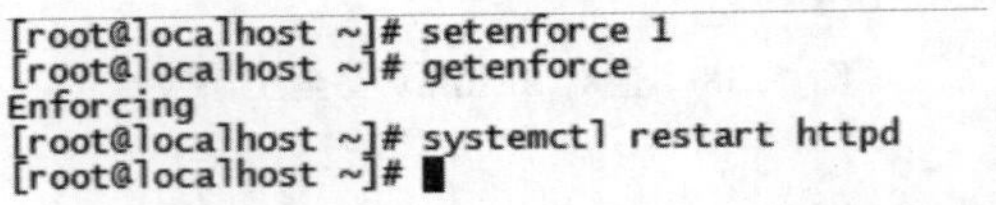

图 7.41　重启 http 服务并设置 SELinux 为强制状态

命令为：

```
setenforce 1                  //设置 SELinux 为强制状态
systemctl restart httpd       //重启 http 服务
```

(7) 验证 1019 端口和 1998 端口，如图 7.42 和图 7.43 所示。

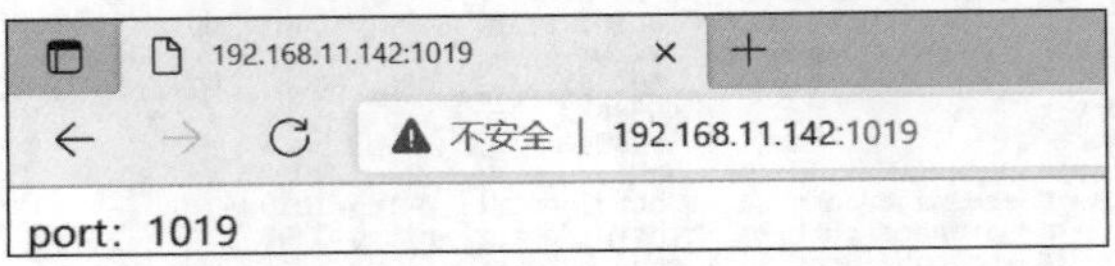

图 7.42　验证 1019 端口

图 7.43　验证 1998 端口

命令为：

```
http://192.168.11.142: 1019
http://192.168.11.142: 1998
```

7.4　入侵检测

7.4.1　入侵检测系统的定义

入侵检测系统(IDS) 就是依照一定的安全策略，对网络、系统的运行状况进行监视，尽可能发现各种攻击企图、攻击行为或者攻击结果，以保证网络系统资源的机密性、完整性和可用性。它与其他网络安全设备的不同之处在于，入侵检测系统是一种积极主动的安全防护技术。做一个形象的比喻，假如防火墙是一幢大楼的门锁，那么入侵检测系统就是这幢大楼里的监视系统。一旦小偷爬窗进入大楼，或内部人员有越界行为，只有实时监视系统才能发现情况并发出警告。

7.4.2 入侵检测系统的主要功能

入侵检测系统是一种主动保护自己免受攻击的网络安全技术。作为防火墙的合理补充，入侵检测系统能够帮助系统对付网络攻击，扩展了系统管理员的安全管理能力（包括安全审计、监视、攻击识别和响应），提高了信息安全基础结构的完整性。入侵检测系统功能主要如下。

1. 识别黑客常用入侵与攻击手段

入侵检测系统通过分析各种攻击的特征，可以全面快速地识别探测攻击、拒绝服务攻击、缓冲区溢出攻击、电子邮件攻击、浏览器攻击等各种常用攻击手段，并做相应的防范。一般来说，黑客在进行入侵的第一步探测、收集网络及系统信息时，就会被入侵检测系统捕获，向管理员发出警告。

2. 监控网络异常通信

入侵检测系统会对网络中不正常的通信连接做出反应，保证网络通信的合法性；任何不符合网络安全策略的网络数据都会被入侵检测系统侦测到并警告。

3. 鉴别对系统漏洞及后门的利用

入侵检测系统一般带有系统漏洞及后门的详细信息，通过对网络数据包连接的方式、连接端口以及连接中特定的内容等特征分析，可以有效地发现网络通信中针对系统漏洞进行的非法行为。

4. 完善网络安全管理

入侵检测系统通过对攻击或入侵的检测及反应，可以有效地发现和防止大部分的网络犯罪行为，给网络安全管理提供了一个集中、方便、有效的工具。使用入侵检测系统的监测、统计分析、报表功能，可以进一步完善网络管理。

7.4.3 入侵检测系统的组成

IETF（Internet 工程任务组）将一个入侵检测系统分为四个组件：事件产生器（Event Generator）、事件分析器（Event Analyzer）、响应单元（Response Unit）、事件数据库（Event Database）。入侵检测系统的组成原理如图 7.44 所示。事件是入侵检测系统中所分析的数据的统称，它可以是从系统日志、应用程序日志中所产生的信息，也可以是在网络中抓到的数据包。

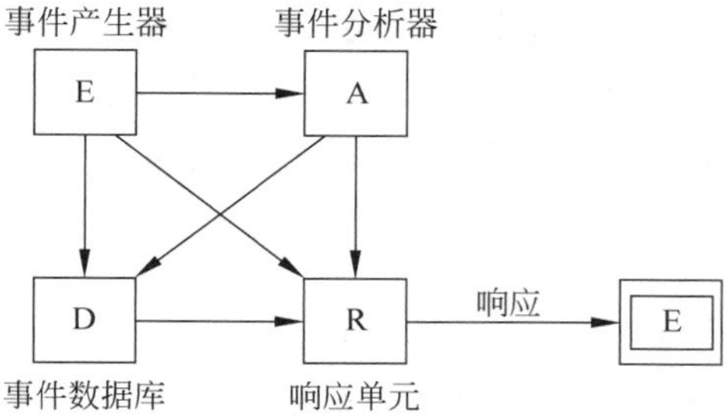

图 7.44 入侵检测系统的组成原理

事件产生器的目的是从整个计算环境中获得事件，并向系统的其他部分提供此事件。事件分析器分析得到的数据,并产生分析结果。响应单元则是对分析结果做出反应的功能单元,它可以做出切断连接、改变文件属性等强烈反应,也可以只是简单的报警。事件数据库是存放各种中间和最终数据的地方的统称,它可以是复杂的数据库,也可以是简单的文本文件。

7.4.4 入侵检测系统的类型

根据检测对象的不同,入侵检测系统可分为基于主机的入侵检测系统(HIDS)和基于网络的入侵检测系统(NIDS)。

1. 基于主机的入侵检测系统

基于主机的入侵检测系统就是以系统日志、应用程序日志等作为数据源,当然也可以通过其他手段(如监督系统调用)从所在的主机收集信息进行分析。基于主机的入侵检测系统保护的一般是所在的系统。这种系统经常运行在被监测的系统上,用以监测系统上正在运行的进程是否合法。如图 7.45 所示,基于主机的入侵检测系统用于保护关键应用的服务器,实时监视可疑的连接、系统日志、非法访问的闯入等,并且提供对典型应用的监视,如 Web 服务器应用。基于主机的入侵检测系统通常采用查看针对可疑行为的审计记录来执行,它能够比较新的记录条目与攻击特征,并检查不应该改变的系统文件的校验和分析系统是否被侵入或者被攻击。

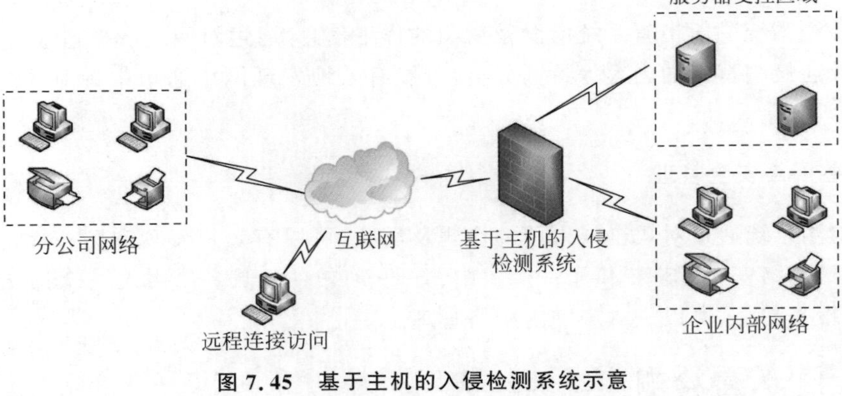

图 7.45 基于主机的入侵检测系统示意

OSSEC HIDS 是一个基于主机的开源入侵检测系统,它可以执行日志分析、完整性检查、Windows 注册表监视、rootkit 检测、实时警告以及动态的适时响应。除了具有入侵检测系统的功能之外,它通常还可以被用作一个 SEM/SIM 解决方案。因为其强大的日志分析引擎,互联网供应商、数据中心都乐意运行 OSSEC HIDS,以监视和分析其防火墙、入侵检测系统、Web 服务器和身份验证日志。

2. 基于网络的入侵检测系统

基于网络的入侵检测系统的数据源是网络上的数据包。在这种类型的入侵检测系统中,可以将一台计算机的网卡设于混杂模式,对所有本网段内的数据包并进行信息收集,并进行判断。一般基于网络的入侵检测系统担负着保护整个网段的任务。如图 7.46 所示,基于网络的入侵检测系统一般被放置在比较重要的网段内，部分也可以利用交换机的端口映射功能来监视特定端口的网络入侵行为。一旦攻击被检测到，响应模块按照配置对攻击做出反应。通常这些反应包括发送电子邮件、寻呼、记录日志、切断网络连接等。

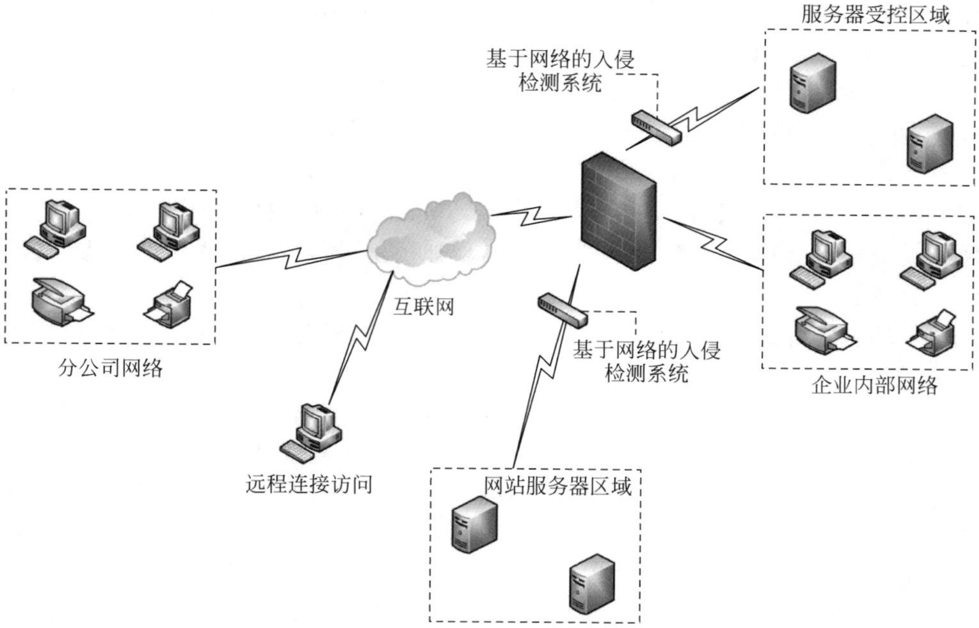

图 7.46　基于网络的入侵检测系统示意

基于主机的入侵检测系统和基于网络的入侵检测系统两种入侵检测系统都具有自己的优点和不足，互相可作为补充。基于主机的入侵检测系统可以精确地判断入侵事件，可以对入侵事件立即进行反应，还可以针对不同操作系统的特点判断应用层的入侵事件；其缺点是会占用主机宝贵的资源。基于网络的入侵检测系统只能监视经过本网段的活动，并且精确度较差，在交换网络环境中难以配置，防入侵欺骗的能力也比较差；但是它可以提供实时网络监视，并且监视力度更细致。

7.4.5　入侵检测过程

从总体来说，入侵检测系统可以分为两部分：收集系统和非系统中的信息，然后对收集到的数据进行分析，并采取相应措施。

1. 信息收集

信息收集包括收集系统、网络、数据及用户活动的状态和行为。而且，需要在计算机网络系统中的若干不同关键点（不同网段和不同主机）收集信息，这除了尽可能扩大检测范围的因素外，还有一个就是对来自不同源的信息进行特征分析之后比较得出问题所在的因素。

入侵检测很大程度上依赖于收集信息的可靠性和正确性，因此，很有必要利用所知道的精确软件来报告这些信息。因为黑客经常替换软件以搞混和移走这些信息，例如替换被程序调用的子程序、记录文件和其他工具，黑客对系统的修改可能使系统功能失常但看起来跟正常的一样。例如,UNIX系统的PS指令可以被替换为一个不显示侵入过程的指令,或者是编辑器被替换为一个读取不同于指定文件的文件(黑客隐藏了初始文件并用另一版本代替)。这需要保证用来检测网络系统的软件的完整性,特别是入侵检测系统软件本身应具有相当强的坚固性,防止被篡改而收集到错误的信息。入侵检测利用的信息一般来自以下三方面(这里不包括物理形式的入侵信息)。

(1) 系统和网络日志文件。黑客经常在系统和网络日志文件中留下他们的踪迹,因此,可以充分利用系统和网络日志文件信息。日志中包含发生在系统和网络上的不寻常的和不期望活动的证据,这些证据可以指出有人正在入侵或已成功入侵了系统。通过查看日志文件,能够发现成功的入侵或入侵企图,并很快地启动相应的应急响应程序。日志文件中记录了各种行为类型,每种类型又包含不同的信息,例如记录"用户活动"类型的日志,就包含登录、用户ID改变、用户对文件的访问、授权和认证信息等内容。很显然,对用户活动来讲,不正常的或不期望的行为就是重复登录失败、登录到不期望的位置以及非授权的企图访问重要文件等。

(2) 非正常的目录和文件改变。网络环境中的文件系统包含很多软件和数据文件,它们经常是黑客修改或破坏的目标。目录和文件中非正常改变(包括修改、创建和删除),特别是那些正常情况下限制访问的,很可能就是一种入侵产生的指示和信号。黑客经常替换、修改和破坏他们获得访问权的系统上的文件,同时为了隐藏系统中他们的表现及活动痕迹,都会尽力去替换系统程序或修改系统日志文件。

(3) 正常的程序执行。网络系统上的程序执行一般包括操作系统、网络服务、用户启动的程序和特定目的的应用,例如Web服务器。每个在系统上执行的程序由一个到多个进程来实现。一个进程的执行行为由它运行时执行的操作来表现,操作执行的方式不同,它利用的系统资源也就不同。操作包括计算、文件传输、设备和其他进程,以及与网络间其他进程的通信。一个进程出现了不期望的行为可能表明黑客正在入侵系统。黑客可能会将程序或服务的运行分解,从而导致它失败,或者是以非用户或管理员意图的方式操作。

2. 信号分析

对收集到的有关系统、网络、数据及用户活动的状态和行为等信息,一般通过三种方法进行分析:模式匹配、统计分析和完整性分析。其中前两种方法用于实时的入侵检测,而完整性分析则用于事后分析。

1) 模式匹配

模式匹配就是将收集到的信息与已知的网络入侵和系统已有模式数据库进行比较,从而发现违背安全策略的行为。该过程可以很简单(如通过字符串匹配以寻找一个简单的条目或指令),也可以很复杂(如利用正规的数学表达式来表示安全状态的变化)。一般来讲,一种进攻模式可以用一个过程(如执行一条指令)或一个输出(如获得权限)来表示。该方法的一大优点是只需收集相关的数据集合,显著减少系统负担,且技术已相当成熟。它与病毒防火墙采用的方法一样,检测准确率和效率都相当高。但是,该方法存在的弱点是需要不断的升级以对付不断出现的黑客攻击手法,不能检测到从未出现过的黑客攻击手段。

2) 统计分析

统计分析方法首先给系统对象(如用户、文件、目录和设备等)创建一个统计描述,统计正常使用时的一些测量属性(如访问次数、操作失败次数和延时等)。在比较这一点上与模式匹配有些相似之处。测量属性的平均值将被用来与网络、系统的行为进行比较,任何观察值在正常值范围之外时,就认为有入侵发生。例如,本来都默认用 Guest 账号登录的,突然用 Admin 账号登录。这样做的优点是可检测到未知的入侵和更为复杂的入侵;缺点是误报、漏报率高,且不适应用户正常行为的突然改变。具体的统计分析方法如基于专家系统的、基于模型推理的和基于神经网络的分析方法,目前正处于研究热点和迅速发展之中。

3)完整性分析

完整性分析主要关注某个文件或对象是否被更改,这经常包括文件和目录的内容及属性,它在发现被更改的、被特洛伊化的应用程序方面特别有效。完整性分析利用强有力的加密机制(称为消息摘要函数,例如 MD5),能识别哪怕是微小的变化。其优点是不管模式匹配方法和统计分析方法能否发现入侵,只要是成功的攻击导致了文件或其他对象的任何改变,它都能够发现;缺点是一般以批处理方式实现,用于事后分析而不用于实时响应。尽管如此,完整性检测方法还应该是网络安全产品的必要手段之一。例如,可以在每一天的某个特定时间内开启完整性分析模块,对网络系统进行全面的扫描检查。

3. 实时记录、报警或有限度反击

入侵检测系统根本的任务是要对入侵行为做出适当的反应,这些反应包括详细日志记录、实时报警和有限度的反击攻击源。

7.4.6 入侵检测系统放置的位置

1. 网络主机

在非混杂模式网络中,可以将基于网络的入侵检测系统安装在主机上,从而监测位于同一交换机上的机器间是否存在攻击现象。

2. 网络边界

入侵检测系统非常适合于安装在网络边界处,例如防火墙的两端、拨号服务器附近以及到其他网络的连接处。由于这些位置的带宽都不很高,所以入侵检测系统可以跟上通信流的速度。

3. 广域网中枢

由于经常发生从偏僻地带攻击广域网核心位置的案件以及广域网的带宽通常不很高,在广域网的骨干地段安装入侵检测系统也显得日益重要。

4. 服务器群

服务器种类不同,通信速度也不同。对于流量速度不是很高的应用服务器,安装入侵检测系统是非常好的选择;对于流量速度快但又特别重要的服务器,可以考虑安装专用入侵检测系统进行监测。

5. 局域网中枢

入侵检测系统通常都不能很好地应用于局域网,因为它的带宽很高,入侵检测系统很难追上狂奔的数据流,不能完成重新构造数据包的工作。如果必须使用,那么就不能对入侵检测系统的性能要求太高,一般达到检测简单攻击的目的就应该心满意足。

7.4.7　入侵检测系统如何与网络中的其他安全措施相配合

(1) 建立不断完善的安全策略。这一点非常重要,有了谁负责干什么、发生了入侵事件后怎么干,就有了正确行动的指南。

(2) 根据不同的安全要求,合理放置防火墙。例如,放在内部网和外部网之间、放在服务器和客户端之间、放在公司网络和合作伙伴网络之间。

(3) 使用网络漏洞扫描器检查防火墙的漏洞。

(4) 使用主机策略扫描器确保服务器等关键设备的最大安全性,如看看它们是否已经打了最新的补丁。

(5) 使用基于网络的入侵检测系统和其他数据包嗅探软件查看网络上是否有"黑"流涌动。

(6) 使用基于主机的入侵检测系统和病毒扫描软件对成功的入侵行为作标记。

(7) 使用网络管理平台为可疑活动设置报警。最起码,所有的SNMP设备都应该能够发送"验证失败"的trap信息,然后由管理控制台向管理员报警。

7.4.8　AIDE

AIDE(Advanced Intrusion Detection Environment,高级入侵检测环境)是一个入侵检测工具,主要用途是检查文档的完整性。AIDE能够构造一个指定文档的数据库,它使用aide.conf作为其配置文档。AIDE数据库能够保存文档的各种属性,包括权限(permission)、索引节点序号(inode number)、所属用户(user)、所属用户组(group)、文档大小、最后修改时间(mtime)、创建时间(ctime)、最后访问时间(atime)、增加的大小连同连接数。AIDE还能够使用下列算法:SHA1、MD5、RMD160、TIGER,以密文形式建立每个文档的校验码或散列号。

在系统被侵入后,系统管理员只要重新运行AIDE,就能够很快识别出哪些关键文档被攻击者修改过了。但是,要注意这也不是绝对的,因为AIDE可执行程序的二进制文档本身可能被修改了或数据库也被修改了。因此,应该把AIDE的数据库放到安全的地方,而且进行检查时要使用确保没有被修改过的程序。

课业任务7-6

课业任务 7-6

WYL公司使用RHEL7作为公司的服务器,为了保护服务器安全,使用AIDE的相关特性建立系统特征数据库,用来确认在服务器的运行过程中是否被黑客入侵过。

实现思路:首先安装AIDE,然后建立好AIDE的数据库文件,并且把该文件保存好,当系统被黑客入侵过后,再使用之前建的数据库文件来进行检测,看文件是否被黑客修改或删除过。

具体操作步骤如下。

(1) 安装 AIDE。

命令为:

```
yum install aide  //安装 AIDE
```

(2) 修改配置文件,让其对/bin 进行检测,如图 7.47 所示。

命令为:

```
vi /etc/aide.conf  //修改配置文件,添加/opt CONTENT
```

```
/boot/    CONTENT_EX
/bin/     CONTENT
/sbin/    CONTENT_EX
/lib/     CONTENT_EX
/lib64/   CONTENT_EX
/opt/     CONTENT
```

图 7.47 修改配置文件

(3) 建立初始数据库文件,并将数据库文件命名为 aide.db.gz,如图 7.48 所示。

```
[root@localhost ~]# aide --init

AIDE, version 0.15.1

### AIDE database at /var/lib/aide/aide.db.new.gz initialized.

[root@localhost ~]# cd /var/lib/aide/
[root@localhost aide]# ls
aide.db.new.gz
[root@localhost aide]# mv aide.db.new.gz aide.db.gz
[root@localhost aide]# ls
aide.db.gz
[root@localhost aide]# █
```

图 7.48 建立初始数据库文件,并将数据库文件命名为 aide.db.gz

命令为:

```
aide -- init                       //生成数据库
cd /var/lib/aide/                  //进入数据库位置
mv aide.db.new.gz aide.db.gz       //将文件命名为 aide.db.gz
```

(4) 模拟进行相应的入侵操作,假设把 ps 命令做一个备份,并且在 ps 命令文件内容后面追加 1234,如图 7.49 所示。

```
[root@localhost aide]# cp /bin/ps /bin/ps.bak
[root@localhost aide]# echo "1234" > /bin/ps
[root@localhost aide]#
```

图 7.49 模拟入侵

命令为:

```
cp /bin/ps /bin/ps.bak             //备份
echo "1234" > /bin/ps              //在 ps 命令文件内容后面追加 1234
```

(5) 检查系统的不一致性,如图 7.50 所示。

命令为:

```
aide -- check  //检测不一致性
```

由以上输出可以得到结论:共检查了系统中 164 716 个文件,其中,添加了 2 个文件,修改了 2 个文件。也就说明,只要入侵者做了相应的操作,系统就能根据之前生成的数据库文件进行检测。

```
[root@localhost aide]# aide --check
AIDE 0.15.1 found differences between database and filesystem!!
Start timestamp: 2021-11-22 08:38:29

Summary:
  Total number of files:        164716
  Added files:                  2
  Removed files:                0
  Changed files:                2

---------------------------------------------------
Added files:
---------------------------------------------------

added: /bin/ps.bak
added: /usr/bin/ps.bak

---------------------------------------------------
Changed files:
---------------------------------------------------

changed: /bin/ps
changed: /usr/bin/ps

---------------------------------------------------
Detailed information about changes:
---------------------------------------------------


File: /bin/ps
 SHA256    : ZVHUvuum4nj5MIBSRvjAp7hOPFMMa9Xe , qIPa/EgNRm7gTg1tqYa9eOsf3SF40EaT

File: /usr/bin/ps
 SHA256    : ZVHUvuum4nj5MIBSRvjAp7hOPFMMa9Xe , qIPa/EgNRm7gTg1tqYa9eOsf3SF40EaT
[root@localhost aide]#
```

图 7.50　检测不一致性

7.4.9　RKHunter

RKHunter(rootkit 猎手)是 Linux 系统平台下的一款开源入侵检测工具,具有非常全面的扫描范围,除了能够检测各种已知的 rootkit 特征码以外,还支持端口扫描、常用程序文件的变动情况检查,它通过执行一系列的测试脚本来确认机器是否已经感染 rootkits。如检查 rootkit 使用的基本文件、可执行二进制文件的错误文件权限、检测内核模块等。

RKHunter 具有以下功能。

(1) MD5 校验,检测文件是否有改动。

(2) 检测 rootkit 使用的二进制和系统工具文件。

(3) 检测特洛伊木马程序特征码。

(4) 检测常用程序的文件属性是否正常。

(5) 检测系统相关测试,因为 RKHunter 可支持多个系统平台。

(6) 检测隐藏文件。

(7) 检测可以的核心模块 LKM。

(8) 扫描任何混杂模式下的接口和后门程序常用的端口。

课业任务
7-7

课业任务 7-7

WYL 公司使用 RHEL7 作为公司的服务器,Bob 作为该公司的 IT 人员,对服务器安装 RKHunter 来检测系统。

(1) 下载 RKHunter 安装包。

命令为:

```
wget http://jaist.dl.sourceforge.net/project/rkhunter/rkhunter/1.4.6/rkhunter-1.4.6.tar.gz
                                        //从官方网站上下载 RKHunter 的安装包
```

(2) 安装 RKHunter,如图 7.51 所示。

```
[root@localhost ~]# tar -zxf rkhunter-1.4.6.tar.gz
[root@localhost ~]# cd rkhunter-1.4.6/
[root@localhost rkhunter-1.4.6]# ./installer.sh --install
Checking system for:
 Rootkit Hunter installer files: found
 A web file download command: wget found
Starting installation:
 Checking installation directory "/usr/local": it exists and is writable.
 Checking installation directories:
  Directory /usr/local/share/doc/rkhunter-1.4.6: creating: OK
  Directory /usr/local/share/man/man8: exists and is writable.
  Directory /etc: exists and is writable.
  Directory /usr/local/bin: exists and is writable.
  Directory /usr/local/lib64: exists and is writable.
  Directory /var/lib: exists and is writable.
  Directory /usr/local/lib64/rkhunter/scripts: creating: OK
  Directory /var/lib/rkhunter/db: creating: OK
  Directory /var/lib/rkhunter/tmp: creating: OK
  Directory /var/lib/rkhunter/db/i18n: creating: OK
  Directory /var/lib/rkhunter/db/signatures: creating: OK
 Installing check_modules.pl: OK
 Installing filehashsha.pl: OK
 Installing stat.pl: OK
 Installing readlink.sh: OK
 Installing backdoorports.dat: OK
 Installing mirrors.dat: OK
 Installing programs_bad.dat: OK
 Installing suspscan.dat: OK
 Installing rkhunter.8: OK
 Installing ACKNOWLEDGMENTS: OK
 Installing CHANGELOG: OK
 Installing FAQ: OK
 Installing LICENSE: OK
 Installing README: OK
 Installing language support files: OK
 Installing ClamAV signatures: OK
 Installing rkhunter: OK
 Installing rkhunter.conf: OK
Installation complete
[root@localhost rkhunter-1.4.6]#
```

图 7.51 安装 RKHunter

命令为:

```
tar -zxf rkhunter-1.4.6.tar.gz          //解压安装包
cd rkhunter-1.4.6/                      //进入安装的目录
./installer.sh --install                //执行安装
```

(3) 更新 RKHunter,如图 7.52 所示。

```
[root@localhost rkhunter-1.4.6]# rkhunter --update
[ Rootkit Hunter version 1.4.6 ]

Checking rkhunter data files...
  Checking file mirrors.dat                          [ Updated ]
  Checking file programs_bad.dat                     [ No update ]
  Checking file backdoorports.dat                    [ No update ]
  Checking file suspscan.dat                         [ No update ]
  Checking file i18n/cn                              [ No update ]
  Checking file i18n/de                              [ No update ]
  Checking file i18n/en                              [ No update ]
  Checking file i18n/tr                              [ No update ]
  Checking file i18n/tr.utf8                         [ No update ]
  Checking file i18n/zh                              [ No update ]
  Checking file i18n/zh.utf8                         [ No update ]
  Checking file i18n/ja                              [ No update ]
[root@localhost rkhunter-1.4.6]#
```

图 7.52 更新 RKHunter

命令为：

```
rkhunter --update   //更新 RKHunter
```

(4) 为基本系统程序建立校对样本,如图 7.53 所示。

```
[root@localhost rkhunter-1.4.6]# rkhunter --propupd
[ Rootkit Hunter version 1.4.6 ]
File created: searched for 176 files, found 136
[root@localhost rkhunter-1.4.6]# █
```

图 7.53　为基本系统程序建立校对样本

命令为：

```
rkhunter --propupd   //为基本系统程序建立校对样本
```

建议系统安装完成后就建立校对样本。

(5) 运行系统检查,如图 7.54 和图 7.55 所示。

```
[root@localhost rkhunter-1.4.6]# rkhunter --check --sk
[ Rootkit Hunter version 1.4.6 ]

Checking system commands...

  Performing 'strings' command checks
    Checking 'strings' command                              [ OK ]

  Performing 'shared libraries' checks
    Checking for preloading variables                       [ None found ]
    Checking for preloaded libraries                        [ None found ]
    Checking LD_LIBRARY_PATH variable                       [ Not found ]

  Performing file properties checks
    Checking for prerequisites                              [ OK ]
    /usr/local/bin/rkhunter                                 [ OK ]
    /usr/sbin/adduser                                       [ OK ]
    /usr/sbin/chkconfig                                     [ OK ]
    /usr/sbin/chroot                                        [ OK ]
    /usr/sbin/depmod                                        [ OK ]
    /usr/sbin/fsck                                          [ OK ]
    /usr/sbin/fuser                                         [ OK ]
    /usr/sbin/groupadd                                      [ OK ]
    /usr/sbin/groupdel                                      [ OK ]
    /usr/sbin/groupmod                                      [ OK ]
    /usr/sbin/grpck                                         [ OK ]
    /usr/sbin/ifconfig                                      [ OK ]
    /usr/sbin/ifdown                                        [ Warning ]
    /usr/sbin/ifup                                          [ Warning ]
    /usr/sbin/init                                          [ OK ]
    /usr/sbin/insmod                                        [ OK ]
    /usr/sbin/ip                                            [ OK ]
    /usr/sbin/lsmod                                         [ OK ]
    /usr/sbin/lsof                                          [ OK ]
    /usr/sbin/modinfo                                       [ OK ]
```

图 7.54　运行系统检查

命令为：

```
rkhunter --check --sk   //运行系统检查
```

(6) 验证配置文件,如图 7.56 所示。

命令为：

```
rkhunter --config-check   //验证配置文件
```

(7) 查看 RKHunter 检查完后的日志文件。

```
  Performing system boot checks
    Checking for local host name                              [ Found ]
    Checking for system startup files                         [ Found ]
    Checking system startup files for malware                 [ None found ]

  Performing group and account checks
    Checking for passwd file                                  [ Found ]
    Checking for root equivalent (UID 0) accounts             [ None found ]
    Checking for passwordless accounts                        [ None found ]
    Checking for passwd file changes                          [ None found ]
    Checking for group file changes                           [ None found ]
    Checking root account shell history files                 [ OK ]

  Performing system configuration file checks
    Checking for an SSH configuration file                    [ Found ]
    Checking if SSH root access is allowed                    [ Warning ]
    Checking if SSH protocol v1 is allowed                    [ Warning ]
    Checking for other suspicious configuration settings      [ None found ]
/usr/bin/ps: line 1: 1234: command not found
/usr/bin/ps: line 1: 1234: command not found
/usr/bin/ps: line 1: 1234: command not found
/usr/bin/ps: line 1: 1234: command not found
    Checking for a running system logging daemon              [ Warning ]
    Checking for a system logging configuration file          [ Found ]
    Checking if syslog remote logging is allowed              [ Not allowed ]

  Performing filesystem checks
    Checking /dev for suspicious file types                   [ None found ]
    Checking for hidden files and directories                 [ Warning ]


System checks summary
=====================

File properties checks...
    Files checked: 136
    Suspect files: 5

Rootkit checks...
    Rootkits checked : 504
    Possible rootkits: 0

Applications checks...
    All checks skipped

The system checks took: 3 minutes and 23 seconds

All results have been written to the log file: /var/log/rkhunter.log

One or more warnings have been found while checking the system.
Please check the log file (/var/log/rkhunter.log)

[root@localhost rkhunter-1.4.6]#
```

图 7.55　检查完成

```
[root@localhost rkhunter-1.4.6]# rkhunter --config-check
[root@localhost rkhunter-1.4.6]#
```

图 7.56　验证配置文件

命令为：

```
cat /var/log/rkhunter.log    //查看 RKHunter 检查完后的日志文件
```

7.4.10　Snort

Snort 是一款开源网络入侵检测系统，它有三种工作模式：嗅探器、数据包记录器和网络入侵检测。嗅探器模式仅仅是从网络上读取数据包并连续不断地显示在终端上，数据包记录器模式把数据包记录到硬盘，网络入侵检测模式是最复杂的，而且是可配置的。它采用灵活的基于规则的语言来描述通信，将签名、协议和不正常行为的检测方法结合起来。其更新速度极快，成为全球部署最为广泛的入侵检测技术，并成为防御技术的标准。通过协议分析、内容查找和各种各样的预处理程序，Snort 可以检测成千上万的蠕虫、漏洞利用企图、端口扫描和各种可疑行为。

课业任务
7-8

课业任务 7-8

WYL 公司中部署了许多服务器，因为服务器众多，该公司打算将所有服务器统一集中在单独的区域(称为服务器区域)进行放置和管理。为了服务器区域的安全性，在整个服务器区域的出口上基于 Linux 系统搭建一个入侵检测设备，使用 Snort 软件进行数据检测和防御，以防止外部网络对服务器使用大于 800 字节的数据包做 ping 攻击。实验拓扑如图 7.57 所示：

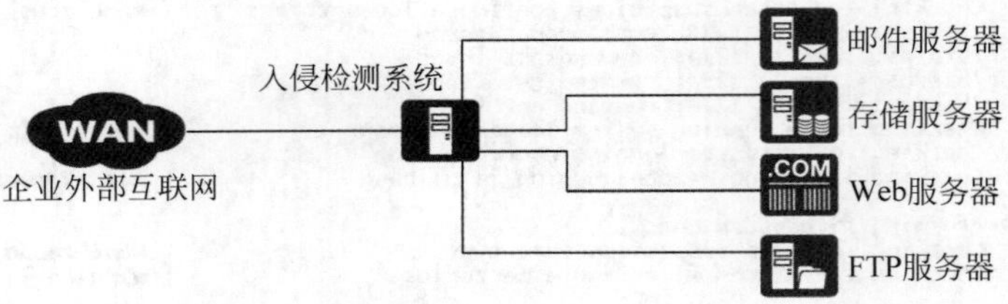

图 7.57 实验拓扑

(1) 在/etc/snort/rules/文件中设置如下规则。

```
alert icmp $EXTERNAL_NET any -> $HOME_NET any (msg: "ICMP Large ICMP Packet"; dsize: >800;
reference: arachnids,246; classtype: bad-unknown; sid: 499; )
```

(2) 创建 snort 目录保存检测日志，如图 7.58 所示。

```
[root@localhost ~]# mkdir /var/log/snort
```

图 7.58 创建 snort 目录保存检测日志

注意：日志会自动根据命中 rules 抓取数据包信息，数据一般会放在 alert 文件中。

(3) 将 snort 规则中的路径(RULE_PATH)改为 snort 下的 rules 规则，如图 7.59 所示。

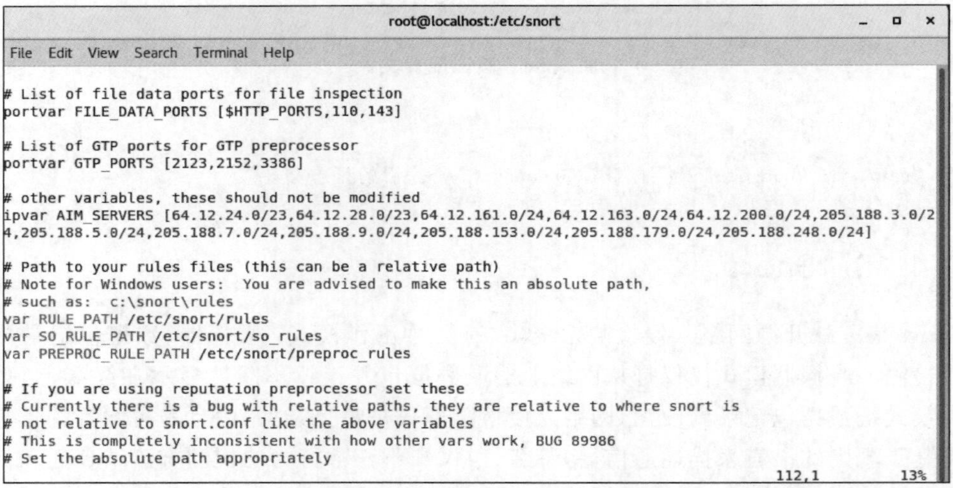

```
root@localhost:/etc/snort
File Edit View Search Terminal Help
# List of file data ports for file inspection
portvar FILE_DATA_PORTS [$HTTP_PORTS,110,143]

# List of GTP ports for GTP preprocessor
portvar GTP_PORTS [2123,2152,3386]

# other variables, these should not be modified
ipvar AIM_SERVERS [64.12.24.0/23,64.12.28.0/23,64.12.161.0/24,64.12.163.0/24,64.12.200.0/24,205.188.3.0/2
4,205.188.5.0/24,205.188.7.0/24,205.188.9.0/24,205.188.153.0/24,205.188.179.0/24,205.188.248.0/24]

# Path to your rules files (this can be a relative path)
# Note for Windows users:  You are advised to make this an absolute path,
# such as:  c:\snort\rules
var RULE_PATH /etc/snort/rules
var SO_RULE_PATH /etc/snort/so_rules
var PREPROC_RULE_PATH /etc/snort/preproc_rules

# If you are using reputation preprocessor set these
# Currently there is a bug with relative paths, they are relative to where snort is
# not relative to snort.conf like the above variables
# This is completely inconsistent with how other vars work, BUG 89986
# Set the absolute path appropriately
                                                              112,1          13%
```

图 7.59 修改 rules 规则

(4) 使用 snort 规则对流量进行检测，并且结果输入到对应日志文件中，如图 7.60 所示。

```
[root@localhost snort]# snort -i ens33 -c /etc/snort/etc/snort.conf  -A fast -l /var/log/snort/
```

图 7.60 使用 snort 规则对流量进行检测,并且结果输出到对应日志文件中

(5) 成功开启检测,如图 7.61 所示。

```
root@localhost:/etc/snort
File  Edit  View  Search  Terminal  Help

        --== Initialization Complete ==--

   ,,_     -*> Snort! <*-
  o"  )~   Version 2.9.16 GRE (Build 118)
   ''''    By Martin Roesch & The Snort Team: http://www.snort.org/contact#team
           Copyright (C) 2014-2020 Cisco and/or its affiliates. All rights reserved.
           Copyright (C) 1998-2013 Sourcefire, Inc., et al.
           Using libpcap version 1.5.3
           Using PCRE version: 8.32 2012-11-30
           Using ZLIB version: 1.2.7

           Rules Engine: SF_SNORT_DETECTION_ENGINE  Version 3.1  <Build 1>
           Preprocessor Object: appid  Version 1.1  <Build 5>
           Preprocessor Object: SF_DNP3  Version 1.1  <Build 1>
           Preprocessor Object: SF_MODBUS  Version 1.1  <Build 1>
           Preprocessor Object: SF_GTP  Version 1.1  <Build 1>
           Preprocessor Object: SF_REPUTATION  Version 1.1  <Build 1>
           Preprocessor Object: SF_SIP  Version 1.1  <Build 1>
           Preprocessor Object: SF_SDF  Version 1.1  <Build 1>
           Preprocessor Object: SF_DCERPC2  Version 1.0  <Build 3>
           Preprocessor Object: SF_SSLPP  Version 1.1  <Build 4>
           Preprocessor Object: SF_DNS  Version 1.1  <Build 4>
           Preprocessor Object: SF_SSH  Version 1.1  <Build 3>
           Preprocessor Object: SF_SMTP  Version 1.1  <Build 9>
           Preprocessor Object: SF_IMAP  Version 1.0  <Build 1>
           Preprocessor Object: SF_POP  Version 1.0  <Build 1>
           Preprocessor Object: SF_FTPTELNET  Version 1.2  <Build 13>
Commencing packet processing (pid=8466)
```

图 7.61 开启检测

(6) 使用局域网内的主机对其进行>800 的 ping 攻击,如图 7.62 所示。

```
C:\Users\InAir>ping 192.168.254.132 -l 1000

正在 Ping 192.168.254.132 具有 1000 字节的数据:
来自 192.168.254.132 的回复: 字节=1000 时间<1ms TTL=64
来自 192.168.254.132 的回复: 字节=1000 时间<1ms TTL=64
来自 192.168.254.132 的回复: 字节=1000 时间<1ms TTL=64
来自 192.168.254.132 的回复: 字节=1000 时间<1ms TTL=64

192.168.254.132 的 Ping 统计信息:
    数据包: 已发送 = 4, 已接收 = 4, 丢失 = 0 (0% 丢失),
往返行程的估计时间(以毫秒为单位):
    最短 = 0ms, 最长 = 0ms, 平均 = 0ms
```

图 7.62 使用局域网内的主机对其进行>800 的 ping 攻击

(7) 验证并去对应日志查看检测结果,可以匹配到配置在 icmp-info. rules 文件中的规则,如图 7.63 所示。

```
                                                                        Sat 01:01
root@localhost:/etc/snort
File  Edit  View  Search  Terminal  Help
12/04-00:58:28.241011  [**] [1:1000003:1] ICMP Packet Detected [**] [Priority: 0] {ICMP} 192.168.254.132 -> 192.168.254.1
12/04-00:58:28.241011  [**] [1:499:0] ICMP Large ICMP Packet [**] [Classification: Potentially Bad Traffic] [Priority: 2] {ICMP} 192.168.254.132 -> 192.168.254.1
12/04-00:58:29.258096  [**] [1:1000003:1] ICMP Packet Detected [**] [Priority: 0] {ICMP} 192.168.254.1 -> 192.168.254.132
12/04-00:58:29.258096  [**] [1:499:0] ICMP Large ICMP Packet [**] [Classification: Potentially Bad Traffic] [Priority: 2] {ICMP} 192.168.254.1 -> 192.168.254.132
12/04-00:58:29.258134  [**] [1:1000003:1] ICMP Packet Detected [**] [Priority: 0] {ICMP} 192.168.254.132 -> 192.168.254.1
12/04-00:58:29.258134  [**] [1:499:0] ICMP Large ICMP Packet [**] [Classification: Potentially Bad Traffic] [Priority: 2] {ICMP} 192.168.254.132 -> 192.168.254.1
12/04-00:58:30.263710  [**] [1:1000003:1] ICMP Packet Detected [**] [Priority: 0] {ICMP} 192.168.254.1 -> 192.168.254.132
12/04-00:58:30.263710  [**] [1:499:0] ICMP Large ICMP Packet [**] [Classification: Potentially Bad Traffic] [Priority: 2] {ICMP} 192.168.254.1 -> 192.168.254.132
12/04-00:58:30.263747  [**] [1:1000003:1] ICMP Packet Detected [**] [Priority: 0] {ICMP} 192.168.254.132 -> 192.168.254.1
12/04-00:58:30.263747  [**] [1:499:0] ICMP Large ICMP Packet [**] [Classification: Potentially Bad Traffic] [Priority: 2] {ICMP} 192.168.254.132 -> 192.168.254.1
12/04-00:58:31.283078  [**] [1:1000003:1] ICMP Packet Detected [**] [Priority: 0] {ICMP} 192.168.254.1 -> 192.168.254.132
12/04-00:58:31.283078  [**] [1:499:0] ICMP Large ICMP Packet [**] [Classification: Potentially Bad Traffic] [Priority: 2] {ICMP} 192.168.254.1 -> 192.168.254.132
12/04-00:58:31.283115  [**] [1:1000003:1] ICMP Packet Detected [**] [Priority: 0] {ICMP} 192.168.254.132 -> 192.168.254.1
12/04-00:58:31.283115  [**] [1:499:0] ICMP Large ICMP Packet [**] [Classification: Potentially Bad Traffic] [Priority: 2] {ICMP} 192.168.254.132 -> 192.168.254.1
~
~
```

图 7.63 验证并去对应日志查看检测结果,可以匹配到配置在 icmp-info. rules 文件中的规则

(8) 停止检测后可以看到反馈处理的报告,Alerts有16条,写入日志的也有16条,如图7.64所示。

```
===============================================================================
Action Stats:
     Alerts:           16 (  8.791%)
     Logged:           16 (  8.791%)
     Passed:            0 (  0.000%)
```

图7.64 查看日志

7.5 使用SSL加强HTTP安全

7.5.1 HTTPS概述

HTTPS(Hypertext Transfer Protocol over Secure Socket Layer)是以安全为目标的HTTP通道,简单讲HTTPS是HTTP的安全版,即在HTTP下加入SSL(安全套接字层),HTTPS的安全基础是SSL,因此加密的详细内容就需要SSL。

HTTPS是由Netscape公司开发并内置于其浏览器中的,用于对数据进行压缩和解压操作,并返回网络上传送回的结果。HTTPS实际上应用了Netscape公司的SSL作为HTTP应用层的子层。HTTPS使用端口443,而不是像HTTP那样使用端口80来和TCP/IP进行通信。SSL使用40位关键字作为RC4流加密算法,这对于商业信息的加密是合适的。

HTTPS和SSL支持使用X.509数字认证,如果需要的话用户可以确认发送者是谁。也就是说它的主要作用可以分为两种:一种是建立一个信息安全通道,来保证数据传输的安全;另一种就是确认网站的真实性。

1. HTTPS和HTTP的区别

HTTPS需要到CA(Certificate Authority,证书授权)申请证书,因此需要建立一个CA服务器,或者向知名的CA公司进行证书的申请。

HTTP是超文本传输协议;信息是明文传输,HTTPS则是具有安全性的SSL加密传输协议。

HTTP和HTTPS使用的是完全不同的连接方式,用的端口也不一样,前者是80,后者是443。

HTTP的连接很简单,是无状态的;HTTPS是由SSL+HTTP构建的可进行加密传输、身份认证的网络协议,比HTTP安全。

2. HTTPS解决的问题

1) 信任主机的问题

采用HTTPS的服务器必须从CA申请一个用于证明服务器用途类型的证书。该证书只有用于对应的服务器时,客户端才信任此主机。所以目前所有的银行系统网站,关键部分应用都是HTTPS的。客户通过信任该证书,从而信任了该主机。

2）通信过程中数据的泄密和被篡改

服务端和客户端之间的所有通信都是加密的。具体讲，是客户端产生一个对称的密钥，通过服务器的证书来交换密钥，即一般意义上的握手过程。接下来所有的信息往来就都是加密的。第三方即使截获了信息，也没有任何意义，因为他没有密钥，当然篡改也就没有什么意义了。

7.5.2　HTTPS 站点的搭建

如图 7.65 所示，配置思路如下。

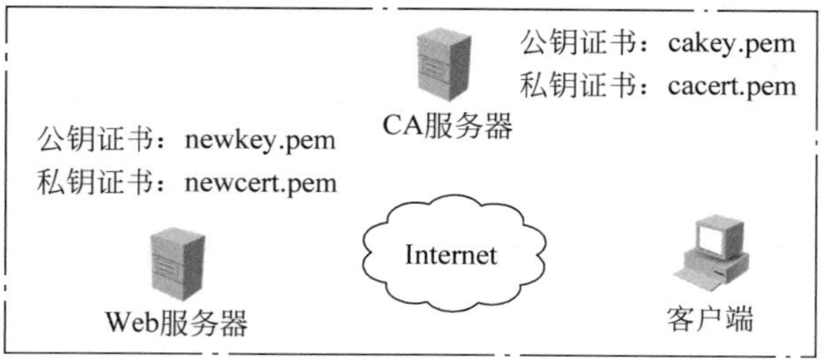

图 7.65　HTTPS 服务器配置三方

（1）配置 CA 服务器，产生 CA 私钥，再根据 CA 私钥产生 CA 公钥证书。

（2）配置 Web 服务器，产生 Web 服务器私钥以及 Web 服务器的申请证书。

（3）把 Web 服务器申请证书发送给 CA 服务器，CA 服务器使用自己的私钥证书给 Web 服务器申请证书签名，从而产生 Web 服务器公钥证书。

（4）使用 Web 服务器的公钥证书与私钥证书配置 HTTPS 站点。

如图 7.66 所示，Web 服务器与客户端之间的数据是加密的，其具体加密的过程如下。

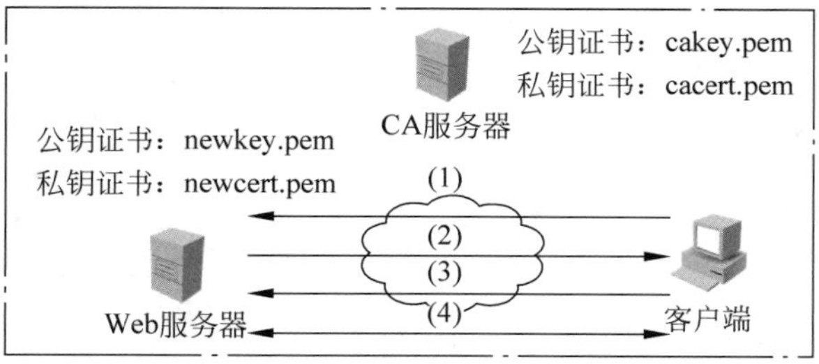

图 7.66　Web 服务器与客户端加密原理

（1）客户端向服务器端发出 HTTPS 请求。

（2）Web 服务器返回自己的公钥证书给客户端。同时客户端会随机产生一把对称密钥，并用 Web 服务器公钥证书给其加密，形成加密后的密钥。

（3）客户端把加密后的密钥发送给 Web 服务器，Web 服务器收到之后，用自己的私钥证书解密，还原成解密后的对称密码。

（4）Web 服务器与客户端之间就是用这把对称密钥来进行加密与解密数据包。

如图 7.67 所示，客户端是可以验证 Web 服务器的身份的，其具体验证的过程如下。

（1）客户端把 CA 服务器的公钥证书导入到浏览器的“受信任颁发机构”。

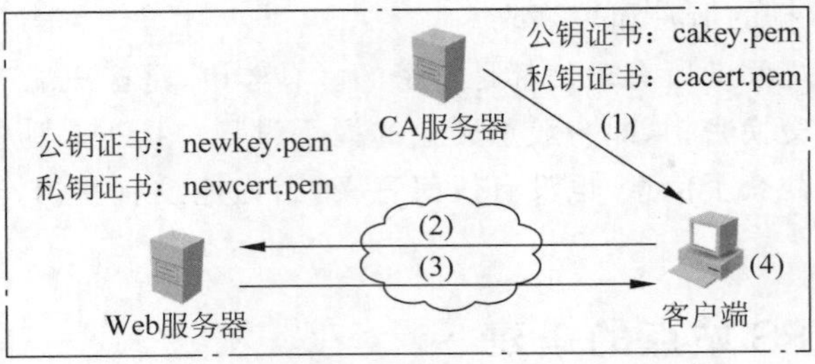

图 7.67　客户端验证 Web 服务器身份

（2）客户端向服务器端发出 HTTPS 请求。

（3）Web 服务器返回自己的证书给客户端。

（4）客户端通过 CA 的公钥来验证 Web 服务器的公钥证书是否是 CA 的私钥签名，来验证 Web 服务器的身份。

课业任务 7-9

课业任务 7-9

WYL 公司使用 RHEL7 作为公司的 Web 服务器，为了达到客户端与 Web 服务器之间的数据实验加密，以及客户端能验证 WYL 公司的 Web 服务器身份，使用 HTTPS 加强公司的 Web 服务安全。

具体操作步骤如下。

（1）在服务器端配置一个 CA 认证中心，如图 7.68 所示。

```
[root@localhost rkhunter-1.4.6]# vi /etc/pki/tls/openssl.cnf +172

organizationalUnitName          = Organizational Unit Name (eg, section)
#organizationalUnitName_default =

commonName                      = Common Name (eg, your name or your server\'s hostname)
commonName_max                  = 64

emailAddress                    = Email Address
emailAddress_max                = 64

# SET-ex3                       = SET extension number 3

[ req_attributes ]
challengePassword               = A challenge password
challengePassword_min           = 4
challengePassword_max           = 20

unstructuredName                = An optional company name

[ usr_cert ]

# These extensions are added when 'ca' signs a request.

# This goes against PKIX guidelines but some CAs do it and some software
# requires this to avoid interpreting an end user certificate as a CA.

basicConstraints=CA:TRUE

# Here are some examples of the usage of nsCertType. If it is omitted
# the certificate can be used for anything *except* object signing.

# This is OK for an SSL server.
# nsCertType                    = server

# For an object signing certificate this would be used.
# nsCertType = objsign

# For normal client use this is typical
# nsCertType = client, email

```

图 7.68　在服务器端修改配置文件

命令为：

```
vi /etc/pki/tls/openssl.cnf +172          //修改配置文件
basicConstraints = CA: TRUE               //把 FALSE 改成 TRUE
```

（2）在服务器端生成私钥与根证书，如图 7.69 所示。

```
[root@localhost ~]# /etc/pki/tls/misc/CA -newca
CA certificate filename (or enter to create)

Making CA certificate ...
Generating a 2048 bit RSA private key
....................................................+++
...................................................+++
writing new private key to '/etc/pki/CA/private/./cakey.pem'
Enter PEM pass phrase: 输入密码保护密钥
Verifying - Enter PEM pass phrase: 再次输入密码
-----
You are about to be asked to enter information that will be incorporated
into your certificate request.
What you are about to enter is what is called a Distinguished Name or a DN.
There are quite a few fields but you can leave some blank
For some fields there will be a default value,
If you enter '.', the field will be left blank.
-----
Country Name (2 letter code) [XX]:CN 国家区域名称
State or Province Name (full name) []:GD 省份名称
Locality Name (eg, city) [Default City]:GZ 城市名称
Organization Name (eg, company) [Default Company Ltd]:IT  组织名称
Organizational Unit Name (eg, section) []:IT-GZLG组织单位名称
Common Name (eg, your name or your server's hostname) []:tianwang.cn  通用名
Email Address []:tianwang.cn@gmail.com 邮箱

Please enter the following 'extra' attributes
to be sent with your certificate request 添加一个“额外”的属性，让客户端发送CA证书，请求文件时要输入密码
A challenge password []:【回车】
An optional company name []:【回车】
Using configuration from /etc/pki/tls/openssl.cnf
Enter pass phrase for /etc/pki/CA/private/./cakey.pem: 输入保护密钥的密码
Check that the request matches the signature
Signature ok
Certificate Details:
        Serial Number:
            ed:b9:e8:65:6f:bb:7a:83
        Validity
            Not Before: Nov 22 01:57:15 2021 GMT
            Not After : Nov 21 01:57:15 2024 GMT
        Subject:
            countryName               = CN
            stateOrProvinceName       = GD
            organizationName          = IT
            organizationalUnitName    = IT-GZLG
            commonName                = tianwang.cn
```

图 7.69　在服务器端生成私钥与根证书

命令为：

```
/etc/pki/tls/misc/CA -newca   //生成私钥与根证书
```

（3）在服务器端查看生成的 CA 证书，如图 7.70 所示。

命令为：

```
cat /etc/pki/CA/cacert.pem   //查看生成的 CA 证书
```

（4）在服务器端查看根证书的私钥，如图 7.71 所示。

命令为：

```
cat /etc/pki/CA/private/cakey.pem   //查看根证书的私钥
```

（5）在客户端中安装 httpd。

命令为：

```
yum install httpd -y  //安装 httpd
```

```
[root@localhost ~]# cat /etc/pki/CA/cacert.pem
Certificate:
    Data:
        Version: 3 (0x2)
        Serial Number:
            ed:b9:e8:65:6f:bb:7a:83
    Signature Algorithm: sha256WithRSAEncryption
        Issuer: C=CN, ST=GD, O=IT, OU=IT-GZLG, CN=tianwang.cn/emailAddress=tianwang.cn@gmail.com
        Validity上面是CA认证中心信息
            Not Before: Nov 22 01:57:15 2021 GMT
            Not After : Nov 21 01:57:15 2024 GMT
        Subject: C=CN, ST=GD, O=IT, OU=IT-GZLG, CN=tianwang.cn/emailAddress=tianwang.cn@gmail.com
        Subject Public Key Info:CA认证中心公钥信息
            Public Key Algorithm: rsaEncryption
                Public-Key: (2048 bit)
                Modulus:
                    00:a6:ac:36:dd:7a:4f:28:68:43:bd:d2:7b:42:9e:
                    3b:b0:99:0e:de:75:e3:1d:25:62:a8:40:29:21:25:
                    c3:89:81:76:e6:31:40:15:44:04:32:52:fc:96:01:
                    ce:32:94:0c:ed:af:10:1c:4e:04:b6:9b:aa:f1:3f:
                    a6:df:da:4b:dc:03:2c:f8:af:a3:0b:28:5a:40:94:
                    65:01:c6:05:b7:70:58:bc:e4:b0:27:84:52:37:64:
                    f5:02:83:d2:e2:9d:4d:d5:f4:4e:f3:de:65:94:69:
                    0e:cc:b3:18:da:68:4e:34:bf:7a:81:c8:99:28:d8:
                    74:f4:ae:eb:e7:46:06:94:89:92:c9:5f:ce:cb:50:
                    2d:c2:5c:41:76:08:87:89:e5:f4:51:f7:c1:1b:d2:
                    94:75:fa:71:9f:e3:4c:20:a2:60:b8:b5:d8:60:1b:
                    5f:51:c6:fc:0e:a8:3d:9e:c8:49:f9:3b:06:06:d8:
                    2b:97:af:7e:30:ce:82:82:ec:c2:c2:bf:1c:27:2e:
                    1e:6d:98:51:30:d0:fe:b5:fc:3b:e5:73:5c:34:7a:
                    c5:c3:5a:16:13:80:c3:a0:f3:49:db:6a:5f:c2:3b:
                    96:cb:dd:5e:9f:30:db:13:29:5d:8c:1a:a1:22:a3:
                    e7:57:97:12:49:a2:cb:26:e9:61:b1:b8:06:9b:39:
                    ab:a3
                Exponent: 65537 (0x10001)
        X509v3 extensions:
            X509v3 Subject Key Identifier:
                E3:F6:26:7C:56:E7:18:E0:0D:E9:8C:31:70:C0:EE:AC:43:45:C1:3C
            X509v3 Authority Key Identifier:
                keyid:E3:F6:26:7C:56:E7:18:E0:0D:E9:8C:31:70:C0:EE:AC:43:45:C1:3C

            X509v3 Basic Constraints:
                CA:TRUE
    Signature Algorithm: sha256WithRSAEncryption
```

图 7.70　在服务器端查看生成的 CA 证书

```
[root@localhost ~]# cat /etc/pki/CA/private/cakey.pem
-----BEGIN ENCRYPTED PRIVATE KEY-----CA认证下根证书的私钥
MIIFDjBABgkqhkiG9w0BBQ0wMzAbBgkqhkiG9w0BBQwwDgQI3WsccCm/vAUCAggA
MBQGCCqGSIb3DQMHBAhoEX3RQZz8CASCBMgrai3slYy4pP41Z+m9xAcYcz4qLkEY
q7vR3UrLoPFn6fmpBIrTH6aN0/rA3dd+FAYfSeIpmUjJs/9Y5nJTDcYQc5vr1+c5
NxGTPsdt7ICjZRWZVoX68sjegNQT1yLZGHa6jrxU4kCY4GIw/0igfjKCCIdosgH4
xoedWPJb108PXIxukflYSW39K7KNzcQr9i9W7YKZHrl+HtP8vkITHUmKQ9C28+ke
NsLQ7DA5tDqGgYKnTde3PC2jFjOGKjEPuXEeKLAewms0r3tMjM5ycevnFizHjURJ
PlDUOiHiVxkLXFSvI5fCXFi3G95P5pDSHGTW19Do060mYzfLTnnnmrEeNwJ/bM0E
e5l3LDr9qdaLqBjUkwlC7gB2Ro680t0gvgmgO/Elb5vDhn5hQK/dzEgOx2WqFvew
W7H0cVb9PtXrwiQcjpq0GtTPTvId4eQbRNYI3++kFVduvLRQCq8RjTn8zlvOKzuK
lhL8ZnVjia4RehxodXerlWUjJyKfGlb5qqySoktfCS3iGzsRxDz1v7c/eRtQBK9Q
GY1nbXLDBKkgQTUbPo01/XAkpiwoXpIU7EhFxtetNLZ3ZTqbqYqmwK8Z86Xuks5C
lsnms/yZRY/58lE4klrYuGQAsF5AlSMsT3849pcQEs7n9gBgrl997+nxcNri6pPg
7YV4UksNCIbH5541DWtAiQPUJhsgiHNsOGCLjsp3L2yO4eaqC8MfyWIiHxG9vm2F
liPgk0Eg8ghIm/mK4N61lkzdY9I01XH/xcxfRvamx4l/D+t1ULaCtledsJcBBK+p
JPS4tMHX+CiZqcWyHRYVVue7BVGKBfOtjdY+3/9VT0AXZDL6ur7Bet0tdNI8Db+N
32I1AkUd85rjmD492StMvw3iKbOgXS+8kHojGODqH8dxZIoEDwM5OQhNYWGDI7Eh
BoF3mRBx0XX95eQWZImicd+OfNP/W/VLc/L+aTVSYCVM0HnFSq3ktzo6PHmlWcfP
KqG1JcfcHPLOoxAGyKwV8xOqzgeT2IYQ1VURdS5irRJUOtyhcZ0lmxhoxOhse4Qs
/csDgTiHi4rAtpVhXDsR+tmv+9L7eQmo8g/tB7JT9/+2SCXF3DQQwDE8kQ4fqYSL
5pblpZFQp1Xf22BLYUQ3iN/S1jNlqiObgPE6BOXLOMT6kywXqfJs3K2MhbcWDW8M
1ic0EAeWbZEz/iiLjqLp/Rk/9s6D7zbzp5vGqRpuUcYr9IgT9UGuqVCUBjTgBVzc
/Z+fkXSPPR2djV+SnK3be2Y6H4pR5EZwDACaZkexOoVA+C97bJKaaRC7fThNR0Mz
mGpABUoTuJ+CWo/ZhlVcANenAecvb5+mSnt/jKNZkF9Ws34yMI5oGTTnCGYIE6MK
l/Mcl8wjE1Stup69/nWcOkKfQp2MWLHhHevvLZUJ3ms7gzvHoBWMKEdnZn1qwD5T
b/iDQOgzb95dqhuLYix+zyPxIVVQbmXLOo8fO+bENDs3loqx7kHvjmpH2Mp7uXI/
rmIkncz7Qelt2Bhh31gELhMdWjf1ITLWFFLRpRLuGXJB1UQKOXbs+7nmbR2NfIwe
7EM+tMzlXHdAV0yKw/mMdCZ7eU+t8r04ZFO/wThNFS7uEOfky2A6SXPcGdCED3xI
uQM=
-----END ENCRYPTED PRIVATE KEY-----
[root@localhost ~]#
```

图 7.71　在服务器端查看根证书的私钥

(6) 修改配置文件,如图 7.72 所示。

```
#
# ServerName gives the name and port that the server uses to identify itself.
# This can often be determined automatically, but we recommend you specify
# it explicitly to prevent problems during startup.
#
# If your host doesn't have a registered DNS name, enter its IP address here.
#
ServerName 192.168.11.142:80

#
# Deny access to the entirety of your server's filesystem. You must
# explicitly permit access to web content directories in other
# <Directory> blocks below.
#
<Directory />
```

图 7.72 在客户端修改配置文件

命令为：

```
vi /etc/httpd/conf/httpd.conf
```

把 ServerName www.example.com：80 改成 ServerName 192.168.11.142：80，通过 systemctl restart httpd 重启 http 服务。

（7）Client 端生成证书申请文件，生成一个私钥密码，如图 7.73 所示。

```
[root@localhost ~]# openssl genrsa -des3 -out /etc/httpd/conf.d/server.key
Generating RSA private key, 2048 bit long modulus
............................................+++
.............................................................................
e is 65537 (0x10001)
Enter pass phrase for /etc/httpd/conf.d/server.key:输入保护私钥的密码
Verifying - Enter pass phrase for /etc/httpd/conf.d/server.key: 再次输入密码
[root@localhost ~]#
```

图 7.73 在客户端生成私钥密码

命令为：

```
openssl genrsa - des3 - out /etc/httpd/conf.d/server.key    //生成私钥密码
```

（8）在客户端查看私钥，如图 7.74 所示。

```
[root@localhost ~]# cat /etc/httpd/conf.d/server.key
-----BEGIN RSA PRIVATE KEY-----
Proc-Type: 4,ENCRYPTED
DEK-Info: DES-EDE3-CBC,270D5C168FA81389 二次加密

ahxobSUUMURtJSxm22wC5CIL0UlZzka338e1Lx6AtBkq3bbR62ZlUd5JwHZ5wYIl
frZkozX4colP+00NE6mRZJOfFQCYHO1O6yQCV3y5SPbcHj9LuDSSEX3hFN2QR2Nv
FpP6drbhdxmzFV1/7Zm8Zn70+EcdZMd2zTwEbI6OaE0GpLdzgre0hgCceJe0e9Z3
RSG/8F+L9tT5+KhXTMp3I11RNf3D0GO1IkMLuH2v0IPtkebh8xwZKEcFAvdo825I
hBf7Gocnfhql0u4dG7b/xUcsIrfTdosDNt1AnINvR2YfGj/POco5iAFNDXGSqlI1
vf7WVYlbEfBSFhPioxcWq3MTYkHihJqG6XdlpESodsYVPPwl0BCAogT8aab7mgn3
owIZtiRFIRdkjKLTwwtd+kH0FNiavdUrmilQ974UeIwSQ6rtBzY3AKfrdB1xV+RN
cqg0xMuk60BUhWFcRRJJE0Hbj+EU7Iri+TheaypMuNxifFWd38P90z3kiGZGnP6N
Q2mTb8QqLu7iZXTO0oNOluGZo9DVcpPzaS77KIl5gO10QRFFscTv/yNckZDPsRx1
lUYkVoewYLGdF2RVcw+EucDwGazbVw+fbsPsBDu5Gf0lh37KFh5qZa2zUXKyptJ0
Pjiq9l+7jU2BQul0arStMLj7MRuoavY7cbBlqvM6Iq6VneTIf9RNu+vQILyyJ2ag
cbkT8olY0+vYBXbYKUQkHP1G8TQPBaEw+QF2I/XxKhxyyqvOGRJvQsysXHTMmm2k
YlagOlwTCJWniKKRBqZRqSQfMIoZ9X+EvUXxpImQZmOEivIVIcBknITW+t4mQR4u
cDwlriBGwSrGbZRIaC7DITKPWQXKGTLAf7shUdVZFv6MO8IheQ2lwxT6crgrhO0y
soSlh28E6DwM22U5wYI9CvW/emhQD3z9U8c3C2fD0maLl9J6IxjlK7aeOCPOKbq5
4nNQCGo+A08GHa8Z0/vv/gWVhZ5oEwYX9gY0bm/cETt310vJWrx4aWDG1lpJThHo
edKr2WEJNc4Emq48Doy4HzyLAVGfYHVJ8grwW+sx2UxhCsV2tWJY4oXdmtLAmqQt
7WP7vKQUvZRaNJIYhUcilowi499HPulHGFnTwkpbs8Xci4pAfMf110f5+V6VNqt0
h+MxSZfbFenfDlosBXgsjnLrXKpWFG0Br13vObu/l0VEmOs+UvVnJ4WqAYdxPbfj
aaqbfasgYN/egbM1M0f5m2KT4FyUjuzyp155QPntdmoZEGYmuGvTQiO3IazhxG93
RSEGKvbfWD9N4BLIdiDZoHUSx/4PjVJMJonrof0SwTZOwiW5ebdIVOW89a4UUfU9
c9ZxVDN6aE2gbl/FPGKjd3yEpzl9bfbWnMVfV8jEHpmKtp4CL2ROSclRYLQ9EvnX
R/MkujkdfrY+5/jCeoWmkcSCMI8mY1EZ9InhTolDPtb1/NBJHFBxsLcll+hE26Xj
M6gYagC9dzxUQk2cMu1KISiQZZOs6fkV9ufhI63J2q11qv98RC2o8kT48hnokQK6
JudlQJp7gO6mROvgW4ncuJ9spkSVO2kGas9u9a5NVrJLL2mMUJXujSaiFQt3keV0
-----END RSA PRIVATE KEY-----
[root@localhost ~]#
```

图 7.74 在客户端查看私钥

命令为:

```
cat /etc/httpd/conf.d/server.key  //查看私钥
```

(9) 在客户端生成申请文件,如图7.75所示。

```
[root@localhost ~]# openssl req -new -key /etc/httpd/conf.d/server.key -out /server.csr
Enter pass phrase for /etc/httpd/conf.d/server.key:输入私钥密码
You are about to be asked to enter information that will be incorporated
into your certificate request.
What you are about to enter is what is called a Distinguished Name or a DN.
There are quite a few fields but you can leave some blank
For some fields there will be a default value,
If you enter '.', the field will be left blank.
-----
Country Name (2 letter code) [XX]:CN
State or Province Name (full name) []:GD
Locality Name (eg, city) [Default City]:GZ
Organization Name (eg, company) [Default Company Ltd]:IT
Organizational Unit Name (eg, section) []:IT-GZLG
Common Name (eg, your name or your server's hostname) []:www.tianwang.cn
Email Address []:tianwang.cn@gmail.com

Please enter the following 'extra' attributes
to be sent with your certificate request
A challenge password []: 【回车】
An optional company name []:【回车】
[root@localhost ~]#
```

与CA保持一致

图7.75 在客户端生成申请文件

命令为:

```
openssl req -new -key /etc/httpd/conf.d/server.key -out /server.csr  //生成申请文件
```

(10) 在客户端将证书申请文件发给Server端,如图7.76所示。

```
[root@localhost ~]# scp /server.csr 192.168.11.142:/tmp/
The authenticity of host '192.168.11.142 (192.168.11.142)' can't be established.
ECDSA key fingerprint is SHA256:LuqPpuYANZefPRgLDHNE2W5cTrD1m3Zu/3vyqfF5FfA.
ECDSA key fingerprint is MD5:be:81:e7:15:70:af:29:82:3b:3d:9a:c3:ec:0e:ff:9c.
Are you sure you want to continue connecting (yes/no)? yes
Warning: Permanently added '192.168.11.142' (ECDSA) to the list of known hosts.
root@192.168.11.142's password:
server.csr                                          100% 1045   599.2KB/s   00:00
[root@localhost ~]#
```

图7.76 在客户端将证书申请文件发给服务器端

命令为:

```
scp /server.csr 192.168.11.142: /tmp/  //将证书申请文件发给服务器端
```

(11) 在服务器端进行CA签名,如图7.77所示。

```
[root@localhost ~]# openssl ca -keyfile /etc/pki/CA/private/cakey.pem -cert /etc/pki/CA/cacert.pem -in /tmp/server.csr -o
ut /server.crt
Using configuration from /etc/pki/tls/openssl.cnf
Enter pass phrase for /etc/pki/CA/private/cakey.pem: 输入密码
Check that the request matches the signature
Signature ok
Certificate Details:
        Serial Number:
            ed:b9:e8:65:6f:bb:7a:84
        Validity
            Not Before: Nov 22 02:13:11 2021 GMT
            Not After : Nov 22 02:13:11 2022 GMT
        Subject:
            countryName               = CN
            stateOrProvinceName       = GD
            organizationName          = IT
            organizationalUnitName    = IT-GZLG
            commonName                = www.tianwang.cn
            emailAddress              = tianwang.cn@gmail.com
        X509v3 extensions:
            X509v3 Basic Constraints:
                CA:TRUE
            Netscape Comment:
                OpenSSL Generated Certificate
            X509v3 Subject Key Identifier:
                74:2C:9B:E2:7D:78:26:C6:2E:EA:FE:97:24:99:86:69:B2:19:3A:F4
            X509v3 Authority Key Identifier:
                keyid:E3:F6:26:7C:56:E7:18:E0:0D:E9:8C:31:70:C0:EE:AC:43:45:C1:3C

Certificate is to be certified until Nov 22 02:13:11 2022 GMT (365 days)
Sign the certificate? [y/n]:y 输入y #注册证书

1 out of 1 certificate requests certified, commit? [y/n]y 输入y
Write out database with 1 new entries
Data Base Updated
[root@localhost ~]#
```

证书期限

图7.77 在服务器端进行CA签名

命令为：

```
openssl ca - keyfile /etc/pki/CA/private/cakey.pem - cert /etc/pki/CA/cacert.pem - in /tmp/
server.csr - out /server.crt    //在服务器端进行 CA 签名
```

(12) 在服务器端颁发证书，如图 7.78 所示。

```
[root@localhost ~]# scp /server.crt 192.168.11.144:/
The authenticity of host '192.168.11.144 (192.168.11.144)' can't be established.
ECDSA key fingerprint is SHA256:LZCtTAZb+XZX9BycGsOV/GJ0DgVYf3Vgap2ycRzDpyU.
ECDSA key fingerprint is MD5:61:27:ab:85:6b:4a:12:46:87:3f:d3:1d:a6:01:ed:cc.
Are you sure you want to continue connecting (yes/no)? yes
Warning: Permanently added '192.168.11.144' (ECDSA) to the list of known hosts.
root@192.168.11.144's password:
server.crt                                          100% 4611    892.2KB/s   00:00
[root@localhost ~]#
```

图 7.78　在服务器端颁发证书

命令为：

```
scp /server.crt 192.168.11.144: /    //在服务器端颁发证书
```

(13) 在客户端配置 HTTPS Web 服务器，如图 7.79～图 7.81 所示。

```
[root@localhost ~]# cp /server.crt /etc/httpd/conf.d/
[root@localhost ~]# ll /etc/httpd/conf.d/server.crt
-rw-r--r--. 1 root root 4611 Nov 22 02:15 /etc/httpd/conf.d/server.crt
[root@localhost ~]#
```

图 7.79　复制证书

```
#   Server Certificate:
# Point SSLCertificateFile at a PEM encoded certificate.  If
# the certificate is encrypted, then you will be prompted for a
# pass phrase.  Note that a kill -HUP will prompt again.  A new
# certificate can be generated using the genkey(1) command.
#SSLCertificateFile /etc/pki/tls/certs/localhost.crt
SSLCertificateFile /etc/httpd/conf.d/server.crt

#   Server Private Key:
#   If the key is not combined with the certificate, use this
#   directive to point at the key file.  Keep in mind that if
#   you've both a RSA and a DSA private key you can configure
#   both in parallel (to also allow the use of DSA ciphers, etc.)
#SSLCertificateKeyFile /etc/pki/tls/private/localhost.key
SSLCertificateKeyFile /etc/httpd/conf.d/server.key
```

图 7.80　修改配置文件

```
[root@localhost ~]# systemctl restart httpd
Enter SSL pass phrase for 192.168.11.142:443 (RSA) : ********
[root@localhost ~]#
```

图 7.81　重启 http 服务

命令为：

```
yum - y install mod_ssl                 //安装 SSL 模块
cp /server.crt /etc/httpd/conf.d/       //复制证书
vi /etc/httpd/conf.d/ssl.conf           //修改配置文件
```

修改以下内容：

```
SSLCertificateFile /etc/pki/tls/certs/localhost.crt        //把路径改成/etc/httpd/conf.d/
                                                           //server.crt
SSLCertificateKeyFile /etc/pki/tls/private/localhost.key   //把路径改成/etc/httpd/conf.d/
                                                           //server.key
systemctl restart httpd                                    //重启 http 服务
```

(14) 在客户端做 firewalld 的更改,如图 7.82 所示。

```
[root@localhost ~]# firewall-cmd --list-all
public (active)
  target: default
  icmp-block-inversion: no
  interfaces: ens33
  sources:
  services: dhcpv6-client ssh
  ports:
  protocols:
  masquerade: no
  forward-ports:
  source-ports:
  icmp-blocks:
  rich rules:

[root@localhost ~]# firewall-cmd --permanent --add-service=http
Warning: ALREADY_ENABLED: http
success
[root@localhost ~]# firewall-cmd --permanent --add-port=443/tcp
Warning: ALREADY_ENABLED: 443:tcp
success
[root@localhost ~]# firewall-cmd --reload
success
[root@localhost ~]# firewall-cmd --list-all
public (active)
  target: default
  icmp-block-inversion: no
  interfaces: ens33
  sources:
  services: dhcpv6-client http ssh
  ports: 443/tcp
  protocols:
  masquerade: no
  forward-ports:
  source-ports:
  icmp-blocks:
  rich rules:

[root@localhost ~]#
```

图 7.82　在客户端做 firewalld 的更改

命令为:

```
firewall-cmd --permanent --add-service=http        //永久放行 http 服务
firewall-cmd --permanent --add-port=443/tcp        //永久放行 443 端口
firewall-cmd --reload                              //重新加载防火墙规则
```

(15) 将 CA 证书导入浏览器并进行验证,如图 7.83 和图 7.84 所示。

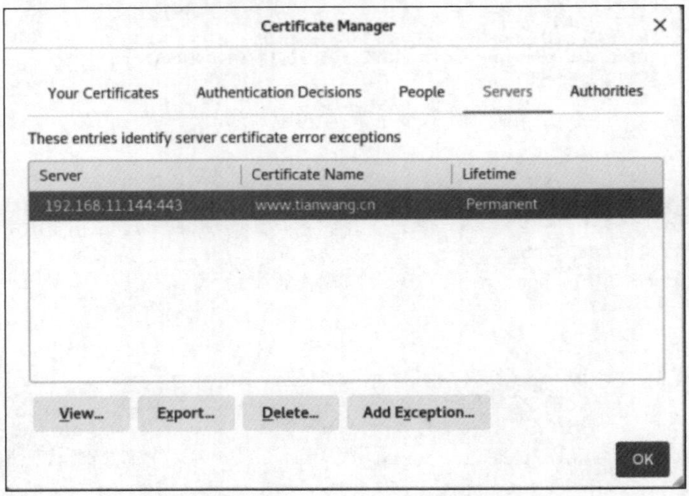

图 7.83　导入 CA 证书

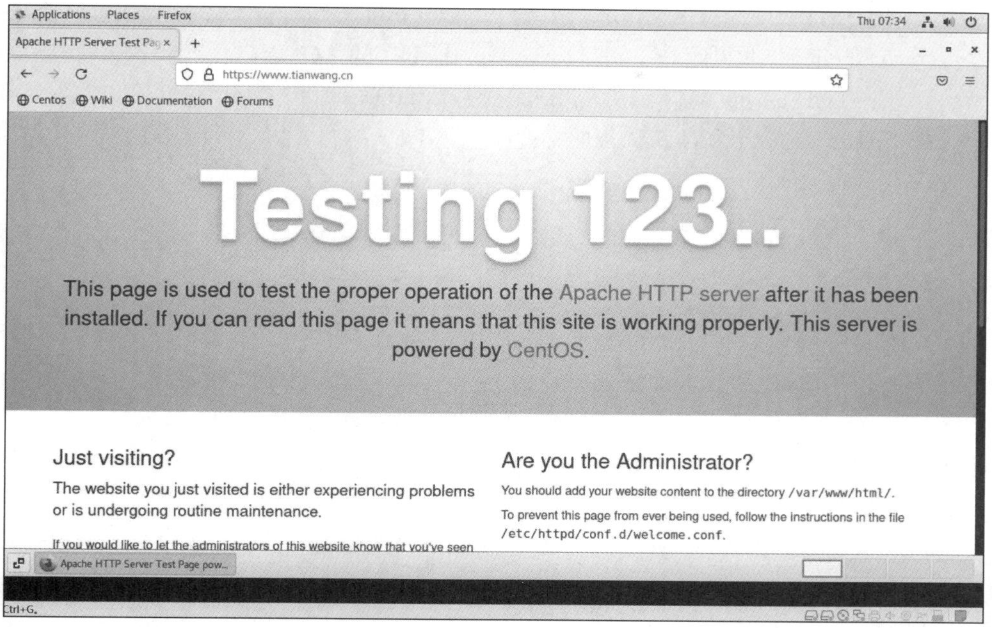

图 7.84　验证

练习题

1. 单项选择题

(1) SSL 指的是(　　)。

A. 加密认证协议　　　　B. 安全套接层协议

C. 授权认证协议　　　　D. 安全通道协议

(2) 以下不属于 GPG 加密算法特点的是(　　)。

A. 计算量大　　　　B. 处理速度慢

C. 使用两个密码　　　　D. 适合加密长数据

(3) GPG 可以实现数字签名,以下关于数字签名说法正确的是(　　)。

A. 数字签名是在所传输的数据后附加上一段和传输数据毫无关系的数字信息

B. 数字签名能够解决数据的加密传输,即安全传输问题

C. 数字签名一般采用对称加密机制

D. 数字签名能够解决篡改、伪造等安全性问题

(4) CA 指的是(　　)。

A. 证书授权　　　　B. 加密认证

C. 虚拟专用网　　　　D. 安全套接层

(5) HTTPS 是一种安全的 HTTP,它使用(①)来保证信息安全,使用(②)来发送和接收报文。

① A. IPSec　　　　B. SSL

C. SET　　D. SSH

② A. TCP 的 443 端口　　B. DP 的 443 端口

C. TCP 的 80 端口　　D. UDP 的 80 端口

(6) 把 SELinux 设置为容许状态的命令为(　　)。

A. setenforce 0　　B. setenforce 1

C. gentenforce 0　　D. gentenforce 1

2. 填空题

(1) SELinux 的模式有 disable、(　　)、(　　)种。

(2) 当不使用 LUKS 技术加密的磁盘时,先(　　)磁盘,再锁定磁盘。

(3) GPG 加密文件使用现在加密体制的(　　)加密算法。

(4) (　　)是通过生成一个数据库文件来验证系统的文件有没有被用户或黑客所修改过。

(5) HTTPS 能实现 Web 服务器与客户机之间数据包的加密,以及(　　)Web 服务器的身份。

3. 实训题目

WYL 公司现在想对现有的 RHEL 服务器做一些 SELinux 的配置跟设置,你作为该公司的 IT 人员,根据以下需求完成操作。

(1) 查看 HTTP 端口的信息。

(2) 允许 Web 服务在 85 端口上执行。

(3) 删除 TCP 的 85 端口。

(4) 临时开启 SELinux。

(5) 永久关闭 SELinux。

第8章

VPN技术

CHAPTER 8

VPN(虚拟专用网)是一种新型的网络技术,它提供了一种通过公用网络对企业内部专用网进行远程安全访问的连接方式。采用 VPN 技术,企业或部门之间的数据流可以通过互联网透明、安全地传输,有效地提高应用系统的安全性。

学习目标

- 熟悉加密技术与完整性校验在 VPN 技术中的应用。
- 掌握在华为防火墙上实现 GRE VPN。
- 掌握在华为防火墙上实现站点到站点的 IPSec VPN。

8.1 VPN技术概述

8.1.1 什么是VPN

VPN(Virtual Private Network)即为"虚拟专用网络"。VPN被定义为通过一个公用网络(通常是Internet),在两个私有网络之间建立一个临时的、安全的连接,是一条穿过混乱的公用网络的安全、稳定隧道。使用这条隧道可以对数据进行加密达到安全使用互联网的目的。虚拟专用网是对企业内部网的扩展。虚拟专用网可以帮助远程用户、公司分支机构、商业伙伴及供应商同公司的内部网建立可信的安全连接,用于经济、有效地连接到商业伙伴和用户的安全外联网。如图8.1所示,通过互联网,在北京总部与广州分公司之间建立一个虚拟专用网络,以保证北京总部与广州分公司之间的局域网之间通过互联网能安全地通信。VPN主要采用隧道技术、加解密技术、密钥管理技术和身份认证技术。

图8.1 VPN示意图

8.1.2 VPN的分类

1. 按照业务用途来划分

根据不同的业务用途划分,可以把VPN划分成远程用途的虚拟网(Access VPN)、企业内部业务用途虚拟网(Intranet VPN)和企业扩展业务用途虚拟网(Extranet VPN)。

2. 按照工作层次来划分

按照工作层次划分,VPN可以分为SSL VPN(传输层上)、L3VPN(GRE和IPsec VPN)和L2VPN(PPTP、L2F、L2TP)。

(1) SSL VPN。

SSL VPN是指采用SSL协议来实现远程接入的一种新VPN技术。对于内部和外部应用来说,使用SSL协议可以保证信息的真实性、完整性和保密性。

SSL协议是一种在Internet保证发送信息安全的通用协议,采用的是浏览器/服务器模式。该协议处在应用层,SSL用公钥进行加密,私钥进行解密。SSL协议设定了在应用程序协议和TCP/IP之间进行数据交换的安全设置,为TCP/IP提供数据加密、服务认证和客户机的认证。

SSL协议可以分为两个层次:SSL记录协议层和SSL握手协议层。记录协议层是建立在可靠的传输协议之上的,为高层提供数据封装、压缩、加密等服务。握手协议层是建立在记录协议层之上的，为实际的数据进行传输前，通信双方进行身份验证、加密算法的协商、交换加密密钥等。

(2) L3VPN。

L3VPN主要是指该VPN技术工作在网络层。主要的L3VPN技术有IPSec、GRE。GRE可以实现任意一种网络协议在另一种网络协议上进行封装。GRE与IPSec的区别是：安全性没有保证，只能提供有限的简单的安全机制。

(3) L2VPN。

L2VPN是指该VPN技术工作在数据链路层。L2VPN主要包括的协议有点到点协议(PPTP)、二次转发协议(L2F)和二层隧道协议(L2TP)。

3. 按照VPN使用场景划分

(1) 站点到站点的VPN：用于局域网和局域网之间建立连接。采用的对应技术有IPSec、L2TP、L2TP over IPSec、GRE over IPSec、IPSec over GRE。

(2) 个人到站点的VPN：用于客户端和企业内网之间建立连接。采用的对应技术有SSL、IPSec、L2TP、L2TP over IPSec。

8.1.3 实现VPN隧道技术

为了能够在公网中形成企业专用的链路网络，VPN采用隧道(Tunneling)技术，模拟点到点连接技术，依靠ISP和其他网络服务提供商在公网中建立自己专用的“隧道”，让数据包通过隧道传输。

隧道技术指的是利用一种网络协议传输另一种网络协议，也就是将原始网络信息进行再次封装，并在两个端点之间通过公共互联网络进行路由，从而保证网络信息传输的安全性。它主要利用隧道协议来实现这种功能，具体包括第二层隧道协议(用于传输二层网络协议)和第三层隧道协议(用于传输三层网络协议)。

第二层隧道协议是在数据链路层进行的，先把各种网络协议封装到PPP包中，再把整个数据包装入隧道协议中，这种经过两层封装的数据包由第二层协议进行传输。第二层隧道协议有以下几种。

- PPTP(Point to Point Tunneling Protocol，RFC 2637)。
- L2F(Layer 2 Forwarding，RFC 2341)。
- L2TP(Layer Two Tunneling Protocol，RFC 2661)。

第三层隧道协议是在网络层进行的，把各种网络协议直接装入隧道协议中，形成的数据包依靠第三层协议进行传输。第三层隧道协议有以下几种。

- IPSec(IP Security)：目前最常用的VPN解决方案。
- GRE(General Routing Encapsulation，RFC 2784)。

隧道技术包括了数据封装、传输和解包在内的全过程。

封装是构建隧道的基本手段，它使得IP隧道实现了信息隐蔽和抽象。封装器建立封装报头，并将其追加到纯数据包的前面。当封装的数据包到达解包器时，封装报头被转换回纯报头，数据包被传送到目的地。

隧道的封装具有以下特点。

- 源实体和目的实体不知道任何隧道的存在。

- 在隧道的两个端点使用该过程,需要封装器和解包器两个新的实体。
- 封装器和解包器必须相互知晓,但不必知道在它们之间的网络上的任何细节。

8.2 GRE VPN

8.2.1 GRE VPN 概述

GRE VPN 全称为 General Routing Encapsulation VPN,是一种封装在三层的 VPN 技术。GRE 可以对一些网络层协议如 IPX、IP 等报文进行封装,同时封装后的报文能够在另一种网络协议中传输,如 IPv4,进而解决了跨越异种协议网络的报文传输问题。异种报文传输的通道称为隧道(Tunnel)。

1. 隧道接口

隧道接口是为了实现报文封装而提供的一种点对点的虚拟通道接口,是一种逻辑接口。

经过手动配置同时成功建立隧道之后,就可以将隧道接口看成一个物理接口,可以在该接口上配置所需要的协议,如动态路由协议和静态路由协议。

隧道接口有以下元素。

(1) 源地址:隧道的源地址就是实际发送报文的接口 IP 地址。

(2) 目的地址:隧道本端的目的地址就是隧道目的端的源地址。

(3) 隧道接口 IP 地址:为了使隧道接口可以启用路由协议,所以要为隧道接口分配 IP 地址。

(4) 封装类型:指该隧道接口对报文进行的封装方式。一般有 4 种:GRE、MPLE TE、IPv6-IPv4 和 IPv4-IPv6。

2. GRE 隧道模块处理报文过程(见图 8.2)

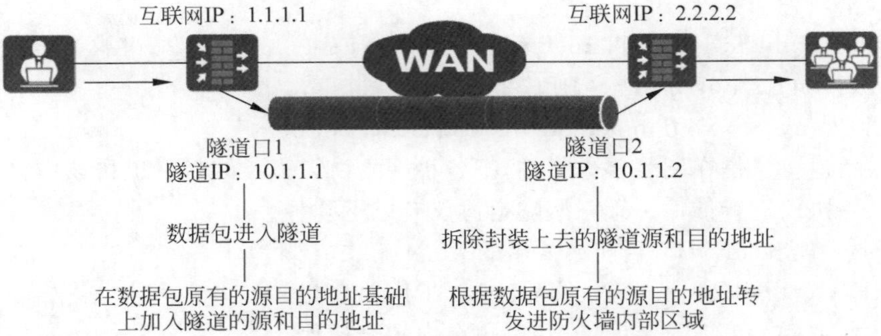

图 8.2 GRE 隧道模块处理报文过程

(1) 封装流程。

第一步:隧道模块收到报文后会根据报文协议类型和当前 GRE 隧道配置的 Key 和 Checksum 参数,对报文进行 GRE 封装,添加 GRE 报文头部。

第二步:对添加 GRE 报文头部的报文进行 IP 报文头部的添加,IP 头的源地址就是隧道的源地址，IP 头的目的地址就是隧道的目的地址。

第三步：将经过上述处理的报文交回 IP 进行处理，根据 IP 头部的目的地址，在公网路由表中查找相应的出接口进行转发。

（2）解封装流程。

第一步：端出口设备收到该报文后查看是否有一个新的 IP 头部，新的 IP 头部会有一个 Protocal 字段，若该字段是 47 则说明是一个 GRE 报文。然后将该 GRE 报文转发到 Tunnel 接口进行解封装，去除新的 IP 头部和 GRE 头部，恢复原始报文。

第二步：查看回复后的原始报文的 IP 头部，查询里面的目的 IP 地址。

第三步：根据查询到的目的 IP 地址进行转发。

3. GRE 安全策略

对于防火墙而言，有的接口一定要加入安全区域，设备的接口才能去处理数据报文。Tunnel 接口也需要划分进对应安全区域。默认将 Tunnel 接口划分进 DMZ 区域，那么 GRE 的安全区域流向如下。

（1）当客户端在 trust 区域发送报文出去时，首先进入 Tunnel 接口，报文经过的安全区域是 trust→DMZ；原始报文经过 Tunnel 接口封装 GRE 后，防火墙转发这个报文时，经过的安全区域是 Local→untrust，如图 8.3 所示。

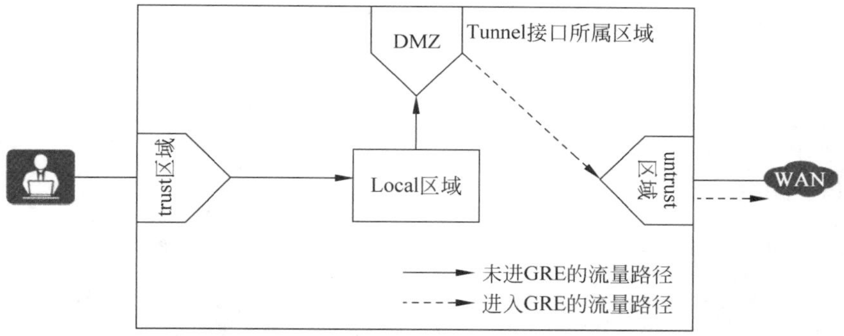

图 8.3 GRE 转发数据包过程

（2）当对端接收报文时，等于 GRE 的解封装过程，那么解封装过程报文经过的安全区域是 untrust→Local；当 GRE 解封装完成后，获得的原始报文经过的安全区域是 DMZ→trust，如图 8.4 所示。

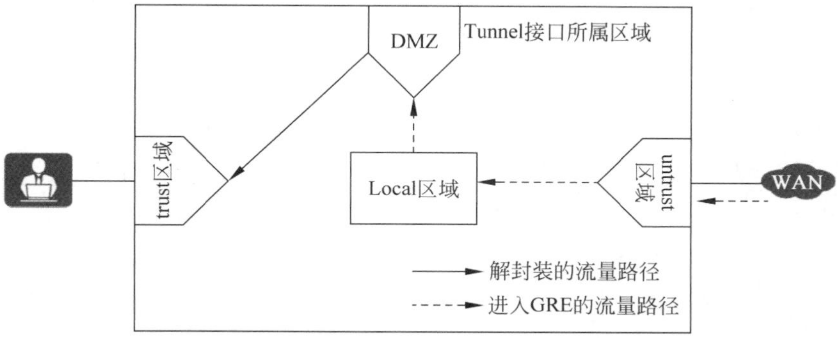

图 8.4 GRE 接收数据包过程

8.2.2 基于华为防火墙上实现 GRE VPN

课业任务 8-1

课业任务 8-1

Bob 为 WYL 公司的安全运维工程师，根据网络安全的要求，总公司访问分公司的服务器时需要对数据流进行加密传输，经该公司网络部门决定使用 GRE VPN 来实现，拓扑如图 8.5 所示。

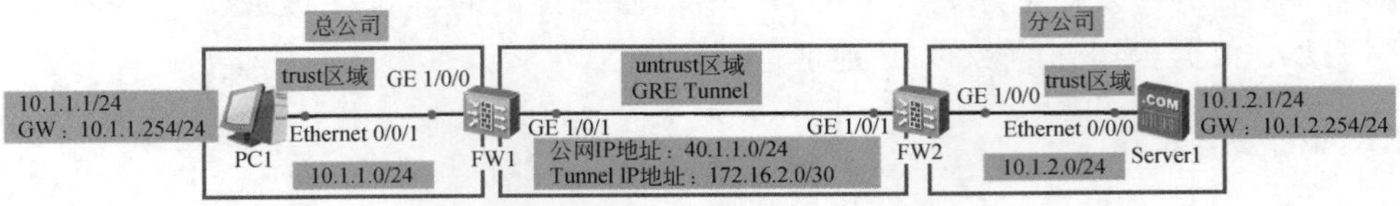

图 8.5 拓扑 1

以上场景中组网需求如下。

(1) 基础配置：配置接口 IP 地址和接口划分进对应安全区域。

(2) 隧道口配置：配置隧道 IP 地址、隧道的协议(GRE)、隧道的源和目的 IP 地址、隧道接口的所属安全区域(DMZ)。

(3) 配置进入该隧道的路由。

(4) 配置对应方向安全策略。

(5) 连通性，并且抓取数据包，查看 Protocal 字段是不是 47。

具体实现步骤如下。

(1) 基础配置：配置接口 IP 地址和接口划分进对应安全区域。

FW1 接口 IP 地址配置：

```
[FW1]interface GigabitEthernet 1/0/1
[FW1 - GigabitEthernet1/0/1]ip address 40.1.1.1 24
[FW1 - GigabitEthernet1/0/1]undo shutdown                  //激活该端口
Info: Interface GigabitEthernet1/0/1 is not shutdown.      //该提示信息为此接口已激活
[FW1 - GigabitEthernet1/0/1]quit
[FW1]interface GigabitEthernet 1/0/0
[FW1 - GigabitEthernet1/0/0]ip address 10.1.1.254 24
[FW1 - GigabitEthernet1/0/0]undo shutdown
Info: Interface GigabitEthernet1/0/0 is not shutdown.
[FW1 - GigabitEthernet1/0/0]quit
[FW1]
```

FW1 接口安全区域划分：

```
[FW1]firewall zone trust
[FW1 - zone - trust]add interface GigabitEthernet 1/0/0
[FW1 - zone - trust]quit
[FW1]firewall zone untrust
[FW1 - zone - untrust]add interface GigabitEthernet 1/0/1
[FW1 - zone - untrust]quit
[FW1]
-----------------------------------------------------------------------
```

FW2 接口 IP 地址配置：

```
[FW2]interface GigabitEthernet 1/0/1
[FW2 - GigabitEthernet1/0/1]ip address 40.1.1.2 24
[FW2 - GigabitEthernet1/0/1]undo shutdown
Info: Interface GigabitEthernet1/0/1 is not shutdown.
[FW2 - GigabitEthernet1/0/1]quit
[FW2]int GigabitEthernet 1/0/0
[FW2 - GigabitEthernet1/0/0]ip address 10.1.2.254 24
[FW2 - GigabitEthernet1/0/0]undo shutdown
Info: Interface GigabitEthernet1/0/0 is not shutdown.
[FW2 - GigabitEthernet1/0/0]quit
[FW2]
```

FW2 接口安全区域划分：

```
[FW2]firewall zone trust
[FW2 - zone - trust]add interface GigabitEthernet 1/0/0
[FW2 - zone - trust]quit
[FW2]firewall zone untrust
[FW2 - zone - untrust]add interface GigabitEthernet 1/0/1
[FW2 - zone - untrust]quit
[FW2]
```

(2) 隧道口配置：配置隧道 IP 地址、隧道的协议(GRE)、隧道的源和目的 IP 地址、隧道接口的所属安全区域(DMZ)。

FW1 配置 Tunnel 1 隧道口，并且将其划分进 DMZ 区域：

```
[FW1]interface Tunnel 1                   //开启 Tunnel 1 接口
[FW1 - Tunnel1]ip address 172.16.2.1 30   //配置隧道口 IP 地址
[FW1 - Tunnel1]tunnel - protocol gre      //配置隧道所使用的协议为 GRE
[FW1 - Tunnel1]source 40.1.1.1            //数据包经过隧道后封装的源地址
[FW1 - Tunnel1]destination 40.1.1.2       //数据包经过隧道后封装的目的地址
[FW1 - Tunnel1]
Dec 15 2021 17: 58: 14 FW1 %% 01IFNET/4/LINK_STATE(l)[2]: The line protocol IP on the
interface Tunnel1 has entered the UP state. //表示该隧道口的 IP 已激活
[FW1 - Tunnel1]quit
[FW1]firewall zone dmz                    //进入防火墙的 DMZ 安全区域
[FW1 - zone - dmz]add interface Tunnel 1  //将该隧道口划分进该区域
[FW1 - zone - dmz]quit
[FW1]
------------------------------------------------------------------------------
```

FW2 配置 Tunnel 1 隧道口，并且将其划分进 DMZ 区域：

```
[FW2]interface Tunnel 1                   //开启 Tunnel 1 接口
[FW2 - Tunnel1]ip address 172.16.2.2 30   //配置隧道口 IP 地址
[FW2 - Tunnel1]tunnel - protocol gre      //配置隧道所使用的协议为 GRE
[FW2 - Tunnel1]source 40.1.1.2            //数据包经过隧道后封装的源地址
[FW2 - Tunnel1]destination 40.1.1.1       //数据包经过隧道后封装的目的地址
[FW2 - Tunnel1]
```

```
Dec 15 2021 17:58:14 FW2 % %01IFNET/4/LINK_STATE(1)[2]: The line protocol IP on the interface
Tunnel1 has entered the UP state.          //表示该隧道口的 IP 已激活
[FW2-Tunnel1]quit
[FW2]firewall zone dmz                     //进入防火墙的 DMZ 安全区域
[FW2-zone-dmz]add interface Tunnel 1       //将该隧道口划分进该区域
[FW2-zone-dmz]quit
[FW2]
```

(3) 配置进入该隧道的路由。

```
[FW1]ip route-static 10.1.2.0 24 Tunnel 1     //将数据包引入进隧道,出接口为 Tunnel 1
------------------------------------------------------------------------------------
[FW2]ip route-static 10.1.1.0 24 Tunnel 1     //将数据包引入进隧道,出接口为 Tunnel 1
```

(4) 配置对应方向安全策略。

FW1 对应方向安全策略配置:

```
[FW1]security-policy
[FW1-policy-security]rule name PC1_to_Server1_GRE
[FW1-policy-security-rule-PC1_to_Server1_GRE]source-zone trust
[FW1-policy-security-rule-PC1_to_Server1_GRE]destination-zone dmz
[FW1-policy-security-rule-PC1_to_Server1_GRE]source-address 10.1.1.0 24
[FW1-policy-security-rule-PC1_to_Server1_GRE]destination-address 10.1.2.0 24
[FW1-policy-security-rule-PC1_to_Server1_GRE]action permit
[FW1-policy-security-rule-PC1_to_Server1_GRE]quit
##以上安全策略为放行进入 GRE 隧道后的出方向数据包
[FW1-policy-security]rule name PC1_to_Server1_GRE2
[FW1-policy-security-rule-PC1_to_Server1_GRE2]source-zone dmz
[FW1-policy-security-rule-PC1_to_Server1_GRE2]destination-zone trust
[FW1-policy-security-rule-PC1_to_Server1_GRE2]source-address 10.1.2.0 24
[FW1-policy-security-rule-PC1_to_Server1_GRE2]destination-addre 10.1.1.0 24
[FW1-policy-security-rule-PC1_to_Server1_GRE2]action permit
[FW1-policy-security-rule-PC1_to_Server1_GRE2]quit
##以上安全策略为放行进入 GRE 隧道后的入方向数据包
[FW1-policy-security]rule name permit_GRE
[FW1-policy-security-rule-permit_GRE]source-zone local
[FW1-policy-security-rule-permit_GRE]source-zone untrust
[FW1-policy-security-rule-permit_GRE]destination-zone local
[FW1-policy-security-rule-permit_GRE]destination-zone untrust
[FW1-policy-security-rule-permit_GRE]action permit
[FW1-policy-security-rule-permit_GRE]quit
##以上安全策略为放行 GRE 隧道进入防火墙内部和离开防火墙的数据包
------------------------------------------------------------------------------------
```

FW2 对应方向安全策略配置:

```
[FW2]security-policy
[FW2-policy-security]rule name Server_to_PC1_GRE
[FW2-policy-security-rule-Server_to_PC1_GRE]source-zone trust
[FW2-policy-security-rule-Server_to_PC1_GRE]destination-zone dmz
```

```
[FW2-policy-security-rule-Server_to_PC1_GRE]source-address 10.1.2.0 24
[FW2-policy-security-rule-Server_to_PC1_GRE]destination-address 10.1.1.0 24
[FW2-policy-security-rule-Server_to_PC1_GRE]action permit
[FW2-policy-security-rule-Server_to_PC1_GRE]quit
##以上安全策略为放行进入 GRE 隧道后的出方向数据包
[FW2-policy-security]rule name Server_to_PC1_GRE2
[FW2-policy-security-rule-Server_to_PC1_GRE2]source-zone dmz
[FW2-policy-security-rule-Server_to_PC1_GRE2]destination-zone trust
[FW2-policy-security-rule-Server_to_PC1_GRE2]source-address 10.1.1.0 24
[FW2-policy-security-rule-Server_to_PC1_GRE2]destination-address 10.1.2.0 24
[FW2-policy-security-rule-Server_to_PC1_GRE2]action permit
[FW2-policy-security-rule-Server_to_PC1_GRE2]quit
##以上安全策略为放行进入 GRE 隧道后的入方向数据包
[FW2-policy-security]rule name permit_gre
[FW2-policy-security-rule-permit_gre]source-zone local
[FW2-policy-security-rule-permit_gre]source-zone untrust
[FW2-policy-security-rule-permit_gre]destination-zone local
[FW2-policy-security-rule-permit_gre]destination-zone untrust
[FW2-policy-security-rule-permit_gre]action permit
[FW2-policy-security-rule-permit_gre]quit
##以上安全策略为放行 GRE 隧道进入防火墙内部和离开防火墙的数据包
```

(5) 测试连通性并抓取数据包,查看 Protocal 字段是不是 47,同时确保 Tracert 路径看不到进入 GRE 隧道后的节点,如图 8.6～图 8.8 所示。

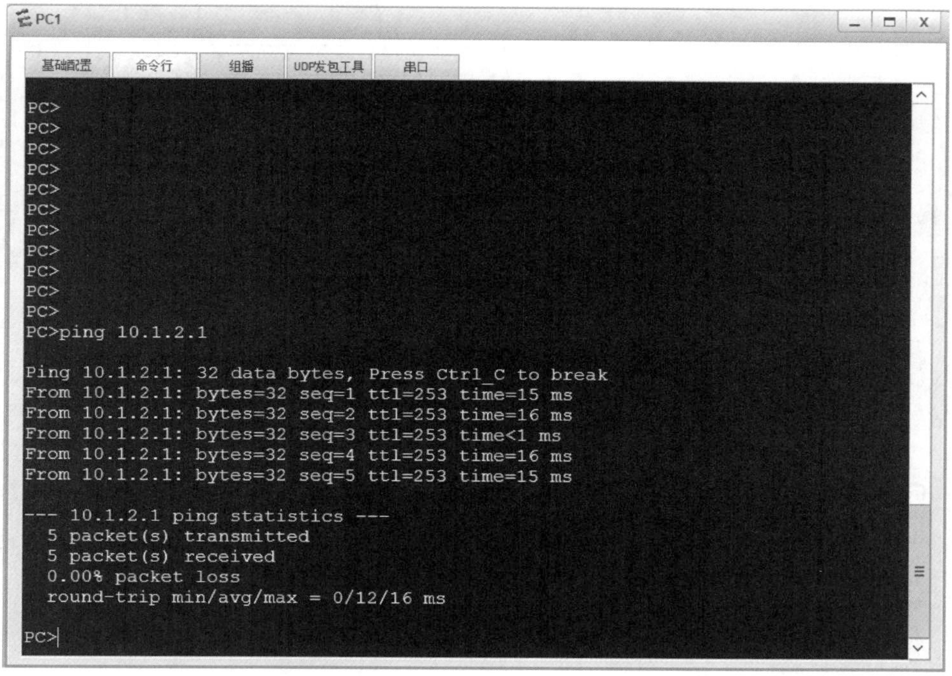

图 8.6 PC1 ping 对端测试

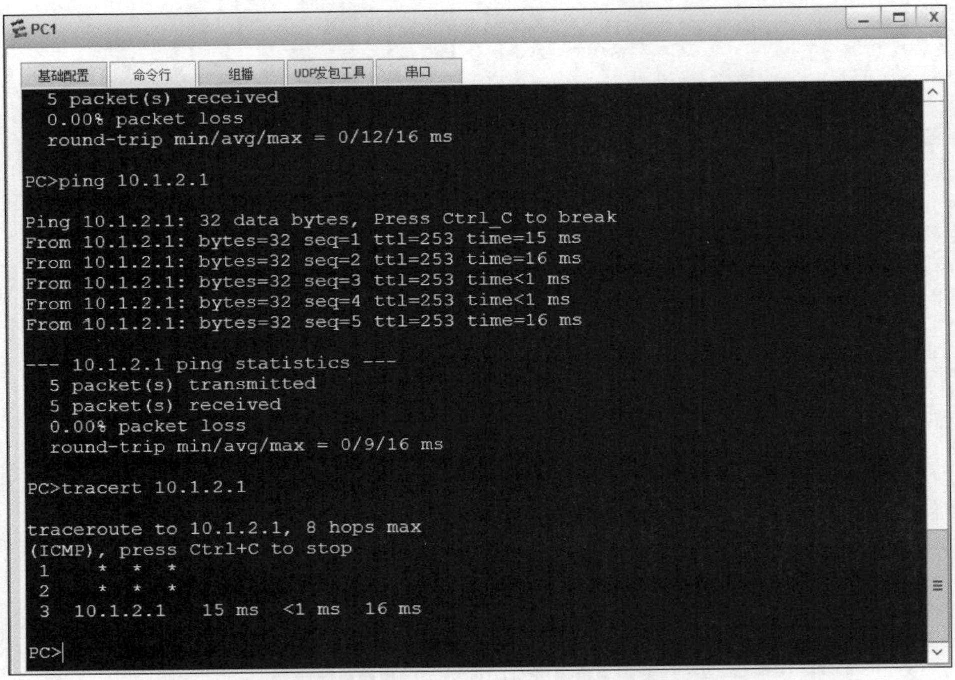

图 8.7 PC1 跟踪去往对端路径

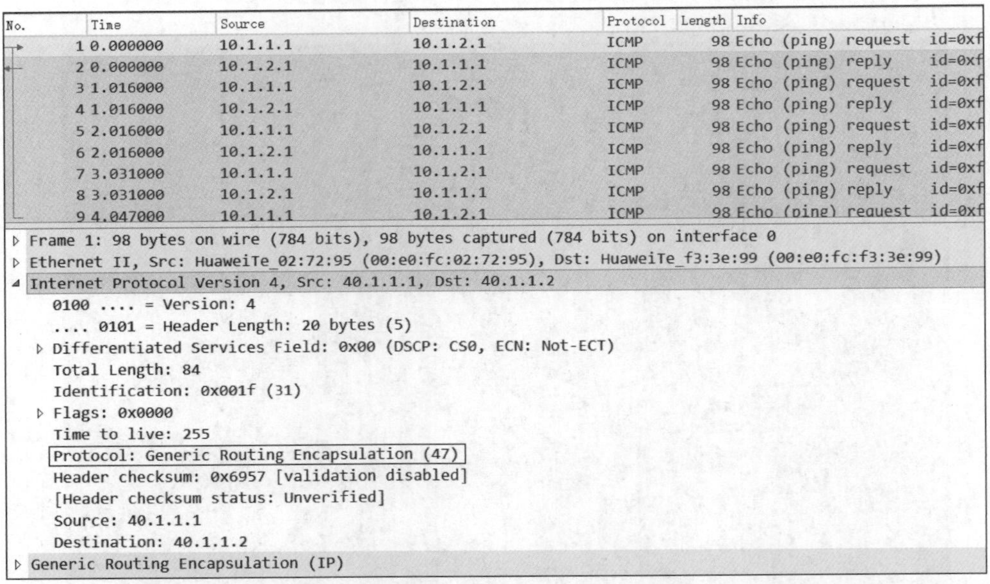

图 8.8 抓取防火墙公网接口数据包

8.3 IPSec VPN

8.3.1 IPSec VPN 概述

要实现站点到站点的 VPN，最常见的协议为 IPSec 协议。IPSec 协议不是一个单独的协议，它给出了应用于 IP 层上网络数据安全的一整套体系结构，包括认证头（Authentication Header，AH）协议、封装安全载荷（Encapsulating Security Payload，ESP）协议、因特网密钥交换（Internet Key Exchange，IKE）协议和用于网络认证及加密的一些算法等。IPSec 规定了如何在对等层之间选择安全协议、确定安全算法和密钥交换，向上提供了访问控制、数据源认证、数据加密等网络安全服务。

IPSec 是 IETF 制定的为保证在 Internet 上传送数据的安全保密性能的三层隧道加密协议。IPSec 在 IP 层对 IP 报文提供安全服务。IPSec 协议本身定义了如何在 IP 数据包中增加字段来保证 IP 包的完整性、私有性和真实性，以及如何加密数据包。使用 IPSec，数据就可以安全地在公网上传输。

IKE 协议为 IPSec 提供了自动协商交换密钥、建立安全联盟的服务，能够简化 IPSec 的使用和管理，大大简化 IPSec 的配置和维护工作。

IPSec 包括 AH 协议（协议号 51）和 ESP 协议（协议号 50）两个协议。AH 协议可提供数据源验证和数据完整性校验功能；ESP 协议除可提供数据验证和完整性校验功能外，还提供对 IP 报文的加密功能。

IPSec 有隧道和传送两种工作方式。在隧道方式中，用户的整个 IP 数据包被用来计算 AH 或 ESP 头，且被加密。AH 或 ESP 头和加密用户数据被封装在一个新的 IP 数据包中；在传送方式中，只是传输层数据被用来计算 AH 或 ESP 头，AH 或 ESP 头和被加密的传输层数据被放置在原 IP 包头后面。

AH 协议是报文验证头协议，主要提供的功能有数据源验证、数据完整性校验和防报文重放功能，可选择的散列算法有 MD5（Message Digest）、SHA1（Secure Hash Algorithm）等。AH 协议插到标准 IP 包头后面，它保证数据包的完整性和真实性，防止黑客截断数据包或向网络中插入伪造的数据包。AH 协议采用了散列算法来对数据包进行保护。AH 协议没有对用户数据进行加密。

ESP 协议是报文安全封装协议，ESP 协议将需要保护的用户数据进行加密后再封装到 IP 包中，保证数据的完整性、真实性和私有性。可选择的加密算法有 DES、3DES 等。

1. IPSec 的安全性

数据机密性（Data Confidentiality）：IPSec 发送方在通过网络传输包前对包进行加密。

数据完整性（Data Integrity）：IPSec 接收方对发送方发送来的包进行认证，以确保数据在传输过程中没有被篡改。

数据来源认证（Data Authentication）：IPSec 接收方对 IPSec 包的源地址进行认证。这项服务基于数据完整性服务。

反重放(Anti Replay):IPSec接收方可检测并拒绝接收过时或重复的报文。

2. IPSec的基本概念

(1) 感兴趣数据流(Data Flow)。

感兴趣数据流为一组具有某些共同特征的数据的集合,由源地址/掩码、目的地址/掩码、IP报文中封装上层协议的协议号、源端口号、目的端口号等来规定。通常,一个数据流采用一个访问控制列表(Access List)来定义,经访问控制列表匹配的所有报文在逻辑上作为一个数据流。一个数据流可以是两台主机之间单一的TCP连接,也可以是两个子网之间所有的数据流量。IPSec能够对不同的数据流施加不同的安全保护,例如对不同的数据流使用不同的安全协议、算法或密钥。

(2) 安全联盟(Security Association,SA)。

IPSec对数据流提供的安全服务通过安全联盟来实现,它包括协议、算法、密钥等内容,具体确定了如何对IP报文进行处理。一个安全联盟就是两个IPSec系统之间的一个单向逻辑连接,输入数据流和输出数据流由输入安全联盟与输出安全联盟分别处理。安全联盟由一个三元组(安全参数索引(SPI)、IP目的地址、安全协议号(AH或ESP))来唯一标识。安全联盟可通过手工配置和自动协商两种方式建立。手工建立安全联盟的方式是指用户通过在两端手工设置一些参数,在两端参数匹配和协商通过后建立安全联盟。自动协商方式由IKE生成和维护,通信双方基于各自的安全策略库经过匹配和协商,最终建立安全联盟而不需要用户的干预。

(3) 安全参数索引(SPI)。

安全参数索引是一个32b的数值,在每一个IPSec报文中都携带该值。SPI、IP目的地址、安全协议号三者结合起来共同构成三元组来唯一标识一个特定的安全联盟。在手工配置安全联盟时,需要手工指定SPI的取值。为保证安全联盟的唯一性,必须使用不同的SPI来配置安全联盟;使用IKE协商产生安全联盟时,SPI将随机生成。

(4) 安全联盟生存时间(Life Time)。

安全联盟生存时间有“以时间进行限制”(即每隔定长的时间进行更新)和“以流量进行限制”(即每传输一定字节数量的信息就进行更新)两种方式。

(5) 安全策略 (Security Police)。

安全策略由用户手工配置,规定对什么样的数据流采用什么样的安全措施。对数据流的定义是通过在一个访问控制列表中配置多条规则来实现的,在安全策略中引用这个访问控制列表来确定需要进行保护的数据流。一条安全策略由“名字”和“顺序号”共同唯一确定。

(6) 变换集(Transform Set)。

变换集包括安全协议、安全协议使用的算法、安全协议对报文的封装形式,规定了把普通的IP报文转换为IPSec报文的方式。在安全策略中,通过引用一个变换集来规定该安全策略采用的协议、算法等。

3. AH、ESP与IKE协议

(1) AH协议。

AH协议是认证头协议,AH协议通过使用带密钥的验证算法,对受保护的数据计算摘要。通过使用数据完整性检查,可判定数据包在传输过程中是否被修改;通过使用认证机制,终端系统或网络设备可对用户或应用进行认证,过滤通信流;认证机制还可防止地址欺骗攻击及重放攻击。

在使用 AH 协议时,AH 协议首先在原数据前生成一个 AH 报文头,报文头中包括一个递增的序列号(Sequence Number)与验证字段(空)、安全参数索引(SPI)等。AH 协议将对新的数据包进行离散运算,生成一个验证字段,填入 AH 头的验证字段。AH 协议目前提供了两种散列算法,分别是 MD5 和 SHA1,这两种算法的密钥长度分别是 128b 和 160b。

AH 协议在隧道模式下的封装如图 8.9 所示。

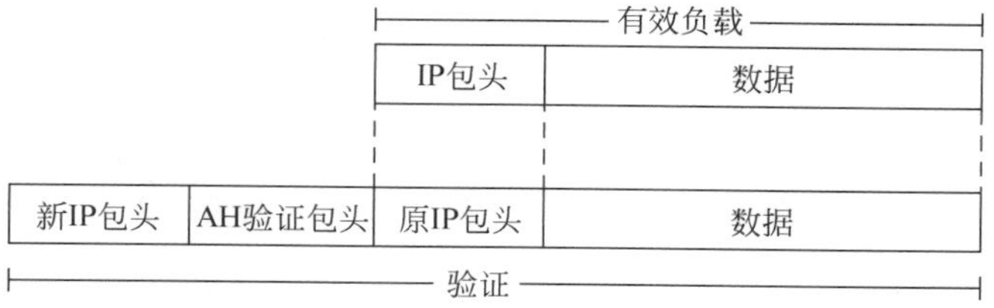

图 8.9 AH 协议在隧道模式下的封装

AH 协议在传输模式下的封装如图 8.10 所示。

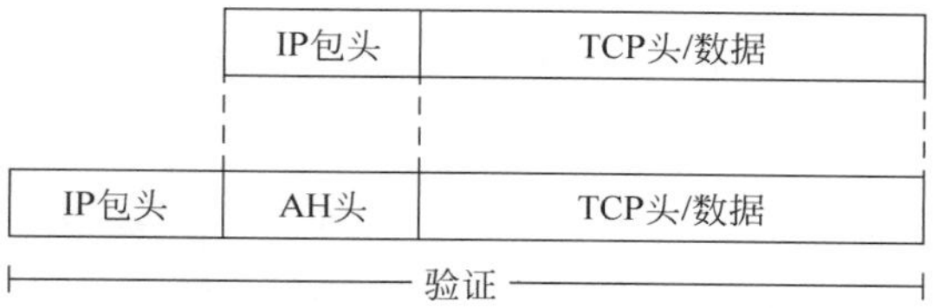

图 8.10 AH 协议在传输模式下的封装

AH 协议使用 32b 序列号结合防重放窗口和报文验证来防御重放攻击。

在传输模式下,AH 协议验证 IP 报文的数据部分和 IP 头中的不变部分。

在隧道模式下,AH 协议验证全部的内部 IP 报文和外部 IP 头中的不变部分。

(2) ESP 协议。

ESP 协议是封装安全负载协议,ESP 协议将用户数据进行加密后封装到 IP 包中,以保证数据的私有性。同时作为可选项,用户可以选择使用带密钥的散列算法保证报文的完整性和真实性。ESP 的隧道模式提供了对于报文路径信息的隐藏。

在 ESP 协议方式下,可以通过散列算法获得验证数据字段,可选的算法同样是 MD5 和 SHA1。与 AH 协议不同的是,在 ESP 协议中还可以选择加密算法,一般常见的是 DES、3DES 等加密算法。加密算法要从 SA 中获得密钥,对参加 ESP 加密的整个数据的内容进行加密运算,得到一段新的“数据”。完成之后,ESP 将在新的“数据”前面加上 SPI 字段、序列号字段,在数据后面加上一个验证字段和填充字段等。

ESP 协议在隧道模式下的封装如图 8.11 所示。

ESP 协议在传输模式下的封装如图 8.12 所示。

ESP 协议使用 32b 序列号结合防重放窗口和报文验证,防御重放攻击。

在传输模式下,ESP 协议对 IP 报文的有效数据进行加密(可附加验证)。

在隧道模式下,ESP 协议对整个内部 IP 报文进行加密(可附加验证)。

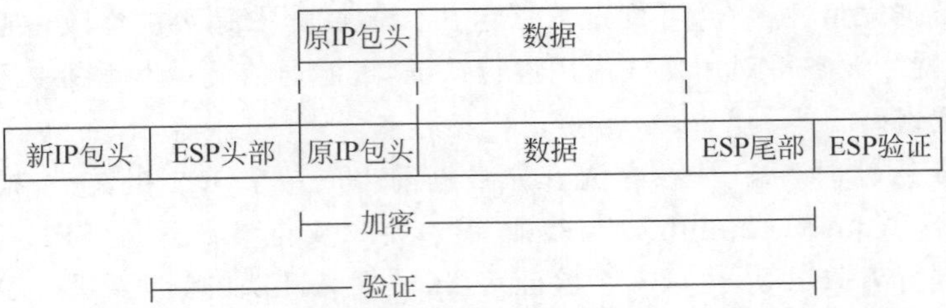

图 8.11 ESP 协议在隧道模式下的封装

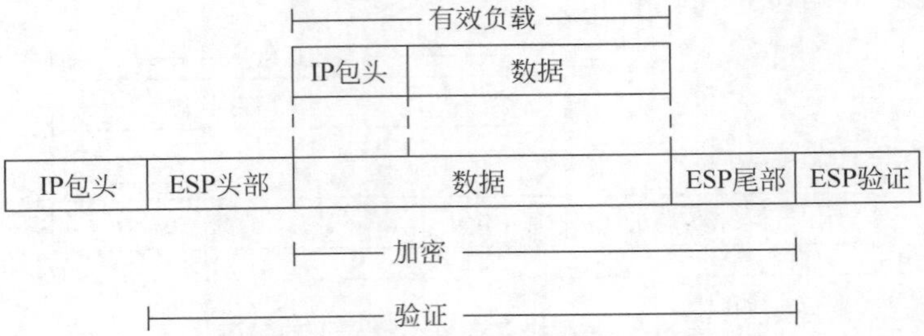

图 8.12 ESP 协议在传输模式下的封装

(3) IKE。

IKE 协议是因特网密钥交换协议,为 IPSec 提供了自动协商交换密钥、建立安全联盟的服务,能够简化 IPSec 的使用和管理,大大简化 IPSec 的配置和维护工作。IKE 协议不是在网络上直接传送密钥,而是通过一系列数据的交换,最终计算出双方共享的密钥,并且即使第三者截获了双方用于计算密钥的所有交换数据,也不足以计算出真正的密钥。IKE 协议具有一套自保护机制,可以在不安全的网络上安全地分发密钥,验证身份,建立 IPSec 安全联盟。

IKE 协商分为两个阶段,分别称为阶段一和阶段二。

阶段一又被称为 Main Mode,在网络上建立 IKE SA,为其他协议的协商(阶段二)提供保护和快速协商。通过协商创建一个通信信道,并对该信道进行认证,为双方进一步的 IKE 通信提供机密性、消息完整性以及消息源认证服务,是主模式。

阶段二又被称为 Quick Mode,在 IKE SA 的保护下完成 IPSec 的协商。

8.3.2 基于华为防火墙上实现点到点 IPSec VPN

课业任务 8-2

课业任务 8-2

Bob 为 WYL 公司的安全运维工程师,根据网络安全的要求,实现在 Bob 所在的公司总部与 Alice 所在的公司分部之间建立站点到站点的 VPN,如此一来,就可以通过 IPSec 的 ESP 协议保证 Alice 与 Bob 之间在互联网上频繁传送公司机密文件时的安全性,拓扑如图 8.13 所示。

以上场景中组网需求如下。

(1) 配置 FW1 和 FW2 的各接口 IP 地址和所属安全区域。

(2) 对 FW1 和 FW2 配置到达对端的默认路由。

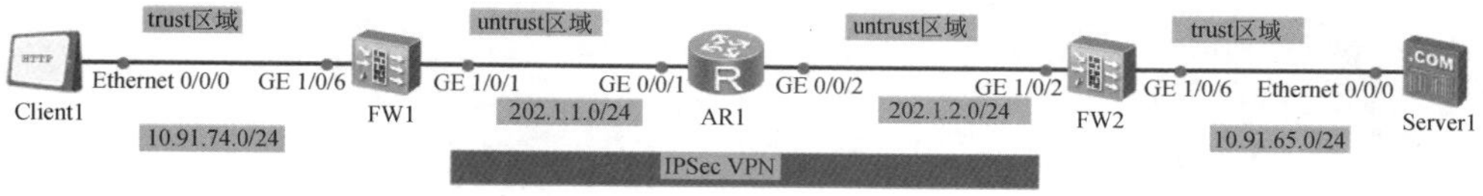

图 8.13　拓扑 2

(3) 定义需要保护的数据流，使用 ACL 进行流量抓取。

(4) 配置 IKE 安全协议。

(5) 配置 IKE 对等体。

(6) 配置 IPSec 安全协议。

(7) 配置 IPSec 策略。

(8) 在对应接口上应用 IPSec 安全策略。

(9) 配置 FW1 和 FW2 安全策略，放行指定的内网网段进行报文交互。

(10) 测试 IKE 的建立和报文传输是否有加密。

具体实现步骤如下。

(1) 配置 FW1 和 FW2 的各接口 IP 地址和所属安全区域。

```
[FW1]interface GigabitEthernet 1/0/1
[FW1 - GigabitEthernet1/0/1]ip address 202.1.1.1 24
[FW1 - GigabitEthernet1/0/1]undo shutdown
[FW1 - GigabitEthernet1/0/1]quit
[FW1]interface GigabitEthernet 1/0/6
[FW1 - GigabitEthernet1/0/6]ip address 10.91.74.254 24
[FW1 - GigabitEthernet1/0/6]undo shutdown
[FW1 - GigabitEthernet1/0/6]quit
[FW1]
------------------------------------------------------------------------
[FW2]interface GigabitEthernet 1/0/1
[FW2 - GigabitEthernet1/0/1]ip address 202.1.2.2 24
[FW2 - GigabitEthernet1/0/1]undo shutdown
[FW2 - GigabitEthernet1/0/1]quit
[FW2]interface GigabitEthernet 1/0/6
[FW2 - GigabitEthernet1/0/6]ip address 10.91.65.254 24
[FW2 - GigabitEthernet1/0/6]undo shutdown
[FW2 - GigabitEthernet1/0/6]quit
[FW2]
------------------------------------------------------------------------
[FW1]firewall zone trust
[FW1 - zone - trust]add interface GigabitEthernet 1/0/6
[FW1 - zone - trust]quit
[FW1]firewall zone untrust
[FW1 - zone - untrust]add interface GigabitEthernet 1/0/1
[FW1 - zone - untrust]quit
[FW1]
------------------------------------------------------------------------
[FW2]firewall zone trust
[FW2 - zone - trust]add interface GigabitEthernet 1/0/6
[FW2 - zone - trust]quit
[FW2]firewall zone untrust
```

```
[FW2 - zone - untrust]add interface GigabitEthernet 1/0/1
[FW2 - zone - untrust]quit
[FW2]
```

(2) 对 FW1 和 FW2 配置到达对端的默认路由。

```
[FW1]ip route - static 0.0.0.0 0.0.0.0 202.1.1.2
-------------------------------------------------------------------------------
[FW2]ip route - static 0.0.0.0 0.0.0.0 202.1.2.1
```

(3) 定义需要保护的数据流,使用 ACL 进行流量抓取。

```
[FW1]acl number 3000
[FW1 - acl - adv - 3000]rule permit ip source 10.91.74.0 0.0.0.255 destination 10.91.65.0 0.0.0.255
//抓取需要进入 IPSec VPN 加密的数据流
[FW1 - acl - adv - 3000]quit
[FW1]
-------------------------------------------------------------------------------
[FW2]acl number 3000
[FW2 - acl - adv - 3000]rule permit ip source 10.91.65.0 0.0.0.255 destination 10.91.74.0 0.0.0.255
//抓取需要进入 IPSec VPN 加密的数据流
[FW2 - acl - adv - 3000]quit
[FW2]
```

(4) 配置 IKE 安全协议。

```
[FW1] ike proposal 1
[FW1 - ike - proposal - 1]encryption - algorithm aes - 256
//IKE 的加密算法为 aes - 256
[FW1 - ike - proposal - 1]dh group14                    //交换及密钥分发组为 14
[FW1 - ike - proposal - 1]authentication - algorithm sha2 - 256
//IKE 的认证算法为 sha2 - 256
[FW1 - ike - proposal - 1]authentication - method pre - share
//IKE 认证方式为预共享字符串
[FW1 - ike - proposal - 1]integrity - algorithm hmac - sha2 - 256
//完整性算法为 hmac - sha2 - 256
[FW1 - ike - proposal - 1]prf hmac - sha2 - 256
[FW1 - ike - proposal - 1]quit
[FW1]
-------------------------------------------------------------------------------
[FW2]ike proposal 1
[FW2 - ike - proposal - 1]encryption - algorithm aes - 256
//IKE 的加密算法为 aes - 256
[FW2 - ike - proposal - 1]dh group14                    //交换及密钥分发组为 14
[FW2 - ike - proposal - 1]authentication - algorithm sha2 - 256
//IKE 的认证算法为 sha2 - 256
[FW2 - ike - proposal - 1]authentication - method pre - share
//IKE 认证方式为预共享字符串
[FW2 - ike - proposal - 1]integrity - algorithm hmac - sha2 - 256
//完整性算法为 hmac - sha2 - 256
[FW2 - ike - proposal - 1]prf hmac - sha2 - 256
[FW2 - ike - proposal - 1]quit
[FW2]
```

(5) 配置 IKE 对等体。

```
[FW1]ike peer FW2
[FW1-ike-peer-FW2]exchange-mode auto
[FW1-ike-peer-FW2]pre-shared-key huawei@123
//预共享密钥,两边要一样,设置成 huawei@123
[FW1-ike-peer-FW2]ike-proposal 1              //关联 IKE 安全协议 ike-proposal 1
[FW1-ike-peer-FW2]remote-address 202.1.2.2    //配置对端建立 IKE 所用地址
[FW1-ike-peer-FW2]quit
[FW1]
----------------------------------------------------------------------
[FW2]ike peer FW1
[FW2-ike-peer-FW1]exchange-mode auto
[FW2-ike-peer-FW1]pre-shared-key huawei@123   //预共享密钥,两边要一样,设置成 huawei@123
[FW2-ike-peer-FW1]ike-proposal 1              //关联 IKE 安全协议 ike-proposal 1
[FW2-ike-peer-FW1]remote-address 202.1.1.1    //配置对端建立 IKE 所用地址
[FW2-ike-peer-FW1]quit
[FW2]
```

(6) 配置 IPSec 安全协议。

```
[FW1]
[FW1]ipsec proposal 10
[FW1-ipsec-proposal-10]esp authentication-algorithm sha2-256
//ESP 认证算法为 sha2-256
[FW1-ipsec-proposal-10]esp encryption-algorithm aes-256
//ESP 加密算法为 aes-256
[FW1-ipsec-proposal-10]quit
[FW1]
----------------------------------------------------------------------
[FW2]ipsec proposal 10
[FW2-ipsec-proposal-10]esp authentication-algorithm sha2-256
[FW2-ipsec-proposal-10]esp encryption-algorithm aes-256
[FW2-ipsec-proposal-10]quit
[FW2]
```

(7) 配置 IPSec 策略。

```
[FW1]ipsec policy FW2 1 isakmp
[FW1-ipsec-policy-isakmp-FW2-1]security acl 3000
//将 ACL3000 抓取的流量放进 IPSec VPN
[FW1-ipsec-policy-isakmp-FW2-1]ike-peer FW2
//设置对等体,调用 IKE peer 设置的名字
[FW1-ipsec-policy-isakmp-FW2-1]proposal 10
//应用 IPSec 安全协议 10 的认证和加密方式
[FW1-ipsec-policy-isakmp-FW2-1]quit
[FW1]
----------------------------------------------------------------------
[FW2]ipsec policy FW1 1 isakmp
[FW2-ipsec-policy-isakmp-FW1-1]security acl 3000
//将 ACL3000 抓取的流量放进 IPSec VPN
[FW2-ipsec-policy-isakmp-FW1-1]ike-peer FW1
//设置对等体,调用 IKE peer 设置的名字
```

```
[FW2-ipsec-policy-isakmp-FW1-1]proposal 10
//应用 IPSec 安全协议 10 的认证和加密方式
[FW2-ipsec-policy-isakmp-FW1-1]quit
[FW2]
```

(8) 在对应接口上应用 IPSec 安全策略。

```
[FW1]interface GigabitEthernet 1/0/1
[FW1-GigabitEthernet1/0/1]ipsec policy FW2
[FW1-GigabitEthernet1/0/1]quit
[FW1]
------------------------------------------------------------------------
[FW2]interface GigabitEthernet 1/0/1
[FW2-GigabitEthernet1/0/1]ipsec policy FW1
[FW2-GigabitEthernet1/0/1]quit
[FW2]
```

(9) 配置 FW1 和 FW2 安全策略,放行指定的内网网段进行报文交互。

```
//首先创建私网地址组
[FW1]ip address-set public type group
[FW1-group-address-set-public]address 0 202.1.1.0 mask 24
[FW1-group-address-set-public]address 1 202.1.2.0 mask 24
[FW1-group-address-set-public]quit
[FW1]ip address-set private type group
[FW1-group-address-set-private]address 0 10.91.74.0 mask 24
[FW1-group-address-set-private]address 1 10.91.65.0 mask 24
[FW1-group-address-set-private]quit
//其次定义一个 IKE 服务集
[FW1]ip service-set ike type object
[FW1-object-service-set-ike]service 0 protocol udp destination-port 500
[FW1-object-service-set-ike]quit
//接下来进入安全策略配置视图
[FW1]security-policy
[FW1-policy-security] rule name permit_client_to_server
[FW1-policy-security-rule-permit_client_to_server]source-zone trust untrust
[FW1-policy-security-rule-permit_client_to_server]destination-zone trust untrust
[FW1-policy-security-rule-permit_client_to_server]source-address address-set private
[FW1-policy-security-rule-permit_client_to_server]destination-address address-
set private
[FW1-policy-security-rule-permit_client_to_server]action permit
[FW1-policy-security-rule-permit_client_to_server]quit
##以上安全策略为放行 Client 去往 Server 的数据包
[FW1-policy-security]
[FW1-policy-security]rule name permit_client_to_server_ike
[FW1-policy-security-rule-permit_client_to_server_ike]source-zone untrust local
[FW1-policy-security-rule-permit_client_to_server_ike]destination-zone untrust local
[FW1-policy-security-rule-permit_client_to_server_ike]source-address address-
set public
[FW1-policy-security-rule-permit_client_to_server_ike]destination-address address-
set public
[FW1-policy-security-rule-permit_client_to_server_ike]service ike
```

```
[FW1 - policy - security - rule - permit_client_to_server_ike]service esp
[FW1 - policy - security - rule - permit_client_to_server_ike]action permit
[FW1 - policy - security - rule - permit_client_to_server_ike]quit
##以上是 FW1 对 IKE 封装后的流量进行放行
-------------------------------------------------------------------------
//首先创建私网地址组
[FW2]ip address - set public type group
[FW2 - group - address - set - public]address 0 202.1.1.0 mask 24
[FW2 - group - address - set - public]address 1 202.1.2.0 mask 24
[FW2 - group - address - set - public]quit
[FW2]ip address - set private type group
[FW2 - group - address - set - private]address 0 10.91.74.0 mask 24
[FW2 - group - address - set - private]address 1 10.91.65.0 mask 24
[FW2 - group - address - set - private]quit
//其次定义一个 IKE 服务集
[FW2]ip service - set ike type object
[FW2 - object - service - set - ike]service 0 protocol udp destination - port 500
[FW2 - object - service - set - ike]quit
//接下来进入安全策略配置视图
[FW2]security - policy
[FW2 - policy - security] rule name permit_server_to_client
[FW2 - policy - security - rule - permit_server_to_client]source - zone trust untrust
[FW2 - policy - security - rule - permit_server_to_client]destination - zone trust untrust
[FW2 - policy - security - rule - permit_server_to_client]source - address address - set private
[FW2 - policy - security - rule - permit_server_to_client]destination - address address -
set private
[FW2 - policy - security - rule - permit_server_to_client]action permit
[FW2 - policy - security - rule - permit_server_to_client]quit
##以上安全策略为放行 server 去往 client 的数据包
[FW2 - policy - security]
[FW2 - policy - security]rule name permit_server_to_client_ike
[FW2 - policy - security - rule - permit_server_to_client_ike]source - zone untrust local
[FW2 - policy - security - rule - permit_server_to_client_ike]destination - zone untrust local
[FW2 - policy - security - rule - permit_server_to_client_ike]source - address address -
set public
[FW2 - policy - security - rule - permit_server_to_client_ike]destination - address address -
set public
[FW2 - policy - security - rule - permit_server_to_client_ike]service ike
[FW2 - policy - security - rule - permit_server_to_client_ike]service esp
[FW2 - policy - security - rule - permit_server_to_client_ike]action permit
[FW2 - policy - security - rule - permit_server_to_client_ike]quit
##以上是 FW2 对 IKE 封装后的流量进行放行
```

(10) 测试并且查看 IPSec VPN 建立情况，如图 8.14 和图 8.15 所示。

通过抓包看出，原来的 ICMP 报文已经被封装成 ESP 报文进行传递，同时 ESP 的报文头部源目的 IP 已经改变成公网 IP；还可以看出该 IPSec VPN 的模式为隧道模式，封装了新的 IP 报头，如图 8.16 所示。

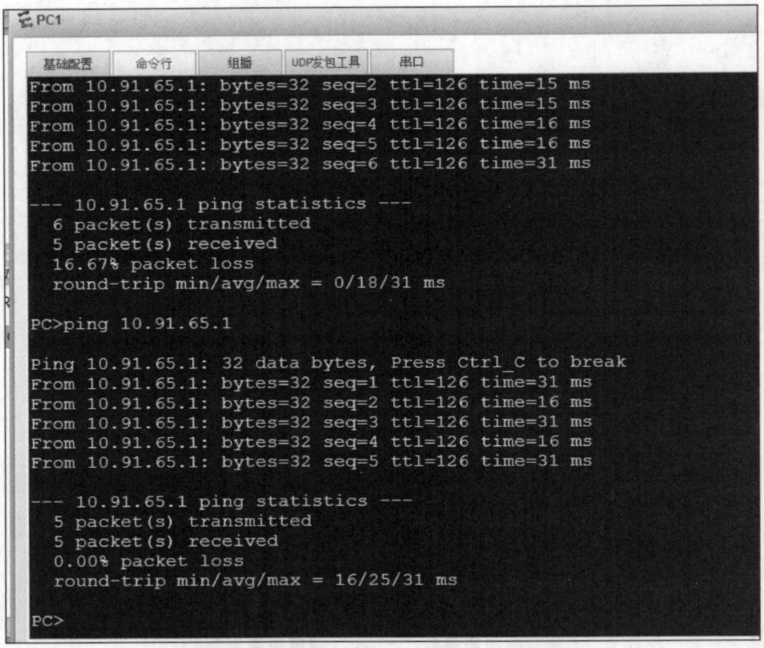

图 8.14 PC1 测试连通性

```
[FW1]
Nov 26 2021 13:44:40 FW1 IPSEC/4/IKESAPHASE1ESTABLISHED:1.3.6.1.4.1.2011.6.122.2
6.6.13 IKE phase1 sa established. (PeerAddress=202.1.2.2, PeerPort=500, LocalAdd
ress=202.1.1.1, AuthMethod=pre-shared-key, AuthID=202.1.2.2, IDType=IP)
[FW1]
Nov 26 2021 13:44:41 FW1 IPSEC/4/IPSECTUNNELSTART:1.3.6.1.4.1.2011.6.122.26.6.1
the IPSec tunnel is established. (Ifindex=7, SeqNum=1, TunnelIndex=2684354561, R
uleNum=5, DstIP=202.1.2.2, InsideIP=0.0.0.0, RemotePort=500, CpuID=0, SrcIP=202.
1.1.1, LifeSize=10485760, LifeTime=3600)
[FW1]
Nov 26 2021 13:44:48 FW1 DS/4/DATASYNC_CFGCHANGE:OID 1.3.6.1.4.1.2011.5.25.191.3
.1 configurations have been changed. The current change number is 47, the change
 loop count is 0, and the maximum number of records is 4095.
[FW1]
[FW1]dis ip s
[FW1]dis ike sa
[FW1]dis ike sa

Ike sa information :
    Conn-ID         Peer                VPN                                 Flag(s)
         Phase
  ---------------------------------------------------------------------------------
----------------
    2              202.1.2.2                                                RD|ST|A
         v2:2
    1              202.1.2.2                                                RD|ST|A
         v2:1

  Number of SA entries  : 2

  Number of SA entries of all cpu : 2
```

图 8.15 FW1 查看 IKE 建立情况

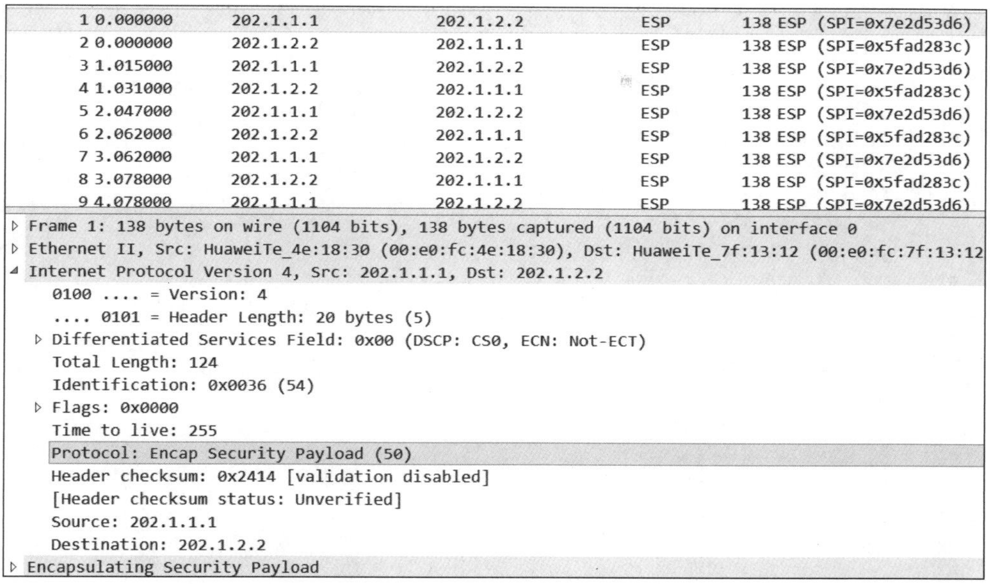

图 8.16　抓包测试

8.4　本章综合案例

WYL 公司的网络拓扑如图 8.17 所示，要求配置 IPSec VPN 使 10.1.1.0/24 网段能够连通 10.1.2.0/24 网段保证其传输时的保密性，根据拓扑要求对防火墙 FW1 和 FW2、路由器 AR1 进行配置。

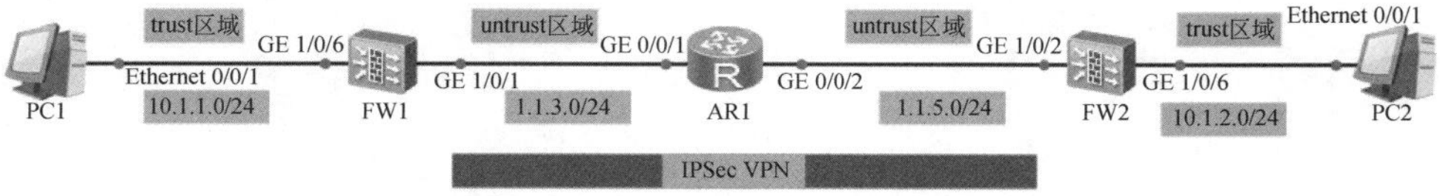

图 8.17　WYL 公司的网络拓扑

以上场景中组网需求如下。

（1）配置 FW1 和 FW2 的各接口 IP 地址和所属安全区域。

（2）对 FW1 和 FW2 配置到达对端的默认路由。

（3）定义需要保护的数据流，使用 ACL 进行流量抓取。

（4）配置 IKE 安全协议。

（5）配置 IKE 对等体。

（6）配置 IPSec 安全协议。

（7）配置 IPSec 策略。

（8）在对应接口上应用 IPSec 安全策略。

（9）配置 FW1 和 FW2 安全策略，放行指定的内网网段进行报文交互。

（10）测试 IKE 的建立和报文传输是否有加密。

具体实现步骤如下。

(1) 配置 FW1 和 FW2 的各接口 IP 地址和所属安全区域。

```
[FW1]interface GigabitEthernet 1/0/1
[FW1-GigabitEthernet1/0/1]ip address 1.1.3.1 24
[FW1-GigabitEthernet1/0/1]undo shutdown
[FW1-GigabitEthernet1/0/1]quit
[FW1]interface GigabitEthernet 1/0/6
[FW1-GigabitEthernet1/0/6]ip address 10.1.1.254 24
[FW1-GigabitEthernet1/0/6]undo shutdown
[FW1-GigabitEthernet1/0/6]quit
[FW1]
-----------------------------------------------------------------------
[FW2]interface GigabitEthernet 1/0/1
[FW2-GigabitEthernet1/0/1]ip address 1.1.5.2 24
[FW2-GigabitEthernet1/0/1]undo shutdown
[FW2-GigabitEthernet1/0/1]quit
[FW2]interface GigabitEthernet 1/0/6
[FW2-GigabitEthernet1/0/6]ip address 10.1.2.254 24
[FW2-GigabitEthernet1/0/6]undo shutdown
[FW2-GigabitEthernet1/0/6]quit
[FW2]
-----------------------------------------------------------------------
[FW1]firewall zone trust
[FW1-zone-trust]add interface GigabitEthernet 1/0/6
[FW1-zone-trust]quit
[FW1]firewall zone untrust
[FW1-zone-untrust]add interface GigabitEthernet 1/0/1
[FW1-zone-untrust]quit
[FW1]
-----------------------------------------------------------------------
[FW2]firewall zone trust
[FW2-zone-trust]add interface GigabitEthernet 1/0/6
[FW2-zone-trust]quit
[FW2]firewall zone untrust
[FW2-zone-untrust]add interface GigabitEthernet 1/0/1
[FW2-zone-untrust]quit
[FW2]
```

(2) 对 FW1 和 FW2 配置到达对端的默认路由。

```
[FW1]ip route-static 0.0.0.0 0.0.0.0 1.1.3.2
-----------------------------------------------------------------------
[FW2]ip route-static 0.0.0.0 0.0.0.0 1.1.5.1
```

(3) 定义需要保护的数据流,使用 ACL 进行流量抓取。

```
[FW1]acl number 3000
[FW1-acl-adv-3000]rule permit ip source 10.1.1.0 0.0.0.255 destination 10.1.2.0 0.0.0.255
                                                    //抓取需要进入 IPSec VPN 加密的数据流
[FW1-acl-adv-3000]quit
[FW1]
-----------------------------------------------------------------------
[FW2]acl number 3000
```

```
[FW2-acl-adv-3000]rule permit ip source 10.1.2.0 0.0.0.255 destination 10.1.1.0 0.0.0.255
                                                    //抓取需要进入 IPSec VPN 加密的数据流
[FW2-acl-adv-3000]quit
[FW2]
```

（4）配置 IKE 安全协议。

```
[FW1] ike proposal 1
[FW1-ike-proposal-1]encryption-algorithm aes-256
//IKE 的加密算法为 aes-256
[FW1-ike-proposal-1]dh group14                    //交换及密钥分发组为 14
[FW1-ike-proposal-1]authentication-algorithm sha2-256
//IKE 的认证算法为 sha2-256
[FW1-ike-proposal-1]authentication-method pre-share
//IKE 认证方式为预共享字符串
[FW1-ike-proposal-1]integrity-algorithm hmac-sha2-256
//完整性算法为 hmac-sha2-256
[FW1-ike-proposal-1]prf hmac-sha2-256
[FW1-ike-proposal-1]quit
[FW1]
----------------------------------------------------------------------
[FW2]ike proposal 1
[FW2-ike-proposal-1]encryption-algorithm aes-256
//IKE 的加密算法为 aes-256
[FW2-ike-proposal-1]dh group14                    //交换及密钥分发组为 14
[FW2-ike-proposal-1]authentication-algorithm sha2-256、
//IKE 的认证算法为 sha2-256
[FW2-ike-proposal-1]authentication-method pre-share
//IKE 认证方式为预共享字符串
[FW2-ike-proposal-1]integrity-algorithm hmac-sha2-256
//完整性算法为 hmac-sha2-256
[FW2-ike-proposal-1]prf hmac-sha2-256
[FW2-ike-proposal-1]quit
[FW2]
```

（5）配置 IKE 对等体。

```
[FW1]ike peer FW2
[FW1-ike-peer-FW2]exchange-mode auto
[FW1-ike-peer-FW2]pre-shared-key huawei@123
//预共享密钥,两边要一样,设置成 huawei@123
[FW1-ike-peer-FW2]ike-proposal 1              //关联 IKE 安全协议 ike-proposal 1
[FW1-ike-peer-FW2]remote-address 1.1.5.2      //配置对端建立 IKE 所用地址
[FW1-ike-peer-FW2]quit
[FW1]
----------------------------------------------------------------------
[FW2]ike peer FW1
[FW2-ike-peer-FW1]exchange-mode auto
[FW2-ike-peer-FW1]pre-shared-key huawei@123
//预共享密钥,两边要一样,设置成 huawei@123
[FW2-ike-peer-FW1]ike-proposal 1              //关联 IKE 安全协议 ike-proposal 1
[FW2-ike-peer-FW1]remote-address 1.1.3.1      //配置对端建立 IKE 所用地址
```

```
[FW2-ike-peer-FW1]quit
[FW2]
```

(6) 配置 IPSec 安全协议。

```
[FW1]
[FW1]ipsec proposal 10
[FW1-ipsec-proposal-10]esp authentication-algorithm sha2-256
[FW1-ipsec-proposal-10]esp encryption-algorithm aes-256
[FW1-ipsec-proposal-10]quit
[FW1]
-----------------------------------------------------------------------
[FW2]ipsec proposal 10
[FW2-ipsec-proposal-10]esp authentication-algorithm sha2-256
[FW2-ipsec-proposal-10]esp encryption-algorithm aes-256
[FW2-ipsec-proposal-10]quit
[FW2]
```

(7) 配置 IPSec 策略。

```
[FW1]ipsec policy FW2 1 isakmp
[FW1-ipsec-policy-isakmp-FW2-1]security acl 3000
//将 ACL3000 抓取的流量放进 IPSec VPN
[FW1-ipsec-policy-isakmp-FW2-1]ike-peer FW2
//设置对等体,调用 IKE peer 设置的名字
[FW1-ipsec-policy-isakmp-FW2-1]proposal 10
//应用 IPSec 安全协议 10 的认证和加密方式
[FW1-ipsec-policy-isakmp-FW2-1]quit
[FW1]
-----------------------------------------------------------------------
[FW2]ipsec policy FW1 1 isakmp
[FW2-ipsec-policy-isakmp-FW1-1]security acl 3000
//将 ACL3000 抓取的流量放进 IPSec VPN
[FW2-ipsec-policy-isakmp-FW1-1]ike-peer FW1
//设置对等体,调用 IKE peer 设置的名字
[FW2-ipsec-policy-isakmp-FW1-1]proposal 10
//应用 IPSec 安全协议 10 的认证和加密方式
[FW2-ipsec-policy-isakmp-FW1-1]quit
[FW2]
```

(8) 在对应接口上应用 IPSec 安全策略。

```
[FW1]interface GigabitEthernet 1/0/1
[FW1-GigabitEthernet1/0/1]ipsec policy FW2
[FW1-GigabitEthernet1/0/1]quit
[FW1]
-----------------------------------------------------------------------
[FW2]interface GigabitEthernet 1/0/1
[FW2-GigabitEthernet1/0/1]ipsec policy FW1
[FW2-GigabitEthernet1/0/1]quit
[FW2]
```

(9) 配置 FW1 和 FW2 安全策略，放行指定的内网网段进行报文交互。

```
//首先创建私网地址组
[FW1]ip address-set public type group
[FW1-group-address-set-public]address 0 1.1.5.0 mask 24
[FW1-group-address-set-public]address 1 1.1.3.0 mask 24
[FW1-group-address-set-public]quit
[FW1]ip address-set private type group
[FW1-group-address-set-private]address 0 10.1.2.0 mask 24
[FW1-group-address-set-private]address 1 10.1.1.0 mask 24
[FW1-group-address-set-private]quit
//其次定义一个 IKE 服务集
[FW1]ip service-set ike type object
[FW1-object-service-set-ike]service 0 protocol udp destination-port 500
[FW1-object-service-set-ike]quit
//接下来进入安全策略配置视图
[FW1]security-policy
[FW1-policy-security] rule name permit_PC1_to_PC2
[FW1-policy-security-rule-permit_PC1_to_PC2]source-zone trust untrust
[FW1-policy-security-rule-permit_PC1_to_PC2]destination-zone trust untrust
[FW1-policy-security-rule-permit_PC1_to_PC2]source-address address-set private
[FW1-policy-security-rule-permit_PC1_to_PC2]destination-address address-set private
[FW1-policy-security-rule-permit_PC1_to_PC2]action permit
[FW1-policy-security-rule-permit_PC1_to_PC2]quit
##以上安全策略为放行 Client 去往 Server 的数据包
[FW1-policy-security]
[FW1-policy-security]rule name permit_PC1_to_PC2_ike
[FW1-policy-security-rule-permit_PC1_to_PC2_ike]source-zone untrust local
[FW1-policy-security-rule-permit_PC1_to_PC2_ike]destination-zone untrust local
[FW1-policy-security-rule-permit_PC1_to_PC2_ike]source-address address-set public
[FW1-policy-security-rule-permit_PC1_to_PC2_ike]destination-address address-
set public
[FW1-policy-security-rule-permit_PC1_to_PC2_ike]service ike
[FW1-policy-security-rule-permit_PC1_to_PC2_ike]service esp
[FW1-policy-security-rule-permit_PC1_to_PC2_ike]action permit
[FW1-policy-security-rule-permit_PC1_to_PC2_ike]quit
##以上是 FW1 对 IKE 封装后的流量进行放行
--------------------------------------------------------------------------
//首先创建私网地址组
[FW2]ip address-set public type group
[FW2-group-address-set-public]address 0 1.1.5.0 mask 24
[FW2-group-address-set-public]address 1 1.1.3.0 mask 24
[FW2-group-address-set-public]quit
[FW2]ip address-set private type group
[FW2-group-address-set-private]address 0 10.1.2.0 mask 24
[FW2-group-address-set-private]address 1 10.1.1.0 mask 24
[FW2-group-address-set-private]quit
//其次定义一个 IKE 服务集
[FW2]ip service-set ike type object
[FW2-object-service-set-ike]service 0 protocol udp destination-port 500
[FW2-object-service-set-ike]quit
//接下来进入安全策略配置视图
```

```
[FW2]security-policy
[FW2-policy-security] rule name permit_PC2_to_PC1
[FW2-policy-security-rule-permit_PC2_to_PC1]source-zone trust untrust
[FW2-policy-security-rule-permit_PC2_to_PC1]destination-zone trust untrust
[FW2-policy-security-rule-permit_PC2_to_PC1]source-address address-set private
[FW2-policy-security-rule-permit_PC2_to_PC1]destination-address address-set private
[FW2-policy-security-rule-permit_PC2_to_PC1]action permit
[FW2-policy-security-rule-permit_PC2_to_PC1]quit
##以上安全策略为放行 server 去往 client 的数据包
[FW2-policy-security]
[FW2-policy-security]rule name permit_PC2_to_PC1_ike
[FW2-policy-security-rule-permit_PC2_to_PC1_ike]source-zone untrust local
[FW2-policy-security-rule-permit_PC2_to_PC1_ike]destination-zone untrust local
[FW2-policy-security-rule-permit_PC2_to_PC1_ike]source-address address-set public
[FW2-policy-security-rule-permit_PC2_to_PC1_ike]destination-address address-set public
[FW2-policy-security-rule-permit_PC2_to_PC1_ike]service ike
[FW2-policy-security-rule-permit_PC2_to_PC1_ike]service esp
[FW2-policy-security-rule-permit_PC2_to_PC1_ike]action permit
[FW2-policy-security-rule-permit_PC2_to_PC1_ike]quit
##以上是 FW2 对 IKE 封装后的流量进行放行
```

(10) 测试 PC1 到 PC2 的连通性,如图 8.18 所示。

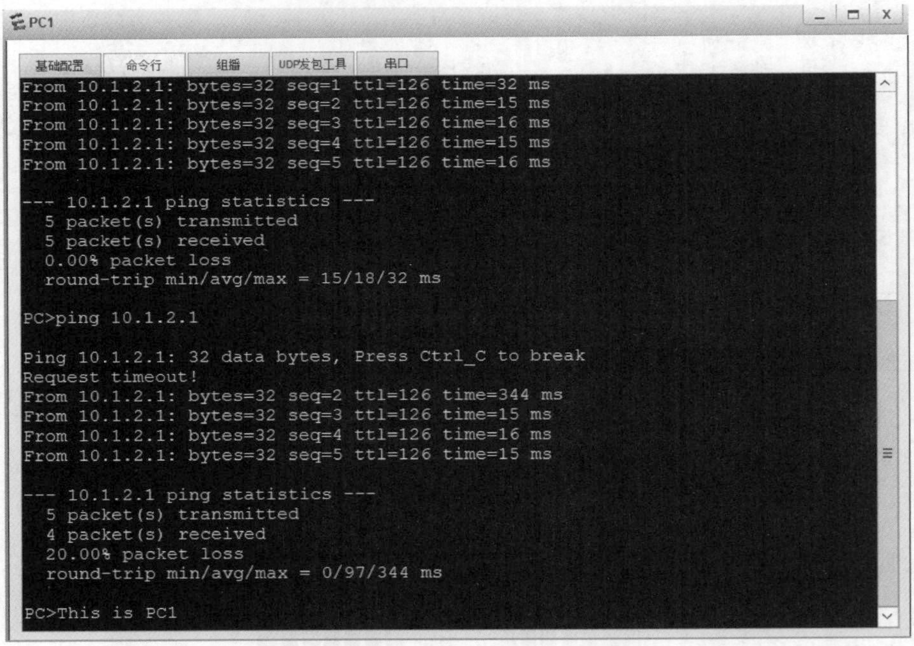

图 8.18 PC1 测试连通性

(11) 在防火墙 FW1 公网出接口上进行抓包,查看数据包是否进入 ESP 隧道,如图 8.19 所示。

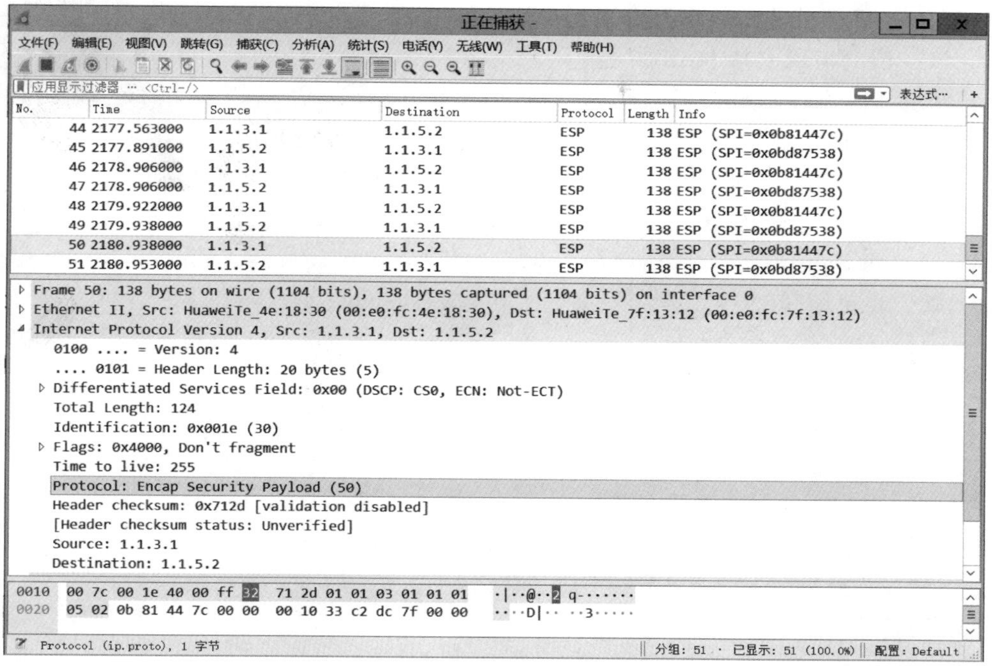

图 8.19 防火墙 FW1 抓包

练习题

1. 单项选择题

(1) 以下关于 VPN 的说法正确的是(　　)。

A. VPN 指的是用户自己租用线路，和公共网络物理上完全隔离的、安全的线路

B. VPN 指的是用户通过公用网络建立的临时的、安全的连接

C. VPN 不能做到信息认证和身份认证

D. VPN 只能提供身份认证，不能提供加密数据的功能

(2) IPSec 不可以做到(　　)。

A. 认证　　B. 完整性检查　　C. 加密　　D. 签发证书

(3) IPSec 是(　　)VPN 协议标准。

A. 第一层　　B. 第二层　　C. 第三层　　D. 第四层

(4) IPSec 在任何通信开始之前，要在两个 VPN 节点或网关之间协商建立(　　)。

A. IP 地址　　B. 协议类型　　C. 端口　　D. 安全联盟

(5) (　　)是 IPSec 规定的一种用来自动管理 SA 的协议，包括建立、协商、修改和删除 SA 等。

A. IKE　　B. AH　　C. ESP　　D. SSL

(6) 下列关于 IPSec 说法中错误的是(　　)。

A. 传输模式下，ESP 不对 IP 数据包头进行验证

B. AH 只能验证数据报文不能对其进行加密

C. ESP 可以支持 NAT 穿越

D. AH 协议使用 3DES 算法进行数据验证

(7) 以下不提供加密功能的 VPN 封装协议有(　　)(多选)。

A. ESP　　B. AH　　C. L2TP　　D. GRE

(8) 下列(　　)命令不属于 IPSec 故障排错时常用的命令。

A. display ipsec statistics　　B. display ipsec session

C. display ike sa　　D. display ipsec sa

2. 简答题

(1) 什么是 VPN?

(2) VPN 有哪两大类型?分别适应哪些场合?

(3) 支持 VPN 的主要协议有哪些?

(4) IPSec 协议包含的各个协议之间有什么关系?

(5) IKE 的作用是什么?SA 的作用是什么?

(6) 简述建立 IPSec VPN 的步骤。

第9章

Web应用防火墙

CHAPTER 9

随着门户网站、电子商城、网上银行等互联网及移动金融应用的兴起，针对 Web 类应用的攻击手段也层出不穷，威胁网络安全的因素也逐步增加。2019 年出现的攻击方式中，针对 Web 类的攻击占到 85.4%左右，相对而言遥遥领先于其他攻击手段。面对如此多的互联网攻击威胁，传统的通过运维发现、开发项目组从代码层面进行修复漏洞的效率已经远远低于漏洞被利用的效率，于是为应对出现的 Web 类攻击，一种新的专用于 Web 防护的安全产品——Web 应用防火墙（Web Application Firewall，WAF）由此而生。

学习目标

- 熟悉 Web 应用防火墙基础知识。
- 了解 Web 应用防火墙的基本功能。
- 掌握 Web 应用防火墙的部署模式。
- 掌握华为 Web 应用防火墙的管理与配置。

9.1 Web应用防火墙基础知识

9.1.1 Web应用防火墙的概念

1. Web应用防火墙产生的背景

过去企业通常会采用防火墙作为安全保障的第一道防线,网络防火墙只是在第三层(网络层)有效地阻断一些数据包,无法防护应用层受到的攻击,即如图9.1所示,网络防火墙可以防护ARP攻击、SYN-Flood攻击、ACK-Flood攻击、UDP-Flood攻击等,但不能防护SQL注入、XSS、命令注入等攻击,而随着Web应用的功能越来越丰富,Web服务器因为其强大的计算能力、处理性能,蕴含较高的价值,成为主要的被攻击目标(第五层应用层)。而传统防火墙在阻止利用应用程序漏洞进行的攻击方面,却没有办法,在此背景下,Web应用防火墙应运而生。

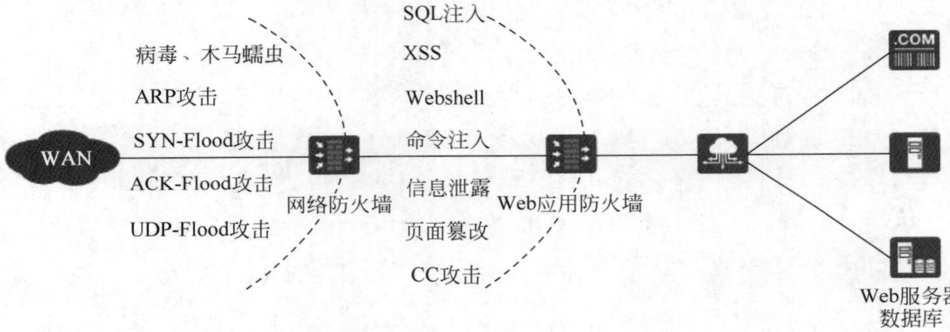

图9.1 网络防火墙与Web应用防火墙

2. Web应用防火墙的定义

WAF称为Web应用防火墙,是通过执行一系列针对HTTP、HTTPS的安全策略来专门对Web应用提供保护的一款产品。WAF初期是基于规则防护的防护设备;基于规则的防护可以提供各种Web应用的安全规则,WAF生产商去维护这个规则库,并实时为其更新,用户按照这些规则,可以对应用进行全方位的保护。

但随着攻防双方的不断过招,攻击者也摸清了这一套传统的防御体系,随着使用各种各样的绕过技巧,打破了这套防线。和所有的防护思路一样,有一个天生的缺陷,就是难以拦截未知的攻击,因此技术的革新也是必然的。

在这几年WAF领域出现了很多新的技术,譬如通过数据建模学习企业自身业务,从而阻拦与其业务特征不匹配的请求;或者使用智能语音分析引擎,从语音本质去了解。无论是用已知漏洞攻击利用程序,还是未知攻击,WAF都可以精准地识别。

9.1.2　Web 应用防火墙的工作原理

WAF 对来自 Web 应用程序客户端的各类请求进行内容检测和验证，确保其安全性与合法性，对非法的请求予以实时阻断，为 Web 应用提供防护，是网络安全纵深防御体系里重要的一环。

WAF 对请求的内容进行规则匹配、行为分析等识别出恶意行为，并执行相关动作，这些动作包括阻断、记录、告警等。

WAF 工作在 Web 服务器之前，对基于 HTTP 的通信进行检测和识别。通俗地说，WAF 类似于地铁站的安检，对于 HTTP 请求进行快速安全检查，通过解析 HTTP 数据，在不同的字段分别在特征、规则等维度进行判断，判断的结果作为是否拦截的依据从而决定是否放行。

WAF 可以用来屏蔽常见的网站漏洞攻击，如 SQL 注入、XML 注入、XSS 等。一般针对的是应用层而非网络层的入侵，从技术角度应该称为 Web IPS。其防护重点是 SQL 注入。

WAF 的主要技术是对入侵的检测能力，尤其是对 Web 服务入侵的检测。WAF 最大的挑战是识别率，这并不是一个容易测量的指标，因为漏网进去的入侵者并非都大肆张扬，如给网页挂马，用户很难察觉进来的是哪一个，不知道当然也无法统计。对于已知的攻击方式，可以谈识别率；对未知的攻击方式，也只好等他自己“跳”出来才知道。

9.1.3　常见的 Web 攻击手段

OWASP(Open Web Application Security Project，开放式 Web 应用程序安全项目)在 2017 版 Web 应用的十大威胁安全报告年中统计 Top 10 Web 安全风险，其中 SQL 注入占比最高，其他常见的 Web 攻击手段有失效的身份认证、敏感信息泄露、XML 外部实体注入、失效的访问控制、安全配置错误、XSS(跨站脚本)等。

1. SQL 注入攻击

SQL 注入攻击是指将不受信任的数据作为命名或查询的一部分发送到解析器时，会产生注入缺陷。攻击者的恶意数据可以诱使解析器在没有适当授权的情况下执行非预期命令或者访问数据，攻击者通过发送 SQL 操作语句，达到获取信息、篡改数据库、控制服务器等目的。SQL 注入攻击是目前最常见的注入攻击之一，也是目前非常流行的 Web 攻击手段。

2. XSS 攻击

XSS(跨站脚本)攻击是指攻击者通过向 URL 或其他提交内容插入脚本，来实现客户端脚本执行的目的。XSS 攻击主要包含反射型 XSS、存储型 XSS、DOM 型 XSS 三种。

反射型 XSS：在搜索引擎中输入含脚本的查询内容后，查询结果页面中会出现脚本内容。通常要结合社会工程学欺骗用户执行。

存储型 XSS：在某论坛中攻击者新建一个帖子，在提交文本框时输入了脚本内容。当其他用户打开这个帖子时，其中包含的脚本内容被执行。

DOM 型 XSS：网页中含有 window. location. href 对象 document. write("< input id=\"a\"value=\""+window. location. href+"\">")，攻击者可以直接在原始地址后添加脚本内容。

3. 失效的身份认证

失效的身份认证是通过错误使用应用程序的身份认证和会话管理功能，攻击者能够破译密码、密钥或会话令牌，或者利用其他开发缺陷来暂时性或永久性冒充其他用户的身份。

1）影响

根据应用程序领域的不同，可能会导致欺诈以及用户身份被盗、泄露法律高度保护的敏感信息。

2）场景

弱验证：弱口令、弱验证码、登录绕过、密码找回。

弱会话：明文传输、URL 中暴露会话 ID、会话 ID 不更新。

3）防范

加强验证方面：加强密码策略、登录失败处理、多因素验证。

加强会话方面：加密会话(SSL/TLS)、加入 token。

4. 敏感信息泄露

Web 应用程序一般搭载在 Web 服务器上，使用 Web 浏览器通过 Internet 可以进行远程访问，访问过程中的数据跨越信任边界，一旦保护不当就会被窃取。用户的敏感信息有身份证、电话、银行账号、社保卡号等。Web 登录的敏感信息有登录的用户名、密码、SSL 证书、会话 ID 以及加密使用的密钥等。服务器的敏感信息有服务器的 OS 类型、版本、Web 容器的名称、数据库类型等。

JavaScript 是互联网上最流行的脚本语言，是一种运行在客户端的脚本语言，可以用于 HTML 与 Web，更可以广泛用于服务器、PC、笔记本电脑、平板电脑和智能手机等设备，它是一种可以插入 HTML 页面的编程代码，可由浏览器执行。在发送 HTTP 请求之后，Web 服务器会返回一个 HTML 的文本，用以实现一些特定的功能如登录等，在这个文本中可能会包含 JavaScript 代码，如果这些代码安全规范不高，JavaScript 代码中可能会暴露后台管理敏感路径或 API 等敏感信息，甚至会包含一些未删除但被注释掉的代码，会意外泄露一些敏感信息。

5. XML 外部实体注入

外部实体注入全称为 XML External Entity Injection，某些应用程序允许 XML 格式的数据输入和解析，可以通过引入外部实体的方式进行攻击。

XXE 漏洞根据有无回显可分为有回显 XXE 和 Blind XXE，具体危害主要有：

(1) 检索文件，其中定义了包含文件内容的外部实体，并在应用程序的响应中返回。

(2) 执行 SSRF 攻击，其中外部实体是基于后端系统的 URL 定义的，如：

```
<! ENTITY xxe SYSTEM "http://127.0.0.1: 8080" >探测端口;
<! ENTITY xxe SYSTEM "expect://id" >执行命令;
```

(3) 无回显读取本地敏感文件(Blind OOB XXE),敏感数据从应用服务器传输到攻击者的服务器上。

(4) 通过 Blind XXE 错误消息检索数据是否存在,攻击者可以触发包含敏感数据的解析错误消息。

6. 安全配置错误

安全配置错误可能发生在一个应用的任何层面。一些应用在部署时,通常希望管理员进行一些加固,如果这些动作未能得到落实,则会为攻击者提供可乘之机。

如图 9.2 所示,因管理员没有限制目录访问权限,访问者可以列出路径下的所有文件,攻击者甚至可以访问到上一层文件,还可以访问后台代码,因此有必要定义和维护这些安全配置,包括对所有的软件(包括所有的应用程序和库文件)保持及时的更新。

图 9.2　安全配置错误风险

9.1.4　Web 应用防火墙产品

网站作为商务贸易、客户交流、信息共享平台,承载着各类虚拟业务的运营,蕴含客户账号、交易记录等重要信息。现在市场上大多数的产品是基于规则的 WAF。其原理是每一个会话都要经过一系列的测试,每一项测试都由一个或多个检测规则组成,如果测试没通过,请求就会被认为非法并被拒绝。而华为 WAF 专注于七层防护,采用先进的双引擎技术,以用户行为异常检测引擎、透明代理检测引擎相结合的安全防护机制实现各类 SQL 注入、跨站、挂马、扫描器扫描、敏感信息泄露、盗链行为等攻击防护,并有效防护 0day 攻击,支持网页防篡改;适用于 PCI-DSS、等级保护、企业内控等规范中信息安全的合规建设。同时,华为 WAF 支持 Web 应用加速,支持 HA/Bypass 部署配置以及维护。此外,华为 WAF 支持透明模式、旁路模式、反向代理模式等部署模式,广泛适用于金融、运营商、政府、教育、能源、税务、工商、社保、卫生、电子商务等涉及 Web 应用的各个行业。

9.2　Web 应用防火墙的部署模式

部署模式用于设置设备的工作模式,可把设备设定为透明代理部署模式、反向代理模式或旁路模式。选择一个合适的部署模式,是顺利将设备架到网络中并且使其能正常使用的基础。

9.2.1 透明代理部署模式

透明代理部署模式支持透明串接部署方式。透明代理部署模式串接在用户网络中,可实现即插即用,无须用户更改网络设备与服务器配置;部署简单易用,应用于大部分用户网络中,如图9.3所示。

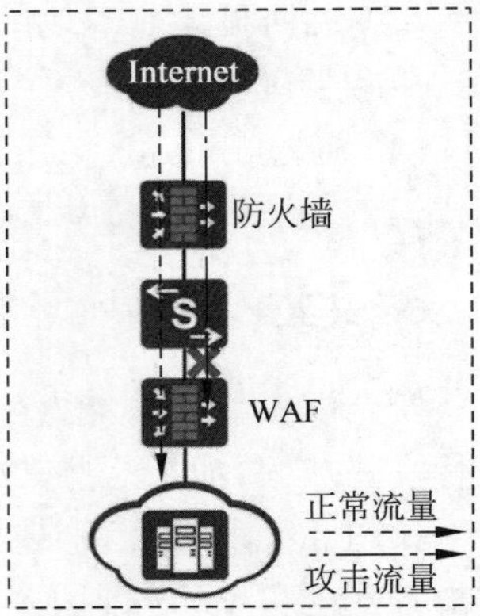

图9.3 透明代理部署模式

9.2.2 反向代理模式或旁路模式

反向代理模式又分为两种模式:代理模式与牵引模式。

1. 代理模式

WAF采用反向代理中的代理模式通过网络防火墙将WAF的业务口地址映射到外网,用户访问的是WAF的业务口地址,流量经过WAF清洗完成之后,WAF再将流量发给Web服务器,服务器看到的是WAF的IP地址,如图9.4所示。

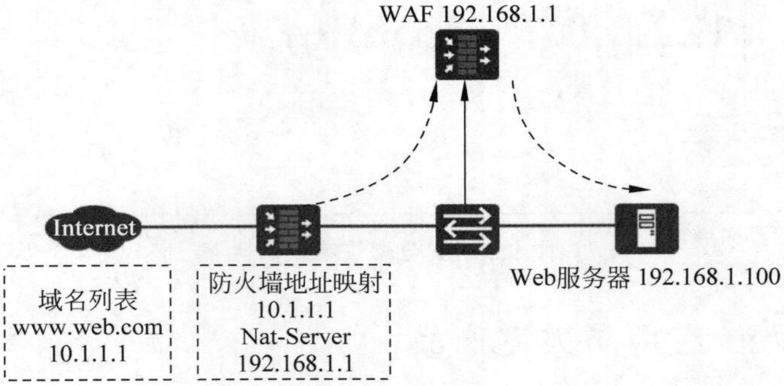

图9.4 代理模式

即在图9.4所示的代理模式中,当外网去访问www.web.com时,会解析到10.1.1.1。在网络防火墙FW上,会通过Nat-Server技术,将10.1.1.1外网地址解析为192.168.1.1的内网地址。而192.168.1.1为WAF的业务口地址,WAF会访问后端服务器192.168.1.100,将包返回给WAF,WAF再返回给用户,起到了代理作用,隐藏了真正的Web服务器地址。

部署特点:

- 可旁路部署,对于用户网络不透明,防护能力强。
- 故障恢复时间慢,不支持旁路,恢复时需要重新将域名或地址映射到原服务器。
- 此模式应用于复杂环境中,如设备无法直接串接的环境。
- 访问时需要先访问WAF配置的业务口地址。
- 支持VRRP主备。

WAF在反向代理模式下支持部署主备功能,通过虚拟路由冗余协议(Virtual Router Redundancy Protocol,VRRP)配置主备关系,对业务使用的是虚拟IP地址,正常情况下主WAF-A在工作,备WAF-B将会处于Standby模式,当主机出现问题时,备机将会自动接管主机进行工作,如图9.5所示。

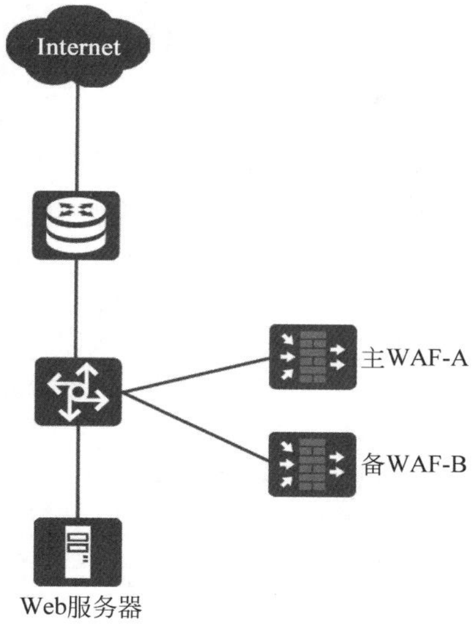

图 9.5 代理模式-VRRP 主备

2. 牵引模式

WAF 采用代理模式中的牵引模式在核心交换机或者防火墙上面做策略路由，将访问服务器的流量先转给 WAF，策略路由的下一跳地址为 WAF 的业务口地址，流量经过 WAF 清洗完成之后，WAF 再将流量转发给后端的 Web 服务器，Web 服务器看到的 IP 地址为 WAF 的业务口 IP 地址。

如图 9.6 所示，WAF 旁挂在交换机上，当外网去访问 Web 服务器时，交换机通过策略路由将流量指向 WAF，然后 WAF 进行流量监测，如果是正常流量会正常转发，如果监测到是攻击流量则会阻断流量。

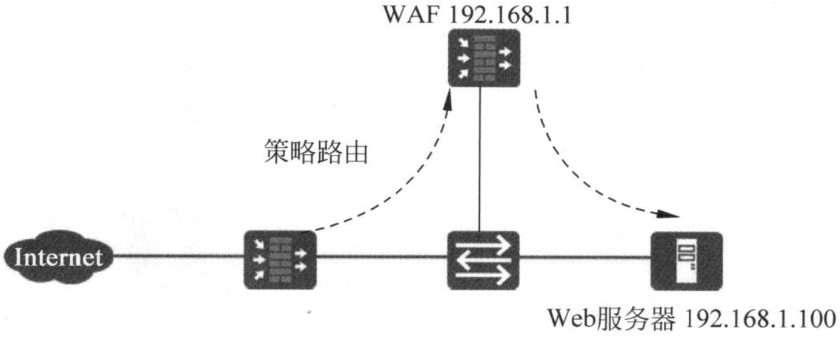

图 9.6 牵引模式

部署特点：

- 可旁路部署，对于用户网络不透明。
- 故障恢复时间慢，不支持 Bypass，恢复时需要删除路由器策略路由配置。
- 此模式应用于复杂环境中，如设备无法直接串接的环境。
- 访问时仍访问网站服务器。

3. 旁路监控模式

采用旁路监控模式，在交换机做服务器端口镜像，将流量复制一份到 WAF 上，WAF 对镜像流量进行检测分析，分析业务流量的安全状况，部署时不影响在线业务。在旁路模式下 WAF 只会进行告警而不阻断，如图 9.7 所示。

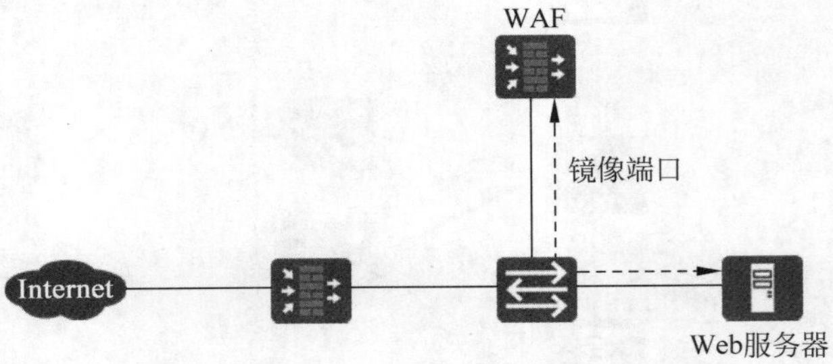

图 9.7　旁路监控模式

9.2.3　HA 双机模式透明串接

HA 双机模式下的主备部署方式中，WAF-A 工作于 Active 模式，WAF-B 工作于 Standby 模式，即其中一台 WAF 处于监测防护模式，另外一台 WAF 将会处于备用模式，当主 WAF 所连接的链路或者 WAF 设备自身出现了故障，则会切换备 WAF 为 Active 状态，备 WAF 将会进入检测防护工作状态，如图 9.8 所示。

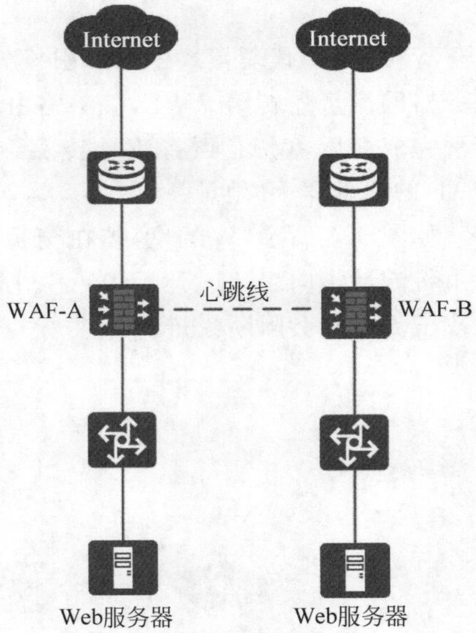

图 9.8　HA 双机模式透明串接

本节以华为 WAF 系列产品为例，介绍 WAF 的基本配置，产品外观如图 9.9 所示，WAF5000 系列中的 WAF5250、Console 口用于连接配置线，管理口使用网线连接可以登录到 WAF 的 Web 管理页面，HA 口用于连接主备心跳线，其余 4 个口为业务工作口。

管理接口的 IP 地址默认为 192.168.1.100/24，将 WAF5000 接入到网络后，在浏览器中输入 https://192.168.1.100 登录到 WAF5000 设备的主界面，默认管理员账号为 admin，默认管理员账号密码为 Admin@123，如果使用 Console 口接入设备，默认设备串口波特率为 115200，默认串口账号为 admin，默认串口密码为 Admin@123。登录 Web 首页后，如图 9.10 所示。从主界面可以看出，首页分为状态、日志、报表、策略、配置、系统六个模块。状态分为风险趋势、系统概况、Web 统计、网络接口、网络流量和历史数据。

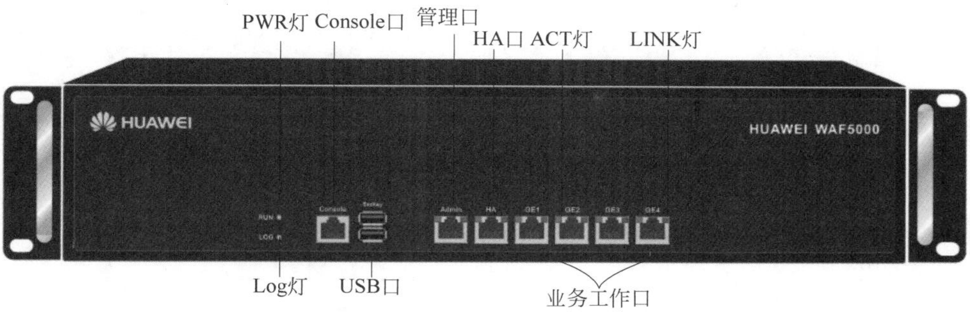

图 9.9　WAF5250 产品外观

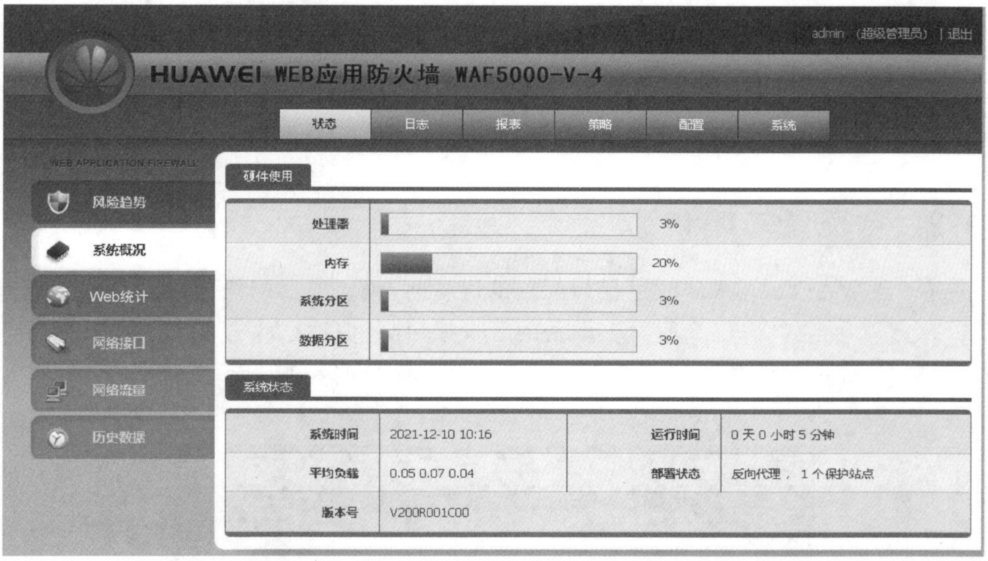

图 9.10　WAF5000 主界面

9.3　Web 应用防火墙配置

WAF 的主要功能如下。

- 配置管理 IP。
- 保护站点。
- 策略-安全规则组。
- 阻断页面。
- CC 攻击防御。
- 敏感词过滤。
- IP 信誉库。
- 应用层访问控制。

根据图 9.11 进行配置，设备管理接口的 IP 地址默认为 192.168.1.100/24，需要根据实际情况修改管理 IP 地址。

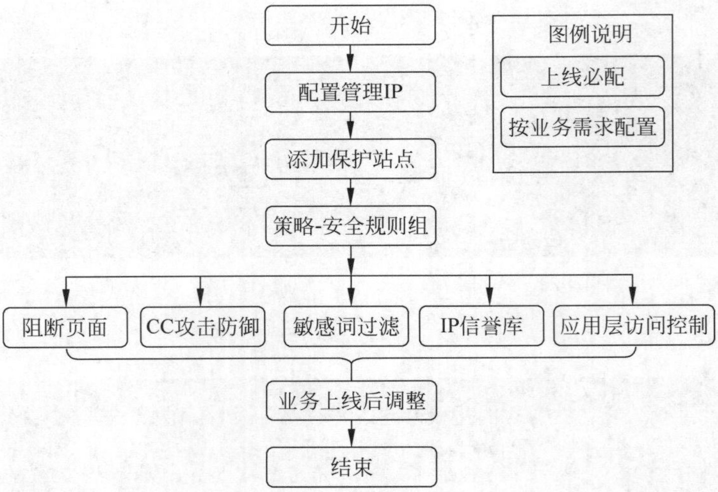

图 9.11 WAF5000 配置流程

9.3.1 配置管理 IP

拿到一台 WAF5000 未修改过任何配置的设备时,可以使用网线连接设备的管理口,登录 WAF5000 界面,如图 9.12 所示。设备的管理接口 IP 地址默认为 192.168.1.100/24,默认管理员账号为 admin,默认管理员账号密码为 Admin@123,输入账号与密码,单击“登录”按钮。

图 9.12 WAF5000 登录界面

由于设备是第一次登录,需要修改设备的默认密码,登录之后自动跳转到用户管理界面,如图 9.13 所示,输入原始密码 Admin@123,新密码修改为 huawei@123,单击“保存”按钮确认修改。

修改完成默认密码后,在主导航栏上单击“系统”按钮,再选择右边的“系统设置”选项,在这里可以看到管理口 IP 地址配置界面,如图 9.14 所示。按照业务需求修改管理口 IP 地址,这里修改 IP 地址为 192.168.209.250/24,修改完成后单击“保存”按钮。

图 9.13　密码修改

图 9.14　管理口 IP 地址配置界面

9.3.2 保护站点

配置完成 WAF IP 地址后,就可以配置保护站点,添加需要保护的 Web 服务器。只有配置了保护站点,WAF 服务器才能够运行起来,在配置中设备默认有“配置向导”的存在,是为了指导用户在 WAF 设备接入网络后,迅速按照默认防御策略运行起来。在用户熟悉了各种防护特性的防护原理、防护方式后,可针对不同情况再做修改和调整。

课业任务 9-1

课业任务 9-1

Bob 是 WYL 公司的安全运维工程师,在公司内部有一台 Web 服务器 IP 地址为 192.168.1.100/255.255.255.0,配置设备接入链路接口为 eth1,链路地址前端和后端均为 192.168.2.1/255.255.255.0,将部署模式配置为“代理模式”,配置策略级别为“高安全级别”,客户端 IP 地址透明采用“透明”防护 Web 服务器。

具体配置步骤如下。

(1) 在首页界面中单击“配置”按钮,再从左侧的选项中单击“保护站点”按钮,如图 9.15 所示。

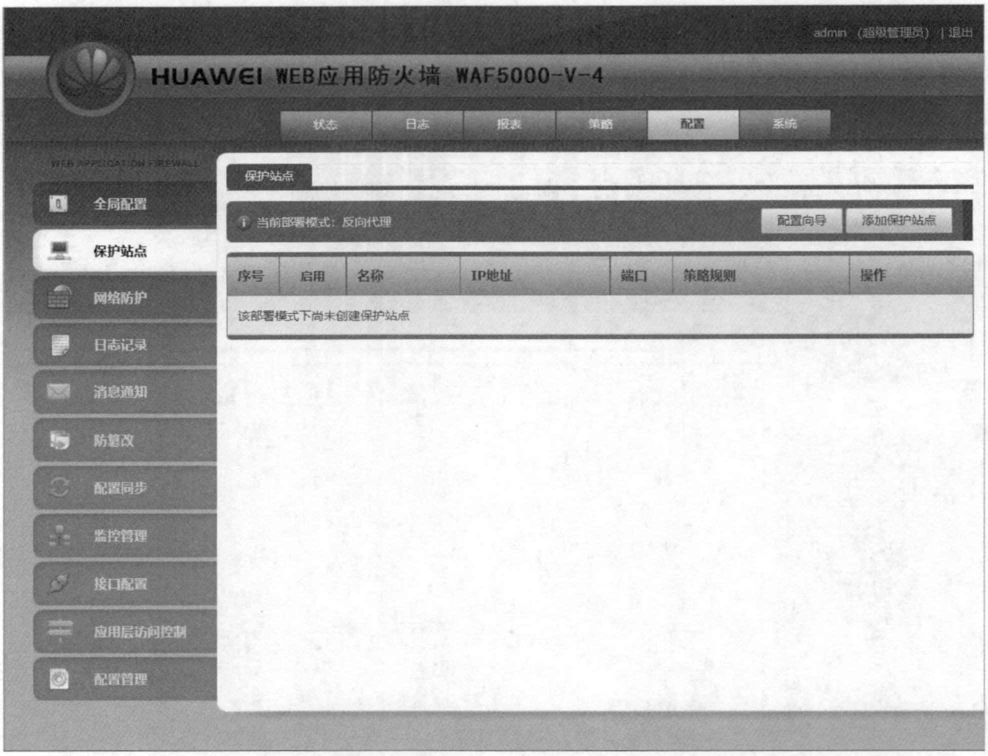

图 9.15 保护站点

(2) 在图 9.15 所示的界面中,单击“配置向导”按钮,进入图 9.16 所示的保护站点配置界面。

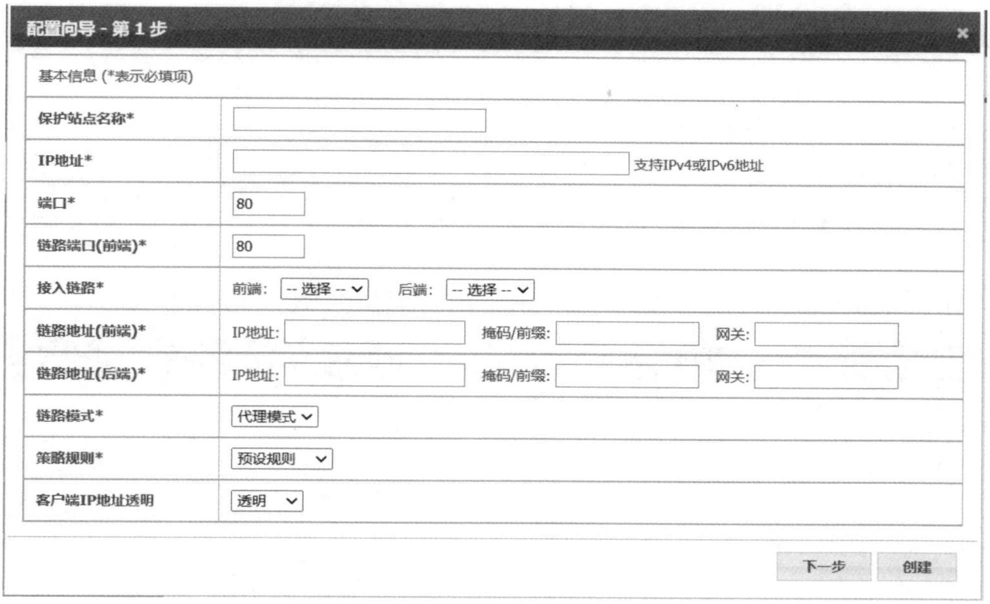

图 9.16 保护站点配置界面

(3) 在图 9.16 所示的界面中配置保护站点名称为 Web_server，IP 地址为 192.168.1.100，配置设备接入链路接口为 eth1，地址前端和后端均为 192.168.2.1/255.255.255.0，链路模式部署为“代理模式”，配置策略级别为“高安全级别”，客户端 IP 地址透明采用“透明”方式防护 Web 服务器，配置结果如图 9.17 所示，配置完成后单击“下一步”按钮。

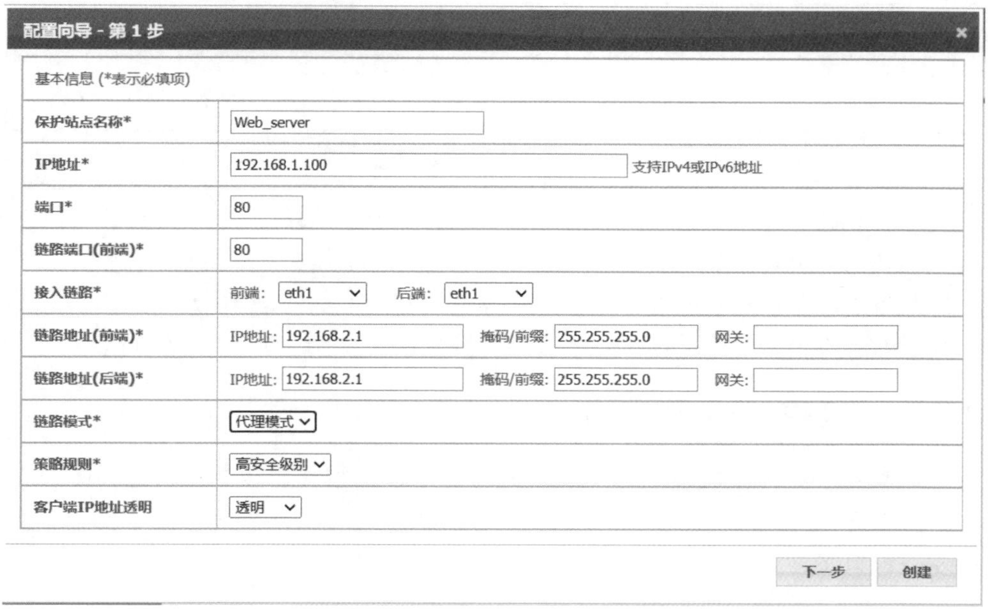

图 9.17 保护站点配置

(4) 由于 WAF 当前采用单机模式，在图 9.18 所示的“负载均衡”界面中默认采用“禁用”选项，单击“下一步”按钮。

图 9.18 “负载均衡”界面

(5) 在如图 9.19 所示的“VRRP 支持”界面中采用默认“不启用”选项,单击“下一步”按钮。

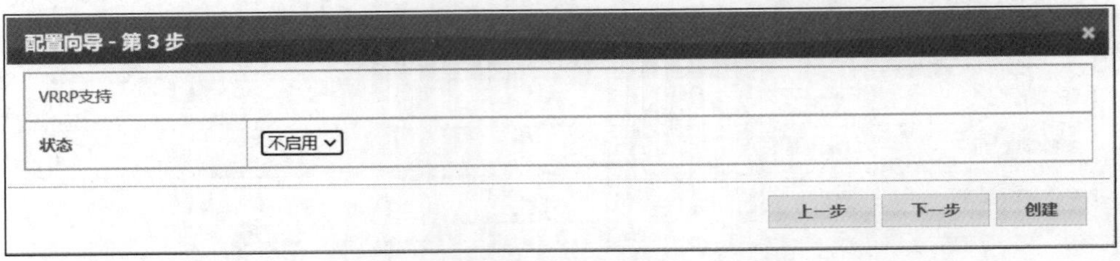

图 9.19 “VRRP 支持”界面

(6) 如图 9.20 所示,进行域名支持配置。如果当前 Web 服务器有域名解析,可以单击“添加域名”按钮,添加域名记录,完成配置后单击“创建”按钮。

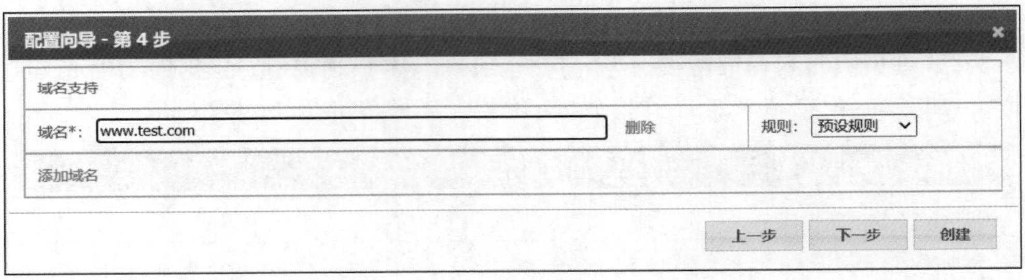

图 9.20 “域名支持”界面

(7) 创建完成后,在如图 9.21 所示的界面出现序号 1 的站点记录,此时该配置未进行应用,暂时未生效,需要在右上角单击“应用更改”按钮。

(8) 此时会自动跳转在“系统”界面下的“系统维护”中,会看到刚刚所添加的站点 Web_server,在“操作”中单击“确定”按钮,才能完成保护站点的操作,如图 9.22 所示。

9.3.3 策略-安全规则组

WAF 的安全规则以规则组、二级规则组、规则分类的形式组织起来。规则组表示一套预置规则的集合,该设备中共有三套规则组:预设规则、低安全级别和高安全级别。低安全级别内安全规则开启数量最少,高安全级别开启了所有安全。

1. 预设规则

如图 9.23 所示,预设规则适用于先以仅检测模式运行的用户,仅开启部分规则,如 HTTP 规范性检查、SQL 注入、跨站脚本、木马、信息泄露等规则。

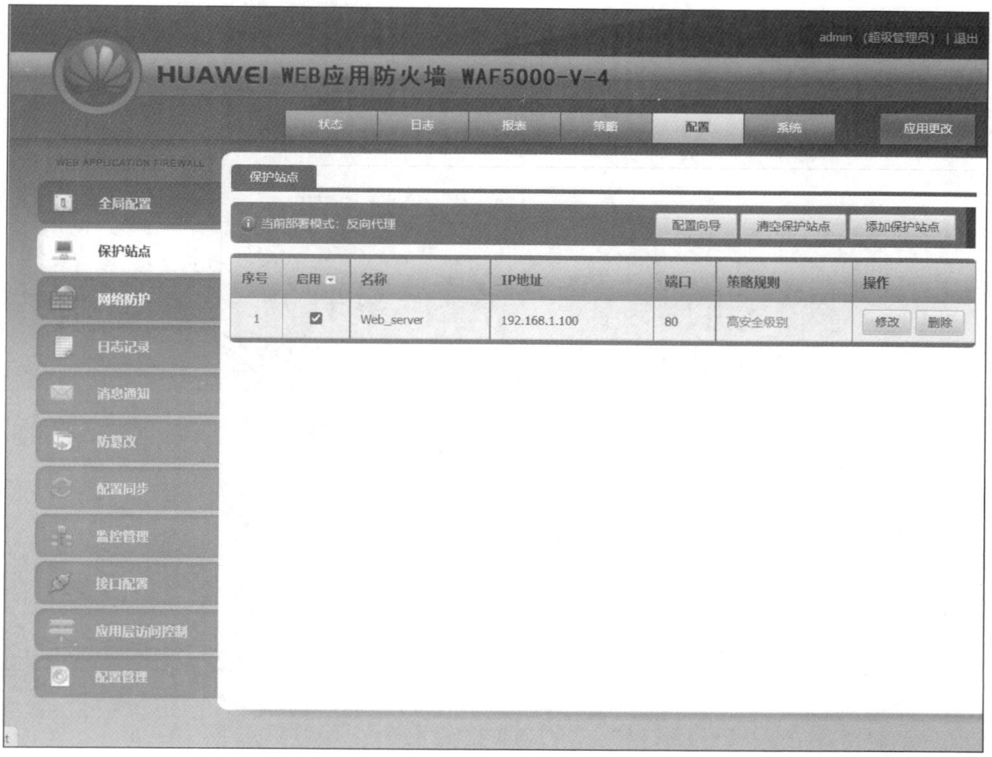

图 9.21　应用更改

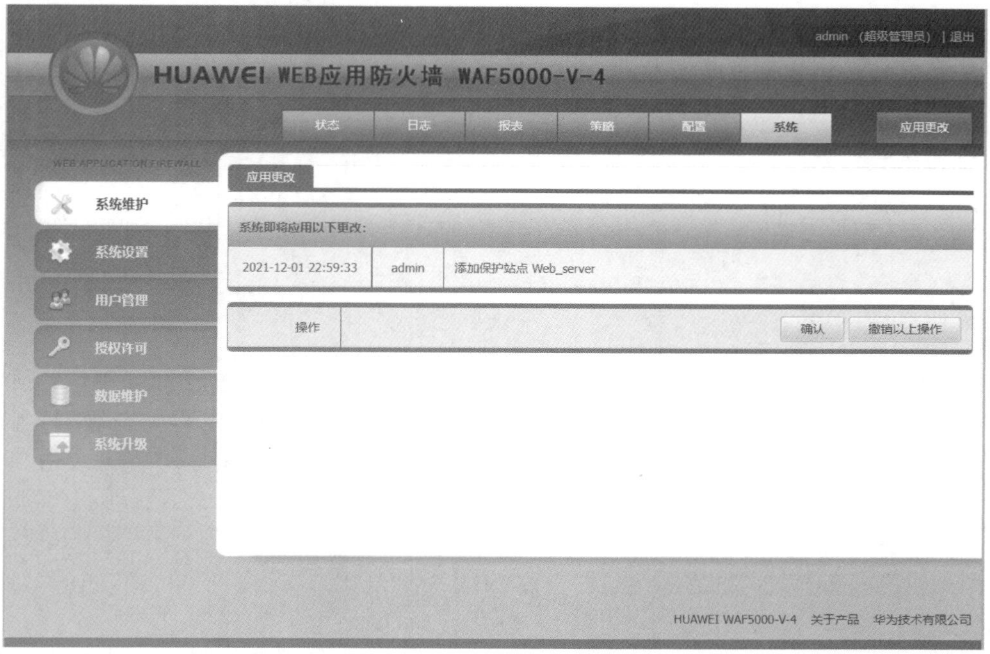

图 9.22　确认应用更改

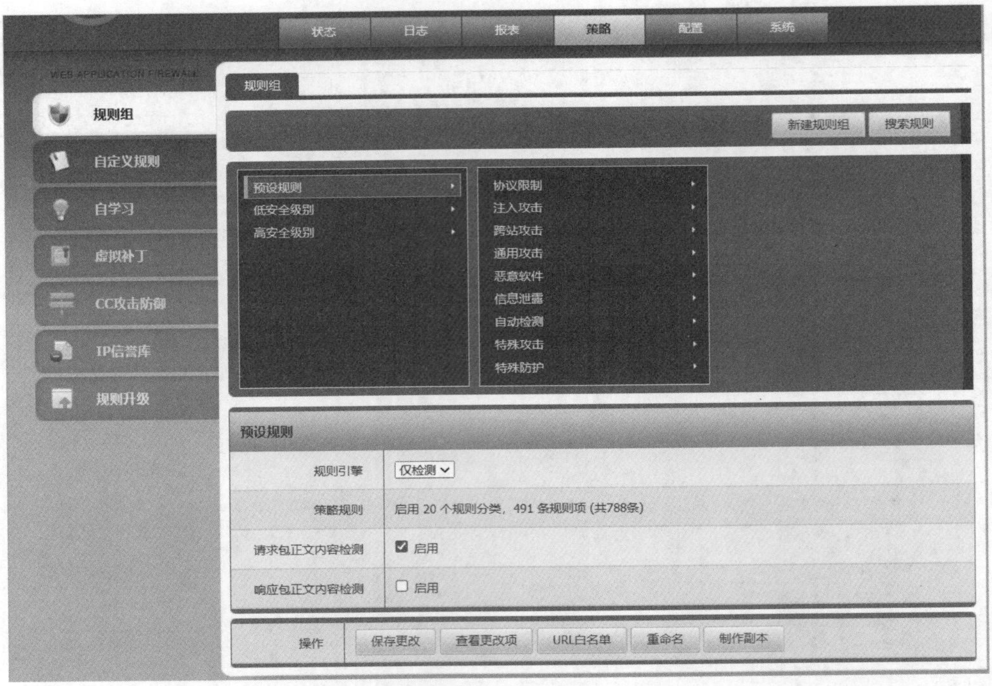

图 9.23 预设规则

2. 低安全级别

低安全级别用于业务与 WAF 无法提供磨合过程的用户，仅开启少数的安全规则，如文件限制、SQL 注入、Web 应用漏洞等。在图 9.24 的“低安全级别”→“注入攻击”右侧中，可以发现多数选项未开启，用于测试阶段配置。

3. 高安全级别

如图 9.25 所示，高安全级别用于开启所有防护规则，防御 WAF 所支持的所有攻击方式。

课业任务 9-2

课业任务 9-2

Bob 是 WYL 公司的安全运维工程师，在安全规则中系统默认有三套规则组：预设规则、低安全级别和高安全级别，现在需要添加一组新的规则组配置，在“低安全级别”规则组上启动代码注入攻击、命令注入攻击、文件注入攻击、LDAP 注入攻击、SSI 注入攻击和其他注入攻击。

具体配置步骤如下。

(1) 如图 9.26 所示，选择主导航栏上的“策略”→“规则组”选项，再单击右侧的“新建规则组”按钮。

(2) 在图 9.27 所示的“新建规则组”对话框中，输入规则组名称为 rule-1，“选择模板”设为“低安全级别”，这样就可以在低安全级别的基础下添加高安全规则，单击“创建”按钮确认。

图 9.24　低安全级别

图 9.25　高安全级别

图 9.26　规则组配置

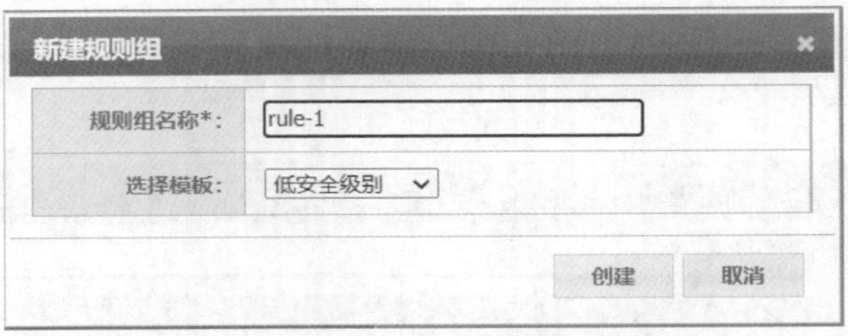

图 9.27　“新建规则组”对话框

(3) 确认之后可以在规则组中看到新建的 rule-1 规则，单击“注入攻击”，可以按照需求启动对应的规则，这里启动代码注入攻击、命令注入攻击、文件注入攻击、LDAP 注入攻击、SSI 注入攻击、其他注入攻击，如图 9.28 所示。

(4) 启动之后可以看到右上角出现一个“应用更改”按钮，如图 9.29 所示，需要单击“确认”按钮更改，使该规则组生效，如图 9.30 所示。

(5) 在图 9.31 中选择“配置”→“保护站点”选项，新建 Web 服务器 web_server，单击“修改”按钮，在策略规则中调用安全规则组 rule-1，应用之后即可生效。

9.3.4　阻断页面

阻断页面是指攻击行为被 WAF 检测到进行阻断，并且可以将该会话重定向到一个指定的 URL 上，该 URL 指向一个可自定义的页面(例如一条严厉的警告语：“您的行为检测到异常，请联系安全管理员！”)。这样当攻击者试图攻击被 WAF 保护的网站时，会在浏览器看到该警告。

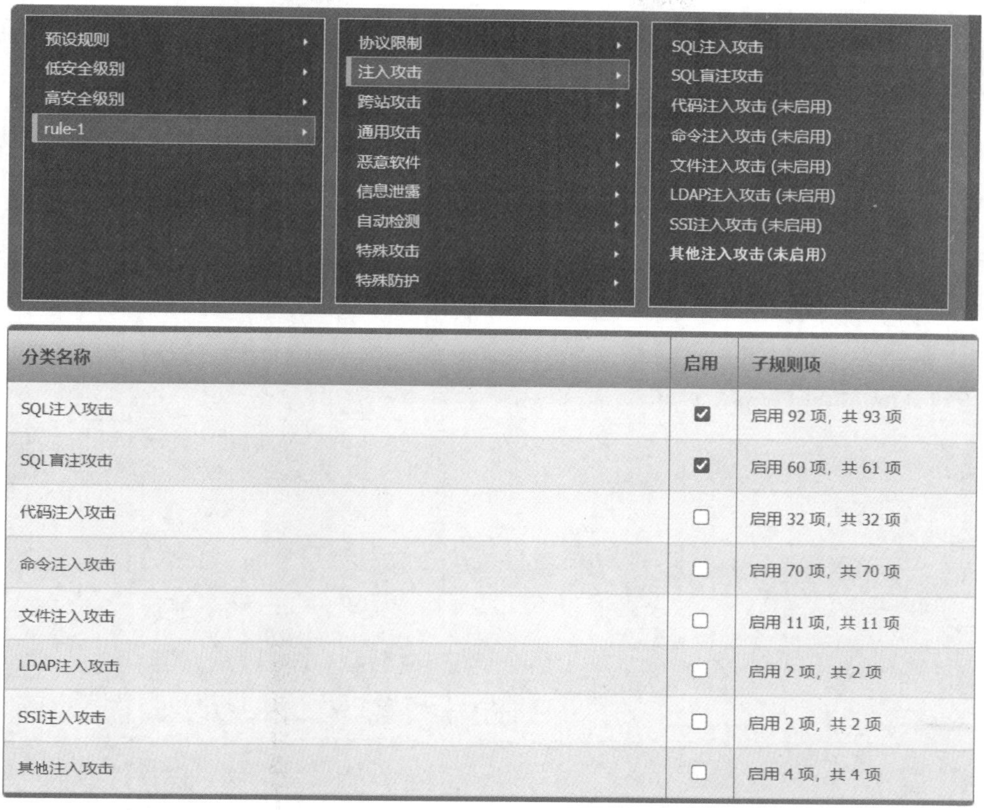

图 9.28　启动防护攻击

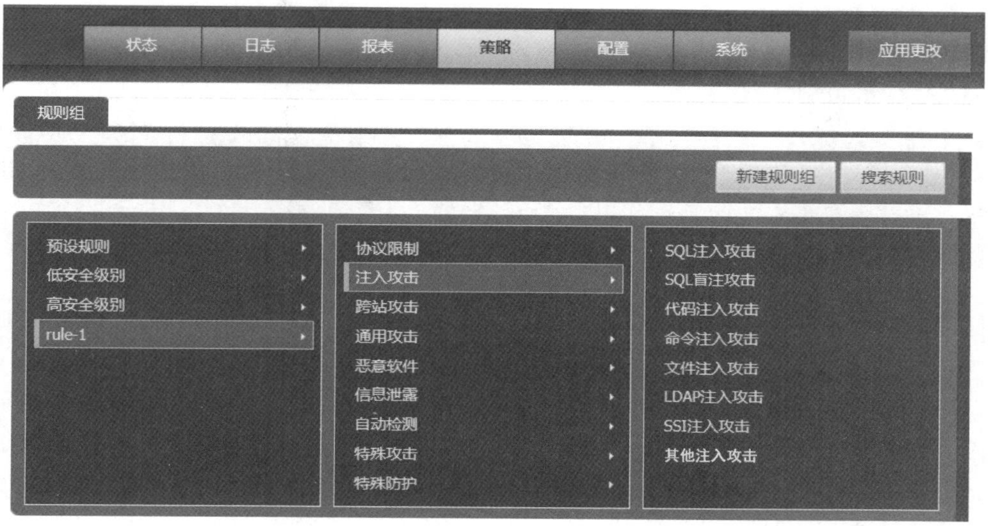

图 9.29　应用更改

在 WAF 的“策略”→“规则组”“自定义规则”，以及“配置”→“应用层访问控制”中，有很多安全规则可以将 HTTP(S)访问请求阻断。默认的情况下，阻断后使用 WAF 内置的阻断页面向访问者展示出错提示。为了更明确地提示和警告攻击者，WAF 支持用户设定一个

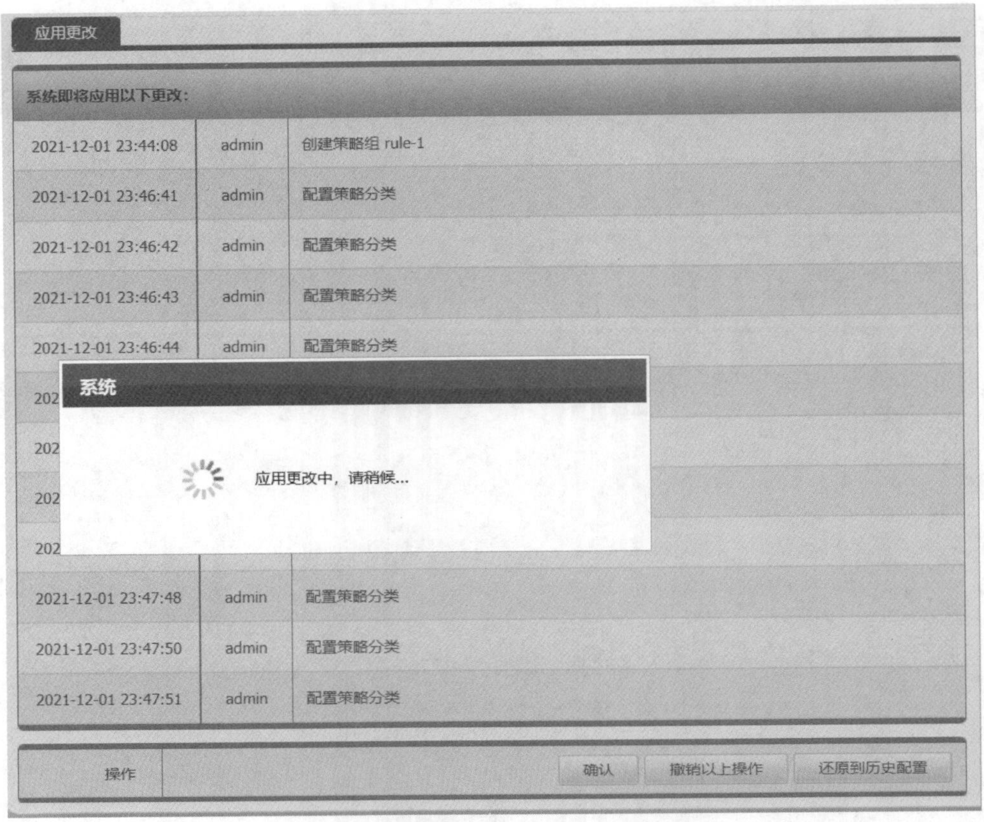

图 9.30　确认应用更改

图 9.31　策略规则调用

URL，阻断请求后向攻击者返回该 URL 的内容。

(1) 选择主导航栏上的"配置"→"全局配置"选项，在"阻断页面"中选择"重定向到指定 URL"单选按钮，并输入 URL，如图 9.32 所示。

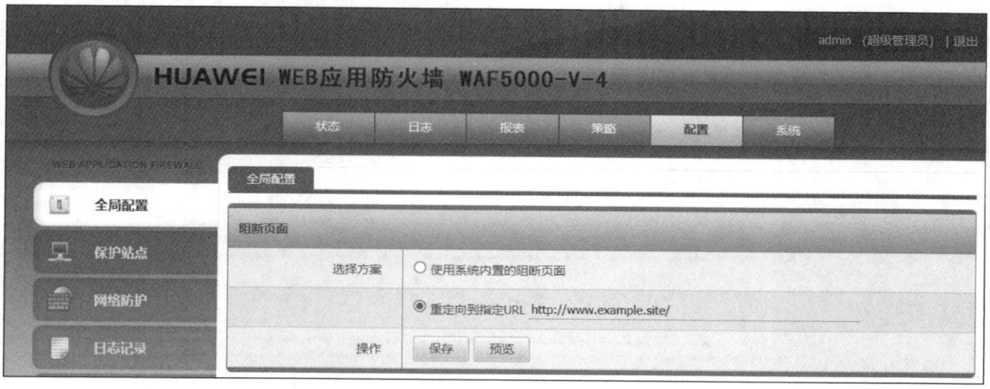

图 9.32　阻断页面

(2) 在图 9.32 中，单击"保存"按钮后，再单击右上方的"应用更改"按钮，最后单击"确认"按钮，如图 9.33 所示。

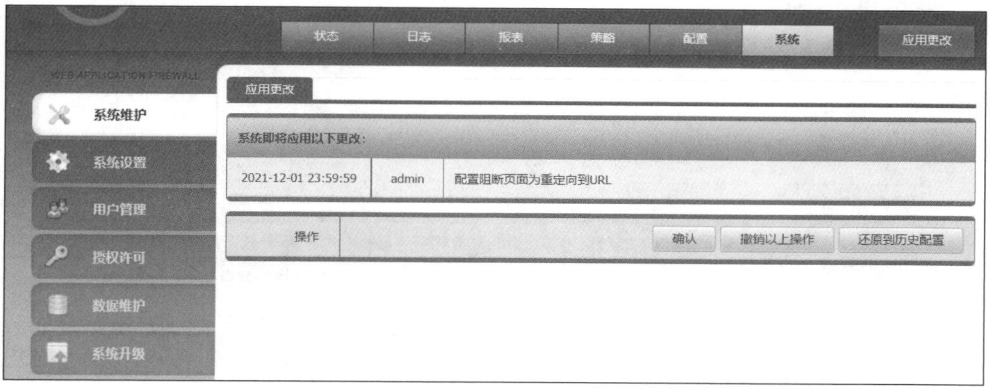

图 9.33　修改阻断界面

9.3.5　CC 攻击防御

CC 攻击(Challenge CoHapsar，挑战黑洞)是 DDoS 攻击的一种，也是一种常见的网站攻击方法，攻击者通过服务器、代理服务器或者肉鸡向受害 Web 服务器不停地发送大量并发请求数据包。

CC 攻击技术含量和成本很低，只要能在互联网上通信，有上百个 IP，每个 IP 再弄多个进程，并发进行请求，使造成受害服务器的资源耗尽，一直到设备宕机崩溃。

原理解释：WAF 可基于请求字段细粒度检测 CC 攻击，支持请求速率和请求集中度双重算法检测，双重检测算法更精准科学，有效减少误判，并可应对 CC 慢速攻击，挑战模式可识别人机访问，支持流量自学习建模和攻击者区域检测算法，可完全隔离海外傀儡机的攻击。

CC 攻击防御具体配置步骤如下。

(1) 选择主界面上的"策略"→"CC 攻击防御"选项,单击"新建规则"按钮,进入"CC 攻击防御"界面,如图 9.34 所示。

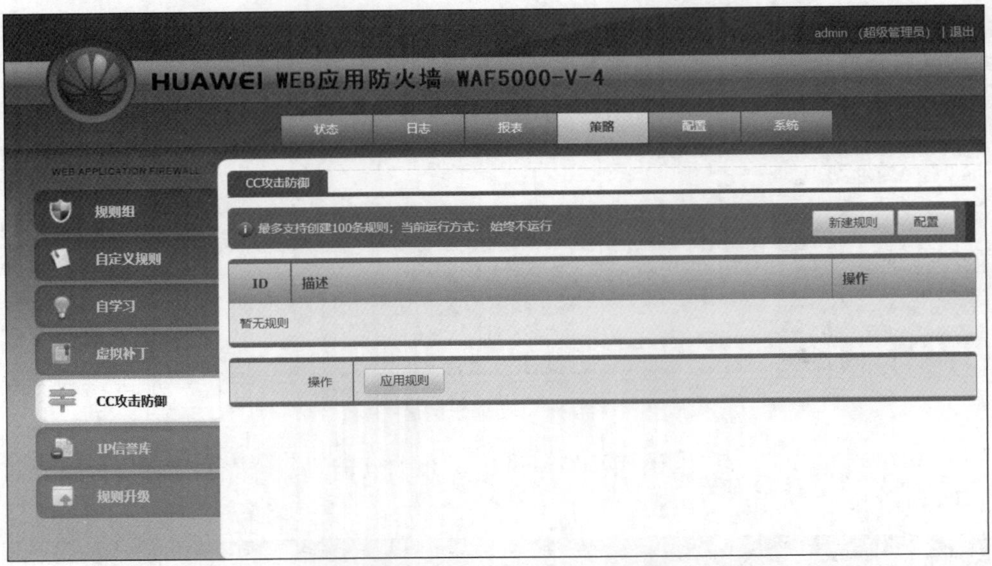

图 9.34 "CC 攻击防御"界面

(2) 图 9.35 所示为"CC 攻击防御"配置界面,在"匹配条件"下,单击"添加请求匹配条件"按钮,进入"匹配项"对话框,如图 9.36 所示。

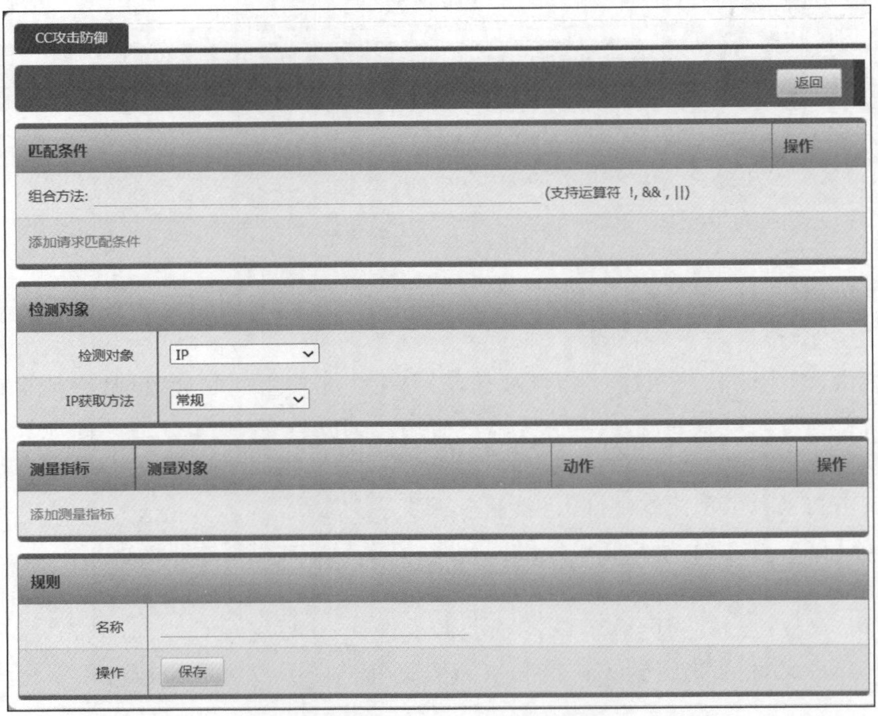

图 9.35 添加请求匹配条件

(3) 在图 9.36 所示的界面中配置匹配项：匹配类型可以是网站的访问路径、目的 IP、目的端口、请求方法等多种匹配条件，在未知 CC 攻击的情况下建议配置全局检测条件为目的 IP，也就是需要防护的网站服务器 IP 地址，这样可以对所有访问网站服务器的流量进行检查，这里示例保护的网站服务器目标 IP 为 192.168.1.100，单击“确认”按钮保存，如图 9.36 所示。

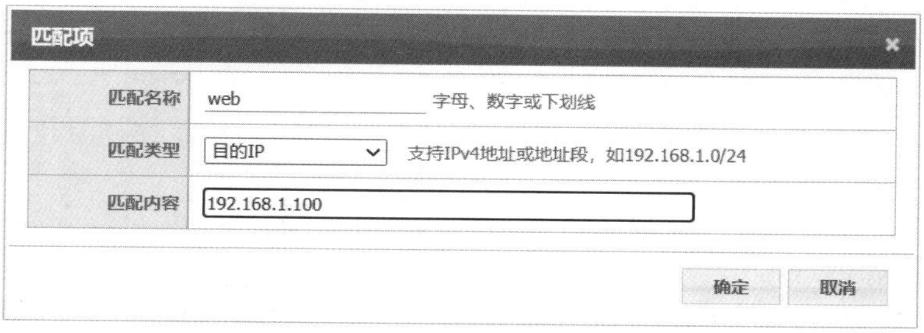

图 9.36　添加匹配内容

(4) 在图 9.35 所示的界面中配置检测对象。检测对象是指对客户端发来的请求报文中的特定字段，这里选择 IP+URL，“IP 获取方法”选择“常规”方式，如图 9.37 所示。

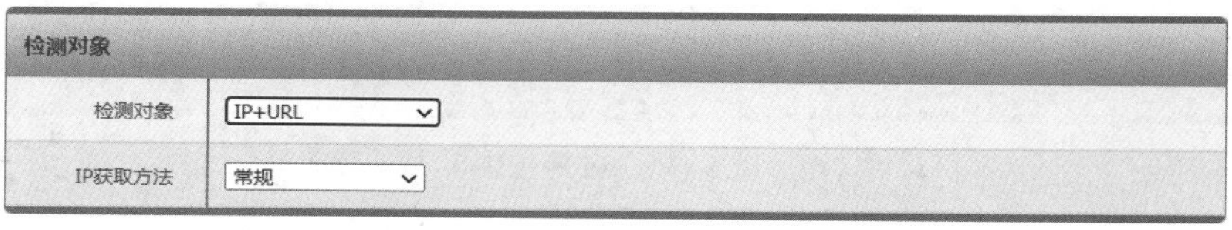

图 9.37　配置检测对象

(5) 在图 9.35 所示的界面中配置测量指标。测量指标是 CC 攻击在防护时配置的检测阈值，主要是两种测量指标：请求速率和请求集中度。请求速率是指某个客户端在一定时间内访问某个 URL 的访问次数。请求集中度代表某个客户端的访问请求集中在同一个 URL 的程度，在配置检测对象为 IP+URL 时才支持请求集中度检查。

以上两种测量指标无论匹配到哪一条都会触发 CC 防御。

配置“请求速率”示例：单击“添加测量指标”按钮，“测量指标”选择“请求速率”选项，配置单 IP 在 60 秒内访问某个固定 URL 超过 50 次，“动作”勾选“阻断”复选框，阻断时长为 300 秒。

配置“请求集中度”示例：单击“添加测量指标”按钮，测量指标选择“请求集中度”选项，配置单 IP60% 的访问请求集中在一个 URL，累计超过 100 次，“动作”勾选“阻断”复选框，阻断时长为 300 秒。

配置结果如图 9.38 所示。

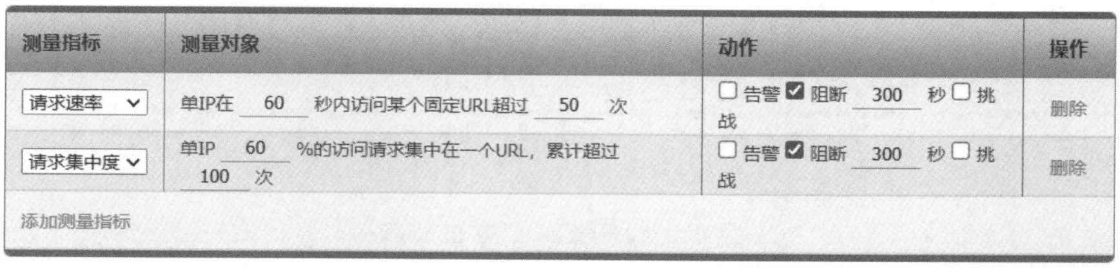

图 9.38　配置测量指标

(6) 在图 9.35 所示界面的“规则”下,添加规则名称为 cc-test,单击“保存”按钮,如图 9.39 所示。

图 9.39 保存规则

(7) 保存完成后,在图 9.40 所示的界面中单击“应用规则”按钮使其进行生效,此操作不影响业务系统的正常运行。

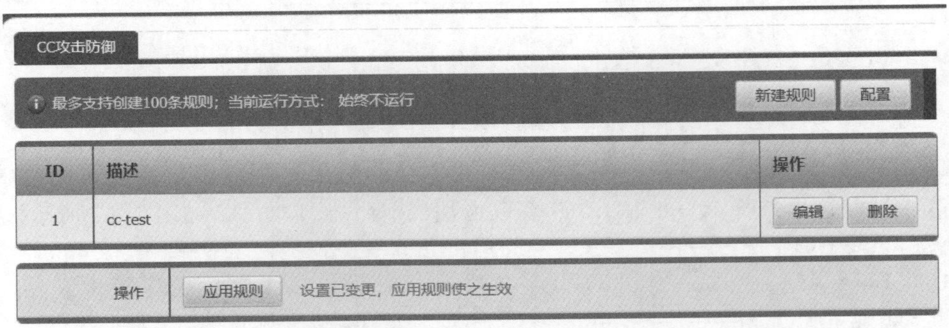

图 9.40 应用规则

(8) 最后需要根据不同状态按需开启 CC 攻击防御,在图 9.40 所示的界面中单击“配置”按钮设定本功能的运行方式。一般在测试情况下将运行模式开启为“始终运行”,在学习完流量模型后可根据业务系统的实际情况改为“由启动条件确定”,这样 CC 攻击防御会在流量异常时才会开启,减小系统开销及误报率,配置结果如图 9.41 所示。

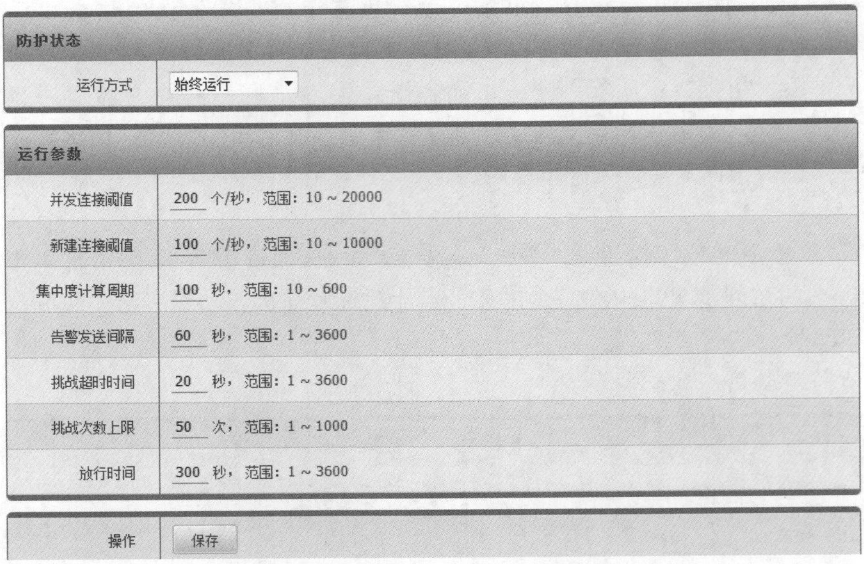

图 9.41 开启 CC 攻击防御

9.3.6　敏感词过滤

WAF 可以对服务器返回的敏感内容进行隐藏，同时用户也可以根据自己的需求自定义添加需要隐藏的敏感信息。目前 WAF 默认内置了身份证、手机号、银行卡号、信用卡号、社保号特征库，以保证用户隐私安全。

具体配置步骤如下。

(1) 在首页选择“配置”→“全局配置”选项，进入“敏感词过滤”界面，启用预设的敏感词特征库如身份证、手机号等，如图 9.42 所示。

图 9.42　“敏感词过滤”界面

(2) 在图 9.42 所示的界面中单击“添加敏感词”按钮，进入如图 9.43 所示的界面，自定义添加“密码”敏感词内容，输入需要过滤的敏感词内容，然后单击“保存”按钮。

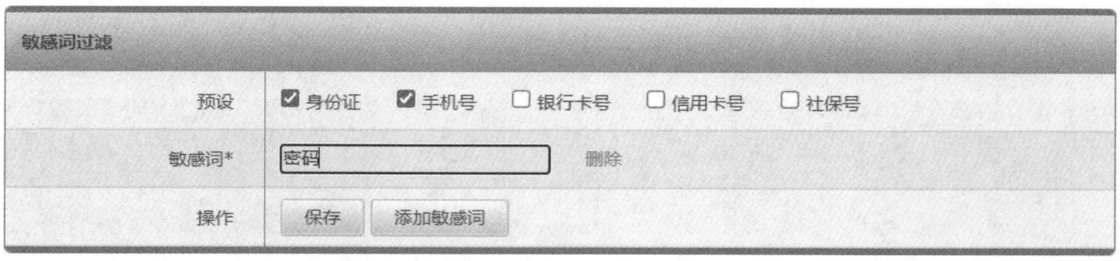

图 9.43　添加敏感词过滤

9.3.7　IP 信誉库

恶意的 IP 地址访问保护的 Web 服务器就会生成告警日志或阻断访问，可以理解为 WAF 的黑名单配置防止一些恶意 IP 地址访问 Web 服务器，可通过 IP 信誉库日志查看具体的恶意的 IP 地址。目前 WAF 内置国际公认的恶意 IP 地址，WAF 会检查数据包来源 IP 地址，如果 IP 地址属于恶意 IP 地址，就会根据配置策略阻断该访问或者上报告警。

在 WAF 首页上选择“策略”→“ IP 信誉库”选项，将 IP 信誉库功能设置为“告警不阻断”或者“告警并阻断”，这里示例选择“告警并阻断”配置，单击“保存”按钮，如图 9.44 所示。

9.3.8　应用层访问控制

访问控制主要集中于物理层、网络层、应用层三个层次，在网络层访问控制在网络中，为了保护内部网络资源的安全，一般通过路由设备、防火墙设备建立基于 IP 和端口的访问控制。而 WAF 上的应用层访问控制可以针对例如 URL、请求方式、文件扩展名等方式进行控制。

选择主界面中的“配置”→“应用层访问控制”选项，可以查看当前 WAF 默认启用的一些应用访问控制的规则。按照业务的需求可以对哪些请求要直接放行、哪些要检测，或者根据业务本身的需求，对一些非法的 URL 进行阻断。其界面如图 9.45 所示。

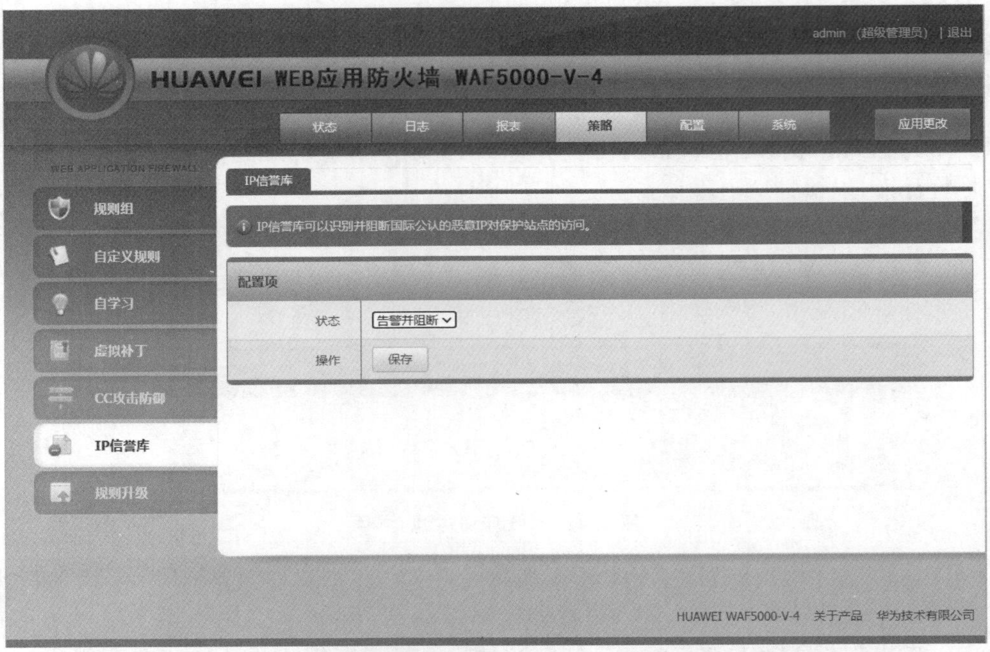

图 9.44　“IP 信誉库”界面

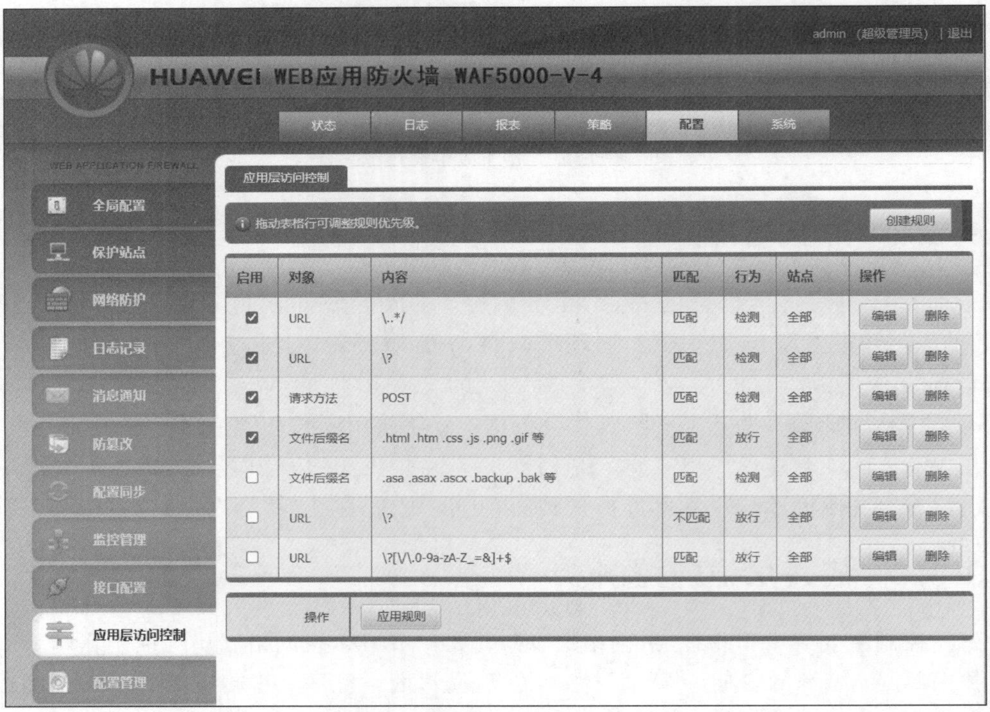

图 9.45　“应用层访问控制”界面

课业任务 9-3

Bob 是 WYL 公司的安全运维工程师，为提高 Web 站点安全，可以在 WAF 上配置应用层访问控制，禁止互联网 URL 与内网 Web 服务器通信，防护内网 Web 服务器的安全。

课业任务 9-3

具体配置步骤如下。

(1) 选择主界面中的"配置"→"应用层访问控制"选项，单击右侧的"创建规则"按钮，如图 9.46 所示。

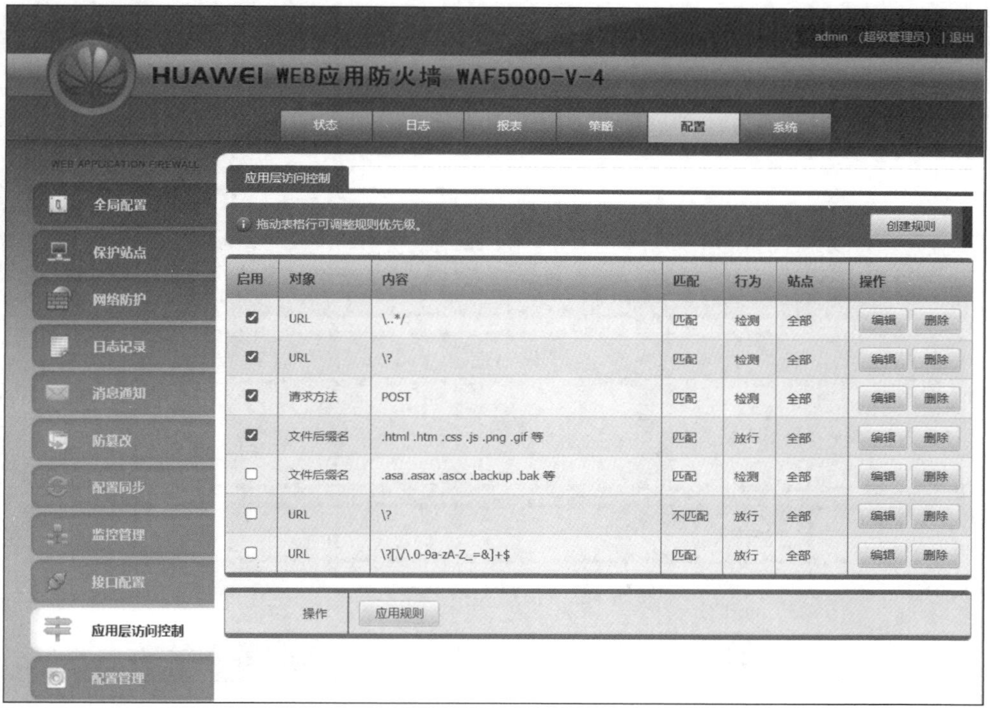

图 9.46　创建规则

(2) 弹出的"新建规则"对话框如图 9.47 所示，选择匹配类型，这里可以选择 URL 选项，单击"下一步"按钮，进入如图 9.48 所示的"创建 URL 规则"界面中。

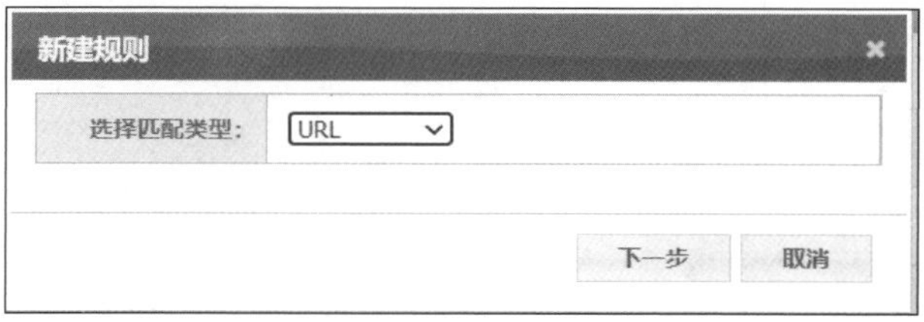

图 9.47　"新建规则"对话框

(3) 在图 9.48 所示的界面的"URL 列表"中，单击"添加"按钮，添加一个 URL 地址为 www.bug123.com，单击"确定"按钮，配置如图 9.49 所示。

(4) 在图 9.48 所示的界面的"匹配方式"中，选择"匹配"单选按钮，如图 9.50 所示。

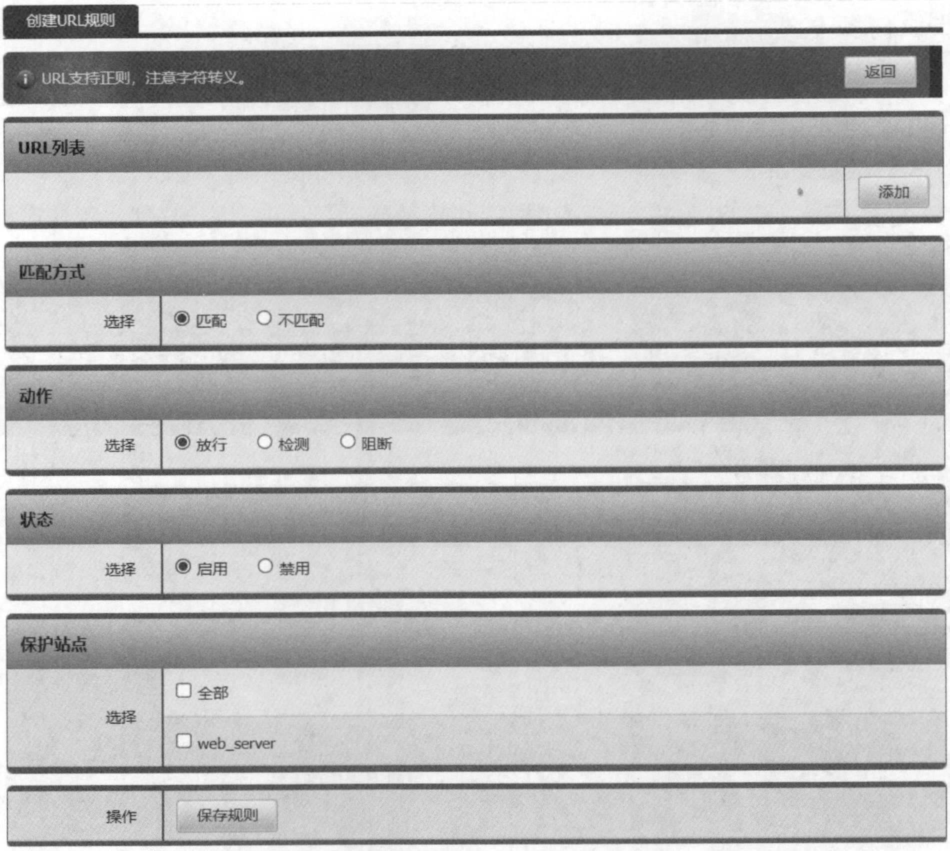

图 9.48　“创建 URL 规则”界面

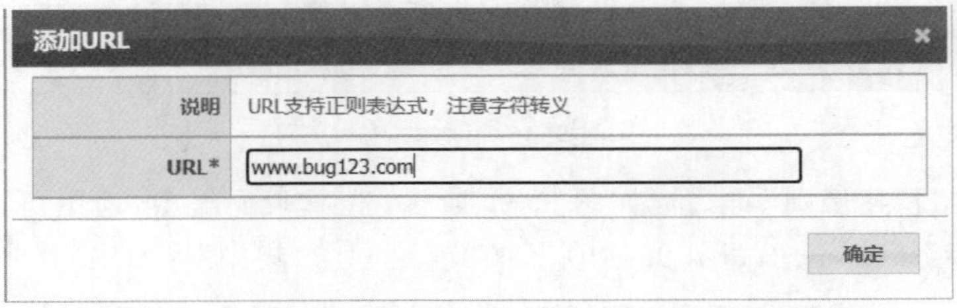

图 9.49　添加 URL 地址

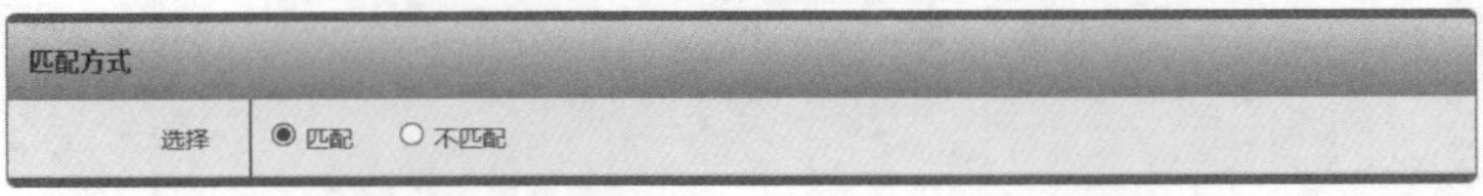

图 9.50　选择匹配方式

(5) 在图 9.48 所示的界面的“动作”中，选择“阻断”单选按钮，在“保护站点”勾选新建的服务器 web_server 复选框，如图 9.51 所示。

(6) 完成以上配置后，在图 9.48 所示的界面中，单击“保存规则”按钮，再单击“应用规则”按钮使之生效，如图 9.52 所示。

图 9.51　配置动作与保护站点

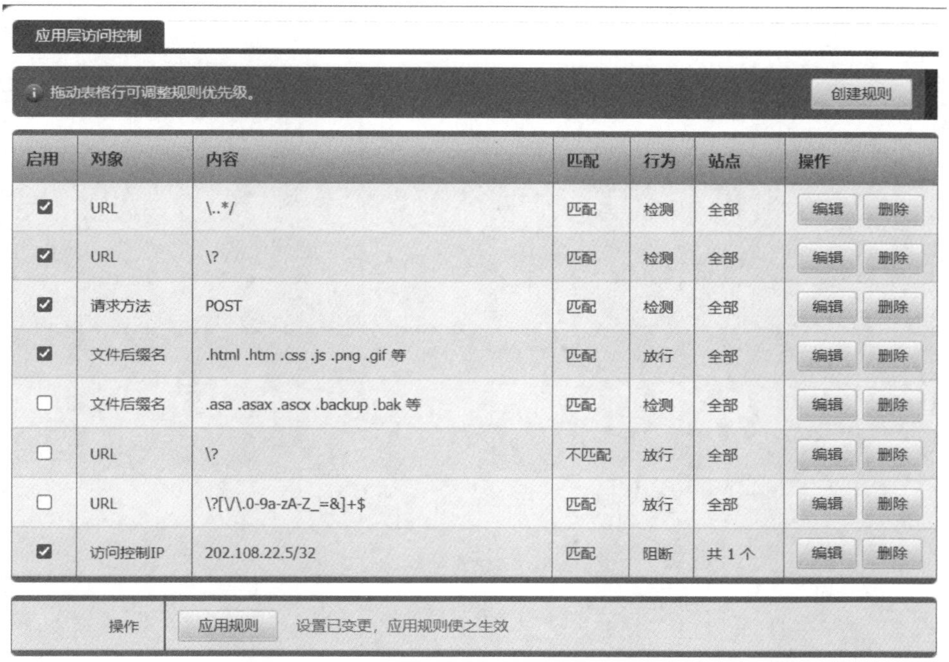

图 9.52　应用规则

练习题

1. 简答题

(1) Web 应用防火墙系统有哪些基本功能?

(2) 常见的 Web 攻击手段有哪些?

(3) Web 应用防火墙的部署模式有哪几种? 它们之间有什么区别?

(4) 华为 WAF5000 防火墙系统默认有哪个安全规则组?

2. 操作题

(1) 在 WAF5000 上配置保护站点功能,将 Web 服务器 192.168.1.100 添加在 WAF 上,配置部署模式为"代理模式",配置策略级别"高安全级别",提高 Web 服务器的安全。

(2) CC 攻击(Challenge CoHapsar,挑战黑洞)是 DDoS 攻击的一种,也是一种常见的网站攻击方法,攻击者通过服务器、代理服务器或者肉鸡向受害 Web 服务器不停地发送大量并发请求数据包,在 WAF5000 上配置 CC 攻击防御。

(3) WYL 公司部署一台 WAF 防火墙,为提高 Web 站点安全,需要可以在 WAF 上配置应用层访问控制,禁止互联网不安全 IP 地址 202.108.22.5/32 访问内网 Web 服务器,限制所有时间段访问该服务器。

附录A　环 境 说 明

第 1 章　网络安全概述

【所需文件】

安装文件：VMware Workstation 16。

用户可以直接在 www.vmware.com 网站下载针对 Windows 的版本进行安装。

【本章环境支持实验】课业任务 1-1。

第 2 章　网络攻击与防范

【环境说明】

从互联网下载以下软件包，如果计算机上安装的杀毒软件会被查杀，建议在虚拟机上运行。

运行操作系统：Windows 7/Windows 10/Windows XP。

(1) 软件 nmap-7.92-setup 用于 2.1.2 节。

(2) 软件 X-Scan-v3.3 用于 2.2.3 节。

(3) 软件 Wireshark-win32-1.8.2.zip 用于 2.2.3 节。

(4) 软件"2.4.2 UDP Flood 攻击"用于 2.4.2 节。

(5) 软件 LOIC 用于 2.4.3 节。

(6) 软件"灰鸽子 2008 破解版.zip"用于 2.6.3 节，本节需要一台 Windows 7 作为攻击者系统，Windows XP 作为被攻击主机。

【本章环境支持实验】课业任务 2-1、课业任务 2-2、课业任务 2-3、课业任务 2-4、课业任务 2-5、课业任务 2-6、课业任务 2-7。

第 3 章　信息加密技术

【所需文件】

操作系统镜像文件：Windows 10 系统镜像。

(1) 从互联网下载 Windows 10 的镜像文件，在 VMware 虚拟机上打开运行，本章实验在该实验环境下完成。

(2) 从互联网下载 gpg4win-4.0.0.exe 在 Windows 10 的实验环境中安装，该软件为本章实验所使用的加密软件。

【本章环境支持实验】课业任务 3-1、课业任务 3-2。

第 4 章　防火墙技术

【所需文件】

操作系统镜像文件：Windows Server 2012 系统镜像。

从互联网下载 Windows Server 2012 镜像文件,在 VMware 虚拟机上打开运行,安装好 eNSP 软件,导入 USG6000V 的设备包,所有实验用到的防火墙统一使用 USG6000V,路由器统一使用 AR2220,本章实验在该环境下完成。

【本章环境支持实验】课业任务 4-1、课业任务 4-2、课业任务 4-3。

第 5 章 计算机病毒及其防治

【所需文件】

操作系统镜像文件:Windows Server 2012 系统镜像。

下载 Windows Server2012 镜像和+Symantec_Endpoint_Protection_14.3_RU1_MP1_Full_Installation_CS.exe 软件,在 VMware 虚拟机上打开运行,本章实验在该实验环境下完成。

【本章环境支持实验】课业任务 5-1、课业任务 5-2。

第 6 章 Windows Server 2012 操作系统安全

【所需文件】

操作系统镜像文件:Windows Server 2012 系统镜像。

下载 Windows Server 2012 镜像.zip 压缩包,在 VMware 虚拟机上打开运行,本章实验在该实验环境下完成。

【本章环境支持实验】课业任务 6-1、课业任务 6-2、课业任务 6-3、课业任务 6-4、课业任务 6-5、课业任务 6-6、课业任务 6-7、课业任务 6-8、课业任务 6-9。

第 7 章 Linux 操作系统安全

【所需文件】

操作系统镜像文件:CentOS 7-系统镜像。

下载 CentOS 7-系统镜像压缩包,在 VMware 虚拟机上打开运行,本章实验在该环境下完成。

【本章环境支持实验】课业任务 7-1、课业任务 7-2、课业任务 7-3、课业任务 7-4、课业任务 7-5、课业任务 7-6、课业任务 7-7、课业任务 7-8、课业任务 7-9。

第 8 章 VPN 技术

【所需文件】

操作系统镜像文件:Windows Server 2012 系统镜像。

从互联网下载 Windows Server 2012 镜像文件,在 VMware 虚拟机上打开运行,安装好 eNSP 软件,导入 USG6000V 的设备包,所有实验用到的防火墙统一使用 USG6000V,路由器统一使用 AR2220,本章实验在该环境下完成。

【本章环境支持实验】课业任务 8-1、课业任务 8-2。

第 9 章 Web 应用防火墙

【所需文件】

所需虚拟机文件:EVE-NG 社区版.ova。

所需设备镜像文件：huaweiwaf5k-VV200R001C00.tgz、huaweiwaf5k.yml。

在互联网下载 EVE-NG 社区版安装包，虚拟机安装后，需要下载 huaweiwaf5k-VV200R001C00.tgz 镜像以及 huaweiwaf5k.yml 文件，分别导入/opt/unetlab/addons/qemu/以及/opt/unetlab/html/templates/intel/目录下，完成镜像导入后，就可以在 EVE-NG 页面创建 WAF 节点并且访问设备。

【本章环境支持实验】课业任务 9-1、课业任务 9-2、课业任务 9-3。

图书资源支持

感谢您一直以来对清华版图书的支持和爱护。为了配合本书的使用，本书提供配套的资源，有需求的读者请扫描下方的“书圈”微信公众号二维码，在图书专区下载，也可以拨打电话或发送电子邮件咨询。

如果您在使用本书的过程中遇到了什么问题，或者有相关图书出版计划，也请您发邮件告诉我们，以便我们更好地为您服务。

我们的联系方式：

地　　址：北京市海淀区双清路学研大厦 A 座 714

邮　　编：100084

电　　话：010-83470236　010-83470237

客服邮箱：2301891038@qq.com

QQ：2301891038（请写明您的单位和姓名）

资源下载：关注公众号“书圈”下载配套资源。

资源下载、样书申请　　图书案例

书圈　　清华计算机学堂　　观看课程直播